单量子态探测及相互作用丛书

非常规超导量子态的
构筑与精密测量

封东来　编著

科学出版社

北　京

内 容 简 介

超导是极少数奇妙的宏观量子现象. 电子在超导态构成了库珀对,并具有相同的相位,因此呈现出零电阻和排斥磁场等神奇的宏观性质,引起了人们极大的兴趣. 20 世纪 70 年代末发现的重费米子超导、80 年代发现的铜氧化物高温超导以及 2008 年发现的铁基超导等,用传统的 BCS 理论似乎无法解释,而磁性被认为是配对的主要机制,这些材料被统称为非常规超导材料. 铁基超导发现后的十年中,中国科学家在其材料、理论、实验和应用这几方面的研究中都取得了很多重要的进展. 为了反映本领域的科研前沿,本书收集了国家自然科学基金重大研究计划部分项目的成果,这些内容是超导相关研究的一个小结,也可以看作是我国超导电性研究的一个局部缩影.

本书可供凝聚态物理专业的研究生作为迅速掌握学科前沿的专业参考书,也可供超导领域的科研工作者研读参考.

图书在版编目(CIP)数据

非常规超导量子态的构筑与精密测量/封东来编著.—北京:科学出版社,2022.8

ISBN 978-7-03-072755-8

Ⅰ. ①非… Ⅱ. ①封… Ⅲ. ①超导–研究 Ⅳ. ①O511

中国版本图书馆 CIP 数据核字(2022)第 131122 号

责任编辑: 钱 俊 / 责任校对: 杨聪敏
责任印制: 吴兆东 / 封面设计: 无极书装

科 学 出 版 社 出版
北京东黄城根北街 16 号
邮政编码: 100717
http://www.sciencep.com

北京建宏印刷有限公司 印刷
科学出版社发行 各地新华书店经销

*

2022 年 8 月第 一 版 开本: 720 × 1000 B5
2022 年 8 月第一次印刷 印张: 26
字数: 504 000

定价: 198.00 元
(如有印装质量问题, 我社负责调换)

丛 书 序

对光子、电子、原子分子、凝聚态乃至人工原子系统中的量子态和量子效应的研究，是现代物质科学研究的基础、着力点和前沿，是学科交叉研究的科学源泉. 根据国内外研究现状和发展趋势以及国家高新技术发展的战略需求，2009 年，国家自然科学基金委员会数理科学部设立了重大研究计划"单量子态的探测及相互作用". 该计划旨在发展制备相关材料和体系的物理、化学方法和技术，构筑能充分展示量子效应的新奇材料、物理结构和人工体系，并发现若干新奇量子效应；通过构筑和探测单粒子量子态和宏观量子态、研究量子态间相互作用，在单量子态水平上理解和揭示量子现象和量子过程的基本规律. 期望通过发展新的量子特性的精密测量方法和发展量子器件构筑技术，探索量子技术在信息处理和能源、环境等重要领域中的潜在应用，为之奠定坚实的物理基础，解决国家重大需求中的一些基础科学与关键技术问题.

该重大研究计划的指导专家组由我和侯建国、薛其坤、孙昌璞、杨学明、向涛、陆卫、王牧八人组成. 专家组和基金委数理学部汲培文、物理科学一处的张守著、倪培根等老师一起付出了大量的劳动，仔细酝酿与选择研究方向，组织优势队伍，逐步展开研究内容，并连年组织项目参与人员进行交流. 经过数年的研究与交流，专家组逐步明确了单量子态的前沿重点方向，适时调整研究内容，并通过安排集成、再集成项目，推动研究成果集成，提升研究计划的整体水平.

时光飞逝，到了 2017 年，该重大研究计划已执行近十年，所有项目均结题. 共资助项目 107 项，其中包括培育项目 61 项、重点项目 26 项、集成项目 16 项、战略研究项目 4 项. 申请项目涉及数学物理、化学、信息和工程与材料等学部，资助经费 2.0 亿元. 参加的研究人员在非常规超导、拓扑物态、单分子物理和化学、单光子的产生及探测、自旋电子学等多个领域取得了重要进展，并自主研发了多台新的仪器设备，发展了新的理论和实验方法，有力地提升我国在物理、化学、信息等领域基础研究的水平. 发表论文 2359 篇, 其中包括 *Science* 19 篇; *Nature* 3 篇; *Nature* 子刊 66 篇; *PRL/PRX* 114 篇; *JACS* 10 篇、*AM* 22 篇; *PNAS* 12 篇. 单篇论文他引最高 1024 次, 单篇他引超过 500 次的论文 10 篇. 授权国内专利 68 项, 授权国际专利 3 项; 荣获众多重要奖项, 包括国家自然科学一等奖 2 项, 国家自然科学二等奖 11 项, 国家技术发明二等奖 2 项等; 有 5 项研究成果入选中国十大科技进展新闻、6 项成果入选中国十大科学进展.

科学的传播和科学的发现同样重要, 因此我们感到有必要出版一个系列丛书, 介绍在这个重大研究计划执行中取得的重要科学进展, 让更多的学生、科研工作者和研发人员了解科学的前沿. 我于是与科学出版社商定, 计划用 2 年时间出版这套单量子态探测及相互作用丛书.

在取得的科学成果之外, 这个计划的执行还有力地促进了我国在单量子态研究领域中的研究队伍的成长, 造就出一支高水平的、结构合理的研究队伍, 特别是培养一批精于实验科学的优秀青年学者, 提升了我国实验科学的竞争力和地位. 他们积极响应了本丛书的编写, 在繁忙的科研和教学工作之外, 按时高质量地完成了写作的任务.

超导是一类极为重要的量子态, 在基础研究和应用中都有极为重要的意义. 本书涵盖了本重大研究计划在超导领域取得的多个研究进展, 既有新超导体系的发现, 也有超导态的调控和机理的揭示. 我期待并相信读者们能从中了解到第一手的前沿进展.

2019 年是我国建国七十周年, 也是改革开放四十周年. 回首过去, 我国基础研究迅速从弱变强, 令人欣慰; 展望未来, 我们在信息、能源和环境等领域也面临着巨大的挑战, 我国的科学家们依然任重道远. 对量子科学与技术研究的持续投入将为应对这些挑战提供坚实的物理基础, 为国民经济的跨越式可持续发展和国家安全提供基础性和前瞻性的科学技术储备.

是为序.

解思深

2019 年 6 月 22 日

前　言

超导是极少数奇妙的宏观量子现象之一, 电子在超导态构成了库珀对, 并具有相同的相位, 因此呈现出零电阻和排斥磁场等神奇的宏观性质, 引起了人们极大的兴趣. 超导研究已超过一百年, 期间, 从低温超导体到铜氧化物等高温超导体, 从常规超导的 BCS 理论到非常规超导的 t-J 模型, 从超导电缆到超导磁铁、滤波器、限流器, 人们在基础研究和应用两方面都取得了极大进展. 迄今为止, 新超导体仍然不断被发现, 超导转变温度的纪录不断被刷新, 非常规超导机理研究仍然吸引了大批理论家——很少有一个领域能像超导一样历经百年仍然长盛不衰, 处于科学的前沿.

一百多年来, 人们发现了多种超导材料. 很多超导材料能够用 Bardeen, Cooper 和 Schrieffer 所创立的 BCS 超导理论来解释, 其核心是电声子相互作用引起电子配对为超导库珀对, 这些被称为常规超导. 而对于 20 世纪 70 年代末发现的重费米子超导、80 年代发现的铜氧化物高温超导、以及 2008 年发现的铁基超导等, 用传统的 BCS 理论似乎无法解释, 而磁性被认为是配对的主要机制, 这些材料被统称为非常规超导. 另外还有一些超导材料是否属于常规超导存在争议, 比如 Cs_3C_{60} 中既有很强的电声子相互作用, 也有表明电子关联很强的莫特相变相图, 其超导机理有待进一步明确.

铁基超导发现后的十年中, 我国科学家在其材料、理论、实验和应用这几方面的研究中都取得了很多重要的进展. 比如, 中国科学家发现了多种新的铁基超导材料体系, 并保持着最高的转变温度纪录; 发现了 FeSe/STO 界面高温超导, 并进行界面调控; 获得各类铁基超导能隙结构, 解释铁基超导相图背后的共同机理; 揭示铁基超导的向列序和自旋涨落性质; 发展铁基超导的统一理论图像; 制成高品质的铁基超导电缆等. 在这些过程中, 很多现代样品生长和测量手段也发展了起来. 利用高压合成、电弧熔化、水溶液或氨水置换等方法, 人们发现和合成了多个新材料; 利用金属和氧化物分子束外延方法, 人们可以以单原子层的精度来控制生长、精确构筑异质结构; 利用液体和固体离子门电压技术, 人们可以实现对相图的详细调控. 利用角分辨光电子能谱和扫描隧道显微谱, 我国科学家对各种超导材料的电子结构进行研究; 利用中子散射、核磁共振谱和缪子自旋弛豫谱等, 可对材料的磁结构和自旋涨落等进行微观层次的测量; 输运与热力学性质则能够在高压、强磁场和极低温等极端条件下开展测量. 上海光源、合肥和武汉强磁场实验室、东莞散裂中子源等一批新的大科学装置的建成, 为我国超导电性等凝聚态物理的研究提供了很好的支撑.

国家自然科学基金委员会的重大研究计划 "单量子态的探测及相互作用" 对超导研究给予了大力支持, 资助了多个与超导相关的项目. 本书仅收集了其中部分项目的成果; 而因超导与其他领域多有交叉, 另有一些项目的成果被收录在丛书的其他几册中. 因为范围与篇幅所限, 本书并不试图覆盖近年来我国在超导领域的所有研究进展, 虽是管中窥豹, 但期望读者也可了解很多前沿的结果, 感受我国在该领域所取得的长足进步.

在本书第 1 章, 胡江平等将介绍如何通过分析各种高温超导的共性, 提炼出高温超导的 "基因", 从而进行非常规超导体预测的理论尝试. 第 2 章, 雒建林等会讲述第一个 Mn 基非常规超导体和第一个 Cr 基非常规超导体的发现, 并讨论它们的物性. 在第 3 章, 周兴江等将讲述他们在铜氧化物高温超导电子结构和超导机理的研究中取得的进展. 铁基超导的研究是本重大研究计划的重点, 因此本书从第 4 章到第 11 章均着重阐述近期在铁基超导领域的进展. 具体来说, 在第 4 和第 5 章中, 孙力玲和靳常青会介绍高压下铁基化合物超导量子态的与构筑、表征和调制; 在第 6 章, 李世燕等将介绍如何利用极低温热导率探测铁基超导体的超导量子态; 在第 7 章, 彭瑞和徐海超等将介绍利用角分辨光电子能谱和扫描隧道显微镜对铁基界面超导体系 FeSe/STO 的机理研究; 在第 8 和第 9 两章, 张焱和赵俊等将介绍他们分别利用角分辨光电子能谱和中子散射来获得的 FeSe 类超导材料的电子结构与自旋涨落的行为; 在第 10 章, 于伟强等将介绍铁基超导材料的磁性、向列序和超导配对对称性的核磁共振研究. 在最后的两章中, 袁辉球会介绍重费米子超导的研究进展, 而黄忠兵则讲述他们在芳香烃有机超导体的合成及其物性研究方面的探索. 在重费米子和有机超导这两个方向上, 我国虽然起步晚, 但是发展很快, 有很多重要的实验结果.

本书的这些内容是 "单量子态的探测及相互作用" 重大研究计划中超导相关研究内容的一个小结, 也可以看作是我国超导电性研究的一个局部缩影. 放眼我国乃至世界范围内的超导研究, 近十年来的超导领域的研究进展远超出了本书的范畴. 比如, 人们对于常规超导的计算越来越精确, 基于 BCS 常规超导理论预言了多个高压下的高温超导, 并且在实验中观察到了高压下 La 的氢化物中 250K 超导转变温度的迹象. 人们在超导和拓扑材料的异质结和两种铁基超导中观察到了马约拉纳零能模的迹象, 为拓扑量子计算提供了进一步研究的平台. 人们还对单层铜氧化物、双层石墨烯、多种过渡金属硫族化合物等二维材料中的超导现象开展了大量的研究, 实现了对材料物性的连续调控. 同时, 还有一些沉寂多年的超导材料的疑难问题得到了解答, 比如人们结合理论和实验, 发现长程电子关联可以增强 $(Ba,K)BiO_3$ 中的电声子相互作用, 从而可以解释这种超导转变温度仅次于铜氧化物的铋氧化物超导机制. 人们发现电声子相互作用可以被电子关联极大增强, 从而提出高温超导中电子-电子相互作用和电声子相互作用可能合作推高超导温度, 就如在 FeSe/STO 界面所观察到的那样. 在理论和计算方面, 张量网络等新的多体物理计算方法被逐步建立起来, 神经网络和人工智能领域的最新进展被应用到复杂的凝聚态体系的计算中去.

虽然进展很大, 但超导领域的研究仍然有很多重要的问题没有解决. 比如, 非常规超导的理论仍无定论, 目前预言的超导材料还鲜有实现; 某些铁基超导材料的配对对称性仍有争议; 许多有机体系和界面体系的超导迹象仍然有待确认, 等等. 同时, 依据新的实验, 人们勇敢地质疑已有的实验图像和观念, 比如非常规超导是否真的是 "非常规", 其中电声子相互作用是否真的不起作用? $CeCu_2Si_2$ 重费米子超导配对对称性是 d 波还是 s 波? Sr_2RuO_4 的超导配对对称性是不是 p 波? 所有这些问题还有待进一步的攻克.

展望不远的未来, 也许在高压下实现室温超导并不遥远, 人们还有望通过设计材料结构或者构筑异质结来产生 "化学压力", 把常压下的超导转变温度进一步提高. 根据对超导"基因"的理解和新型的多体物理计算方法, 也许能够更加准确地预言新的非常规超导材料. 基于拓扑超导体系的拓扑量子比特有望被实现. 超导电性的研究仍然方兴未艾, 大有可为.

封东来
2022 年 1 月

目　　录

第 1 章 非常规高温超导体的电子结构基因

胡江平

中国科学院物理研究所

现存两类著名的非常规高温超导体——铜基和铁基超导体, 都是在实验中偶然发现的. 这两类超导体又有很多重要的相似性, 从理论上统一理解它们的高温超导机理之前, 必须能够统一理解它们电子结构的独特性, 以及为什么非常规高温超导会是如此稀有的现象, 即其他化合物为什么不具备这样的特点. 这里我们指出, 在铜基和铁基超导体中参与反铁磁超交换耦合的 d 电子轨道独立于其他轨道单独出现在费米能级附近. 这个独特电子结构是其他过渡金属化合物缺乏的. 这个特点也保证了超交换引起的反铁磁交换耦合能够导致超导配对. 可以说, 这类特殊的电子环境是非常规高温超导体的电子结构基因. 因此, 找到满足同样条件的新的电子结构基因, 不仅可以发现新的可能的高温超导体, 同时也可以确立非常规高温超导体的超导机理. 这里我们在此基础上针对钴 (Co)/镍 (Ni) 化合物提出了几类满足高温超导基因的结构, 其中包括由三角双锥体配位通过共享顶角而构成的二维六角晶格, 由四面体配位通过共享顶角而构成的二维四方晶格, 以及由八面体配位通过特殊结构连接而构成的二维四方晶格, 并且进一步预言了和此类基因匹配的相关可能材料.

1.1 引　　言

30 多年前, 第一类非常规高温超导体铜氧化物超导体被发现 [1]. 这个发现引起了大家极大的研究兴趣, 并且在很多方面从根本上改变了现代凝聚态物理学的发展轨迹. 然而, 即使到今天已经有数以万计的研究高温超导的论文发表, 对高温超导机理的理解依然没有定论, 这是一个很大的挑战. 这个领域的研究者们有着尖锐的分歧, 他们在很多问题——小到初始模型, 大到关于超导电性的起因的基本物理性质——上, 互相不同意对方的观点, 甚至有越来越多的人质疑, 是否存在一个合适的问题, 它的答案能够结束关于超导机理的争论.

人们未能解答铜氧化物中超导电性起源的问题, 这可以归咎于许多原因. 例如, 材料体系的复杂性让理论建模变得困难, 凝聚态物质中丰富的物理现象使我们不能辨清导致超导的主要原因和次要原因, 有所欠缺的理论方法使得理论计算结果不可信, 等等. 但是, 除了这些困难和研究者们缺乏共识以外, 缺少理论上指导预言发现新高温超导体的原则是主要的原因. 2008 年第二类高温超导体铁基超导体的发现 [2] 过程就是这样一个例子. 铁基超导体的发现没有任何理论的指导. 直到今天, 理论研究者和超导材料合成者基本上很少能够合作发现新超导体.

在可能的第三类高温超导体被发现之前, 理论研究方面能够提供有价值的线索吗? 毫无疑问, 解决高温超导机理这一问题的希望依赖于对这个问题的肯定回答. 这里, 基于如下两个原因, 我们相信现在是时候回答这个问题了. 首先, 在过去十多年里, 由于铁基超导体的发现, 我们第一次可以在高温超导研究中使用传统的归纳推理方法. 过去十多年对铁基超导体的广泛而深入的研究带来了许多新信息. 对于相信铜氧化物和铁基超导体有共同高温超导机理的人来说, 这些信息对结束高温超导机理争议带来了新的机会. 一方面, 我们知道铁基超导体和铜氧化物超导体有许多共同的特点; 另一方面, 它们又不完全相同. 它们之间的相似之处和不同之处能够给出非常有希望的线索. 其次, 从过去大量的寻找高温超导体的努力中, 我们越来越清晰地认识到非常规高温超导体是非常稀有的材料, 目前就只有这两类高温超导体. 对于两类已知的高温超导体, 它们的超导电性分别稳定地由 CuO_2 层 (在铜氧化物中) 和 FeAs/Se 层 (在铁基超导体中) 携带. 稀有性和稳定性的同时存在, 暗示着非常规高温超导电性肯定和电子结构中的特殊要素密切相关. 如果我们能确定这个关键因素, 就可能解决非常规高温超导电性的机理. 因此, 使用归纳推理来确认高温超导基因可以打开寻找高温超导体的一扇新窗.

这里, 通过假设两类已知高温超导体有共同的超导机理和重新审视高温超导问题, 我们阐述了一个解决高温超导机理困局的新途径 [3,4]. 我们的出发点是基于一个简单的、统一了铜氧化物和铁基高温超导体的理论框架. 这个理论框架基于反铁磁的超交换相互作用驱动高温超导. 该理论框架能够统一解释两类高温超导体的配对对称性. 对铜基高温超导体, 超导配对对称性是 d 波; 对铁基高温超导体, 超导配对对称性是 s 波. 我们发现, 这个理论框架都基于背后独特的电子结构. 两种材料拥有一个共同的电子结构要素, 就是上面提到的非常规高温超导电性的基因: 在构成材料的准二维结构单元中, 过渡金属阳离子与周围阴离子 p 轨道发生面内强耦合的 d 轨道电子能够独立地出现在费米能级附近. 这种环境允许由阴离子中介传播引起的反铁磁超交换耦合——超导配对之源——最大化它们对超导电性的贡献.

上述基因条件的形成, 与局域电子结构和晶格结构之间的特殊组合有着紧密的联系, 这种特殊性解释了为什么铜氧化物和铁基超导体作为高温超导体是那么罕见. 因此这个理论理解能够被实验清楚地检验. 这里我们在此基础上针对钴/镍化合物提出了几类满足高温超导基因的结构, 其中包括由三角双锥体配位通过共享顶角而构成的二维六角晶格 [3], 由四面体配位通过共享顶角而构成的二维四方晶格 [5,6], 以及由八面体配位通过特殊结构连接而构成的二维四方晶格 [7], 并且进一步预言了和此类基因匹配的相关可能材料.

1.2 关于非常规高温超导的问题

利用归纳推理来理解铜氧化物和铁基超导体, 我们分下面三个问题来阐述高温超导的机理问题:

(1) 导致两类高温超导体超导电性的共同相互作用是什么?

(2) 是什么独特物理特性导致两类超导体拥有高温超导电性?

(3) 找到新的高温超导体的出发点是什么?

这三个问题是高度关联的. 它们形成了一个揭示高温超导机理的逻辑整体.

在过去, 第一个问题是核心问题, 它的答案被激烈地争论; 第二个问题被极大地忽视了. 然而, 铁基超导体发现之后, 人们越来越清晰地认识到第二个问题应该是核心问题. 尽管大多数研究者将注意力集中在了两类高温超导体上, 但是回答为什么很多和铜氧化物、铁基超导体各方面相似的材料不表现高温超导电性这个问题也许更重要. 因此, 这里的重要逻辑是, 无论我们对第一个问题给出了怎样的答案, 这个答案必须能够同时回答第二个问题. 第二个问题的答案能够提供回答第三个问题的有用线索. 一个对新高温超导体的理论预言和实验验证能够最终证明第一个问题的答案并且结束关于高温超导机理的争论.

1.3 对第一个问题的假设

我们从第一个问题开始. 我们建议的对第一个问题的答案是, 只有由阴离子作为中介诱导的超交换反铁磁相互作用导致两类高温超导体产生超导电性. 我们把这个假设称为排斥相互作用或者磁驱动超导机理中的选择性磁配对规则. 可能会有人认为这个答案有些平庸, 因为它在很多关于铜氧化物超导体的模型中被接受了 [8,9]. 但是, 正如我们下面将要讨论的, 这个答案对于铁基超导体来说极其不平庸, 因为它们的磁性牵涉不同的微观起源. 支持这个规则的三个主要原因可以总结如下:

(1) 它自然地解释了铜氧化物超导体中稳定的 d 波配对对称性和铁基超导体中稳定的 s 波配对对称性;

(2) 它符合一个一般性的论据: 如果没有中介阴离子在中间, 两个阳离子之间的短程库仑排斥相互作用将不能被有效地屏蔽, 进而不允许它们之间进行超导配对;

(3) 它对能承载超导电性的电子环境作了严格的规定, 因此直接给出了第二个问题的答案.

1.3.1　铜氧化物超导体的情况

正如我们上面指出的那样, 这个规则在铜氧化物超导体中是我们所熟悉的一个假设. 它为 d 波配对对称性提供了一个自然的解释 [8], 可以说是铜氧化物超导体研究中最成功的理论成就. 事实上, 历史上在确定铜氧化物超导体的配对对称性的过程中, d 波配对对称性在主要的实验证据出现之前就已经被理论预言了 [9-13].

这里我们首先回顾一下得到铜氧化物超导体中 d 波配对对称性的主要理论方法. 有两种得到 d 波配对对称性的方法, 这两种方法基于建立在二维 Cu 正方格子上的有效模型 (图 1.1(a)). 其中一种方法是传统的弱耦合方法. 这种方法以一个紧密嵌套的费米面开始, 费米面中的自旋密度波 (SDW) 不稳定性通过格点内部电子–电子排斥相互作用 (哈伯德 (Hubbard) 相互作用) 能够发生 [10,11]. 另外一种方法是强相互作用方法, 它直接以短程磁交换相互作用开始. 在铜氧化物超导体中, 磁交换相互作用是通过氧原子中介 (mediate) 的最近邻反铁磁超交换相互作用实现 [8,12,13]. 这两种方法一致地预言了 d 波超导态.

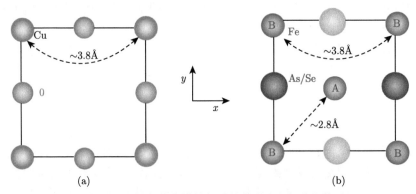

图 1.1　铜氧化物和铁基超导体的晶胞之间的比较

(a) CuO$_2$ 面内的晶胞和晶格常数; (b) FeAs/Se 层的晶胞和晶格常数, 层中的两类 Fe 原子分别标记为 A 和 B

这种一致性可以归因于下面一个简单的配对对称性选择规则: 配对对称性由其超导序参量的动量空间分布因子在费米面上的权重决定 [14]. 这个规则在具有局域反铁磁超交换相互作用的模型中已经存在 [13,15]. 在铜氧化物超导体的情况中, 超导配对通道中的通过最近邻反铁磁超交换相互作用脱耦合导致了两个可能的配对对称性: 一个在倒易空间中具有超导序的扩展的 s 波, $\Delta_s(k) \propto \cos k_x + \cos k_y$, 以及一个 d 波, $\Delta_d(k) \propto \cos k_x - \cos k_y$. 具有如图 1.2(c) 所示费米面的情况下, 费米面上的 d 波分布因子比扩展的 s 波的幅度大得多. 因此, d 波配位对称性打开了更大的超导能隙, 在超导态中存储了更多的反铁磁交换能, 这有利于 d 波配对对称性的形成. 这个规则也支持铜氧化物中基于 Hubbard 模型的弱耦合方法. 因为 Hubbard 模型只包含格点内部排斥相互作用, 而其中的动能项由最近邻跳跃支配, 所以主要的有效反铁磁交换耦合也在最近邻键上产生. 事实上, 考虑到 Hubbard 模型中半填充附近的反铁磁涨落, 由配对通道中的反铁磁涨落引起的有效电子–电子相互作用有下面的性质 [10]: 它以一个大的格点内部排斥相互作用开始, 接着最近邻位置之间有吸引相互作用, 然后在排斥和吸引之间振荡, 并且随着空间距离的增加而急速衰减. 这个性质从根本上告诉我们, 配对也是由最近邻键支配的.

1.3.2 铁基超导体的情况

如图 1.1(a) 和 (b) 所示, 把一个 FeAs/Se 层和一个 CuO_2 层做对比, 我们注意到了两者之间的几个重要差别: ① FeAs/Se 层中的 As/Se 原子精确地位于 4-Fe 正方格子中间点的正上方或者正下方; ② 两个最近邻 Fe 原子之间的距离非常短, 大约只有 2.8 Å, 这个值非常接近金属 Fe 体心立方晶格常数; ③ 两个次近邻 Fe 原子之间的距离大约为 3.8 Å, 接近于 CuO_2 面内两个最近邻 Cu 原子之间的距离. 这些差别暗示着两个次近邻 Fe 原子之间的磁交换耦合像两个最近邻 Cu 原子之间的磁交换耦合一样, 是由 As/Se 原子的 p 轨道引导的. 因此两个次近邻位置的 Fe 原子间的磁交换耦合由超交换机制支配. 然而两个最近邻 Fe 原子的两个 d 轨道之间有大的交叠, 这导致两个 Fe 原子之间的磁交换耦合是通过直接跳跃产生的. 因此, 最近邻磁交换耦合和次近邻磁交换耦合有着不同的微观机制. 这些差别解释了为什么铁基超导体中的有效磁模型非常复杂而且同时表现出巡游和局域这两种磁特征 [17].

较短的最近邻原子间距和直接磁交换机制的存在也对超导配对有着重大的影响. 在铜氧化物超导体中, 人们可以认为两个最近邻 Cu 原子之间的排斥作用可以被忽略, 因为两个 Cu 原子中间的氧原子的存在产生了一个大的局域电极化, 屏蔽了有效的库仑 (Coulomb) 相互作用. 这使得最近邻键上的配对的发生成为可能. 但是, 如果两个原子 d 轨道之间有直接的跳跃, 就没有局域电极化屏蔽它们之间的库仑相互作用. 因此, 铁基超导体中两个最近邻位置上的 Fe 原子之间的排斥相互作用一定很大, 以至于最近邻键间的配对根本上是被禁止的. 但是两个次近邻位置上 Fe 原子之间的物理和铜氧化物中两个最近邻位置上 Cu 原子之间的物理是相同的, 两个次近邻位置上 Fe 原子之间的有效库仑相互作用被 As/Se 原子产生的强电极化给屏蔽了.

我们可以用一个简单的方式描述上面的讨论. 考虑最初的如图 1.1(b) 所示的 2-Fe 晶胞, 我们把晶胞中两种 Fe 原子的位置分别标记为 A 和 B, 这样, Fe 正方晶格可以看作由 A 和 B 两套正方子晶格组成. 每一个子晶格都可以考虑和铜氧化物中 Cu 正方晶格类比. 两套晶格之间的配对是被禁止的, 因为它们之间存在着强排斥相互作用. 配对只存在于每个子晶格内. 也就是说, 正如图 1.2(b) 所示, 配对只在不同的 2-Fe 晶胞之间被允许, 在晶胞内部是被禁止的. 这样的类比使得我们能够使用同样的配对对称选择规则来预言铁基超导体中的配对对称性. 如图 1.2(d) 所示, 如果我们在 2-Fe 晶胞的布里渊 (Brillouin) 区 (也是关于每一个子晶格的布里渊区) 中画出费米 (Fermi) 面, 这些费米面要么位于布里渊区的拐角处, 要么位于布里渊区的中心 (Γ 点). 如图 1.2(d) 所示, 扩展的 s 波 $\Delta_2(k)$ 的形成因子在费米面上有一个大的权重. 因此, 这种结构明显地有利于扩展的 s 波对称性. 这个图像和 Γ 点是否存在空穴口袋 (hole pockets) 无关.

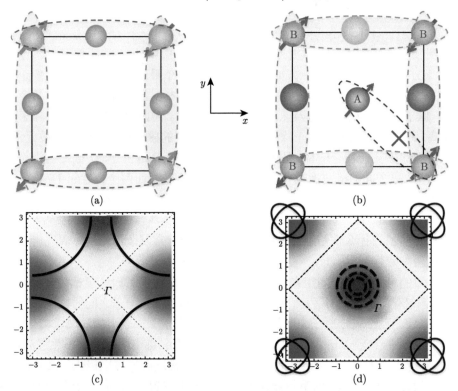

图 1.2　铜氧化物和铁基超导体在实空间和动量空间中超导配对的比较 [16]

(a) 铜氧化物超导体 d 波超导态中的实空间配对组态; (b) 铁基超导体扩展的 s 波超导态中的实空间配对组态 (红色的乘号表示 A 和 B 子晶格之间禁止配对); (c) 铜氧化物超导体的费米面和动量空间中 d 波序参量的权重分布 (红色和蓝色分别代表大的正值和负值的区域); (d) 铁基超导体的典型费米面和动量空间中扩展的 s 波序参量的权重分布, Γ 点处有虚线的费米面是在铁硫族化合物中可以缺少的空穴口袋

上面的讨论表明, 铁基超导体的正方格子中实现了扩展的 s 波配对对称性, 与

铜氧化物超导体中 d 波配对对称性相对应. 铁基超导体中扩展的 s 波和铜氧化物超导体中 d 波有相同的稳定性. 过去几年积累的压倒性的实验证据支持铁基超导体中的 s 波的稳定性 [18-20], 这种理解解释了先前的不能得到稳定 s 波配对的理论研究中丢失的部分. 先前的基于弱耦合方法的研究中, 在计算配对对称性的时候 A 和 B 子晶格之间的排斥相互作用没有被认真地考虑, 只有格点内部排斥相互作用被考虑到了. 在只有格点内部排斥相互作用的情况下, 在最近邻和次近邻键中都产生了有效吸引相互作用. 一般来说, 最近邻键有利于形成 d 波配对对称性, 而次近邻键有利于形成扩展的 s 波对称性. 因此, 这些模型中的配对对称性对细节的参数和费米面的性质变得非常敏感 [20,21]. 这种敏感性在基于局域反铁磁 J_1-J_2 交换耦合的模型中也存在 [15]. 有 J_1 (最近邻反铁磁交换耦合) 和 J_2 (次近邻反铁磁交换耦合) 存在的情况下, 相图非常丰富 [15,22]. s 波的稳定性只有在 J_1 被认为在提供配对方面不活跃时才能存在 [20].

总结上面的讨论, 铁基超导体和铜氧化物超导体可以被统一到一个超导机理中. 前者提供了在区别不同磁相互作用在提供超导配对时扮演的角色这方面的极端有价值的信息. 铁基超导体中的稳定的 s 波配对对称性, 像铜氧化物超导体中的 d 波对称性一样, 是对支持反铁磁超交换耦合是配对的主要来源的强烈暗示.

1.4 第二个问题的答案

正如我们前面提到的, 高温超导机理的挑战是第一个问题的答案必须导致对第二个问题的自然回答. 为了证明前文对第一个问题的假设能够满足这个要求, 我们首先讨论第一个问题的答案给出的限制条件. 然后, 我们讨论铜氧化物和铁基超导体是如何满足这些条件的. 最后, 我们论证为什么满足这些条件是困难的, 并且解释为什么非常规高温超导体那么罕见.

1.4.1 非常规高温超导体的条件和规则

为了产生强的反铁磁超交换耦合并且把它们对高温超导电性的贡献最大化, 我们可以提出对潜在的可能高温超导体的具体要求.

(1) 阳离子–阴离子配合物的必要性: 因为反铁磁超交换耦合是通过阴离子中介的, 潜在的候选者必须包含由阳离子、阴离子配位体构成的结构单元. 在结构单元内, 两个相邻的配位体之间必须有共享的阴离子. 此外, 两个阴离子之间的强化学键应该被避免, 因为它们通常破坏反铁磁交换过程.

(2) 轨道选择规则: 为了产生强的反铁磁超交换耦合而参与和阴离子原子之间的强化学键的阳离子原子的轨道必须在费米能级附近起支配性的作用. 当这些轨道独立地出现在费米能级附近时, 对于实现高温超导就是最好的电子环境. 也就是说, 费米能级附近的能带结构应该由能与阴离子产生强耦合的阳离子原子的轨道支配. 我们将会证明这个要求从根本上回答了为什么铜氧化物和铁基超导体独特地拥有高温超导电性. 它是缩小我们对潜在高温超导体候选者的探索范围的最有力的规则. 根据这个规则, 我们可以结合对称性分析和密度泛函理论来寻找新高温超导电子环境. 在铜氧化物超导体中, 当轨道更少地被轨道影响时, 超导转变温度会更高. 这个规则在铜氧化物超导体中等同于过去提出过的轨道蒸馏 (distillation) 效应 [24].

(3) 配对对称性选择规则: 上文中我们已经清楚地讨论了这个规则. 这个规则使得我们能够把实空间和动量空间中的配对组态联系起来. 根据这个规则, 我们能够设计出实现有特定配对对称性的超导态的结构.

(4) 电子–电子关联和半填充: 我们要求能够产生强的反铁磁超交换耦合的阳离子原子中的原子轨道平衡它们的空间局域性和扩展性. 另外, 一般来说, 当轨道接近于半填充时能够实现强的反铁磁超交换耦合. 因此, 过渡金属元素中半填充的 3d 轨道明显是最好的选择.

(5) 维度: 对于 d 轨道, 由于它们空间组态中的二维特性, 轨道选择规则自然要求一个准二维电子环境. 在一个有着强三维能带色散关系的电子能带中, 保持一个纯净的轨道特征几乎不可能. 尽管有人可能认为在准一维电子环境中可能满足这些要求, 但是找到这样的例子也是极端困难的.

总结对于过渡金属化合物的这些条件和规则, 我们可以将高温超导体的基因具体地定义为: 一种准二维电子结构, 其中阳离子原子中与阴离子原子的 p 轨道发生强杂化的 d 轨道独立地出现在费米能级附近. 接下来的两小部分中, 我们说明铜氧化物和铁基超导体都是携带这种基因的特殊材料.

1.4.2　铜氧化物超导体的情况

铜氧化物超导体属于拥有钙钛矿结构的材料. 钙钛矿相关的结构是自然界中最常见和最稳定的结构. 在一个钙钛矿结构中, 基本的结构单元是如图 1.3(a) 所示的阳离子–阴离子八面体配合物. 在铜氧化物超导体中, CuO_6 八面体配合物形成了提供准二维电子结构的二维 CuO_2 层. 如图 1.3(c) 所示, 在一个纯净的 CuO_6 八面体配合物中, Cu 原子的五条 d 轨道在晶体场作用下劈裂成了两组: t_{2g} 和 e_g. 由于两个 e_g 轨道与周围的氧原子之间的强耦合, 它们的能量更高一些. 另外, 在 CuO_2 层中, 轨道的能量因为 Jahn-Teller 效应或者缺少顶点的氧原子而降低. 因此, 阳离子位置处的局域能量组态由图 1.3(d) 描述, 图 1.3(d) 中 $d_{x^2-y^2}$ 轨道单独位于顶端.

不难注意到只有 $d_{x^2-y^2}$ 轨道参与强反铁磁超交换耦合. 它与氧原子的 p 轨道之间有最强面内耦合. 也就是说, 只有归因于 $d_{x^2-y^2}$ 轨道的电子能带能够支持高温超导电性. 为了在费米能附近孤立 $d_{x^2-y^2}$ 轨道, 要求 d 壳层上有 9 个电子. 因此, 高温超导电性的基因只有在一个阳离子位置处的 d^9 填充组态中能够被满足, 这就解释了为什么 Cu^{2+} 是一个自然的选择. 事实上, 过去的几十年里, 人们发现了无数的有钙钛矿结构的过渡金属化合物, 但是, 除了铜氧化物超导体, 它们中没有一个表现出高温超导电性.

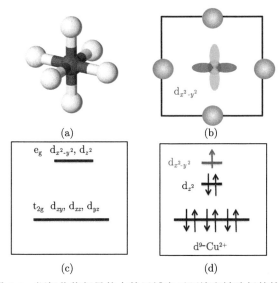

图 1.3　铜氧化物超导体中的局域电子环境和被选择的轨道

(a) 八面体配合物的草图; (b) CuO_2 层中被选择的 $d_{x^2-y^2}$ 轨道的耦合组态; (c) 八面体配合物中阳离子 d 轨道的晶体场劈裂; (d) 暗示蓝色轨道 $d_{x^2-y^2}$ 在 d^9 填充组态中被选择的铜氧化物中 Cu 原子位置处的真实局域能量组态

1.4.3　铁基超导体的情况

铁基超导体中电子的物理性质位于二维 FeAs/Se 层上. 如图 1.4(a) 所示, 这些层由共边四面体 $FeAs_4$ (Se_4) 配合物构成. 这种 4-配位四面体配合物只比八面体配合物稍微罕见一些, 是形成晶体晶格的另一种重要结构单元.

如图 1.4(c) 所示, 在四面体配合物中, t_{2g} 轨道比 e_g 轨道有更高的能量, 因为它们与阴离子之间有强耦合. 在这样一种组态下, 有人可能会过早地断言, 一个 d^7 填充的组态可以使得所有 t_{2g} 轨道接近半填充, 所以满足高温超导基因的要求. 但是, 因为下面两个主要原因, 这种论据是误导性的. 首先, 四面体配位体中 t_{2g} 和 e_g 两个轨道之间的晶体场能的劈裂远比八面体络合物中的要小. 其次, 因为 FeAs/Se 层中最近邻 Fe 原子间距较短, $d_{x^2-y^2}$ 这个 e_g 轨道有非常大的色散关系. 因此, 简单的论据不能将费米能附近的 $d_{x^2-y^2}e_g$ 轨道排除.

但是, 如果我们仔细地考察 2-Fe 晶胞, 因为两个最近邻 Fe 原子之间的短距离, 一个 Fe 原子的局域电子环境不仅被四面体配位体中周围四个 As/Se 原子影响, 还受到周围四个 Fe 原子的影响. 事实上, d_{xz} 和 d_{yz} 轨道与附近 Fe 原子的轨道强烈地耦合. 因此, 一个更复杂的图像是, d_{xz} 和 d_{yz} 轨道形成了两个分子轨道. 其中一个有 $d_{x^2-y^2}$ 对称特征的轨道和附近 Fe 原子的 $d_{x^2-y^2}$ 轨道强烈地耦合. 这种耦合将这个轨道推至更高的能级. 另一个有 d_{xy} 对称性特征的轨道仍然是一个和周围 As/Se 原子有强耦合的纯净的轨道. 因此, 更精确的局域能量组态由图 1.4(d) 给出, 图的中间有两个 d_{xy} 类的轨道, 其中一个由 $d_{xz/yz}$ 轨道形成. 这两个轨道能够提供可能的高温超导电性. 有了这个组态, 我们立即判定出这种特殊的 Fe^{2+} 的 $3d^6$ 组态满足高温超导基因的要求.

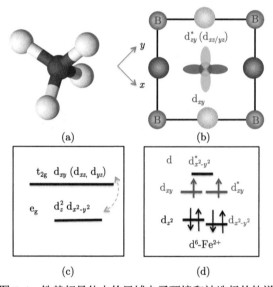

图 1.4   铁基超导体中的局域电子环境和被选择的轨道

(a) 四面体配合物的草图; (b) FeAs/Se 层中被选择的 d_{xy} 类轨道和阴离子原子之间的耦合组态; (c) 四面体配合物中阳离子的 d 轨道的晶体场劈裂; (d) 铁基超导体中 Fe 原子位置的局域能量组态 (蓝色的轨道在 d^6 填充组态中被孤立, 它们支配了费米能附近的电子物理性质)

上面的能量组态隐藏在为铁基超导体构建的简化的有效双轨道模型后面 [25]. 在费米能附近, 双轨道有效模型被证明捕捉到了由拟合密度泛函理论计算导出的五轨道模型的能带色散关系 [26,27]. 如果我们核查双轨道模型中的两个轨道的对称性特征, 两个轨道都有 d_{xy} 对称性特征而不是原来的论文中所理解的 $d_{xz/yz}$ 对称性特征 [25].

上面的分析暗示铁基超导体中的电子结构实现了高温超导的基因. 事实上, 我们也注意到, 虽然存在多种多样的有着和铁基超导体一样结构的基于其他过渡金属元素的材料, 但是它们都不表现出高温超导电性.

1.5 第三个问题的答案

上面的讨论中给出一个清楚的信息: 高温超导电性的基因起源于阳离子–阴离子配合物的局域电子物理性质和晶体结构之间的非常特殊的关联. 我们可以论证, 对称性在这种关联背后起着非常重要的作用. 事实上我们可以论证, 正是局域配合物和全局晶体结构之间对称性的关联使得实现高温超导基因成为可能.

1.5.1 八面体/四面体配位体和正方晶格对称性

八面体和四面体配位体都有一个四重旋转对称主轴. 它们的 d 轨道分别由 C4 和 S4 旋转对称性局域地分类. 如果一个 d 轨道在一个能带结构中可以被孤立出来, 它在构建出的晶体结构中应该有相似的分类. 这个论据暗示着, 为了满足由八面体和四面体配合物构成的材料的高温超导基因条件, 需要正方晶格对称性. 铜氧化物和铁基超导体确实都有正方晶格对称性. 产生高温超导基因的被选择的轨道按照与晶格和它们的局域配合物完全相同的对称性群分类. 这种对应使得它们能够在费米能附近的电子结构中被孤立出来, 不被其他轨道干扰.

八面体或者四面体配合物是自然界中最常见的结构. 它们可以形成许多不同的二维晶格. 如果我们考虑由这些配合物形成的没有正方晶格对称性的晶体结构, 这样一种对应就缺失了, 不同轨道一般会混合在一起. 因此, 对于由这两种配合物形成的非正方格子, 如三角或者六角格子, 被选择的轨道在能带结构中很难被孤立, 满足高温超导基因条件也就变得很困难. 这就解释了目前为什么只有铜氧化物和铁基超导体是由八面体和四面体配位体构成的材料中有高温超导基因的体系.

通过上述高温超导基因, 我们可以得知高温超导电性来源于局域电子结构环境和晶体结构的特定结合. 在此基础上, 我们可以寻找新的符合高温超导基因的材料. 下面我们讨论符合高温超导基因的新结构.

1.5.2 基于 d^7 填充三角双锥配位形成的三角/六角二维晶格

上面的讨论暗示, 如果我们想在三角/六角晶格结构中创造一个高温超导基因, 可能需要寻找由具有三重或者六重旋转对称主轴的阳离子–阴离子配合物构成的晶格. 因此, 我们考察如图 1.5(a) 所示的三角双锥配合物, 它是一个 5-配位的配合物, 有三重旋转对称主轴. 图 1.5(b) 中所示的由共顶三角双锥形成的二维六角结构已经在 Mn 基材料[28,29] $YMnO_3$ 和 Fe 基材料[30] $Lu_{1-x}Sc_xFeO_3$ 中出现了.

一个清楚的预言是, 在一种带有上面的二维六角层的材料中, 一个可以由 Co^{2+} 或者 Ni^{3+} 实现的 d^7 填充组态满足高温超导基因条件. 另外, 配对对称选择规则预言这些材料中接近于 d^7 填充组态的超导态有一个 $d \pm id$ 配对对称性.

图 1.5 中展示了三角双锥中的 d 轨道的晶体场能劈裂. d_{z^2} 轨道有最高的能量, 因为它和两个顶部的阴离子之间有强烈的耦合. 双重简并的 $d_{x^2-y^2}$ 和 d_{xy} 轨道与面内阴离子强烈地耦合. 双重简并的 d_{xz} 和 d_{yz} 轨道能量最低, 它们只与阴离子微弱地耦合. 当三个共角的三角双锥形成六角格子时, 其中的 $d_{x^2-y^2}$ 和 d_{xy} 轨道形成了两个分子轨道, 其中一个可以与 d_{z^2} 轨道强烈地耦合, 所以简并被消除了. 因为 d_{z^2} 轨道有更高的能量, 这种耦合降低了参与耦合的分子轨道的能级. 另一个分子轨道完全孤立于其他轨道, 可以被选择用来提供我们所期望的高温超导电子环境. 图 1.5(c) 描述了局域能量组态. d^7 填充组态可以满足高温超导基因的条件. 有关这个结构的密度泛函理论计算证明了图 1.5(e)[3].

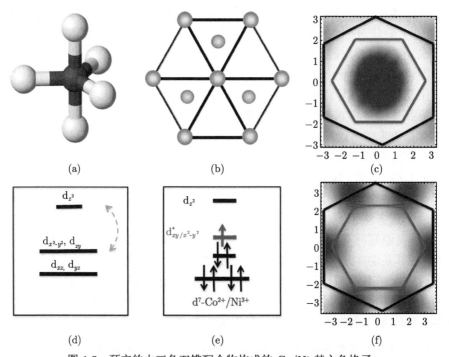

(a)　　　　　　　　　　(b)　　　　　　　　　　(c)
(d)　　　　　　　　　　(e)　　　　　　　　　　(f)

图 1.5　预言的由三角双锥配合物构成的 Co/Ni 基六角格子

(a) 三角双锥配合物的草图; (b) 由三角双锥配合物形成的二维六角层; (c) 扩展的 s 波的权重分布和费米面 (红色表示大的正值); (d) 三角双锥配合物中的阳离子的 d 轨道的晶体场劈裂; (e) 六角层中阳离子 Co/Ni 位置处的局域能量组态; (f) 和 (c) 类似为 $d \pm id$ 波的权重分布和费米面

在 d^7 填充组态周围, 形成了一个准二维能带结构, 费米能附近的电子物理性质由归因于被选择轨道的一个单能带支配. 这条能带的费米面如图 1.5(c) 和图 1.5(f) 所示. 如果我们利用配对对称选择规则, 因为配对应该由阳离子三角格子中的最近邻键支配, 对于 s 波配对, 动量空间中的能隙函数的形成因子由 $\Delta_s \propto$

$$\cos k_y + 2\cos\left(\frac{\sqrt{3}}{2}k_x\right)\cos\left(\frac{1}{2}k_y\right)$$ 给出, 对于 $d \pm id$ 波配对, 形成因子由 $\Delta_{\mathrm{d}} \propto$

$$\cos k_y - \cos\left(\frac{\sqrt{3}}{2}k_x\right)\cos\left(\frac{1}{2}k_y\right) \pm i\sqrt{3}\sin\left(\frac{\sqrt{3}}{2}k_x\right)\sin\left(\frac{1}{2}k_y\right)$$ 给出. 图 1.5(c),

(f) 表明了两个形成因子的幅度和费米面之间的交叠. 简并的 $d \pm id$ 波和接近半填充的费米面协同得很好. 因此, 这个体系支持稳定的 $d \pm id$ 波配对超导态.

超导转变温度能够通过比较配合物中阳离子和阴离子之间耦合能的大小来估计. 铜氧化物超导体中八面体配合物中的 Cu-O 耦合强度比铁基超导体四面体配合物中的 Fe-As/Se 耦合的两倍还要强. 实验观察到的两类高温超导体的最高转变温度之间的比例与两者耦合强度之间的比例相似. 在三角双锥配合物中, 它们之间的耦合强度大约是铜氧化物超导体中耦合强度的 2/3. 因为在铜氧化物超导体中最高转变温度可以达到 160 K, 所以我们期待在三角双锥结构中可以实现的最大转变温度大约是 100 K.

1.5.3 基于 d^7 填充的四面体共享顶角形成的钴基正方二维晶格

通过前面对铁基高温超导晶体结构的分析, 很自然会提出一个问题: 如果只保留一套 Fe 格子, 这样的晶体结构能不能存在高温超导? 答案是肯定的. 图 1.6 分别展示了四面体共享边界和顶角的二维晶体结构与 d 轨道的晶体场能劈裂. 对于铁基结构, 前面分析过, 在费米面附近, 主要有两个 d_{xy} 类的轨道, 其中一个由 $d_{xz/yz}$ 轨道形成. 这两个轨道能够提供可能的高温超导电性. 我们立即判定出这种特殊的 Fe^{2+} 的 $3d^6$ 组态满足高温超导基因的要求. 当四面体共享顶角时, 很明显, 在这个晶体结构中 e_g 和 t_{2g} 轨道没有大的耦合; 因为晶体场劈裂, e_g 和 t_{2g} 轨道是完全分开的; 所有的 t_{2g} 轨道几乎是简并的. 因此, 如图 1.6(b) 所示, 过渡金属的 3d 轨道填充数为 7 满足高温超导基因的要求. 所以, 我们的目标是构造 Co^{2+} 或 Ni^{3+} 的材料, 并且包含这样的二维晶体结构.

在材料寻找过程中, 我们发现在闪锌矿中这种结构很普遍. 比如, ZnS 是一个常见的三维立方结构, 它是由顶点共享形成的. 每个 ZnS_2 层和图 1.6(b) 的结构是等价的. 为了理论上验证的目的, 我们用 Co 原子替换 ZnS 中一半的 Zn 原子, 得到的材料 $ZnCoS_2$ 是由 ZnS_2 和 CoS_2 层沿着 c 方向叠加而形成. 通过计算, 在这些材料中, 由于 Zn 的 3d 轨道被填充满了, Co 的 t_{2g} 轨道主要贡献了费米能级附近的电子结构, 这符合高温基因的要求.

对闪锌矿结构做元素替换之后, 可以得到化学式为 I-II_2-III-VI_4 的锡石类结构和 PMCA 类结构, 图 1.7 给出了晶体结构以及晶体场劈裂. 显然 $CuInM_2X_4$ (M = Mn, Fe, Co, Ni; X = S, Se, Te) 的锡石类结构和 PMCA 结构中都有与 $ZnCoS_2$ 中类似的 CoX_2 层. 因此, 其中的 $CuInCo_2X_4$ (X = S, Se, Te) 符合超导基因理论的要求. 值得注意的是, $CuInCo_2Te_4$ 在 2016 年已经被合成出来 [31]. 通过对 $CuInCo_2Te_4$ 能带以及磁结构等进行计算, 合成的母体化合物材料的磁性性质和我们的理论计算是一致的. 这类材料完全吻合超导基因理论. 因此, 这个材料可以作为统一理解两大高温超导家族的桥梁, 并为高温超导基因理论提供了可试错的检测方法. 如果预言成真, 这将为解决高温超导之谜指明方向.

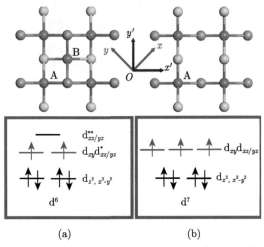

(a)　　　　　　　　　　　(b)

图 1.6　二维晶体层状结构, 相应的 d 轨道晶体场劈裂, 以及实现高温超导的电子填充结构 [5]

(a) 在铁基超导中具有 d^6 电子填充结构的 FeAs/Se 层; (b) 提出的层状结构, 只保留了 (a) 中一套 A 子格, 具有 d^7 电子填充结构

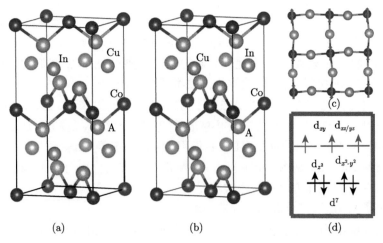

(a)　　　　　　　(b)　　　　　　　(d)

图 1.7　(a) 和 (b) 分别是 $CuInCo_2X_4$ (X = S, Se, Te) 的锡石类和 PMCA 类晶体结构 [6]; (c) 是 G 型 (棋盘型) 反铁磁序的示意图; (d) 是 $CuInCo_2X_4$ 中四面体晶体场下的 Co 的 d^7 电子组态

我们预测在这类体系中的最高 T_c 应该会比铁基超导中的 T_c 更高. 超导转变温度会受到很多因素的影响. 然而, 如果超导机理是相同的, 那么我们能基于能量尺度来比较不同类的最高 T_c. 铜基和铁基超导的最高 T_c 比值大致等于这两类超导的能量尺度比值. 对于我们提出的体系, 能量尺度基本上等于铁基超导的能量尺度. 然而, 这里所有的 t_{2g} 轨道都参与了超导, 铁基超导中只有两个 t_{2g} 轨道参与, 所以我们认为这个最高 T_c 能超过铁基超导.

1.5.4 基于 d^8 填充的八面体边角共享形成的镍基正方二维晶格

目前为止, Fe^{2+}, Co^{2+}, Cu^{2+} 都找到了相对应的电子环境来实现高温超导. 在化学元素周期表中, Ni 是处在 Co 和 Cu 之间, 很自然就会想到: Ni 的高温超导电子环境是怎样的? 基于这个想法, 我们发现八面体也可以为 Ni^{2+} 提供高温超导电子环境 [7]. 和铜基高温超导的二维层状结构 (八面体共享顶角) 不同, 这里的电子环境是八面体共享面形成的正方二维晶格结构. 图 1.8(c) 给出了这样的二维层状结构, 以及图 1.8(a) 给出了相应的晶体场劈裂. 我们建立了新的坐标系来分

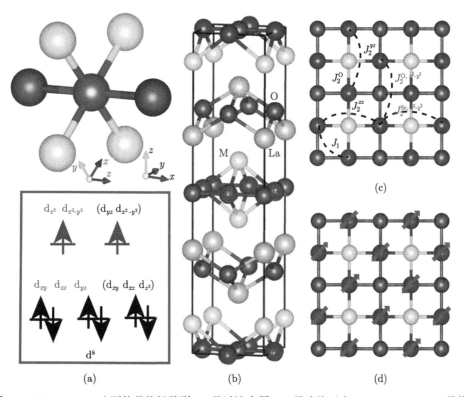

图 1.8 (a) BM_4O_2 八面体晶体场劈裂, B 是过渡金属, M 是硫族元素; (b) $La_2B_2M_2O_3$ 晶体结构; (c) B_2M_2O 八面体边角共享二维层状结构中的磁交换相互作用 J; (d) C 型共线反铁磁

析 d 轨道, 可以看出, 在费米面附近, 主要由 d_{z^2} 和 $d_{x^2-y^2}$ 两个轨道贡献, 其他的三个轨道全部占据. 由于这两个轨道和周围的阴离子有很强的耦合, 两个轨道能够提供可能的高温超导电性. 因此, 我们可以判定 Ni^{2+} 的 $3d^7$ 组态满足高温超导基因的要求.

在材料寻找过程中, 我们发现一类实验上已经合成的材料 $La_2B_2Se_2O_3$ (B = Mn, Fe, Co)[7], 图 1.8(b) 给出了三维的晶体结构, 类似铁基 "1111" 体系, 由 LaO 绝缘层和 B_2Se_2O 层沿着 c 方向叠加而形成. 为了理论上验证的目的, 我们用 Ni 原子替换 B 原子, 得到具有相同结构的材料 $La_2Ni_2Se_2O_3$. 通过第一性原理计算, 理论上可以得到 $La_2Ni_2Se_2O_3$ 能带结构. 通过分析, Ni 的 d_{z^2} 和 $d_{x^2-r^2}$ 轨道主要贡献了费米能级附近的电子结构, 其他的轨道几乎占满, 满足了高温基因的条件. 因此, 如果这类材料可以在实验上合成, 将会打开对镍基高温超导的大门, 同时为解决高温超导之谜指明方向.

1.6　本章小结

如果上面的基因被证实了, 就证明我们对第一个问题的回答是对的. 但是最重要的是, 这种证实为理论上设计和寻找新的非常规高温超导体打开了一扇大门. 一般的寻找步骤可以是这样的: ① 设计一个可能的可以由特定阳离子–阴离子配位体构成的晶体结构; ② 使用对称性工具理解局域电子物理性质; ③ 进行标准的密度泛函理论计算得到能带结构和它的轨道特征; ④ 使用对高温超导基因的要求来决定存在高温超导环境的条件和可能性; ⑤ 设计实际晶格结构能够稳定存在的材料.

在设计高温超导电子环境的时候, 有一些有帮助的线索. 例如, 我们可以问我们是不是能够为所有 3d 过渡元素设计实现高温超导电性的晶体结构. 因为负责产生高温超导电性的 d 轨道一定要和阴离子原子之间产生强耦合, 它们通常从晶体场环境中获得能量, 这就解释了为什么所有高温超导体 (包括被预言的 Co/Ni 基材料) 都涉及元素周期表中 3d 过渡元素的后半部分. 我们是否能够克服这个局限, 为 3d 过渡元素的前半部分做出具体的设计 (特别是 Mn 和 Cr) 是一个非常有趣的问题. 另一个例子是, 因为我们有清楚的决定配对对称性的规则, 我们能否设计出有特定配对对称性的超导态. 我们注意到, 铜氧化物和铁基超导体分别是在正方晶格中的 d 波和 s 波配对对称性的例子. 我们预言的其中一个结构基因实现在三角/六角晶格结构中的 d 波配对对称性. 因此, 例如, 我们可以问关于如何在三角/六角晶格结构中实现扩展的 s 波的具体问题.

我们主要聚焦于 3d 轨道, 知道它们产生了最强的关联效应. 然而, 即使携带较少的电子–电子关联效应, 我们也可以考虑阳离子位置处的其他类型的轨道, 包括 4d, 5d, 4f, 5f, 甚至更高级的 s 轨道. 我们可以考虑将费米能附近的轨道运动性质可以被孤立出来而且是通过与阴离子 p 轨道之间的强耦合产生的材料作为可能的非常规超导体. 一般来说, 只要阴离子和阳离子的轨道之间存在电荷转移能隙, 就应该产生反铁磁超交换耦合. 因此, 我们可能得到中等的高转变温度. 对于 5d 和 5f 轨道, 因为大的自旋–轨道耦合, 轨道将发生重组, 实空间的组态将有很大不同. 这可能导致更多关于产生超导态的晶格结构的设计. 一个例子是 Sr_2IrO_4, 它可以被视为铜氧化物超导体的一个低能量尺度的复制. 对于 s 轨道, 因为它们在空间中对称, 我们可能设计出一个立方型的三维晶格结构来实现这些条件.

归纳起来, 铜氧化物和铁基超导体可以被统一到一个基于排斥相互作用或者磁驱动高温超导机理的理论框架中去. 这种统一导致了可以调节非常规高温超导电性所要求的电子环境的重要规则. 这些规则可以指导我们去寻找新的高温超导体. 根据这些规则, 我们清楚地预言了几种可能的高温超导基因. 证实这些预言将铺平建立非常规高温超导机理的道路.

参 考 文 献

[1] Bednorz J G, Muller K A. Possible high T_c superconductivity in the Ba-La-Cu-O system. Z. Phys. B, 1986, 64: 189-193.

[2] Kamihara Y, Watanabe T, Hirano M, et al. Iron-based layered superconductor LaOFeAs with T_c 1–4 26 K. J. Am. Chem. Soc., 2008, 130: 3296-3297.

[3] Hu J P, Le C C, Wu X X. Predicting unconventional high temperature superconductors in trigonal bipyramidal coordinations. Phys. Rev. X, 2015, 5(4): 041012.

[4] Hu J P. Identifying the genes of unconventional high temperature superconductors. Sci. Bull., 2015, 61(7): 561-569.

[5] Hu J P, Le C C. A possible new family of unconventional high temperature superconductors. Sci. Bull., 2017, 62(3): 212-217.

[6] Hu J P, Gu Y H, Le C C. Predicting diamond-like Co-based chalcogenides as unconventional high temperature superconductors. Sci. Bull., 2018, 63(20): 1338-1344.

[7] Le C C, Zeng J F, Gu Y H, et al. A possible family of Ni-based high temperature superconductors. Sci. Bull., 2018, 63(15): 957-963.

[8] Anderson P W, Lee P A, Randeria M, et al. The physics behind high-temperature superconducting cuprates: the 'plain vanilla' version of RVB. J. Phys. Condens. Matt., 2004, 16(24): R755-R769.

[9] Scalapino D J. Condensed matter physics—the cuprate pairing mechanism. Science, 1999, 284(5418): 1282-1283.

[10] Scalapino D. The case for $d_{x^2-y^2}$ pairing in the cuprate superconductors. Phys. Rep., 1995, 250(6): 329-365.

[11]　Bickers N E, Scalapino D J, Scalettar R T. CDW and SDW mediated pairing interactions. Int. J. Mod. Phys. B, 1987, 1(3n04): 687-695.

[12]　Gros C, Poilblanc D, Rice T M, et al. Superconductivity in correlated wave functions. Physica C, 1988, 153-155(1): 543-548.

[13]　Kotliar G, Liu J L. Superexchange mechanism and d-wave superconductivity. Phys. Rev. B, 1988, 38(7): 5142-5145.

[14]　Hu J P, Ding H. Local antiferromagnetic exchange and collaborative fermi surface as key ingredients of high temperature superconductors. Sci. Rep., 2012, 2: 381.

[15]　Seo K J, Bernevig B A, Hu J P. Pairing symmetry in a two- orbital exchange coupling model of oxypnictides. Phys. Rev. Lett., 2008, 101(20): 206404.

[16]　Dagotto E. Colloquium: the unexpected properties of alkali metal iron selenide superconductors. Rev. Mod. Phys., 2013, 85(2): 849-867.

[17]　Dai P C, Hu J P, Dagotto E. Magnetism and its microscopic origin in iron-based high-temperature superconductors. Nat. Phys., 2012, 8: 709-718.

[18]　Richard P, Qian T, Ding H. Arpes measurements of the superconducting gap of Fe-based superconductors and their implications to the pairing mechanism. Journal of Physics: Condensed Matter, 2015, 27(29): 293203.

[19]　Fan Q, Zhang W H, Liu X, et al. Plain s-wave supercon ductivity in single-layer FeSe on $SrTiO_3$ probed by scanning tunnelling microscopy. Nat. Phys., 2015, 11(11): 946-952.

[20]　Hirschfeld P J, Korshunov M M, Mazin I I. Gap symmetry and structure of Fe-based superconductors. Rep. Prog. Phys., 2011, 74(12): 124508.

[21]　Maier T A, Graser S, Hirschfeld P J, et al. d-wave pairing from spin fluctuations in the $K_xFe_{2-y}Se_2$ superconductors. Phys. Rev. B, 2011, 83(10): 100515.

[22]　Yu R, Zhu J X, Si Q M. Orbital-selective superconductivity, gap anisotropy and spin resonance excitations in a multiorbital t-J1-J2 model for iron pnictides. Phys. Rev. B, 2014, 89(2): 024509.

[23]　Fang C, Wu Y L, Thomale R, et al. Robustness of s-wave pairing in electron-overdoped $A_{1-y}Fe_{2-x}Se_2$ (A = K, Cs). Phys. Rev. X, 2011, 1: 011009.

[24]　Sakakibara H, Suzuki K, Usui H, et al. Three-orbital study on the orbital distillation effect in the high tc cuprates. Phys. Proc., 2013, 45: 13-16.

[25]　Hu J P, Hao N N. S4 symmetric microscopic model for iron-based superconductors. Phys. Rev. X, 2012, 2(2): 021009.

[26]　Kuroki K, Onari S, Arita R, et al. Unconventional pairing originating from the disconnected Fermi surfaces of superconducting $LaFeAsO_{1-x}$ F_x. Phys. Rev. Lett., 2008, 101(8): 087004.

[27]　Graser S, Maier T A, Hirschfeld P J, et al. Near-degeneracy of several pairing channels in multiorbital models for the Fe pnictides. New J. Phys., 2009, 11(2): 5016.

[28]　Yakel H L, Koehler W C, Bertaut E F, et al. On the crystal structure of the manganese III trioxides of the heavy lanthanides and yttrium. Acta. Cryst., 1963, 16(10): 957-962.

[29]   Smolenskii G A, Bokov V A. Coexistence of magnetic and electric ordering in crystals. J. Appl. Phys., 1964, 35(3): 915-918.

[30]   Masuno A, Ishimoto A, Moriyoshi C, et al. Expansion of the hexagonal phase-forming region of $Lu_{1-x}Sc_xFeO_3$ by containerless processing. Inorg. Chem., 2015, 54(19): 9432-9437.

[31]   Gallardo-Grima P, Soto M, Izarra O. Synthesi, crystal structure and magnetic behavior of $CuCo_2InTe_4$ and $CuNi_2InTe_4$. Rev. Latinam. Metal. Mat., 2017, 37(1): 83-92.

第 2 章　新型非常规超导体的发现

雒建林

中国科学院物理研究所

超导电性是一种典型的宏观量子效应. 在低温下, 当系统的能量减至非常低时, 其性质只取决于基态附近非常少的态, 这时一些金属在低于某一温度时电阻就会变为零而成为超导体. 为了解释超导的成因, 科学家用了很长的时间去构建合理的模型和理论, 最成功的就是 BCS (Bardeen-Cooper-Schrieffer) 理论, 即电子与声子的相互作用, 使得电子之间有一个有效的净吸引, 结果使自旋和动量相反的两个电子之间形成库珀 (Cooper) 对, 库珀对之间相位相干形成超导. BCS 理论成功地解释了大部分超导体的超导电性, 然而, 1987 年发现的铜氧化物高温超导体以及此前发现的重费米子超导体等强关联电子体系中发现的非常规超导, 打破了人们已经建立起来的这个电声子关联的物理模型. 这类超导体的一个普遍特征是当长程反铁磁序被压制时会出现超导, 形成超导电子配对的原因不再是电声子相互作用, 而可能是自旋涨落或其他相互作用. 而要破坏长程磁有序, 除了掺杂不同元素以引入电荷载流子外, 加压也是一种有效的调控手段. 本章在介绍 Cr 基化合物超导体 CrAs 和 Mn 基化合物超导体 MnP 的结构与基本物理性质的基础上, 重点介绍了通过加压 CrAs 和 MnP 的双螺旋磁性被压制, 出现超导电性的演化过程. 此外也介绍了 CrAs 和 MnP 的结构、磁性和超导电性等方面的后续研究工作. 在 CrAs 和 MnP 中, 超导临近于双螺旋反铁磁序及出现的量子临界行为等多种实验证据表明, CrAs 和 MnP 具有非常规超导电性, 为探索新的非常规超导体打开了一条新路.

2.1　CrAs 的超导电性发现及非常规超导电性研究

2.1.1　CrAs 的基本结构和物性

常压下, CrAs 属于正交晶系 MnP 结构的金属间化合物. 它的晶格常数分别是 $a = 0.5650$ nm, $b = 0.3463$ nm, $c = 0.6205$ nm. 当温度高于 1100 K 时, 这种晶体会从正交晶系的 MnP 结构转变成六角晶系的 NiAs 结构 [1-3], 如图 2.1 所示. MnP 结构是在 NiAs 结构基础上的一种畸变结构, 虽然各个原子有微小的位移, 但确保了晶体在低温下保持最低能量而具有稳定性. 大多数微小移动发生在垂直于六重轴的平面内. 当相变发生时, 不管在 ab 面内或 c 轴, Cr 原子和 As 原子的位移都小于晶格参数的 2%, 所以这两种结构在本质上很接近 [4].

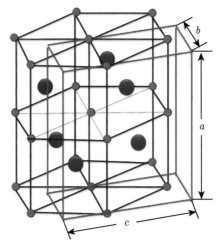

图 2.1 NiAs 结构和 MnP 结构之间的关系

六角边框代表 NiAs 结构; 长方体边框代表 MnP 结构

几十年前, 科学家就已经对 CrAs 多晶材料的磁性以及结构性质展开大量的实验研究, 如 X 射线衍射 (XRD)、中子衍射、磁化率、比热以及电输运等 [5-9]. 人们用中子衍射实验证实 CrAs 在 270 K 时还存在一个磁有序的相变. 温度低于 270 K 的磁有序态是双螺旋磁有序态, 波矢为 $Q = 0.354 \times 2\pi c^*$, 沿 c 方向, 其中 c^* 代表倒格子矢量, 表明是非公度的磁有序态 [5]. 双螺旋磁结构的自旋方向如图 2.2 所示, 自旋矢量方向在 ab 面内旋转, Cr 的第 2 个位置和第 3 个位置之间的自旋矢量方向相差 183.5°, 这意味着这两个 Cr 位置的磁矩几乎是反平行排列, 而 Cr 原子第 1 个位置和第 2 个位置的自旋之间相差 120°. 铬离子在磁有序态的磁矩为 $1.7\mu_B$. CrAs 在 270 K 的磁性相变同时伴随着晶格的非连续变化的一级结构相变, b 轴突然增加 4%, 而 a 轴和 c 轴收缩 1%. 这样的伸缩行为是晶体磁能与晶体弹性能竞争的结果. 在 270~1100 K 的温区内, CrAs 的磁化率会随着温度的上升而增加, 呈现出随温度的线性依赖行为. 这种行为与铁基超导体的母体相似, 比如 $SrFe_2As_2$[10]. 在大于 1100 K 时, CrAs 变成六角晶系的 NiAs 结构, 磁化率也会随着温度增加而减小, 遵从居里–外斯 (Curie-Weiss) 定律, 多晶的 CrAs 磁化率在 270 K 时变化并不明显 [6].

2010 年, 我们及合作者 [11] 利用 Sn 作助溶剂, 在国际上首次成功生长出 CrAs 单晶并测量了其基本物理性质 (图 2.3). 图 2.4 为单晶 CrAs 在垂直于 b 轴和平行于 b 轴方向的磁化率随温度的变化. 在 270 K 的 T_N 处磁化率有一个非常明显的转变, 这与中子实验在多晶样品中观察到存在反平行排列的磁相变相吻合. 在这个转变温度附近, 电阻和磁化率都存在一个热回滞现象, 也明显地说明这是一个一级相变.

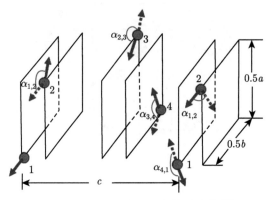

图 2.2　CrAs 非公度双螺旋磁结构 [6]

自旋矢量在 ab 面内, 波矢传播方向沿着 c 轴, 波矢 $Q = 0.354 \times 2\pi c^*$, 其中 $0.5a$ 和 $0.5b$ 分别为 a 与 b 轴的一半, 自旋方向如图所示

图 2.3　国际上首次成功生长出 CrAs 单晶

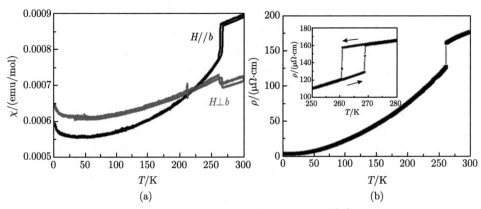

图 2.4　CrAs 单晶的磁化率和电阻数据 [11]

(a) 磁场垂直于针状方向和平行于针状方向的磁化率随温度的曲线; (b) 电阻随温度的变化, 插图为电阻在 270 K 相变时的热回滞

当磁场垂直于 b 轴时, 磁化率有一个小的跳跃, 这可能与自旋磁矩相互耦合有关. 在低于 270 K 时, b 轴会膨胀 4%, a、c 轴会收缩 1%, 因此沿着 b 轴的磁性相互作用 J_b 将会减少, 而 J_a 和 J_c 则会增加, 所以磁化率在沿着 b 轴方向会下降, 而垂直于 b 轴方向则会跃起.

Kazama 等 [12,13] 测量过多晶的 CrAs 比热, 在相变温度处观测到一个比热峰, 对应于一级磁性相变. 相变潜热为 5.3×10^2 J/mol, 低温下电子比热系数为 9.1mJ/(mol·K^2). 2010 年, 我们 [11] 发现 CrAs 单晶在温度低于 15 K 时, 电阻与温度遵循平方关系. 从这个数据中我们可以得到电阻随温度平方变化的系数 A, 再根据 Kadowaki-Woods 关系 A/γ^2, CrAs 的 A/γ^2 值为 1×10^{-5} cm, 而 CrAs 的这个比值刚好落在强关联体系的线上, 这个线要比普通金属高一个数量级.

人们尝试了在 CrAs 不同位置掺杂, 在 Cr 位可以掺 Mn、Co、Ni、Fe、Ti 等金属元素, 而在 As 位也可以掺 P 或者 Sb 等非金属元素. 这些掺杂后的 CrAs 的结构和磁性被广泛研究过. Suzuki 等 [14] 总结了反铁磁相变温度 T_N 随掺杂组分的变化, 以及这个相变温度随 b 轴长度变化的相图. 如图 2.5(a) 所示, 对大多数元素, T_N 随着掺杂量的增加而减小, 而对于 Mn 和 Sb 则相反. 如图 2.5(b) 所示, b 轴有一个临界长度 $b_c = 0.338$ nm, 双螺旋磁有序只存在于当 $b > b_c$ 时, 而这个临界长度与掺杂各种元素无关.

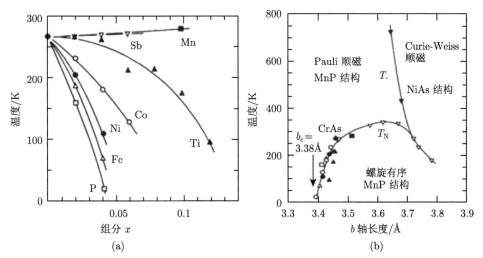

图 2.5 CrAs 掺杂不同元素的相图以及 b 轴与相变温度的依赖关系 [14]

(a) T_N 随着掺杂 Cr 位的 Ti (实心三角), Mn (实心方块), Fe (空心三角), Co (空心圆), Ni (实心圆), 以及 As 位掺杂的 P (空心方块) 和 Sb (倒空心三角) 的变化; (b) T_N 在不同材料中随 b 轴长度的变化

不同的小组对 $CrAs_{1-x}Pn_x$ (Pn = P 和 Sb) $(0 \leqslant x \leqslant 1)$ 做过非常系统的研

究 [14-16]. XRD 数据显示, 在室温下, $CrAs_{1-x}P_x$ 具有 MnP 结构, P 或 Sb 随机分布在非金属位置上, 晶格参数 a、b、c 以及晶胞体积随掺 P 的增加而减小. 他们研究过 $x = 0, 0.03$ 和 0.05 时, 变温下晶格参数 a、b、c 以及晶胞体积的变化. 对于纯的 CrAs, 当温度降低到 270 K 时, a、c 突然减小, b 和晶胞体积突然增大, 这就是对应的一级双螺旋磁有序相变. 在 $x = 0$ 和 $x = 0.03$ 时, 在相变温度处磁化率随温度的变化显示出微弱的减小, 而在 $x = 0.05$ 时, 磁化率表现出居里–外斯的顺磁行为. 这些结果说明, 随着 P 的掺入, 一级双螺旋磁有序被破坏, 当 P 掺入达到 5% 的时候, 磁有序被完全抑制. 与掺杂 P 相反, 当掺杂 Sb 时, 磁有序相变温度会小幅增加. Suzuki 等 [14] 使用 XRD 和磁性测量, 研究过 $CrAs_{1-x}Sb_x$ ($0 \leqslant x \leqslant 1$) 体系, 如图 2.6 所示. $CrAs_{1-x}Sb_x$ 体系有一个丰富的相图, 当 $0 < x < 0.2$ 时, 反铁磁温度随 x 的增加而增加. 而当 $0.2 < x < 0.5$ 时, 相变温度又开始减小. T_t 表示结构从正交的 MnP 结构到六角的 NiAs 结构的转变温度. 这个结构转变温度随着 x 的增加而减小, 最终在 $x = 0.4$ 时和反铁磁相变温度 T_N 交汇在一起. 当 $0.5 < x < 1$ 时, $CrAs_{1-x}Sb_x$ 始终保持 NiAs 结构, T_N 随着 x 增加而增加, 从 $x = 0.6$ 时的 400K 增加到 $x = 1$ 时的 718 K. 与此同时, Cr 的磁矩从 CrAs 的 $1.7~\mu_B/Cr$ 增加到 CrSb 的 $3~\mu_B/Cr$.

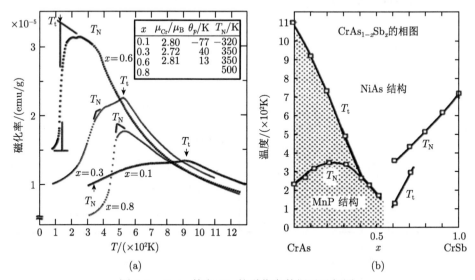

图 2.6   CrAs 掺杂 Sb 的磁化率数据以及相图

(a) $CrAs_{1-x}Sb_x$ ($x \leqslant 0.6$) 体系中磁化率随温度的变化图, T_N 是反铁磁相变温度, T_t 是结构相变温度;

(b) CrAs 到 CrSb 的体系相图 [14]

Suzuki 等 [14,17] 研究过 CrAs 以及 $CrAs_{1-x}Sb_x$ 在压力下的行为. 如图 2.7 所示, 对纯 CrAs 样品, T_N 随着压力的增加而减小, 这个磁性相变温度从大气压下的

260 K 减小到 0.38 GPa (1 GPa = 10 kbar) 时的 196 K. T_N 随压力的变化斜率是 -160 K/GPa. 这也说明磁性转变温度对压力非常敏感. 对于 $CrAs_{1-x}Sb_x(0.1 < x < 0.3)$, T_N 随压力的变化斜率也是负值, 只是相变温度下降没有 CrAs 快.

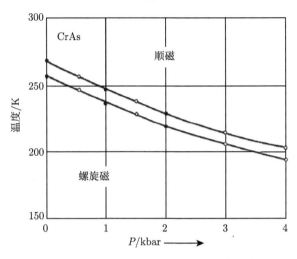

图 2.7 CrAs 的 T_N 随压力变化图 [14,17]

2.1.2 CrAs 超导体的发现

在 3d 过渡金属元素形成的化合物超导体中, 人们唯独没有发现 Cr 和 Mn 的化合物超导体, 因此探索 Cr 与 Mn 的化合物超导体意义重大. 之前的研究 [14,17] 表明, CrAs 中由于 Cr 的磁矩位于巡游和局域的临界态边缘, 很容易用压力作为调控参数来控制其结构、磁性以及电子态. 早在 1980 年, Suzuki 等 [14,17] 尝试在压力下测量多晶 CrAs 的电阻, 他们发现, 265 K 的一级磁性相变温度随压力增加而向低温方向移动, 证实了反铁磁转变可以被压力抑制并且在 0.5 GPa 时完全消失, 但他们未能发现超导电性. 他们的实验结果表明, T_N 非常敏感地随压力变化, 当压力在 0.4 GPa 左右时, 相变温度 T_N 会降低到 70 K 左右. 由于很多关联电子体系在磁性边界附近存在非常规超导电性, 如重费米子材料、铜基高温超导体以及铁基超导体等, 所以有必要对 CrAs 在压力下展开详细的测量 [18]. 如图 2.8 所示, 显示了 RRR (室温电阻率/低温剩余电阻率)> 200 的高质量 CrAs 单晶在 2.14 GPa 压力以内电阻随温度变化的数据. CrAs 的一级反铁磁相变在电阻曲线中表现出一个很陡的转变. 在常压下, 电阻在 265 K 时有一个非常陡的下降, 随着压力的增加, T_N 逐步减小. 在 0.3 GPa 以内, 相变时的电阻一直呈现很陡的下降, 而在 0.3~0.7 GPa 内, 这种陡的趋势逐渐变成平稳缓慢的下降, 这种电阻下降的现象在 T_N 消失的临界压力下消失. 在 T_N 附近的演变说明体系经历了一种从强到弱的一级相变.

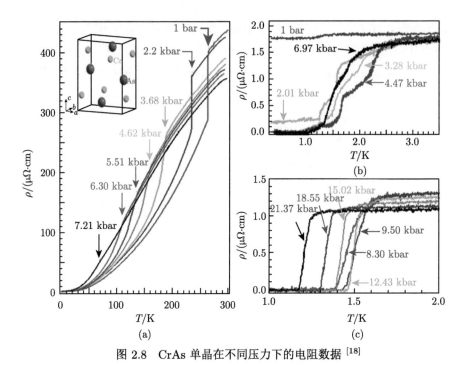

图 2.8　CrAs 单晶在不同压力下的电阻数据 [18]

(a) CrAs 电阻率随压力的演变; (b) 在小于 0.7GPa 压力下超导电阻信号的多个台阶转变行为; (c) 在大于 0.8 GPa 时, 多个台阶转变的现象消失, 表现出很好的超导转变

　　当压力大于 0.7 GPa 和温度高于 3 K 时, 电阻没有表现出异常的变化. 图 2.8(b) 和 (c) 显示了在不同压力下超导的出现和演变. 在常压下, 当温度降到 350 mK 时, CrAs 在低温下没有任何反常行为, 这说明 CrAs 在常压下不会发生超导转变. 在 0.3~0.7 GPa 内, 超导信号表现出多个阶梯的下降, 而 T_N 依然存在. 随着压力的增加, 超导转变温度起始点 (onset) 开始增加, 随后又减小, 而电阻等于零时的临界温度 (1 K) 始终不变. 当压力增加到 0.8 GPa 以上时, 多个台阶转变的现象消失, 超导信号完全变成一个台阶的转变, 而这时的反铁磁相变完全消失. 这说明小于 0.8GPa 时的多台阶下降是由于两相共存而产生的 (在交流磁化率中被证实), 如图 2.8(c) 所示. 交流磁化率实验证实了 CrAs 在压力下的体超导性质. 如图 2.9 所示, 抗磁信号在 $P > 0.3$ GPa 时出现, 随着压力增加, 超导体积分数也逐步增加, 在 0.8 GPa 时, 超导体积分数达到 90%. 这排除了杂质超导的可能, 说明 CrAs 加压超导是本征的体超导, 除此之外, 抗磁的起始温度也与电阻的数据很好吻合.

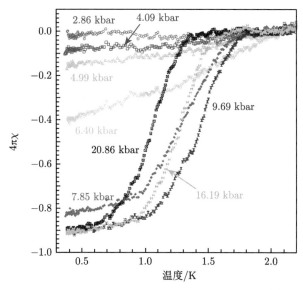

图 2.9 不同压力下的交流磁化率随温度的变化 [9]

神户大学 Kotegawa 等 [19] 随后也独立完成了 CrAs 加压的电阻测量. 他们生长出的 CrAs 单晶在 T_N 处的电阻会有一个向上的跳跃, 这与我们 [18] 生长的晶体在电阻上下降恰恰相反. Kotegawa 等测量的电阻值在相变点时在冷热循环下不能回到起始值, 这说明磁致伸缩导致的一级结构相变使这个样品发生了断裂, 所以电阻每次经过相变温度都会增加. Kotegawa 等的数据也表明相变温度随着加压增加而减小, 当加压趋于 0.7GPa 时, 磁性转变消失. 临界压力 P_c 与我们的结果很接近. 为了避免样品经过冷热循环而损坏, Kotegawa 等在降温之前, 直接先加上一个小于 P_c 的压力, 在预先有这样的步骤的情况下, 测得电阻随温度在不同压力下的数据. 在 2.17 K, 1 GPa 下观察到超导现象, 这个转变温度比我们在相同的压力下观察的 T_c 略微高一些.

2.1.3 CrAs 相图和非常规超导电性研究

基于电阻率和交流磁化率数据, 我们绘制了相变温度与压力关系的相图, 如图 2.10 所示, 常压下发生在 265K 的一级反铁磁相变很快被压力所抑制, $T_N(P)$ 的外推延长线交于压力轴得到临界压力 $P_c = 0.8$GPa. 当 0.3GPa $< P < P_c$, 超导态与反铁磁态共存, 反铁磁相逐渐降低的同时, 超导体积分数逐步提高. 值得注意的是这个压力区间的超导起始点 (onset) 更高一些 (2 K). 当压力大于 P_c 时, 超导体积分数达到 90% 以上, 表明是体超导, 而超导转变宽度 ΔT_c 也在骤减. 在这个压力范围内, 当压力为 1.1 GPa 时 T_c 达到最高, 然后随压力的增加又减小.

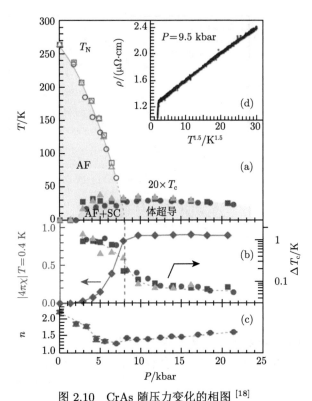

图 2.10 CrAs 随压力变化的相图 [18]

(a) T_N 和 T_c 随压力的变化; (b) 超导抗磁体积分数和超导转变温度宽度随压力的变化; (c) 电阻随温度变化的指
数随压力变化图; (d) 压力在 0.95 GPa 时电阻与温度 $T^{1.5}$ 呈线性关系

CrAs 的相图与很多非常规超导体系统类似, 诸如重费米子、铜基、铁基超
导体等 [20-22] 系统有一个普遍的特征, 就是超导现象会出现在量子临界点 (QCP)
上, 在这个量子临界点上, 高温下的有序状态 (自旋、电荷、晶格) 的自由度都会通
过改变一个参量而被压制, 这个参量包括引入载流子、化学或物理加压等. 另外,
超导转变温度 T_c 在临界点上总会经过一个最大值, 会出现一个圆顶形状的温度–
序参量关系的相图. 体系在接近量子临界点上显示出超导的现象表明可能的非常
规超导机制: 超导电子对的配对是通过反铁磁量子涨落而非电声子相互作用来实
现的.

CrAs 在量子临界点上存在强的反铁磁涨落支持其非常规超导配对机制. 首
先, 我们发现, 超导出现在一个较宽压力区间 (0.3 GPa < P < 2 GPa), 正常态
电阻 (T < 10 K) 遵循一个简单的指数规律的关系: $\rho(T) = \rho_0 + AT^n$, 指数 n
在 1.5 附近变化. 而这个值非常接近三维反铁磁体系中准粒子与磁相互作用产生
的非相干散射值 [23,24], 0.95 GPa 下电阻率随温度的 1.5 次方呈现正比的线性特

性. 在常压单晶 CrAs 的研究中, 电阻率随温度指数的平方变化, 是标准的费米液体行为. 常压下 CrAs 的 A/γ^2 值符合 Kadowaki-Woods 关系, 与多数关联金属一样 (其中 γ 为电子比热系数). 加压下, 电阻率随温度的指数小于 2, 说明非费米液体开始出现, 并随压力靠近磁性量子临界点. 另外, A 值在临界压力下发散 [25], 因为 A 正比于费米面上的态密度 (density of states) 或准粒子有效质量的平方: $A(m^*/m_0)^2$, 这进一步表明 $P_c = 0.95$ GPa 附近存在反铁磁量子临界点. 其次, 反铁磁涨落在反铁磁温度以上已经开始出现. 常压下的高温磁化率表明, CrAs 的直流磁化率在 265~800 K 一直随温度线性增加 [11]. 事实上, 这个现象在铁基超导体、铜基超导体的母体中都出现过. 这也是反铁磁涨落的一个证据 [26]. 当 CrAs 的反铁磁有序被完全抑制后, 自旋涨落在量子临界点上就起到更重要的作用. 因此量子临界点附近的磁涨落可能扮演一个重要的媒介去促使电子成对而超导.

CrAs 有比较大的室温电阻率, 超出了 Ioffe-Regel 极限, 和铁基超导体类似, 是一个坏金属. 因此, 在单电子能谱上可分为两部分: 负责产生准局域磁矩的非相干部分和贡献金属电导的相干部分. 随着压力的增加, 非相干部分谱重会转移到相干部分. 当相干部分的谱重增加到一定阈值, 可能会出现磁量子相变. 这时尽管结构相变具有一级相变的特征, 但随着压力的增大, 磁化率在磁性相变温度处的变化值在逐渐减少, 说明磁性相变表现出二级连续相变的特征. 结构和轨道依赖的电子态之间的关联可以使得压力成为一个有效调控系统的手段, 让 CrAs 向有利于超导出现的电子态不稳定方向转变 [25].

值得注意的是, 我们发现 CrAs 压力下的晶体剩余电阻率 ρ_0 对超导影响非常敏感. 我们最初使用的晶体剩余电阻率 ρ_0 在 10ρ Ω·cm (RRR = 50), 虽然也表现出超导信号, 但是没有观测到零电阻. 之后使用更高质量单晶, ρ_0 在 2ρ Ω·cm (RRR = 200) 才观测到超导的零电阻现象. 这样的现象也出现在重费米子超导和 Sr_2RuO_4 材料中 [20,27]. 杂质或缺陷对超导以及 T_c 的影响非常敏感, 预示着非常规配对机制. 在重费米子超导体中也有这样类似的特征. 假如是这样的话, 当电子的平均自由程 L_{mfp} 小于超导相干长度 ξ 时, 库珀对将会被破坏. 我们粗略估计 L_{mfp} 和 ξ 的大小来验证这个依据. 从电阻在不同磁场下外推得到的上临界场 H_{c_2} 中可以计算出超导相干长度 $\xi = 18.5$ nm, 基于 5 K 时霍尔 (Hall) 系数的测量, L_{mfp} 值对于好的样品和缺陷多的样品分别为 76.6 nm 和 15.3 nm. 虽然这种估计有一些不确定性, 我们仍认为 $L_{mfp} > \xi$.

除了加压下输运测量和相图以外, 有很多其他的实验, 如中子衍射 [28,29] 核磁共振 (NMR) 和核四极共振 (NQR)[30]、角度依赖的上临界场实验 [31] 等也表明其具有非常规的超导电性.

Kotegawa 等 [30] 分别测量了常压和高压下 CrAs 的 NQR. 图 2.11 中显示压力下顺磁态的 $1/(T_1T)$ 随温度的变化, 其中 T_1 是自旋–晶格弛豫时间. 在高于

100 K 时, $1/(T_1T)$ 基本上是一个不随温度变化的常数, 但在低于 100 K 时开始随温度减小而增加. 对于一个费米液体来说, 应服从 Korringa 定律, 即 T_1T 正比于 $1/N(E_F)^2$, 其中 $N(E_F)$ 是费米面电子态密度. 在 100 K 下, CrAs 偏离费米液体说明存在磁性关联. 低温下 $1/(T_1T)$ 的增加也在其他临近于反铁磁性的非常规超导体中观察到过, 如铁基超导体等 [32,33], 这个上翘也说明 3d 电子自旋涨落随温度降低而增加.

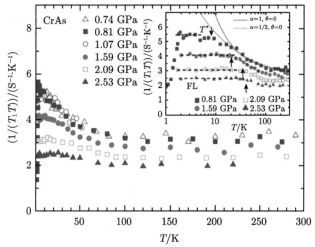

图 2.11 不同压力下 $1/(T_1T)$ 随温度的变化曲线 [30]

低温下, $1/(T_1T)$ 的增加说明存在很强的磁涨落

图 2.12(a) 显示了在 0.81 GPa 压力下, 5 K 以内的 $1/(T_1T)$ 随温度的变化数据. 从 NMR 线圈测量得到的共振频率随温度的变化关系得出 T_c 为 1.85 K, 如图 2.12(b) 所示. 在超导相变 T_c 处, $1/(T_1T)$ 有一个明显的下降, 而且没有 Hebel-Slichter 相干峰出现, 这说明体系是非 BCS 超导体. 有相干峰的绿线是假设常规 BCS 超导体模型下具有各向同性的超导能隙 $\Delta(0)/(k_BT_c) = 1.8$ 的 $1/(T_1T)$, 而没有相干峰的红线是具有线性节点能隙的 $1/(T_1T)$, 其能隙大小的 $\Delta(0)/(k_BT_c) = 2.6$. 实验表明 CrAs 中没有相干效应, 说明加压下的 CrAs 不是传统的 BCS 超导体. 图 2.12(c) 为在 0.81 GPa 时, $1/T_1$ 随温度的变化, 在 T_c 以内 $1/T_1$ 随温度的变化接近 T^3, 这也表明超导能隙函数存在线性能隙节点 (line-node). 然而他们最低测量温度是 0.7 K, 这个温度与 T_c 相比不足够低. 所以这个关系还需要在更低的温度去确认. 因此, NMR 和 NQR 实验表明, CrAs 超导体的正常态存在磁性涨落, 在超导相变 T_c 处没有 Hebel-Slichter 超导相干峰, 在 T_c 以下 $1/T_1$ 随温度的变化接近 T^3, 这些实验结果均表明 CrAs 具有非常规超导电性, 超导电子配对的可能机制是磁性涨落.

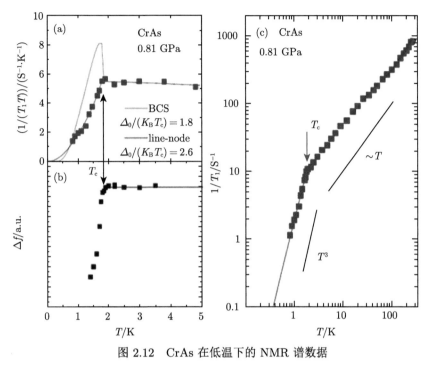

图 2.12　CrAs 在低温下的 NMR 谱数据

(a) 在 0.81 GPa 下 $1/(T_1T)$ 随温度的变化, 在 T_c 处缺少相干峰, 预示可能是非常规超导体; (b) NMR 线圈频率在 T_c 附近的变化; (c) $1/T_1$ 随温度的变化图, $1/T_1$ 和 T^3 成正比, 说明超导能隙存在线性节点 [30]

　　中子实验也表明磁性在超导电性的出现中扮演着重要角色 [29,30]. Shen 等发现, 与常压和低压下的磁衍射谱相比, 0.6 GPa 下的衍射图有很大变化, 发生磁性转变. 仔细分析得出, 这个转变是由于自旋从 ab 面转到 ac 面. 图 2.13(a) 是磁波矢随温度和压力变化的关系图. 当磁矩在 ab 面内时, 在常压和 0.4 GPa 时, 随着温度降低波矢逐步减小. 在 0.6 GPa 时, 波矢突然减小对应的就是自旋反转温度 $T_r = 88$ K. 图 2.13(b) 是 CrAs 在不同压力下得到的中子衍射数据分析的结构和磁性转变相图. 数据显示, 磁有序和结构扭曲发生在 $P = 0.72$ GPa, 0.82 GPa, 0.88 GPa, 最终消失在 $P \approx 0.94$ GPa. 更有意思的是, 磁波矢的等势图和超导转变温度图共同揭示了超导出现在自旋发生反转以及磁波矢突然减小的时候, 超导体积分数随压力变化的关系说明体超导的出现与波矢消失有关. 这些结果强有力地说明, 在这个体系内存在磁与超导出现有密切相互关系 [30].

　　除上述实验外, 最近 Guo 等研究了压力为 1.3 GPa, $T_c = 1.85$ K 时的 CrAs 单晶上临界场 B_{c2} 和角度的依赖关系 [31]. 如图 2.14(a) 所示, 在 $T = 0.3$ K 下扫描磁场, 上临界场 B_{c2} 定义为电阻率下降到一半正常态电阻率时的磁场. 图 2.14(b) 表示磁场沿 bc 面旋转时, 温度为 0.3 K, 1.0 K 和 1.5 K 时上临界场随角度的变

化, 表现出很明显的 6 度和 2 度对称性. 图中的实线是用超导序参量为奇宇称的
自旋三重态配对的上临界场表示式, 能很好地拟合实验结果. 这表明, CrAs 上临
界场角度依赖实验结果最自然的解释是超导序参量为奇宇称的自旋 3 重态配对.

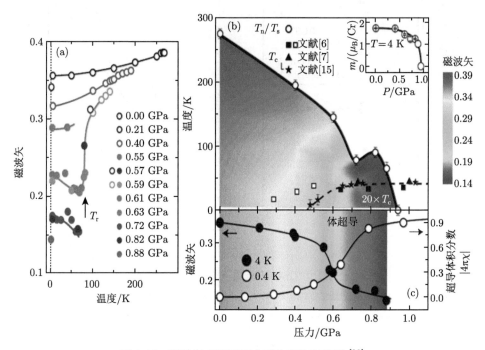

图 2.13　磁波矢在不同压力下的变化和相图 [29]

(a) 磁波矢随温度和压力的变化关系, 空心和实心分别代表磁矩在 ab 面和 ac 面内的数据; (b) CrAs 的结构和磁
性相变图, 插图显示 Cr 的磁矩随压力的变化; (c) 磁波矢和超导体积分数随压力的变化

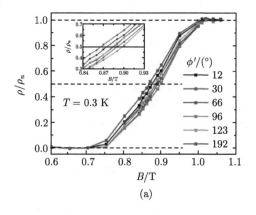

(a)

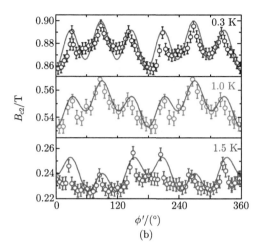

(b)

图 2.14 (a) 在 $T = 0.3\,\text{K}$ 下扫描磁场, 上临界场 B_{c2} 定义为电阻率下降到正常态电阻率的一半时的磁场; (b) 磁场沿 bc 面旋转时, 温度为 0.3 K, 1.0 K 和 1.5 K 时上临界场随角度的变化, 表现出很明显的 6 度和 2 度对称性 [31]

2.1.4 CrAs 相关体系超导电性的实验进展

在 CrAs 超导体发现之后, 曹光旱及合作者 [34] 合成了一类新型的准一维超导体 $A_2Cr_3As_3(A = K, Rb, Cs)$, 它的超导态表现出非常高的上临界磁场 H_{c2}, 远超过泡利 (Pauli) 顺磁极限, 表明此材料可能是自旋 3 重态配对. 该材料最近成为非常规超导电性研究的一个热点. 同时该材料在超导相变温度附近具有很大的正常态电子比热系数和比热跳跃, 表明体系处于强的电子关联和强耦合 (图 2.15). 任治安等发现 KCr_3As_3 也具有超导电性和很高的上临界场 [35,36]. Cr 基超导体因为含有 Cr 的强关联电子越来越受到大家的关注 [37,38].

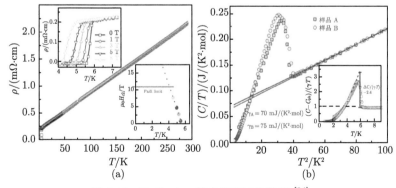

图 2.15 $K_2Cr_3As_3$ 的电阻和比热数据 [34]

(a) $K_2Cr_3As_3$ 电阻随温度依赖关系, 插图表明 $K_2Cr_3As_3$ 具有较高的上临界场; (b) C/T 随 T^2 的关系, 具有大的正常态电子比热系数和比热跳跃, 表明体系处于强的电子关联和强耦合

2.2　MnP 的超导电性发现及量子临界行为研究

2.2.1　MnP 的晶体结构和磁性

同 CrAs 一样, MnP 也具有 B_{31} 型的正交结构. MnP 的晶格常数分别是 $a = 0.5280$ nm, $b = 0.3172$ nm, $c = 0.5918$ nm, 其 a, b, c 均略小于 CrAs 的. 常压和不加磁场的情况下, 随着温度的降低, MnP 经历两个磁性相变 [40]: 发生在 291 K 的顺磁到铁磁的相变以及发生在 50 K 时铁磁到双螺旋态的相变. 铁磁态时锰离子自旋沿 b 方向排列, 磁矩大小为 1.3 μ_{B}/Mn. 在双螺旋磁有序态, 锰离子自旋在 ab 面内旋转, 其传播波矢 $Q = 0.112 \times 2\pi c^*$, 沿 c 方向, 这和 CrAs 的双螺旋态波矢方向一致, 但其波矢数值约为 CrAs 的 1/3. 在外加磁场的情况下, 根据温度以及磁场大小和方向的不同, MnP 具有丰富的磁性, 包括铁磁有序、螺旋磁有序、扇形磁有序和锥形磁有序. 例如, 当磁场沿 b 方向时, 其磁场温度相图如图 2.16 所示. 随着温度的降低, 存在两个三相点, 其一是顺磁 (PM)、铁磁 (FM) 和扇形磁序 (Fan) 的三相点, 其二为 45 K 附近的铁磁、扇形磁序和螺旋磁序 (Screw) 的三相点. 另外, 能带计算表明, 和 CrAs 一样, 费米面上的态密度主要来源于 Mn 的 3d 电子.

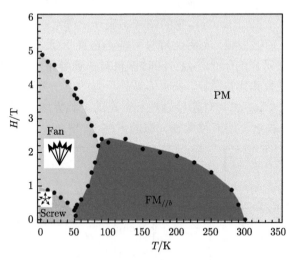

图 2.16　磁场平行于 b 轴时 MnP 磁结构的变化 [40]

2.2.2　MnP 超导电性的发现

在发现 CrAs 加压超导以后, 我们及合作者很快对高质量 MnP 单晶高压下的物性进行了研究 [41], 发现其随压力增加具有丰富的磁性. 图 2.17(a) 为不同压力下的 b 轴电阻率. 常压下的电阻率在 291 K 附近快速下降, 表明由顺磁到铁磁的相变, 其相变温度点为 T_c. 图 2.17(b) 为 $d\rho/dT$ 曲线, 这时铁磁相变处为一个尖峰, 但当压力超过 5 GPa 时, 在 200 K 附近的相变处表现出一个台阶, 这可能表明磁有序状态的变化. 随着压力进一步增大, 出现这一台阶的温度向低温方向移动, 并在 8 GPa 附近消失. 双螺旋磁序可以从 c 方向电阻率的测量中得到, 如图 2.17(c) 所示, 常压下在 50 K 的铁磁到双螺旋磁序转变处出现明显的反常, 随着压力的增大, 双螺旋磁有序温度明显向低温方向移动. 加压下的交流磁化率测量如图 2.17(d) 所示, 低温下的双螺旋磁序在 1.4 GPa 附近消失, 有意思的是, 随着压力的进一步增大, 出现了另一个具有反铁磁性质的相变温度 T^*, 且相变温度随压力增大而迅速上升. 这些实验表明, 压力不但能够迅速压制低温双螺旋磁序, 而且能够降低铁磁转变温度, 使其在高于 3GPa 时变为反铁磁性质的相变.

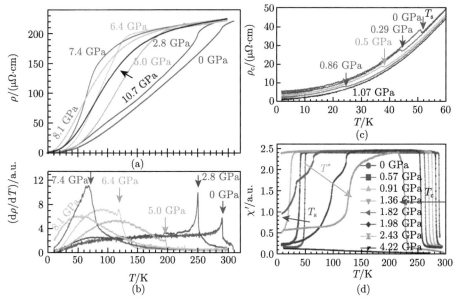

图 2.17 (a) MnP 单晶不同压力下的 b 轴电阻率随温度的变化关系; (b) 不同压力下的电阻率对温度的导数 $d\rho/dT$; (c) 不同压力下 c 方向的电阻率; (d) 不同压力下的交流磁化率 [41]

当继续增大压力超过 8 GPa 附近时, 磁有序相变完全消失. 如图 2.18 所示, 我们发现, 7.6 GPa 时电阻率在 1 K 附近开始下降, 7.8 GPa 时电阻率在 1 K 附近几乎降到零, 表明这可能是超导相变. 随着压力继续增大, 相变温度向低温方向移动并很快消失. 交流磁化率的测量如图 2.18(b) 所示, 在 1 K 以下观察到显著的抗磁信号, 确认这一相变是超导相变. 超导屏蔽因子 (superconducting shielding fraction) 可达 95% 的样品体积, 表现出体超导性质. 7.8 GPa 下的 T_c 约为 1 K, 超导上临界场 $H_{c2}(0)$ 为 0.33 T, 由此得出超导相干长度为 31.5 nm.

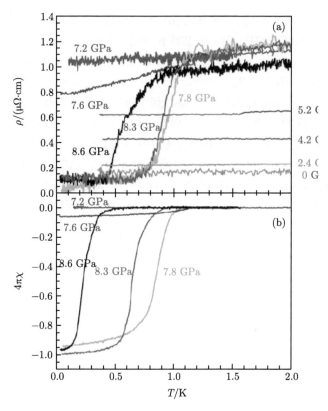

图 2.18　MnP 在不同压力下的电阻率和交流磁化率随温度的关系, 可清楚观察到超导相变 [41]

2.2.3　MnP 压力–温度相图和量子临界行为

由电阻率和磁化率测量不同相之间的转变温度, 我们得到了 MnP 的压力–温度相图, 如图 2.19(a) 所示. 从相图中可以清楚地看出, 随着压力的增大, 高温的铁磁 (FM) 有序转变温度 T_c 明显降低, 大约在 3 GPa 附近消失, 而体系变为具有类似反铁磁 (AFM) 性质的磁有序态, 其转变温度标记为 T_m, 我们下面还会仔细讨论这个磁有序态, 实际上它是一个新的双螺旋磁有序态. 磁有序相大约在临界压力 8 GPa 附近完全消失, 这时超导 (SC) 出现在很窄的压力范围内. 相图中尚不清楚的是高压下类似反铁磁性质的磁有序态的磁结构类型. 我们知道, CrAs 的超导电性临近于双螺旋反铁磁有序态, 那么, MnP 的超导电性是临近于和 CrAs 类似的双螺旋磁有序态还是共线的反铁磁有序态或其他磁结构态, 对我们探索其超导机制有重要意义. 事实上, 在发现 MnP 超导电性后, 包括 NMR[42]、中子实验 [43]、μ 子自旋弛豫 (μSR)[44] 和同步辐射 X 射线磁衍射 [45] 等多个实验手段对其进行了探测, 结果表明 MnP 的高压下的基态也是螺旋反铁磁有序态.

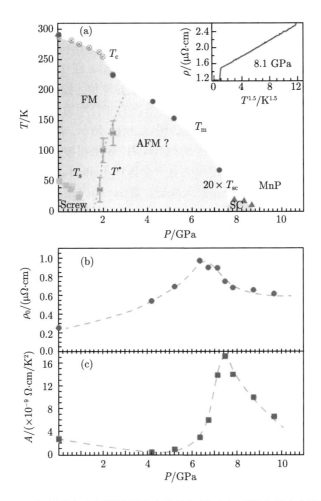

图 2.19 (a) MnP 加压磁有序超导随压力变化的相图; (b) 正常态剩余电阻随压力变化;
(c) 温度系数 A 随压力的变化, 在超导的压力附近有一个发散行为 [41]

我们利用核磁共振的方法对此进行了研究 [42]. 由于 MnP 在磁有序态下有内磁场, 所以不用再加外加磁场. 如果是螺旋磁结构, 那么只需要很小的射频场激发信号就能探测到 NMR 信号, 相反, 对于反铁磁有序则需要大得多的射频场激发. 的确, 我们发现, 在常压和居里温度以下, 我们用较大的射频场激发能观测到铁磁有序态, 而在低温 30 K, 需要用 1/18 的射频场激发才能观测到常压下的第一个双螺旋磁有序态, 而在高于相变温度 50 K 无法观测到双螺旋磁有序态. 在 2 GPa 的压力下, 第一个双螺旋磁有序态已被压制, 我们依然能够在 30 K 下观察到和常压低温下类似的双螺旋磁有序态的 NMR 谱线, 但无法观测到铁磁或反铁磁态的信号. 这清楚地表明, 2 GPa 的压力下, MnP 和 CrAs 类似, 进入了螺旋磁有序态,但这一方法无法给出具体磁有序态的波矢.

Matsuda 等利用中子衍射方法研究了 MnP 的磁结构随压力的衍化[43]. 单晶中子衍射实验表明, 常压下的双螺旋磁序态 helical-c 在 1.1 GPa 时基本被完全压制, 这时铁磁有序态又在 MnP 的磁性中占主导地位. 如图 2.20(c) 所示, 当加压到 1.8 GPa 时, 在 150 K 以下, 观测到一个新的非公度的中子衍射峰, 分析表明它是新的螺旋磁序 helical-b, 其磁结构如图 2.20(b) 所示. 随着压力增大, 这一有序相逐渐占主导地位. 当压力增大到 3.8 GPa 时, 铁磁相被完全抑制, 这时样品保持 helical-b 相直到超导出现. 在相图中有一个区域 helical-b 和铁磁态同时存在. 到底是两种磁结构共存, 还是沿 b 方向铁磁、在 ac 面内螺旋的圆锥形磁结构, 需要进一步实验.

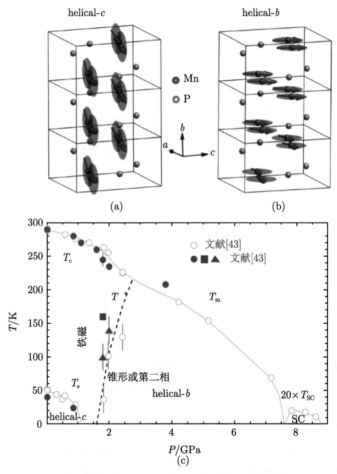

图 2.20　(a)、(b) 两种自旋 helical 态; (c) 中子实验磁结构随压力的衍化相图[43]

Khasanov 等利用 μSR 实验方法研究了 MnP 的磁有序态随压力的衍化[44],

其结果如图 2.21 所示. 在常压下和 $T < T_c$ 时, 能探测到 μ 子自旋的不对称谱表现出初相为 0 的余弦函数, 傅里叶变换谱为单一的峰值, 表明 MnP 处于公度的长程铁磁有序态. 而在低温 20 K 时, Asymmetry 谱表现出复杂的振荡, 傅里叶变换谱表现出一定的磁场分布, 如图 2.21(h) 所示. 这样的磁场分布可用非公度双螺旋磁序 helical-c 解释. 在 30~50 K, 能够探测到铁磁有序和双螺旋磁序的共存, 这表明由铁磁态到双螺旋磁序态的相变是一级相变. 在加压 $P = 2.42$ GPa 时, 铁磁有序的转变温度被压制到 250 K 以下, 所以在 200 K 附近能够探测到铁磁有序 (图 2.21(d)). 随着温度的降低, μSR 谱表现出高斯衰减的余弦函数, 其傅里叶变换后得到的磁场分布是一个比较宽的单峰 (图 2.21(i)). 这和第一个双螺旋磁序 helical-c 明显不同. Khasanov 等指出, 在一定条件下, 第二个双螺旋磁序 helical-b 分布也能给出单峰的磁场分布.

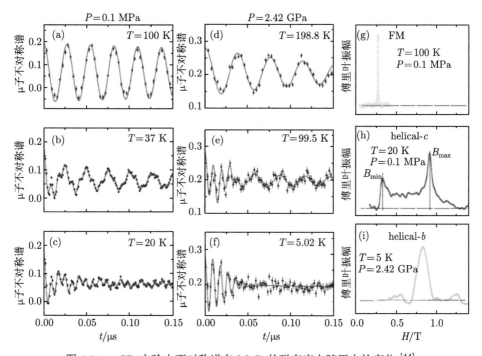

图 2.21 μSR 实验中不对称谱在 MnP 的磁有序态随压力的变化 [44]

Wang 等利用同步辐射 X 射线磁衍射 (synchrotron X-ray magnetic diffraction) 的方法研究了不同压力下 MnP 的磁性的衍化 [45]. 其结果也显示高压下的磁性基态是螺旋磁态. 和中子结果不同, 他们认为第二个螺旋磁有序态的磁结构也是 helical-c, 只是传播波矢变为 $Q = 0.25 \times 2\pi c^*$.

Xu 等用密度泛函第一性原理计算研究了 MnP 中锰离子的相互作用 [46]. 能带计算发现, MnP 由主要沿 b 方向扩展的准一维费米面和其他三维费米面构成.

锰离子在 b 方向形成链状结构. 最近邻链间 J_1 和链内 J_2 的相互作用为铁磁, 而次近邻链间相互作用 J_3 为反铁磁. 这 3 种相互作用是最关键的相互作用, 它们互相竞争, 磁基态由 J_1/J_2 和 J_3/J_2 决定. 进一步计算表明, 在压力小于 1.2 GPa 时, helical-c 磁序态的能量比铁磁和其他螺旋磁序态低, 所以更稳定. 当压力超过 4 GPa 时, helical-b 的能量最低. 在中间压力下, 传播波矢减小为零, 所以铁磁态为基态, 和实验结果定性地一致. Zheng 等研究了常压下 MnP 的红外光谱[47], 发现 MnP 由两种不同寿命的载流子组成. 结合能带计算, 他们发现, 如图 2.22 所示, 短寿命的载流子主要由沿 b 方向的准一维费米面贡献, 在双螺旋有序态下打开能隙, 这些载流子因为打开了能隙而减小, 引起低频光谱的显著变化. 具有长寿命的载流子主要由三维费米面贡献, 在双螺旋有序相变时几乎没有变化.

上述的超导电性临近于磁性的相图, 和包括铜氧化物高温超导体、铁基超导体以及重费米子超导体等很多非常规超导体的相图很相似. 在这些超导体中, 在加压或掺杂的临界点附近, 虽然长程磁有序消失, 但存在很强的磁性量子涨落, 一般认为这些磁性涨落是超导电子配对的原因. 在很多重费米子体系中, 在长程磁有序消失的临界点附近存在量子临界和非费米液体行为[20]. 和 CrAs 类似, 如图 2.19(a) 的插图所示, MnP 的正常态电阻率在临界压力 8 GPa 附近表现出非费米液体行为: $\rho(T) \sim T^{1.5}$, 这和理论预言非相干散射准粒子的三维反铁磁量子临界点一致[23]. 另外, 在低温极限下, MnP 的电阻率可用 $\rho(T) = \rho_0 + AT^n$ 表示, ρ_0 和 A 随压力的变化关系如 2.19(b) 和图 2.19(c) 所示. T^2 项的系数 A 正比于

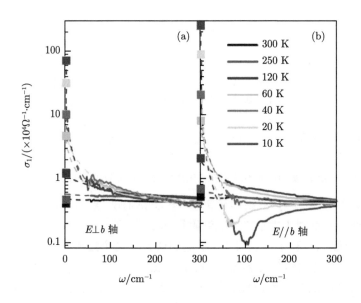

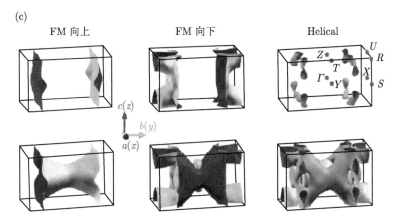

图 2.22　在电场垂直于 b 轴 (a) 和平行于 b 轴 (b) 时不同温度下光电导的实部; (c) MnP 的
不同轨道的费米面结构 [47]

态密度的平方, 也就是正比于有效质量 $(m^*/m_0)^2$. 在临界压力 $P_c = 8$ GPa 附
近, 系数 A 的显著增大表明态密度和有效质量的增大. 这正是反铁磁量子临界点
的特征. 另外, 剩余电阻 ρ_0 在临界点附近也明显增大, 这是因为在长程磁有序被
压制的临界点附近, 反铁磁涨落最强, 它对传导电子的散射也最强. 这些实验证据
表明, MnP 在反铁磁消失的压力附近存在量子临界点, 考虑到超导只在临界点附
近很窄的压力范围内存在, 而这时反铁磁涨落最强, 这表明反铁磁涨落极有可能
是超导电子配对的原因.

2.3　本　章　小　结

　　CrAs 和 MnP 加压超导的发现开启了一个寻找新的 Cr 和 Mn 基及其他 3d
过渡金属化合物超导体的途径. CrAs 是第一个 Cr 的金属间化合物超导体, 诸多
证据表明其超导配对是非常规机制: ① 在双螺旋态磁性边界发现超导, 其正常态
表现出量子临界性和非费米液体行为. CrAs 的相图与很多非常规超导体类似, 如
重费米子超导体、铜基超导体、铁基超导体. ② CrAs 加压是否能体超导与样品
的无序密切相关, 只有 RRR 超过 200 的样品表现出体超导电性, 这也预示体系存
在非常规超导体的配对机制, 这样的现象与重费米子超导体和 Sr_2RuO_4 很相似.
③ 从 NQR 的实验数据看, $1/T_1$ 曲线缺少相干峰, 也说明非常规超导. 低温下
$1/T_1$ 以 T^3 规律变化, 表明能隙函数可能存在节点. ④ 线性磁化率以及 $1/(T_1T)$
在低温的增加都说明在正常态反铁磁涨落的存在, 而中子衍射的实验数据也表明
超导可能是磁性起源. ⑤ 超导上临界场随角度的依赖关系表现出 2 度和 6 度对称
性, 和奇宇称自旋 3 重态配对一致. 另外, MnP 和 CrAs 类似, 超导也临近于螺旋

磁性相, 在临界压力附近, 其正常态也表现出和 CrAs 一样的量子邻界性和非费米液体行为, 这表明它具有和 CrAs 相同的非常规超导机制.

有几个问题值得进一步深入地研究和探索: ① 虽然 NMR 实验说明在超导能隙可能有线性节点, 但还需要更多的实验和理论来验证和澄清 CrAs 的配对机制. ② 用化学掺杂代替压力实现常压下的超导, 有利于很多实验的开展. 因为超导对样品质量非常敏感, 所以掺杂引入的无序对超导来说会产生很大的挑战. ③ 除了 $K_2Cr_3As_3$, 有没有可能在未来发现新的 Cr 基超导体. 不同于含有 4d /5d 元素的超导体, 3d 轨道的关联性更强, 现在的 Fe 基和 Cu 基高温超导体都属于 3d 元素的高温超导, 而 Cr 与 Mn 的 3d 轨道相对其他 3d 元素, 常会形成强的磁有序, 所以探索含有这两种元素的新的高温超导体显得尤为重要. ④ 母体双螺旋磁有序的起源到底是巡游磁性起源还是局域相互作用起源并不清楚, 这和超导机制密切相关.

参 考 文 献

[1] Motizuki K, Ido H, Itoh T, Morifuji M. Electronic structure and magnetism of 3d-transition metal pnictides. Springer, 2010, 131: 1-142.

[2] Cheng J G, Luo J L. Pressure-induced superconductivity in CrAs and MnP. Journal of Physics Condensed Matter An Institute of Physics Journal, 2017, 29(38): 383003.

[3] Tremel W, Hoffmann R, Silvestre J. Transitions between NiAs and MnP type phases: an electronically driven distortion of triangular (36) nets. J. Am. Chem. Soc., 1986, 108(17): 5174-5187.

[4] Ido H. Temperature-dependent magnetic moment in the MnAs-CrAs system. Journal of Magnetism and Magnetic Materials, 1987, 70(1-3): 205-206.

[5] Watanabe H, Kazama N, Yamaguchi Y, Ohashi M. Magnetic structure of CrAs and Mn-substituted CrAs. Journal of Applied Physics, 1969, 40(3): 1128-1129.

[6] Selte K, Kjekshus A, Jamison W E, Andresen F, Engebretsen A, Jan E. Magnetic structure and properties of CrAs. Acta Chemica Scandinavica, 1971, 25(3): 1703-1714.

[7] Kazama N, Watanabe H. Magnetic properties of $Cr_{1-x}Mn_xAs$ system. Journal of the Physical Society of Japan, 1971, 30(5): 1319-1329.

[8] Kallel A, Nasr-Eddine M, Boller H. Crystallographic distortion in $CrAs_{0.50}Sb_{0.50}$. Solid State Communications, 1973, 12(7): 665-671.

[9] Kanaya K, Abe S, Yoshida H, Kamigaki K, Kaneko T. Magnetic and structural properties of pseudo-binary compounds $CrAs_{1-x}P_x$. Journal of Alloys and Compounds, 2004, 383(1-2): 189-194.

[10] Chen G F, Li Z, Li G, Hu W Z, Dong J, Zhou J, Zhang X D, Zheng P, Wang N L, Luo J L. Superconductivity in hole-doped $(Sr_{1-x}K_x)Fe_2As_2$. Chinese Physics Letters, 2008, 25(9): 3403-3405.

[11] Wu W, Zhang X D, Yin Z H, Zheng P, Wang N, Luo J L. Low temperature properties of pnictide CrAs single crystal. Science China Physics, Mechanics and Astronomy, 2010, 53(7): 1207-1211.

[12] Kazama N, Watanabe H. Study of the magnetic transition of CrAs. Journal of the Physical Society of Japan, 1971, 31(3): 943-943.

[13] Bärner K, Santandrea C, Neitzel U, Gmelin E. Thermal and magnetic properties of $Cr_xMn_{1-x}As$ compounds. Phys. Stat. Sol., 1984, 123(2): 541-552.

[14] Suzuki T, Ido H. Magnetic-nonmagnetic transition in CrAs and the related compounds. Journal of Applied Physics, 1993, 73(10): 5686-5688.

[15] Suzuki T, Ido H. Magnetic properties of pseudobinary compounds $CrSb_{1-x}As_x$. J. Magn. Magn. Mater., 1986, 935: 54-57.

[16] Selte K, Kjekshus A, Peterzens P, Andresen A F. Magnetic structures and properties of $Mn_{1-x}Cr_xAs$. Acta Chem. Scand. A, 1978, 32: 653-657.

[17] Yoshida H, Kaneko T, Shono M, Abe S, Ohashi M. The pressure effect of the néel point of the mixed compounds $CrSb_{1-x}As_x$ ($0.5 < x \leqslant 1.0$). Journal of Magnetism and Magnetic Materials, 1980, 15-18: 1147-1148.

[18] Wu W, Cheng J G, Matsubayashi K, Kong P, Lin F, Jin C, Wang N, Uwatoko Y, Luo J. Superconductivity in the vicinity of antiferromagnetic order in CrAs. Nature Communications, 2014, 5: 5508.

[19] Kotegawa H, Nakahara S, Tou H, Sugawara H. Superconductivity of 2.2 K under pressure in helimagnet CrAs. Journal of the Physical Society of Japan, 2014, 83(9): 093702.

[20] Mathur N D, Grosche F M, Julian S R, Walker I R, Freye D M, Haselwimmer R K W, Lonzarich G G. Magnetically mediated superconductivity in heavy fermion compounds. Nature, 1998, 394(6688): 39-43.

[21] Jin K, Butch N P, Kirshenbaum K, Paglione J, Greene R L. Link between spin fluctuations and electron pairing in copper oxide superconductors. Nature, 2011, 476(7358): 73-75.

[22] Paglione J, Greene R L. High-temperature superconductivity in iron-based materials. Nature Physics, 2010, 6(9): 645-658.

[23] Moriya T. Spin Fluctuations in Itinerant Electron Magnetism. volume 56. Berlin, Heidelberg: Springer Science & Business Media, 2012.

[24] Moriya T, Takimoto T. Anomalous properties around magnetic instability in heavy electron systems. Journal of the Physical Society of Japan, 1995, 64(3): 960-969.

[25] Matsuda M, Lin F K, Yu R, Cheng J G, Wu W, Sun J P, Zhang J H, Sun P J, Matsubayashi K, Miyake T. Evolution of magnetic double helix and quantum criticality near a dome of superconductivity in CrAs. Physical Review X, 2018, 8(3): 031017.

[26] Zhang G M, Su Y H, Lu Z Y, Weng Z Y, Lee D H, Xiang T. Universal linear-temperature dependence of static magnetic susceptibility in iron pnictides. EPL (Europhysics Letters), 2009, 86(3): 37006.

[27] Mackenzie A P, Haselwimmer R K W, Tyler A W, Lonzarich G G, Mori Y, Nishizaki S, Maeno Y. Extremely strong dependence of superconductivity on disorder in Sr_2RuO_4. Physical Review Letters, 80(1): 161, 1998.

[28] Keller L, White J S, Frontzek M, Babkevich P, Susner M A, Sims Z C, Sefat A S, Rønnow H M, Rüuegg Ch. Pressure dependence of the magnetic order in CrAs: A neutron diffraction investigation. Physical Review B, 2015, 91(2): 020409.

[29] Shen Y, Wang Q S, Hao Y Q, Pan B Y, Feng Y, Huang Q Z, Harriger L W, Leao J B, Zhao Y, Chisnell R M. Structural and magnetic phase diagram of CrAs and its relationship with pressure-induced superconductivity. Physical Review B, 2016, 93(6): 060503.

[30] Kotegawa H, Nakahara S, Akamatsu R, Tou H, Sugawara H, Harima H. Detection of an unconventional superconducting phase in the vicinity of the strong first-order magnetic transition in CrAs using ^{75}As-nuclear quadrupole resonance. Physical Review Letters, 2015, 114(11): 117002.

[31] Guo C Y, Smidman M, Shen B, Wu W, Lin F K, Han X L, Chen Y, Wu F, Wang Y F, Jiang W B, Lu X, Hu J P, Luo J L, Yuan H Q. Evidence for triplet superconductivity near an antiferromagnetic instability in CrAs. Physical Review B, 2018, 98(2): 024520.

[32] Kitagawa K, Katayama N, Gotou H, Yagi T, Ohgushi K, Matsumoto T, Uwatoko Y, Takigawa M. Spontaneous formation of a superconducting and antiferromagnetic hybrid state in $SrFe_2As_2$ under high pressure. Physical Review Letters, 2009, 103(25): 257002.

[33] Imai T, Ahilan K, Ning F L, McQueen T M, Cava R J. Why does undoped FeSe become a high-T_c superconductor under pressure? Physical Review Letters, 2009, 102(17): 177005.

[34] Bao J K, Liu J Y, Ma C W, Meng Z H, Tang Z T, Sun Y L, Zhai H F, Jiang H, Bai H, Feng C M, et al. Superconductivity in quasi-one-dimensional $K_2Cr_3As_3$ with significant electron correlations. Physical Review X, 2015, 5(1): 011013.

[35] Mu Q G, Ruan B B, Pan B J, Liu T, Yu J, Zhao K, Chen G F, Ren Z A. Ion-exchange synthesis and superconductivity at 8.6 K of $Na_2Cr_3As_3$ with quasi-one-dimensional crystal structure. Physical Review Materials, 2018, 2(3): 034803.

[36] Mu Q G, Ruan B B, Pan B J, Liu T, Yu J, Zhao K, Chen G F, Ren Z A. Superconductivity at 5 K in quasi-one-dimensional Cr-based KCr_3As_3 single crystals. Phys Rev B, 2017, 96(14): 140504.

[37] 吴伟, 程金光, 雒建林. CrAs——第一个 Cr 基化合物超导体的发现. 物理, 2016, 45(2): 73-79.

[38] 吴伟, 雒建林. CrAs 超导体的研究和展望. 科学通报, 2017, 62(34): 4037-4053.

[39] Chen R Y, Wang N L. Progress in Cr-and Mn-based superconductors: a key issues review. Reports on Progress in Physics, 2018, 82(1): 012503.

[40] Huber E E Jr, Ridgley D H. Magnetic properties of a single crystal of manganese phosphide. Physical Review, 1964, 135(4A): A1033-A1040.

[41] Cheng J G, Matsubayashi K, Wu W, Sun J P, Lin F K, Luo J L, Uwatoko Y. Pressure induced superconductivity on the border of magnetic order in MnP. Physical Review Letters, 2015, 114(11): 117001.

[42] Fan G Z, Zhao B, Wu W, Zheng P, Luo J L.^{31}P NMR study of magnetic phase transitions of MnP single crystal under 2 GPa pressure. Science China Physics, Mechanics and Astronomy, 2016, 59(5): 657403.

[43] Matsuda M, Ye F, Dissanayake S E, Cheng J G, Chi S X, Ma J, Zhou H D, Yan J Q, Kasamatsu S, Sugino O, Kato T, Matsubagashi K, Okada T, Uwatoko Y. Pressure dependence of the magnetic ground states in MnP. Physical Review B, 2016, 93(10): 100405.

[44] Khasanov R, Amato A, Bonfà P, Guguchia Z, Luetkens H, Morenzoni E, De Renzi R, Zhigadlo N D. High-pressure magnetic state of MnP probed by means of muon-spin rotation. Physical Review B, 2016, 93(18): 180509.

[45] Wang Y S, Feng Y J, Cheng J G, Wu W, Luo J L, Rosenbaum T F. Spiral magnetic order and pressure-induced superconductivity in transition metal compounds. Nature Communications, 2016, 7: 13037.

[46] Xu Y, Liu M, Zheng P, Chen X, Cheng J G, Luo J L, Xie W, Yang Y F. First-principles calculations of the magnetic and electronic structures of MnP under pressure. J. Phys.: Condens. Matter., 2017, 29: 244001.

[47] Zheng P, Xu Y J, Wu W, Xu G, Lv J L, Lin F K, Wang P, Yang Y F, Luo J L. Orbital-dependent charge dynamics in MnP revealed by optical study. Scientic Reports, 2017, 7(1): 14178.

第 3 章 激光角分辨光电子能谱对高温超导体电子结构和超导电性的研究

赵林 [1], 刘国东 [1], 刘静 [1], 黄建伟 [1], 艾平 [1], 李聪 [1], 周兴江 [1,2,3,4]

1. 中国科学院物理研究所; 2. 中国科学院大学;

3. 松山湖材料实验室; 4. 北京量子信息科学研究院

1986 年以来, 人类主要发现了两类高温超导材料——铜氧化物高温超导体 [1] 和铁基高温超导体 [2]. 其高温超导机理一直是凝聚态物理领域中的研究热点, 是长期争论但悬而未决的重大科学问题. 高温超导机理的解决对于发展新的量子固体理论、探索新的超导体以及超导实际应用都具有重要意义. 固体材料的宏观物性由其微观电子结构所决定, 揭示高温超导材料的微观电子结构是理解高温超导电性的前提和基础. 角分辨光电子能谱 (ARPES) 技术, 由于其具有独特的同时对电子能量、动量甚至自旋的分辨能力, 已成为探测材料微观电子结构的最直接、最有力的实验手段, 在高温超导体等先进量子材料电子结构的研究中发挥出了重要的作用 [3]. 深紫外激光在光电子能谱技术中的应用, 赋予了角分辨光电子能谱独特的优势, 使能谱仪展现出了超高的能量分辨率、动量分辨率、自旋分辨率, 以及加强的体效应探测能力. 相对于同步辐射光源, 深紫外激光已经发展成为一个低成本、高效率、高性能的新型光源, 把光电子能谱技术的发展提高到了一个新的层面 [4,5]. 依据自身的高分辨率特色, 深紫外激光光电子能谱技术在高温超导体的超导机理研究中, 发挥了重要的作用. 例如, 超导体中费米面拓扑结构、奇异的正常态特性、超导能隙大小和对称性、多体相互作用等的揭示和发现等.

3.1 深紫外激光角分辨光电子能谱

3.1.1 角分辨光电子能谱的原理

角分辨光电子能谱的原理基于光电效应. 光子入射到材料上时, 材料中的电子会吸收光子发生跃迁, 如果跃迁电子的能量大于材料的功函数 Φ (一般金属的功函数为 4~5 eV), 就会有一定概率逃逸出材料表面形成光电子. 光电子的能量、动量以及自旋信息被分析器接收分析, 如图 3.1 所示. 根据能量守恒和平行于样品表面方向上的动量守恒 (晶体平移不变性), 光电子的能量 E_{kin} 和平行于样品表

面的动量 $p_\parallel$ 可以通过以下方程得到:

$$E_{\text{kin}} = h\nu - |E_{\text{B}}| - \Phi$$

$$p_\parallel = \sqrt{2mE_{\text{kin}}} \cdot \sin\theta$$

其中, E_{B} 为电子的结合能; θ 为光电子发射的角度.

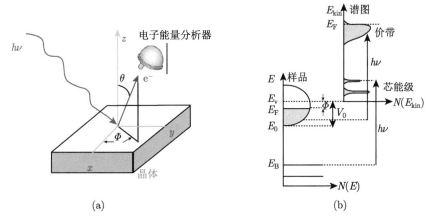

图 3.1　(a) 角分辨光电子能谱的原理示意图; (b) 光电子发射示意图

　　根据获得电子能量、动量或自旋方面的数据, 我们可以得到电子能量–动量色散关系, 电子的能量 (EDC, Energy Distribution Curve)、动量分布曲线 (MDC, Momentum Distribution Curve), 以及费米面、等能面等结果, 从而进一步获得电子速度、有效质量、散射率、费米面拓扑结构、能隙大小和对称性, 以及电子多体相互作用等一系列与微观电子结构直接相关的物理量.

3.1.2　深紫外激光角分辨光电子能谱

　　在角分辨光电子能谱技术中, 光源是主要组成部分之一, 占据着重要的地位, 一定程度上引领着光电子能谱技术的发展. 目前, 在光电子能谱技术中广泛使用的主要有三种类型的光源: 同步辐射光源、气体放电光源和激光光源. 同步辐射光源, 光子能量大范围连续可调, 易于针对不同材料的性质, 选取合适的光子能量进行研究, 研究材料范围广泛. 但是同步辐射中心建设成本高昂、周期长, 主要在世界少数知名的实验室使用, 中国同步辐射中心最近十几年也发展得越来越快. 惰性气体放电光源, 例如, 以 He4 气体为媒介的气体放电光源, 装置小、成本低, 在实验室内应用非常广泛, 但是光源强度和聚焦方面不占优势. 激光单色性好, 强度高, 作为一种低成本的新兴光源, 其在光电子能谱中的应用推动光电子能谱技术到一个新的水平.

　　中国科学院理化技术研究所的陈创天院士和许祖彦院士团队合作, 用具有我国自主知识产权的 KBBF ($KBe_2BO_3F_2$) 晶体以及棱镜耦合技术, 制作了 KBBF-PCT 器件, 利用该器件可以产生低至 165 nm 的可用于光电子能谱的深紫外固态激光.

　　图 3.2(a) 显示了利用棱镜耦合技术制作的 KBBF-PCT 器件示意图. 图 3.2(b) 显示了利用该器件产生 177.3 nm 激光 (光子能量 6.994 eV) 的光路图.

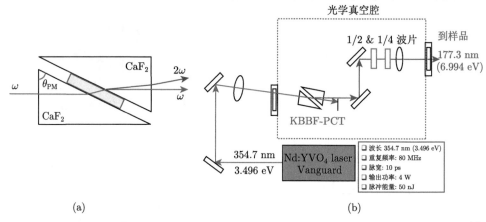

图 3.2　(a) 晶体以及棱镜耦合器件的示意图; (b) 使用该器件产生 6.994 eV 激光的光路图 [4]

　　中国科学院物理研究所周兴江研究员团队与陈创天和许祖彦院士团队合作, 采用 KBBF-PCT 器件, 成功研制了世界首台深紫外激光角分辨光电子能谱系统. 该系统的光子能量为 6.994 eV, 系统的整体能量分辨率好于 1 meV, 实现了光电子能谱技术长期以来的梦想. 随后, 依据深紫外固态激光的优势, 该团队又先后完成了深紫外激光自旋分辨角分辨光电子能谱系统, 以及基于飞行时间分析器的深紫外激光角分辨光电子能谱系统, 该系列设备的分辨率等重要指标均处于世界最好水平或者前列. 依托该系列深紫外激光角分辨光电子能谱系统, 该组在高温超导体、拓扑材料等方面都做出了重要的成果, 产生了重要的影响力.

3.2　深紫外激光光电子能谱对超导机理的研究

　　高温超导体发现 30 多年来, 涌现了许多高温超导体材料. 对其高温超导机理的研究, 虽然做出了大量的实验结果和发展了众多的理论模型, 但是一直没有达成共识. 其中一个主要的原因在于, 随着高温超导研究的深入, 许多关键问题的解决需要依赖于更高精度的实验手段来进行. 真空紫外激光的采用, 赋予了角分辨光电子能谱仪在主要性能上的一些独特优势, 如超高能量分辨率、高动量分辨率、超高光束流强度 (达 10^{15} 光子/s) 和对材料体效应敏感等, 把角分辨光电子能谱技术提高到一个新的层次, 在解决高温超导机理相关的许多关键性问题上发挥出了重要的作用. 例如, 奇异正常态性质, 超导态能隙结构特征, 以及多体相互作用和电子耦合函数的获取等.

3.2.1 高温超导体的奇异正常态特性

对超导体正常态的理解是理解其超导态性质和超导机理的前提. 传统超导体的正常态可以用费米液体理论描述 [5], 属于普通的金属态, 具有明确的费米面, 费米面上存在明确的准粒子. 而高温超导体 (如铜氧化物超导体) 在正常态的许多物理性质, 如直流电阻率、光电导以及核磁共振中的自旋–点阵弛豫率等, 均与普通金属行为很不相同, 表现出十分异常的行为, 而且均不能够用标准的朗道费米液体理论描述. 这种奇异正常态在电子结构方面的一个最重要的体现就是赝能隙行为——在超导转变温度之上就存在着能隙的行为 [6]. 在欠掺杂区域, 赝能隙的存在可能导致费米面拓扑结构发生变化, 呈现出费米弧 (Fermi arc) 或者费米口袋 (Fermi pocket) 的结构. 赝能隙的本质和起源、赝能隙和超导能隙的关系, 将是理解奇异正常态性质乃至超导机理的关键.

1. 在铜氧化物超导体中观察到费米弧和费米口袋共存的现象

铜氧化合物高温超导体的母体为反铁磁绝缘体, 随着载流子的引入, 它逐渐演变为金属和超导体. 研究发现, 在掺入少量载流子的欠掺杂区域, 高温超导体表现出的一系列奇异的正常态 (超导温度 T_c 以上) 性质, 一个尤为奇异的现象是在欠掺杂区域 "赝能隙" 的存在. 高温超导体的母体在掺入少量载流子后的欠掺杂区域, 费米面应具有什么样的拓扑形状? 这是理解高温超导体奇异物性的最基本的问题, 也是 20 多年来在理论和实验两方面一直争议不断的重要问题. 在理论上, 不同的理论框架对费米面的拓扑形状给出截然不同的预言. 例如, 有的认为可能形成大的费米面, 有的认为应该形成费米弧 [7-13], 有的则认为应该形成费米口袋 [14-19]. 在实验上, 不同的实验方法得到的结果也不一致, 如一系列量子振荡实验, 表明在欠掺杂样品中可能存在费米口袋. 角分辨光电子能谱 (ARPES) 作为能够对费米面进行直接测量的实验手段, 得到的结果都是支持费米弧的图像.

利用超高分辨率的真空紫外激光角分辨光电子能谱, 在对铜氧化物高温超导体的电子结构的研究中, 不仅从实验上直接观察到费米口袋的存在, 而且观察到费米口袋和费米弧共存的奇异现象 [20].

图 3.3 显示了 4 个不同掺杂浓度的 $Bi_2(Sr_{2-x}La_x)CuO_{6+\delta}$ 样品围绕节点附近的费米面拓扑结构. 其中前 3 个样品为欠掺杂样品, 超导转变温度分别为 3 K (图 3.3(a)), 18 K (图 3.3(b)) 和 26 K (图 3.3(c)), 第 4 个样品为最佳掺杂 (图 3.3(d)). 图 3.3(i) 中实线显示了费米口袋的示意图. 可以看出, 费米口袋在最佳掺杂样品中没有出现 (图 3.3(d)), 而在重欠掺杂的样品中也没有观察到 (图 3.3(a)). 费米口袋只在欠掺杂区域适当的掺杂范围才出现 (图 3.3(b) 和 (c)).

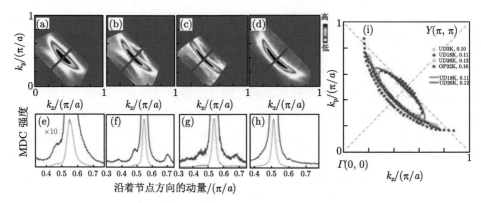

图 3.3 $Bi_2(Sr_{2-x}La_x)CuO_{6+\delta}$ 样品的费米面随掺杂的演变[20]

进一步的研究显示了一个尤为独特的现象, 即费米口袋和费米弧的共存, 在超导温度以下, 主费米面 LM 和费米口袋 LP 上都形成了各向异性的超导能隙. 但在超导温度以上的正常态, 由图 3.4(h) 和 (j) 可以看出, 费米口袋 LP 上的能隙已消失, 但主费米面 LM 只在节点区域的能隙消失, 而在远离节点靠近反节点的区域, 能隙依然存在. 图 3.4(f) 中以紫色实心圆点表示在费米口袋 LP 和主费米面 LM 上能隙消失的区域, 由此可以看出, 主费米面上的无能隙区域 (费米弧) 的长度看来要比费米口袋长, 这就形成了一个费米口袋 (无能隙 LP 和部分无能隙 LM 形成的封闭费米面) 和费米弧 (主费米面 LM 上的无能隙区域) 共存的有趣的现象.

实验观察到的费米口袋为空穴型, 它的面积大小与样品的掺杂浓度相对应 (图 3.3(i)). 这些结果, 加上费米口袋在布里渊区中的位置 (图 3.3(i)) 以及独特的掺杂演变 (图 3.3), 给确立欠掺杂区域费米面的形状, 检验已有的各种理论提供了重要的信息. 对实验观察到的费米口袋的形成机理, 有些理论显然不符. 基于 P. W. Anderson 最初提出的共振价键理论 (RVB) 的唯象理论, 在几个重要的方面和实验观察到的费米口袋符合较好, 但仍有不一致之处. 在正常态费米口袋和费米弧的共存, 则是目前理论完全没有预计到的新的情形. 因此, 该研究结果, 对理解高温超导体奇异正常态的性质, 检验和建立新的理论, 具有重要的推动作用.

2. 铜氧化物高温超导体中的绝缘体–超导体转变——Bi2201 中观察到节点能隙行为

铜氧化物高温超导体的母体是反铁磁莫特绝缘体, 高温超导电性通过掺杂适当数量的载流子得以实现. 介于母体和超导体之间, 存在一个特殊而重要的过渡区, 即所谓的重欠掺杂区域. 在这个特定的区域, 少量的载流子掺杂使得三维反铁磁长程序被迅速压制, 并且发生绝缘体-金属/超导体转变. 这个区域的电子结构研究, 对理解反铁磁莫特绝缘体如何能够演变成 d 波超导体、赝能隙的起源及其与超导能隙的关系, 以及超导电性产生的起源等问题具有重要意义. 长期以来, 对这个区域一直缺乏系统的角分辨光电子能谱研究.

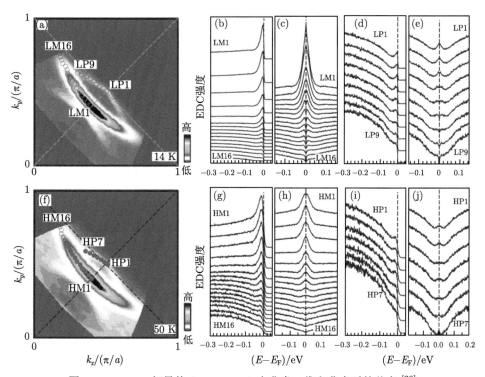

图 3.4　Bi2201 超导体 ($T_c = 18$ K) 中费米口袋和费米弧的共存 [20]

(a) 超导态的费米面; (b) 和 (d) 分别显示的是沿着主费米面 LM 和费米口袋 LP 上的光电子能谱曲线; (f) 正常态的费米面; (g)~(j) 相应的光电子能谱曲线

利用真空紫外激光角分辨光电子能谱仪超高分辨率的特性, 对高温超导体 La-Bi2201 体系在重欠掺杂区域的电子结构开展了系统和深入的研究, 获得了重要结果 [21]. 首先, 高质量的 La-Bi2201 单晶样品被生长, 通过细致的掺杂和退火处理, 获得重欠掺杂区域一系列载流子浓度的 La-Bi2201 样品. 通过输运性质测量, 发现绝缘体-超导体转变发生在载流子浓度 $p = 0.10$ 附近 (图 3.5). 随后, 通过高分辨激光角分辨光电子能谱测量, 研究了费米面随载流子浓度的变化, 发现在载流子浓度小于 0.10 的重欠掺杂 La-Bi2201 样品中, 节点方向存在能隙, 导致整个 "费米面" 都存在能隙. 随着载流子浓度增加, 在临界载流子浓度 $p = 0.10$ 处, 节点区域能隙关闭. 在重欠掺杂 La-Bi2201 样品的光电子能谱中, 观察到相干峰和宽鼓包的共存. 温度变化测量表明, 节点能隙在比较高的温度下仍然存在. 详细的动量变化测量表明, 重欠掺杂区域样品中的能隙具有各向异性, 符合节点方向能隙加上类似 d 波的形式 (图 3.6).

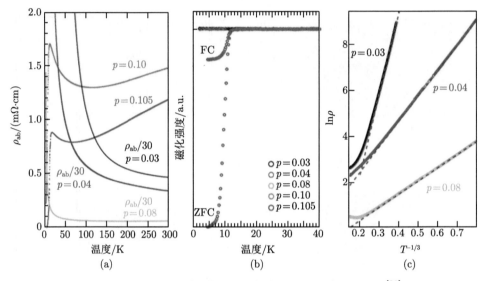

图 3.5　La-Bi2201 系列掺杂样品的电阻测量和磁测量结果 [21]

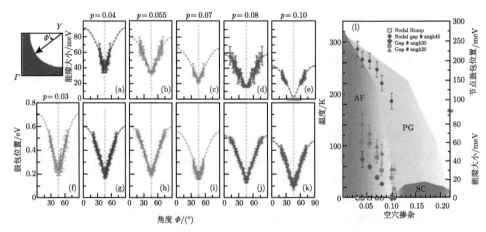

图 3.6　能隙随动量的变化以及随载流子浓度的演变

(a)～(e) 为正常态; (f)～(k) 为超导态; (l) 为能隙结构相图 [21]

以上结果确认, 在重欠掺杂 La-Bi2201 体系中, 载流子浓度 $p \sim 0.10$ 附近, 存在一个绝缘体–超导体转变. 节点能隙逐渐变为零、三维长程反铁磁奈尔 (Néel) 温度逐渐变为零、超导电性开始出现等现象都发生在这个特定的载流子浓度 $p \sim 0.10$, 揭示了节点能隙、反铁磁有序与高温超导的紧密关系. 这些结果指出了结合电子关联效应和反铁磁相互作用, 对理解重欠掺杂区域和欠掺杂区域电子结构和物性的重要性.

3. 在铁基超导体中观察到奇异的正常态特性

传统超导体的正常态可以用费米液体理论描述 [5], 它具有明确的费米面, 费米面上存在明确的准粒子. 超导电性是由在超导转变温度以下费米面失稳形成库珀对而产生. 在铜氧化物高温超导体中, 尤其是在欠掺杂区域, 由于赝能隙的存在, 其正常态反节点处不具有明确的费米面, 在整个布里渊区内, 费米面拓扑结构呈现出费米弧或费米口袋的结构. 反节点区域的电子表现出强烈的非相干行为, 正常态不存在准粒子峰 [10,20,22,23]. 这种既没有明确的费米面也没有明确的准粒子行为的电子结构和铜氧化物高温超导体的奇异正常态密切相关. 揭示其起源以及理解如何从中衍生出超导电性, 是超导物理研究的一个重要挑战. 一个自然而有趣的问题则是, 是否存在一种介于传统超导体和铜氧化物超导体之间的新的体系, 即是否存在一种超导体具有明确的费米面但费米面上没有明确的准粒子? 如果有, 超导态如何从这种体系的正常态衍生出来? 它的超导态性质和超导机理又会是怎样的?

铁基超导体与铜氧化物超导体有着许多相似的性质, 关于它的正常态非费米液体行为也有许多讨论 [24,25], 然而一直缺乏直接的微观谱学证据. 在一类典型的铁基超导体最佳掺杂 $(Ba_{0.6}K_{0.4})Fe_2As_2$ 中, 角分辨光电子能谱为其正常态的非费米液体行为提供了直接的谱学证据, 并确立了这是一个正常态具有明确费米面而没有准粒子行为的典型体系. 新一代深紫外激光飞行时间分析器的角分辨光电子能谱系统, 对典型的铁基超导体最佳掺杂 $(Ba_{0.6}K_{0.4})Fe_2As_2$ 的电子结构和超导能隙进行了精细的测量 [26]. 测量结果显示, 在超导态存在尖锐的超导相干峰, 但一旦进入正常态, 费米面上的电子态表现出完全的非相干行为, 没有准粒子峰的存在 (图 3.7(b)~(e)). 这些结果表明, $(Ba_{0.6}K_{0.4})Fe_2As_2$ 的正常态为非费米液体, 而且该超导体代表着一种正常态具有明确费米面但不具有明确准粒子的新的体系. 进一步的能隙温度结果显示, $(Ba_{0.6}K_{0.4})Fe_2As_2$ 的超导能隙在超导态基本不变, 在超导转变温度附近突然转变到零 (图 3.7(f)), 这种行为明显偏离传统 BCS 理论的能隙–温度依赖关系. 这个结果为理解铁基超导体的超导机理, 特别是如何从非相干正常态中衍生出相干的超导态, 提供了重要信息.

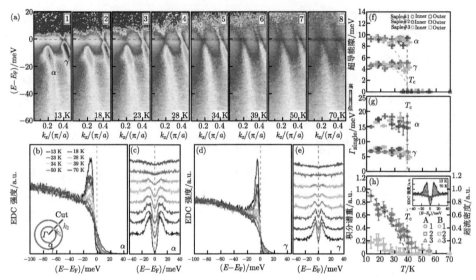

图 3.7　最佳掺杂 $(Ba_{0.6}K_{0.4})Fe_2As_2$ 能带结构和超导能隙的温度依赖关系 [26]

(a) $(Ba_{0.6}K_{0.4})Fe_2As_2$ 不同温度的能带谱图, 对应的 cut 在图 (b); (b) 内圈对应不同温度费米动量处的 EDC; (c) 将图 (b) 的 EDC 对称处理, 黑色实线为拟合结果; (d) 外圈对应不同温度费米动量处的 EDC; (e) 将图 (d) 的 EDC 对称处理, 黑色实线为拟合结果; (f) 拟合得到的 $(Ba_{0.6}K_{0.4})Fe_2As_2$ 超导能隙随温度的演变; (g) 拟合得到的 $(Ba_{0.6}K_{0.4})Fe_2As_2$ 的单粒子散射率随温度的演变; (h) 对应插图中所示区域的积分谱重随温度的变化关系, 图中黑色虚线为超流密度随温度的演化

3.2.2　高温超导体的超导能隙对称性

当超导体进入超导态, 将会打开超导能隙, 超导能隙的大小和对称性跟超导材料的超导特性密切相关, 是超导体电子配对特性的最直接体现, 对于理解超导材料的超导机理发挥着关键的作用. 角分辨光电子能谱同时具有能量和动量分辨的能力, 是测量超导体能隙大小和能隙对称性的重要手段.

1. 铜氧化物超导体的超导能隙结构

铜氧化物高温超导体以其不寻常的超导状态和奇异的正常状态而众所周知 [3,27-29]. 一般认为, 超导能隙呈现明显的 d 波对称性而在超导转变温度以上的正常状态存在赝能隙 [30-34]. 对高温超导体电子结构和超导能隙的研究, 将为理解其超导机理提供关键的信息. 经过三十多年的深入研究, 超导的配对机制、赝能隙的性质, 以及赝能隙和超导性之间的关系仍然不明确. 关于赝能隙的起源仍然存在争议, 特别是它是否代表跨越赝温度 T^* 的相交叉或相变. 由 $Bi_2Sr_2CuO_{6+\delta}$ (Bi2201) 上的角分辨光电子能谱测量结果发现, 在赝能隙转变温度下, 反节点区域附近的能带结构经历了显著的能带重组; 这个观察结果标志着 T^* 处发生了相变[35-37]. 所以研究 T^* 上的这种带重组在铜氧化物超导体中是否是普遍存在的现象, 对理解赝能隙的本质至关重要. 在铜氧化物超导体中, 赝能隙和超导能隙的关系对理解铜氧化物超导体超导机理有着重要的作用. 对二者的关系, 现在主要有两种观点, 一种认为赝能隙是超导能隙的前驱[8,38-40], 另外一种认为赝能隙起源于与超导序无关的竞争序[41-44]. 利用深紫外激光角分辨光电子能谱具有的高分辨率的特点, 可以更准确地对能隙结构进行测量. 铜氧化物高温超导体中两个典型的体系就是 Bi2201 和 Bi2212 体系, 对其能隙的研究具有广泛的代表意义.

铜氧化物高温超导电性是通过向 CuO_2 面引入适当的载流子浓度而实现的. 已有大量实验证据表明, 正常态和超导态下的种种奇异性质与载流子浓度密切相关. 在欠掺杂区域, 正常态偏离费米液体行为, 而超导态的能隙也表现出异常的变化: 即使超导转变温度随着掺杂浓度的增加而增加, 超导能隙却异常地随着掺杂量的增加而减小. 而且超导能隙随动量的变化关系偏离标准 d 波形式; 掺杂量越低, 偏离得越显著. 在过掺杂区域情况则显著不同, 首先, 正常态很接近费米液体行为; 其次, 超导能隙和转变温度都随着掺杂浓度升高而降低, 而且超导能隙随动量的变化关系接近标准 d 波形式. 另一方面, 铜氧化物高温超导体的超导转变温度与一个结构单元中的铜氧面层数相关. 对同一个体系的超导体, 超导温度从单层到三层不断升高, 三层达到最高超导温度, 继续增加铜氧面层数, 超导转变温度反而降低[45-47]. $Bi_2Sr_2CuO_{6+\delta}$ (Bi2201) 和 $Bi_2Sr_2CaCu_2O_{8+\delta}$ (Bi2212) 体系易解理得到干净平整表面, 高质量单晶生长技术成熟, 覆盖掺杂范围广等, 因而是角分辨光电子能谱技术研究最广泛和深入的高温超导体系.

首先我们来看 $Bi_2Sr_2CuO_{6+\delta}$ 体系, 图 3.8 显示了最佳掺杂的 $Bi_2Sr_{1.6}La_{0.4}CuO_{6+\delta}$ 的费米面以及费米面上 EDC 和不同温度下 EDC 对称的结果[48]. 对称的 EDC 结构显示了在该温度下的能隙情况. 可以发现, 在超导态 (图 3.8(c), (d)) 的节点处显示了尖锐的单峰结构, 意味着能隙为零. 从节点到反节点方向移动 (4~25), 立刻打开能隙, 且逐渐变大. 但是在正常态 (图 3.8(e), (f)), 节点附近 (4~8) 没有能隙打开, 而在靠近反节点附近 (9~25) 存在着能隙, 对应着赝能隙.

图 3.9 显示了不同温度下能隙的动量分布情况. 在超导态时除了节点都打开能隙, 并且能隙函数显示强烈的各向异性, 符合标准的 d 波对称形式. 当温度升高到正常态, 超导态时能隙节点就扩展成了一段零能隙激发的区域, 这对应着"费米弧"的图像[8,43]. 另外可以发现, 从超导态进入正常态, 反节点区域能隙与节点附近的能隙随温度的演化行为不同, 温度升高时并没有关闭, 而且随温度变化改变不明显. 上述的能隙的动量依赖性和温度依赖性的准确测量, 表明赝能隙和超导能隙之间有着密切的联系, 支持"单能隙"的图像, 赝能隙是超导能隙的前驱.

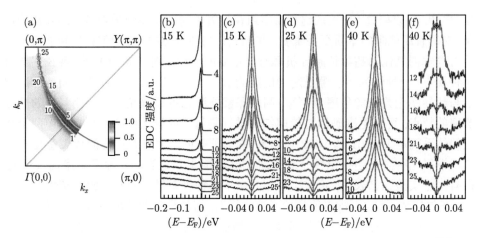

图 3.8 Bi2201 的费米面和费米面上对应的 EDC 在不同温度下的动量依赖关系 [48]

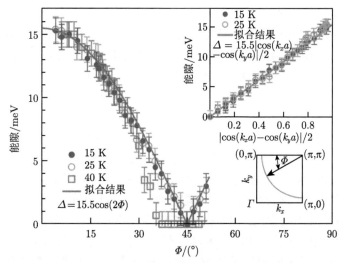

图 3.9 最佳掺杂 La-Bi2201 样品在不同温度下沿着费米面测得的能隙函数 [48]

红色实线是 d 波拟合结果

然后是另外一个代表性的体系 $Bi_2Sr_2CaCu_2O_{8+\delta}$ 的能隙结构. 图 3.10 研究了 Bi2212 最佳掺杂转变温度为 91 K 时样品的动量依赖和温度依赖关系. 相对于最佳掺杂的 Bi2201 的结果, 在低温下最佳掺杂的 Bi2212 的超导能隙偏离标准 d 波形式, 但是可以通过加入一个高阶项 ($\cos(6\theta)$) 很好地拟合 [49].

对于 Bi2212 反节点区域能带, 通过详细的变温实验, 发现反节点区域的 Bi2212 能带在赝能隙温度上下的变化与 Bi2201 中发现的能带结构重组不同, 暗示了 Bi2201 中发现的跨越赝能隙温度能带结构重组现象并不是普遍存在于铜氧化物超导体体系. 这对于理解超导能隙和赝能隙提供了新的信息. 随着温度升高, Bi2212 中没有观察到费米动量点的明显位移, 并且也没有观察到跨越赝能隙温度的能带重组现象.

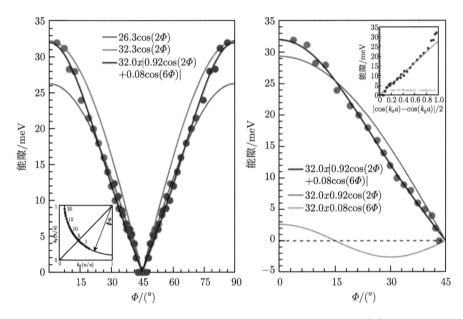

图 3.10　Bi2212 超导能隙 d 波形式及其高阶项的拟合 [49]

其中的实心点为数据, 实线为不同对称性的拟合结果

　　由于 Bi2212 的一个结构单元中含有两个 CuO_2 铜氧面, 两个 CuO_2 面之间的相互作用导致能带的杂化, 形成成键能带和反键能带以及相应的成键费米面和反键费米面. 长期以来, 对 Bi2212 能隙的研究都集中在反成键能带上, 是因为普遍认为这种双层劈裂形成的两套费米面具有相同的超导能隙. 已有的角分辨光电子能谱对 Bi2212 的测量, 在实验精度范围内, 也给出两套费米面具有相同超导能隙的结果 [50,51]. 但是, 基于飞行时间的能量分析器的深紫外激光光电子能谱测量发现, Bi2212 超导体中两套费米面具有的超导能隙不同, 并具有不同的动量依赖关系 [52].

　　新一代激光角分辨光电子能谱系统利用第三代基于飞行时间的能量分析器, 配合 11 eV 深紫外激光, 不仅能一次性同时探测动量空间二维的信息, 而且具有超高分辨率 (后文有介绍). 通过对过掺 Bi2212(超导温度 $T_c = 75$ K) 样品系列的实验测量, 首先验证了双层劈裂发生在节点到反节点的各个动量位置, 在反节点

处达到最大 (图 3.12). 并且确定了反键费米面的载流子浓度为 0.27, 和最佳掺杂 (0.16) 相比对应重过掺杂, 而成键费米面的载流子浓度为 0.14, 对应欠掺杂.

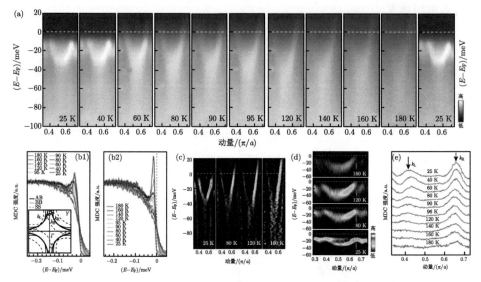

图 3.11   Bi2212 反节点能带温度依赖关系 [49]

(a) 不同温度下反节点区域的能带, 能带位置在 (b1) 插图中红线所示位置; (b1) 带底 (插图中标记 kB) EDC 随温度变化关系; (b2) 能带右支费米动量点 (插图中标记 kF) 处 EDC 随温度变化关系; (c), (d) 能带结构二次微分; (e) 费米能附近 MDC 随温度变化关系

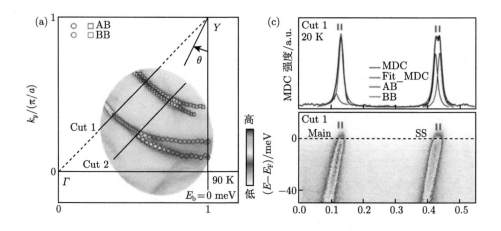

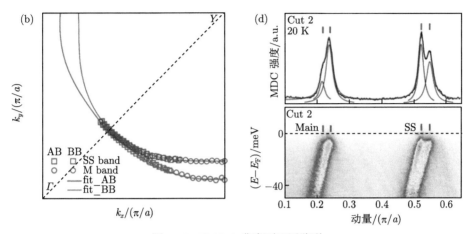

图 3.12 Bi2212 费米面双层劈裂

(a) 温度为 90 K 时测得的 Bi2212 费米面; (b) 拟合费米动量点得到的完整的两个费米面形状, 蓝色代表成键能带费米面, 红色代表反键能带费米面; (c), (d) 主能带和超结构能带双层劈裂对比 [52]

通过系统地分析超导能隙随费米面不同动量点的变化, 获得了超导能隙沿两个费米面完整的动量依赖关系, 首次发现成键费米面和反键费米面具有不同的超导能隙. 其差异在反节点处达到最大, 约 2 meV. 此外, 发现反键费米面的超导能隙随动量的依赖关系遵循标准 d 波的形式, 而成键费米面的能隙动量依赖关系明显偏离标准 d 波的形式 (图 3.13).

两个费米面之间的能隙差异大小的不同可归因于 Bi2212 和 Bi2223 中两个费米表面的来源不同. 在 Bi2223 中, 内部 CuO_2 平面的掺杂水平远小于外部两个 CuO_2 平面的掺杂水平, 从而产生两种不同的费米面, 相当于存在两种不同掺杂水平的 CuO_2 平面. 在 Bi2212 中, 一个结构单元中的两个 CuO_2 平面在结构上是相同的; 两个费米面现象起源于两个 CuO_2 平面之间的电子结构的杂化. 一般期待 Bi2212 中的两个费米面的能带会产生相似的超导能隙. 但是, 沿着两个费米面显示出了明显不同的超导能隙, 这要求进一步理论研究以理解这种差异. Bi2212 和 Bi2223 之间的比较再次表明, 特定费米面的超导能隙不仅仅取决于其拓扑结构和掺杂量, 这些费米面之间的集体相互作用对决定超导性非常重要. 与具有单个费米面的单层 Bi2201 超导体 (具有较低的最高 T_c(∼32 K) 和较小的超导能隙 (∼15 meV)) 相比, 双层 Bi2212 和三层 Bi2223 具有多个费米面, 它们的相互作用可能提供了用来提高铜氧化物超导体超导电性的额外成分.

Bi2212 在同一个材料中具有两个费米面, 而且两个费米面对应显著不同的掺杂浓度, 一个为重过掺杂 (0.24), 另一个为欠掺杂 (0.14). 对两个费米面上的超导能隙的精确测量, 为研究铜氧化物高温超导体中费米面拓扑结构和超导能隙的关系, 以及研究超导温度和铜氧面层数的关系, 提供了重要实验信息.

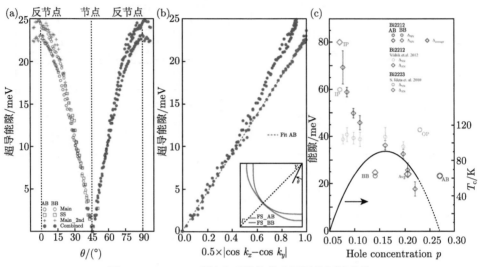

图 3.13 Bi2212 成键和反键能带中不同的超导能隙

(a) 成键和反键能带超导能隙随动量的依赖关系; (b) 成键和反键能带超导能隙与 d 波对称形式的关系; (c) 能隙相图[52]

2. 铁基超导体的超导能隙结构

作为了第二类高温超导体, 铁基超导体的超导特性为理解高温超导体的超导机理开辟了新的方向. 铁基高温超导体属于典型的多轨道体系, Fe 的 5 个 3d 轨道 (d_{xz}, d_{yz}, d_{xy}, $d_{x^2-y^2}$, d_{z^2}) 上的电子都可能参与低能电子结构的形成和超导电性的产生. 这种多轨道特征导致众多新的现象和奇异物性, 如向列相、轨道有序、轨道选择莫特转变等. 确定导致超导电性的决定性轨道特征, 以及超导电性与向列相和轨道选择之间的关系, 对理解铁基超导体的高温超导电性的起源至关重要.

在铁基超导体中, 块材 FeSe 超导体具有最简单的晶体结构, 在 90 K 附近存在向列相转变, 低温下没有长程磁有序结构, 因而成为研究向列相、超导及其相互关系的理想体系. 然而, 不同实验手段对 FeSe 的超导能隙结构和轨道特性的确定一直存在争议[53-57]. 主要的原因是, 块材 FeSe 的超导临界温度较低 (~8 K), 费米面较小以及超导能隙也很小, 对角分辨光电子能谱的精度和样品测量温度提出了极高的要求.

深紫外激光光源赋予了角分辨光电子能谱独特的分辨率优势, 而最新一代的飞行时间分析器, 基于二维动量空间的数据同时采集能力, 进一步拓展了深紫外激光角分辨光电子能谱的优势.

图 3.14 显示了基于飞行时间分析器的深紫外激光角分辨光电子能谱系统的飞行时间分析器的构造原理图. 独特设计的电子透镜组, 可以对一定范围内的二维角度空间的光电子同时进行采集. 多通道倍增管和延时线探测器技术能够实现一定立体角空间内电子位置的收集和电子飞行时间的记录, 从而实现二维动量空间电子结构的探测 [58,59]. 另外, 该系统配备的低温冷台可以最低实现 1.6 K 的样品温度. 该系统对超导转变温度低、费米面小的超导材料研究具有明显的优势. 利用该设备可以对块材 FeSe 的布里渊区中心附近的电子结构进行详细研究 [60].

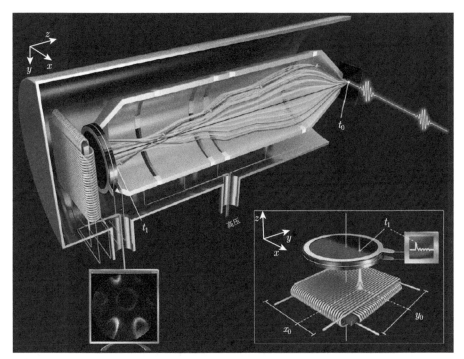

图 3.14 飞行时间分析器的构造原理图

分析器由一套电子透镜系统和末端的多通道倍增板/延迟线探测器组成

如图 3.15 所示, 费米面是在一次探测中获取, 从而保证了费米面形状的准确性和二维动量空间电子结构测量的一致性. 实验发现, 在低温下 (< 90 K), 当 FeSe 处于向列相时, 布里渊区中心只存在一个强烈各向异性的空穴型费米面, 这是所有铁基超导体中观察到的布里渊区中心各向异性最强的费米面, 长轴和短轴的比值达到了 3. 对该费米面的超导能隙的精确测量发现, 超导能隙同样存在强烈的各向异性, 沿费米面角一圈呈现出二重对称性 (图 3.15). 在费米面的短轴方向超导能隙最大, 沿费米面的长轴方向超导能隙趋于零. 这也是所有铁基超导体

中观察到的各向异性最强的超导能隙结构. 在测量 FeSe 超导样品之前, 大部分铁基超导体的超导能隙对称性表现出各向同性的 s 波, 并提出了 s+− 配对的理论去解释铁基超导体中的超导能隙行为. 然而 FeSe 单晶的极度各向异性的超导能隙行为很难用 s+− 配对的理论去解释, 因此一些人提出了用各向异性的 s 波加 d 波来进行描述 [61], 另外我们发现, 用简单的 p 波形式的配对理论也能很好地解释 FeSe 单晶的极度各向异性的超导能隙, 至于 FeSe 单晶的超导配对是各向异性的 s 波加 d 波还是简单的 p 波, 还需要通过其他实验进一步确定.

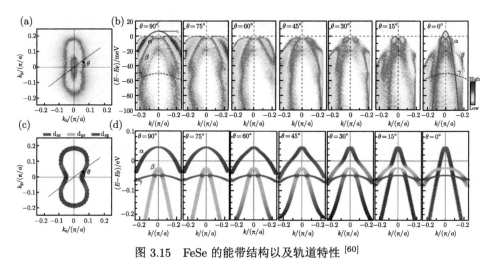

图 3.15　FeSe 的能带结构以及轨道特性 [60]

(a) FeSe 单晶在 Γ 点附近的费米面; (b) FeSe 单晶在 Γ 点附近的能带结构, 其费米面角的定义如 (a) 所示;
(c) FeSe 单晶理论计算的 Γ 点附近的费米面结构; (d) FeSe 单晶理论计算的 Γ 点附近的能带结构, 不同的轨道特性用不同的颜色表示

　　我们还利用不同偏振光对轨道的选择性对 FeSe 能带的轨道特性进行研究, 发现空穴型的费米面主要由 d_{xz} 轨道组成, 而 d_{yz} 轨道则被推到费米能级以下 20 meV 处, 与能带计算相符 (图 3.15). 这些结果表明, 超导能隙是在由 d_{xz} 轨道形成的费米面上产生的, 而 d_{yz} 轨道位于费米能级以下, 不参与超导电性的形成. 进一步研究超导能隙和 d_{xz} 轨道的关系发现, d_{xz} 轨道的谱重以及有效质量在费米面上也呈现出各向异性的行为, 沿长轴方向最大, 沿短轴方向最小, 和 FeSe 超导能隙表现出反相关的关系 (图 3.16).

　　这一研究直接测量了块材 FeSe 的超导能隙结构以及费米面的轨道特性, 揭示了 FeSe 中超导电性、向列相的形成和轨道的对应关系, 为理解 FeSe 超导电性的起源提供了关键的信息.

　　铁基超导体中, (BaK)Fe$_2$As$_2$ 体系的超导特性得到最早和最广泛研究. 最早的角分辨光电子能谱实验揭示出最佳掺杂的 (BaK)Fe$_2$As$_2$ 布里渊区中心的费米面由两个空穴型的费米面构成, 超导能隙展现为费米面依赖的行为: 中心小的费米面展现较大的超导能隙, 较大的费米面展现小的超导能隙 [62,63]. 这种多能带多超导能隙的特征, 主导着对铁基超导体的超导机理的理解. 但是另外一项采用深紫外激光光电子能谱对其的研究显示, 超导能隙的大小和对称性跟费米面没有关系, 所有的费米面都展现大小相同并且很小的超导能隙 [64]. 这样的结果把对铁基超导机理的理解引向了不同的方向. 利用深紫外激光的飞行时间分析器的角分辨光电子能谱对该问题进行了重新研究.

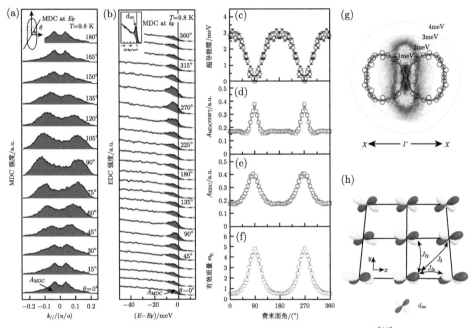

图 3.16　FeSe 中超导能隙与 d$_{xz}$ 轨道谱重的反相关关系 [60]

(a) 利用费米面处不同费米面角的 MDC 面积确定 d$_{xz}$ 轨道谱重的示意图; (b) 利用 k_F 处的 EDC 面积确定 d$_{xz}$ 轨道谱重的示意图; (c) 费米面角依赖的超导能隙变化图; (d) MDC 面积确定的 d$_{xz}$ 轨道谱重随费米面角变化图; (e) MDC 面积确定的 d$_{xz}$ 轨道谱重随费米面角变化图; (f) d$_{xz}$ 轨道有效质量随费米面角变化图; (g) FeSe 费米面及极坐标下的超导能隙变化图; (h) d$_{xz}$ 轨道电子的近邻和次近邻交换图

图 3.17 显示了最佳掺杂的 (Ba$_{0.6}$K$_{0.4}$)Fe$_2$As$_2$ 样品的深紫外激光角分辨光电子能谱的测量结果. 测量结果显示了两个清晰的费米面. 费米面的 EDC 对称结果显示在图 3.17(d), (e) 中, 两个费米面均显示了各向同性的全能隙的图像, 而且能隙大小表现出与不同费米面的明显的依赖关系 (图 3.17(f)), 解决了长期以来对

该典型铁基超导体的超导能隙结构存在的争论.

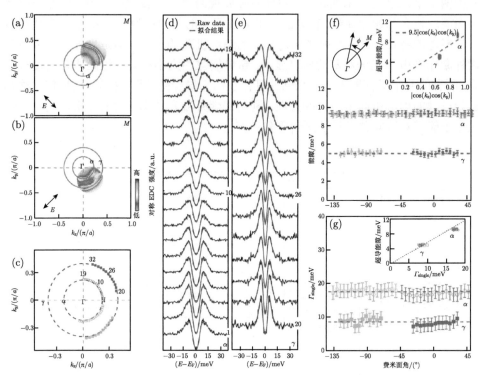

图 3.17　最佳掺杂 $(Ba_{0.6}K_{0.4})Fe_2As_2$ 超导能隙的动量依赖关系[26]

(a) $(Ba_{0.6}K_{0.4})Fe_2As_2$ Γ 点附近费米面, 黑色双箭头表示光子电矢量方向; (b) 将测量样品旋转 90° 后测量得到的费米面; (c) MDC 拟合得到的费米动量; (d) 内圈费米面 k_F 处的对称 EDC, 对应的 k_F 位置在 (c) 中标出, 蓝色实线是拟合结果; (e) 外圈费米面的对称 EDC; (f) 不同费米面上动量依赖的超导能隙, 横轴是对应的费米面角度, 其定义在插图中所示; (g) 拟合得到的不同费米面上单粒子散射率

3.2.3　多体相互作用和电子耦合谱函数的获取

高温超导体的奇异物性, 与电子和电子之间的强关联作用以及电子电荷、自旋和晶格的相互作用有关. 如何探测和分离这些多体相互作用, 对研究高温超导电性机理, 建立新的理论具有重要的意义. 随着实验精度的不断改善, 角分辨光电子能谱已从传统的能带测量工具发展成为研究材料中多体效应的重要手段. 当材料中的电子与其他的电子、晶格振动 (声子) 或磁结构等相互作用时, 会导致电子自能的变化, 这可以通过角分辨光电子能谱进行直接测量. 对这种精细电子结构本身的研究, 特别是要进一步研究这种精细结构在超导转变前后的细微变化, 对于找到与超导机理最相关的电子耦合行为具有关键的作用.

1. 铜基高温超导体中新的耦合模式的发现

电子与其他的电子、晶格振动 (声子) 或磁结构等相互作用时, 会导致电子自能的变化, 一个最直观的体现就是在电子能量动量色散上的扭折. 真空紫外激光角分辨光电子能谱仪的超高分辨率在研究电子色散上的扭折问题方面具有明显的独特优势.

在重度过掺杂的 Pb 掺杂的 $Bi_2Sr_2CuO_{6+\delta}$ 样品中, 一方面 Pb 的掺杂有效地抑制了超结构, 另一方面掺杂浓度足够高, 被认为可被费米液体理论所描述. 该样品中电子与其他模式的耦合问题没有其他掺杂的样品那么复杂.

图 3.18(a) 为重度过掺杂的 Pb 掺杂的 $Bi_2Sr_2CuO_{6+\delta}$ (Pb-Bi2201, $T_c = 5$ K) 的节点方向的色散谱图, 其对应的能量分布曲线 (图 3.18(b)) 显示出了一个明显的谷结构, 显示出了数据的高质量. 图 3.18(c) 中的电子能量动量色散曲线显示出了一个在费米能级以下 70 meV 左右的明显的扭折, 同时对应了 MDC 宽度上的一个下降, 这是电子与其他模式耦合的明显特征. 进一步, 为了更好找出其他的耦合模式, 一种简单的方法被采用, 如图 3.18(c) 所示, 通过色散扣除一个无特征的直线, 获取能量差, 结果显示在图 3.18(d), (e) 中. 通过这种方法, 在图 3.18(d) 中, 70 meV 左右的扭折显示得更加明显. 图 3.18(e) 中也显示了几个特征能量分别为 17 meV, 30 meV 和 41 meV 左右, 为由于分辨率提高而新发现的耦合能量.

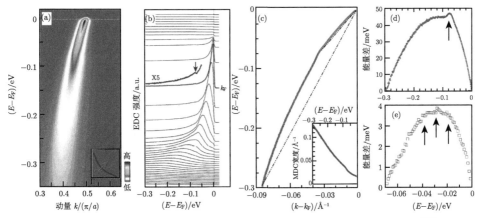

图 3.18 过掺杂 Pb-Bi2201 ($T_c = 5$ K) 的节点方向的色散以及精细结构 [65]

(a), (b) 分别为色散谱图和对应的能量分布曲线 (EDC); (c)~(e) 为色散关系和有效电子自能

图 3.19 显示了另外一个具有代表性的体系 Bi2212 的沿着节点方向的谱图以及不同温度下的色散关系和有效电子自能 [66]. 依然可以发现 70 meV 左右的扭折对应的 MDC 宽度上的下降, 说明了整个耦合模式在 Bi2201 和 Bi2212 体系中都

普遍存在. 除此之外, 围绕节点附近的色散显示出了新的耦合模式. 如图 3.19(d) 所示, 两个耦合模式分别围绕 115 meV 和 150 meV, 这是首次发现的新模式. 这两个模式的能量都明显大于 Bi2212 中的声子和磁共振模式, 因此难以用已有的电子耦合模式 (电子–声子耦合或电子–磁振子耦合) 来解释, 这表明在高温超导体中可能存在一种新的电子耦合方式. 进一步实验表明, 这两个新结构是在材料进入超导状态后产生的, 因此它们可能和超导电性密切相关.

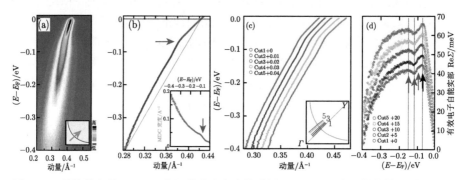

图 3.19   最佳掺杂的 Bi2212 的沿着节点方向的谱图以及不同温度下的色散关系和有效电子自能 [66]

通过上面的结果, 我们可以发现, 在节点方向的众多扭折中, 最著名的莫过于 ~70 meV 能带扭折, 同时在反节点区域, 另外一个能量尺度 40 meV 能带扭折也普遍存在. 对节点和反节点能带扭折的起源 (磁起源、声子起源等) 已有众多的工作进行了探索, 但还没有达成共识. 此外, 另一个长期存在的公开的问题是节点能带扭折和反节点能带扭折之间的关系. 具体地讲, 动量空间中节点方向 70 meV 的能带扭折如何随动量演变到反节点区域 40 meV 的能带扭折?

利用真空紫外激光角分辨光电子能谱, 对铜氧化物高温超导体 Bi2212 中的多体效应进行了深入的研究 [67]. 借助于该激光角分辨光电子能谱仪的超高分辨率, 他们第一次在过掺杂 Bi2212 样品的超导态发现, 70 meV 和 40 meV 的这两个能量尺度在很大的动量空间上共存 (图 3.20 和图 3.21), 修正了此前人们普遍认为的 ~70 meV 和 ~40 meV 的能带扭折分别局域在节点和反节点方向的情形. 进一步的测量发现, 这两个能量尺度表现出不同的动量依赖关系: 其中一个模式 (HI mode) 在很大动量空间上保持在 78 meV 能量尺度, 而另一个模式 (LW mode) 的能量则从反节点区的 ~40 meV 逐渐增加到节点区的 ~70 meV (图 3.21). 温度变化测量表明, 这两个能量尺度具有不同的温度依赖关系. 对不同掺杂样品的测量发现, 两个能量尺度的共存在所测量的样品中都可以观察到.

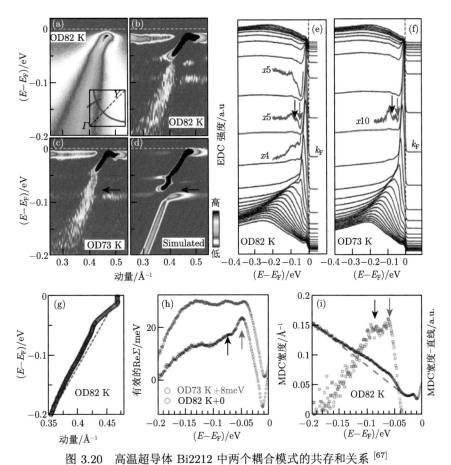

图 3.20 高温超导体 Bi2212 中两个耦合模式的共存和关系 [67]

(a)~(d) 为两个掺杂样品的原始谱图和二次微分谱图; (e) 和 (f) 为对应两个样品的能量分布曲线; (g)~(i) 为色散和有效电子自能

此项研究第一次发现了在超导态两个耦合模式在动量空间中大范围共存, 直接从实验上解决了长期以来存在的有关 ~70 meV 节点能带扭折如何演变到 ~40 meV 反节点能带扭折的问题. 同时, 这两个耦合模式的动量依赖关系异常, 不能简单地被已有的理论所解释, 对高温超导体中电子–玻色子耦合的理论研究提出了新的问题和挑战. 在超导态观察到电子与这两个模式的强烈耦合, 表明在研究高温超导机理时, 必须考虑它们对导致电子配对可能发挥的重要作用.

铜氧化物高温超导电性是通过对 CuO_2 掺杂适量的载流子来实现的, 其中 Cu 3d 轨道和 O 2p 轨道的键合决定着铜氧化物基本的电子结构. 在空穴型铜氧化物超导体中, 沿 $(0, 0)$-(π, π) 节点方向的色散中存在著名的 $60\sim70$ meV 的扭折已为人们广泛接受, 并普遍认为是由电子和玻色子 (声子或磁振子) 的耦合造成的. 但在节点方向的色散中, 发现在高能区域, 存在 400 meV 的高能扭折和能量延续到 1 eV 的高能色散. 对它们的成因则是众说纷纭, 对它们是否反映材料的本征能带也存在争议. 利用的真空紫外激光角分辨光电子能谱, 通过详细的动量变化关系的测量, 并结合完整的数据分析方法, 对高温超导体 Bi2212 中的高能扭折和高能色散提出了新的认识.

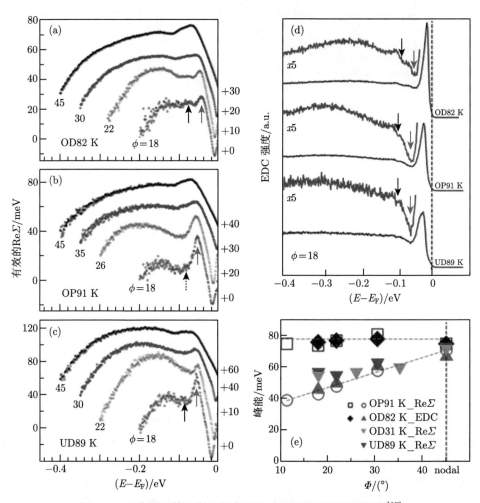

图 3.21　三个不同掺杂样品的有效电子自能的动量依赖关系 [67]

图 3.22 显示了沿着节点方向、偏离节点方向以及远离节点方向三个方向的光电子能谱结果. 为了更好地观察所谓的高能色散结构, 对应于原始谱图, EDC 和 MDC 二次微分的结果也一起显示. 结果表明, 铜氧化物的高能色散不可能代表电子的真正裸能带, 高能扭折也不可能是由电子和高能元激发耦合产生的, 高能色

散可能并不代表本征的能带结构[68].

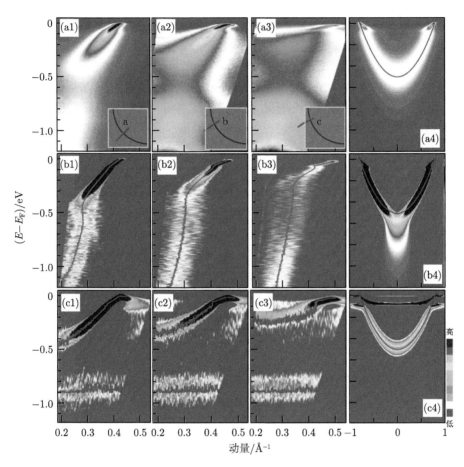

图 3.22 最佳掺杂的 Bi2212 在 17 K 低温下测量的动量依赖的光电子能谱 (a1)~(a3), 以及对应的 EDC (b1)~(b3) 和 MDC (c1)~(c3) 二次微分谱图[66], (a4), (b4), (c4) 为理论模拟结果

2. 正常态和超导态的电子耦合谱函数

高温超导体的一个核心问题是高温超导电性产生的机理. 铜氧化物高温超导体和铁基高温超导体的超导临界温度都超过 40 K, 高于基于 BCS 理论预言的McMillan 极限. 因此, 成功描述传统超导体配对机理的 BCS 理论不再适用于对铜氧化物高温超导体的解释. 但是实验已经确认, 在铜氧化物高温超导体中, 与传统超导体类似, 仍然是自旋相反的两个电子配对形成自旋单重态. 进一步的实验还证实, 与传统超导体中超导序参量为各向同性的 s 波不同, 铜氧化物高温超导体的超导序参量为强烈各向异性的 d 波. 问题的核心在于, 在高温超导体中, 电子和

电子是通过何种方式实现配对的? 在传统超导体中, 库珀对是通过电子和电子之间交换虚声子产生等效净吸引相互作用形成的, 声子以及电声子耦合被认为是导致电子配对的媒介 (glue). 在高温超导体中, 目前的争论集中在: ① 电子配对是否需要媒介? 以 Anderson 为代表的一些人认为不需要媒介 [69]. ② 如果需要媒介, 该媒介是什么? 是自旋涨落 [70] 还是声子 [71], 或者是其他的玻色子? 虽然 BCS 理论不再适用, 但是 Eliashberg 理论在传统超导体配对机理的成功应用 [72,73], 为我们探索铜氧化物高温超导体的配对机理提供了参考. 我们相信高温超导机理问题的解决, 无论对于凝聚态理论的理解还是利用机理寻找新的更高转变温度的超导体是非常重要的.

图 3.23 显示了验证 BCS 理论的一个决定性实验——电子隧道实验 [74,75]. Schrieffer 等由高精度的隧道谱, 获得电子的配对自能 (pairing self-energy)[76]. 根据配对自能, 有两种途径来获得导致电子配对的玻色子的谱函数. 一种是假设玻色子的谱函数, 按照模型或理论计算获得电子的配对自能, 通过不断调整假设的玻色子的谱函数, 以实现理论计算得到的电子配对自能与实验测量的相匹配. 另一种则是由电子的配对自能出发, 通过直接反演获得玻色子的谱函数 [77]. 结果发现, 由此反演获得的玻色子的谱函数与由中子散射直接测量的声子的态密度具有惊人的相似, 并因此证明了的确是声子导致了电子之间的配对. 由此可见, 获得超导态的电子自能和能隙函数, 并进一步解析出导致配对的玻色子的谱函数, 对理解超导机理具有决定性的意义.

一个自然的想法是, 在铜氧化物高温超导体中是否可以采用类似的隧道实验来解析出玻色子的谱函数, 进而解决电子配对的机理问题. 但隧道实验在高温超导体中难以获得确定性的结果. 一方面, 高温超导体的电子结构具有强烈的各向异性, 节点的电子态与反节点有显著的不同 [9,78,79]. 另一方面, 高温超导体的超导能隙也同样表现出强烈的各向异性, 在节点区为零, 而在反节点处最大 [31]. 由于隧道实验没有动量分辨能力, 而是所有动量对应的电子结构和能隙结构积分在一起后的结果, 所以这种方法在高温超导体的实验研究中, 很难提供所需的关键信息.

角分辨光电子能谱技术, 由于其独特的动量分辨本领, 可以成为抽取高温超导体中超导态的电子自能和能隙函数的新的关键的实验手段. Varma 等在 2003 年就提出这种方案 [80], 根据该方案和依靠深紫外激光光电子能谱系统的高分辨的特点, 逐步开展了电子玻色子耦合函数的获取工作.

首先从最简单的情况出发, 正常态下电子玻色子耦合函数 $\alpha^2 F(k, \omega)$ 与电子自能实部 $\mathrm{Re}\Sigma(\epsilon, T)$ 存在如下关系:

$$\mathrm{Re}\Sigma(\epsilon, T) = \int_0^\infty \mathrm{d}\omega K\left(\frac{\epsilon}{k_\mathrm{B}T}, \frac{\omega}{k_\mathrm{B}T}\right) \alpha^2 F(k, \omega)$$

其中, $K(y, y') = \int_{-\infty}^{\infty} \mathrm{d}x f(x - y) 2y' / (x^2 - y'^2)$, 假定一个裸带 (不存在电子与其他模式相互作用条件的电子色散), 获取电子有效自能, 从而根据最大熵方法反演获得电子玻色子耦合函数, 其在 Be (10$\bar{1}$0) 取得了很好的效果 [81]. 但是该方法有个不足, 就是需要假定裸带, 其一定程度上会影响获取耦合函数的峰值, 进而影响到电子耦合强度的计算. 采用不同温度下的自能差就可以避免裸带的选取. 因为这个自能差通常都很小, 必须依赖于高分辨率的结果才能够进行. 如图 3.24 所示, 两个不同温度下的电子自能实部之差表示为

$$\mathrm{Re}\Sigma\left(\epsilon, T_1\right) - \mathrm{Re}\Sigma\left(\epsilon, T_2\right)$$
$$= \int_0^{-\infty} \mathrm{d}\omega \alpha^2 F(k, \omega) \left[K\left(\frac{\epsilon}{k_{\mathrm{B}}T_1}, \frac{\omega}{k_{\mathrm{B}}T_1}\right) - K\left(\frac{\epsilon}{k_{\mathrm{B}}T_2}, \frac{\omega}{k_{\mathrm{B}}T_2}\right) \right]$$

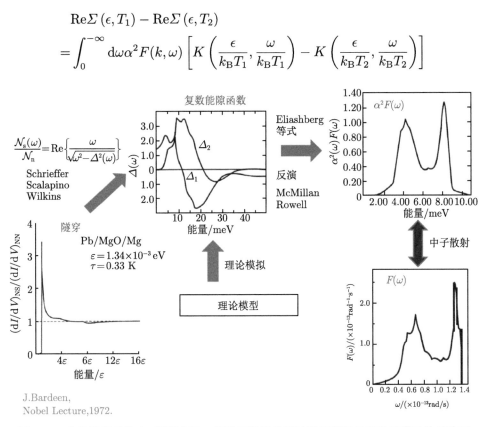

图 3.23 在传统超导体中, 隧道实验、能隙函数以及通过反演获得的玻色子谱函数是验证
BCS 超导理论的决定性实验

该方法被应用到 Pb-Bi2201 体系的正常态的节点方向的电子结构中 [65], 因为在该样品中不存在赝能隙、超结构等让电子结构复杂的情况. 图 3.24 显示了重过掺杂 Pb-Bi2201 的获取正常态下的玻色子耦合函数的结果. 两个温度下的色散之差作为两个温度下的电子自能之差的近似, 进行数据反演的操作. 获得耦合函数

后, 进一步获得自能, 得到第一次的两个温度下的有效自能, 进而进行第二次的数据反演, 直至前后两次获得的耦合函数基本一致. 图 3.24(e), (f) 显示了拟合的情况和最后得到的电子玻色子耦合和电子自能.

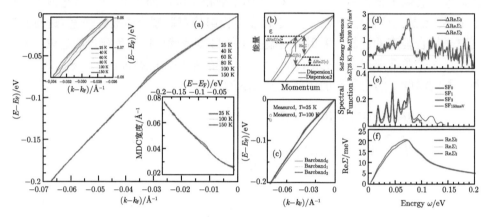

图 3.24   Pb-Bi2201 ($T_c = 5$ K) 的沿着节点方向不同温度下的电子色散曲线 (a) 以及采用迭代方法获取玻色子耦合函数的过程和获得的玻色子耦合函数 (b)~(f)[65]

进入超导态, 耦合函数的获取就要复杂得多, 对电子结构测量的精确性的要求也更高. 高温超导体与传统超导体相同的是自旋动量符号相反的电子形成自旋单态的配对, 而与传统超导体不同的是其超导序参量为 d 波对称性. 也就是说, 需要正常 Eliashberg 函数和配对 Eliashberg 函数两种有效相互作用谱函数描述电子耦合的情况[82], 正常 Eliashberg 函数具有晶格对称性, 而配对 Eliashberg 函数具有 $d_{x^2-y^2}$ 的对称性. 超导态下, ARPES 测量的实验数据可以用单粒子谱函数描述为

$$I(k, \omega) = |M(k, v)|^2 f(\omega) A(k, \omega) + B(k, \omega)$$

$$A(k, \omega) = -\frac{1}{\pi} \text{Im} \left[\frac{\omega - \Sigma_0(k, \omega) + \xi(k) + \Sigma_3(k, \omega)}{(\omega - \Sigma_0(k, \omega))^2 - (\xi(k) + \Sigma_3(k, \omega))^2 - \phi(k, \omega)^2} \right]$$

其中, $M(k, v)$ 是矩阵元效应; $f(\omega)$ 是费米–狄拉克分布; $B(k, \omega)$ 是光电效应过程背底; $A(k, \omega)$ 是单粒子谱函数, 其由正常自能 $\Sigma(k, \omega)$ 和配对自能 $\phi(k, \omega)$ 描述. 当电子与声子、磁振子以及其他电子等相互作用时, 将导致电子的自能变化. 因此通过角分辨光电子能谱对高温超导材料的测量, 可以得到自能的信息并且用于多体相互作用的研究. 激光角分辨光电子能谱仪的成功研制, 大大提高了能量分辨率和动量分辨率, 使得系统精确地从实验数据中提取正常自能和配对自能成为可能. 下面我们具体介绍从 ARPES 实验数据中提取正常自能和配对自能以及反演得到 Eliashberg 函数.

首先从 ARPES 实验提取正常自能和配对自能.

利用高性能的激光 ARPES 对 Bi2212 (T_c = 89 K) 进行测量, 得到不同温度下不同的电子能带结构 [83]. 在高于 T_c 的正常态时, 如图 3.25 (e4) 和 (e5) 所示, 能带穿越费米能级. 在超导态时, 如图 3.25(e1)~(e3) 所示, 能带回弯打开能隙, 可以清晰地看到 Bogoliubov 准粒子的特征, 费米能级上下各有两支色散曲线. 在图 (e1) (16 K) 中, 在费米能级以上几乎没有谱重; 而在相对高些温度的超导态时, 如 70 K 和 80 K 的数据中可以清晰地分辨到费米能级以上的谱重. 这是由于费米–狄拉克分布的影响, 在除掉费米–狄拉克分布之后, 如图 3.25(f2) 和 (f3) 所示, 可以看到费米能级上下的谱重几乎是关于费米能处对称的. 从图 3.25(a)~(c) 的模拟结果可以看到进入超导态后 Bogoliubov 准粒子的情况以及受到费米–狄拉克函数的影响.

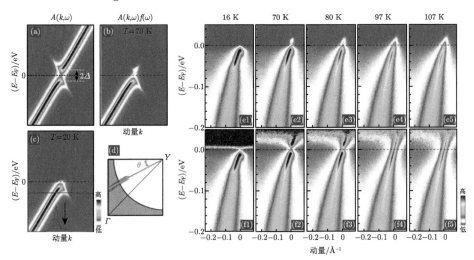

图 3.25 在 Bi2212 (T_c = 89 K) 样品数据中观察到 Bogoliubov 准粒子 [83]

(a)~(c) 为模拟结果; (e1)~(e5) 为原始二维 ARPES 能带谱图, 动量方向沿着 (d) 中所标记; (f1)~(f5) 为相应的能带扣除掉费米–狄拉克函数之后的结果

进入超导态后打开能隙能带回弯, 因此会在能隙以下的能量位置的动量分布曲线 (MDC) 中呈现两个峰的结构: 其中一个强度相对较高的峰来源于主能带, 相对较低的峰来源于超导引起的能带回弯. 从图 3.26(c1)~(c5) 原始的 MDC 中, 在结合能为 20 meV 时, 可以清晰地看到超导引起的额外的小峰, 用黑色箭头表示. 事实上, 超导引起的能带回弯会延伸到几倍能隙处, 由于能带回弯的信号比较弱, 因此在原始的 MDC 中, 除了 20 meV 的 MDC, 其余的 MDC 显示的双峰结构并不明显. 为了更清楚地显示超导引起的动量分布曲线的微弱变化, 我们用超导态的 MDC 除以正常态的 MDC, 如图 3.26(d1)~(d5) 所示, 几乎所有的 MDC 都显示出了双峰结构. 对于这些结构的精确拟合分析将给出重要的正常自能和配对自能.

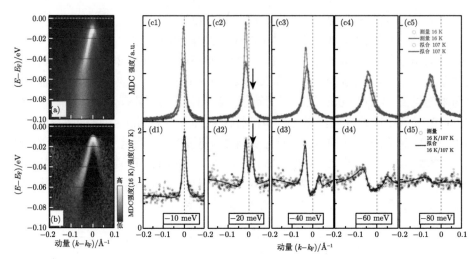

图 3.26　超导态费米能级以下的能带回弯 [83]

(a) 16 K 时图 (d1) 对应的能带; (b) 16 K 的能带除以 107 K 时相应能带的结果; (c1)～(c5) 为正常态 107 K 和超导态 16 K 不同结合能处的 MDC; (d1)～(d5) 为超导态 MDC 除以正常态的 MDC 以及拟合结果

　　单粒子谱函数中的自能实部对应着准粒子的能量, 虚部对应着准粒子的寿命, 研究自能随动量温度的演变情况就可以了解与电子相互作用的谱函数信息, 为我们探索超导机理提供参考. 普遍认为, 研究高温超导体的先决条件是理解其奇异正常态, 在最佳掺杂附近, 铜氧化物高温超导体的线性电阻率偏离了费米液体行为, 可以由边缘费米液体行为描述. 前面介绍了 ARPES 测量的数据可以直接用单粒子谱函数描述, 因此对不同能量的 MDC 进行拟合可以获得电子的自能. 在正常态 107 K 时, 正常自能的实部和虚部如图 3.27 所示, 裸带选择的是紧束缚近似拟合得到的参数. 随着角度 θ 的增大, 自能实部与 0 线交点对应的能量逐渐减小. 自能虚部对能量为线性依赖. 可以看到, 自能虚部弹性部分 $\Sigma_2(\omega = 0)$ 随着角度变化而变化, 这与之前准粒子散射率随动量各向异性是一致的. 我们的结果表明, 准粒子弹性散射和非弹性散射部分随着角度 θ 变化都是各向异性的.

　　对超导态 MDC 进行拟合可以同时得到背底、正常自能、重整化因子和配对自能, 利用正常态的电子态密度与超导态的电子态密度之比也可以得到配对自能, 需要对上述过程进行循环, 使得对 MDC 的拟合和通过电子态密度得到的配对自能两者一致并且收敛, 才能在超导态得到最终准确的正常自能和配对自能 [82]. 通过高质量的实验获得和详细的分析, 如图 3.28 所示: 对于正常自能, 除了低能处有一些结构外, 自能的实部和虚部都几乎不依赖于温度; 并且自能的虚部与能量有着线性关系; 自能虚部几乎不依赖于角度. 对于配对自能, 实部和虚部对于温度都有着依赖, 随着温度的降低, 实部和虚部逐渐增大; 除了低能部分, 在 0.2 eV 以内, 配对自能虚部对于能量有着非常弱的依赖, 而在高于 0.2 eV, 由于实验本征噪声的影响, 无法判断配对自能对于能量的依赖; 将配对自能进行 $\cos(2\theta)$ 归一化, 可以发现配对自能的实部和虚部能够完美地重合, 这也反过来证明了配对自能的 d 波对称性.

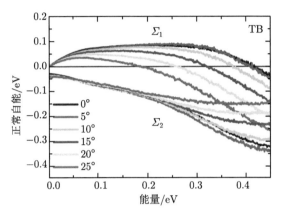

图 3.27 温度为 107 K 时不同角度的正常自能实部和虚部 [84]

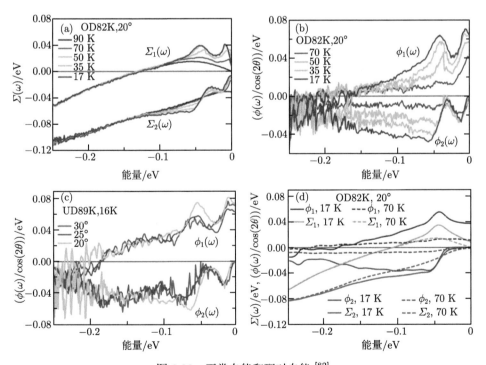

图 3.28 正常自能和配对自能 [82]

(a) 和 (b) 分别为从过掺杂样品中提取的正常自能和配对自能; (c) 低温 16 K 时不同角度的除以 $\cos(2\theta)$ 的配对自能, 所有数据重合在一起; (d) 扣除掉杂质影响, 进行平滑处理后的正常自能和配对自能

3. 从自能反演得到正常和配对 Eliashberg 函数

利用得到的正常自能和配对自能对 Eliashberg 方程进行反演, 可以得到正常和配对 Eliashberg 函数的信息, 如图 3.29 所示. 对于正常 Eliashberg 函数: 有一个 50 meV 的宽峰、平台以及能量截止, 平台和能量截止没有温度依赖, 50 meV 的宽峰在 T_c 附近几乎不变, 在 T_c 之下随着温度降低逐渐增强; 50 meV 宽峰和平台几乎没有角度依赖, 而能量截止随着角度从节点到反节点逐渐减小. 对于配对 Eliashberg 函数: 在 T_c 时只有平台, 降到 T_c 以下出现 50 meV 的宽峰, 50 meV 的宽峰随着温度降低逐渐增强, 而平台对温度几乎没有依赖. 通过比较可以发现, 除了 50 meV 的宽峰, 正常 Eliashberg 函数和配对 Eliashberg 函数是相等的; 在 T_c 附近, 正常自能减去 50 meV 的宽峰等于配对自能. 说明 50 meV 的宽峰是超导引起的而不是引起超导的原因, 其是与顶点氧的光学支声子有关. 另外, 是同一种相互作用涨落既导致了正常态的奇异性质又引起了超导.

从实验中提取出了正常 Eliashberg 函数和配对 Eliashberg 函数, 则可以直接和铜氧化物高温超导体的理论模型进行对比. 所有的计算参数都需要调整以满足实验上的一些 (比如 T_c 的) 结果. 在与理论模型对比时, 从实验中提取出的正常自能和配对自能的动量依赖和能量依赖都需要满足. 目前比较流行的高温超导体模型包括反铁磁自旋涨落、Hubbard 模型涨落、电子环流涨落等. 对于反铁磁自旋涨落模型, 利用 $(LaSr)_2CuO_4$ 的中子散射实验得到的反铁磁涨落计算得到的配对自能确实满足 $\cos(2\theta)$ 的对称性, 但是配对自能在 0.1 eV 处有一个谱峰, 而在这个能量之上迅速衰减为 0, 其对于能量的依赖与我们的实验结果不符; 另外, 计算的正常自能对于能量依赖不是线性的, 而且具有强烈的角度依赖, 我们的实验结果表明, 正常自能对能量是线性依赖而且几乎不依赖于角度, 因此反铁磁自旋涨落不是引起超导的原因. 对于 Hubbard 模型涨落, 计算表明能隙函数 (重整化因子变化非常小, 因此能隙函数可以直接反映配对自能) 在 0.06 eV 和 0.3 eV 两处各有一个峰, 而两者之间几乎为 0, 这与我们的实验结果不符, 同时利用该方法计算得到的正常自能虚部在能量大于 0.06 eV 处为定值, 而我们的实验结果表明正常自能在该能量区间是线性的, 因此该模型也不是引起超导的原因. 对于 loop-current 涨落, 其能够完美地给出与实验正常自能对能量和角度的依赖相同的结果, 同时将实验正常 Eliashberg 函数计算配对自能, 可以得到与实验数据非常相似的结果, 也验证了实验中同一相互作用既引起了铜氧化物高温超导体的奇异正常态又在低温时引起电子配对形成超导态的结果.

我们利用角分辨光电子能谱结合 Eliashberg 方程对铜氧化物高温超导体的奇异正常态、d 波配对对称性进行了研究. 我们的结果对理解高温超导体的配对机理及其相关凝聚态物理问题提供了参考. 结合高质量的单晶、高性能的设备, 我们有望在非传统超导体的超导机理研究方面取得重要的进展.

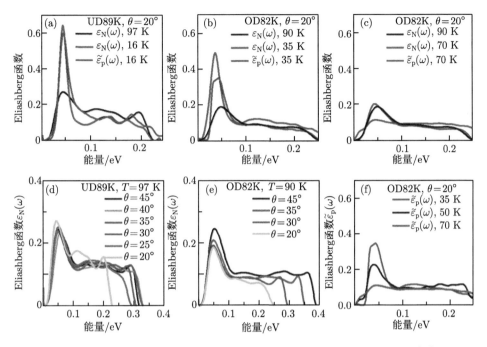

图 3.29　正常 Eliashberg 函数和除以 $\cos(2\theta)$ 的配对 Eliashberg 函数 [82]

3.3　本 章 小 结

依据具有我国完全自主知识产权的深紫外固态激光技术, 系列深紫外激光角分辨光电子能谱系统被发展. 深紫外激光在光电子能谱技术中的使用, 赋予了角分辨光电子能谱超高的能量分辨率、动量分辨率、自旋分辨率以及加强的体效应探测能力. 深紫外激光已经发展成为一个低成本、高效率、高性能的新型光源, 把光电子能谱技术的发展提高到了一个新的层面. 依据自身的高分辨率特色, 深紫外激光光电子能谱技术在高温超导体的超导机理的研究中, 发挥了重要的作用, 在高温超导体中费米面拓扑结构、奇异的正常态特性、超导能隙大小和对称性、多体相互作用等的揭示和发现中都做出了重要的工作. 未来依靠设备的高分辨率和进一步的升级改造, 将在超导机理一些关键性科学问题上继续做出重要的发现.

参 考 文 献

[1]　Bednorz J G, et al. Zeitschrift Fur Physik B-condensed Matter, 1986, 64(2): 189-193.

[2]　Kamihara Y, et al. J. Am. Chem. Soc., 2008, 130: 3296.

[3]　Damascelli A, et al. Reviews of Modern Physics, 2003, 75: 473.

[4]　Liu G D, et al. Review of Scientific Instruments, 2008, 79: 023105.

[5]　Bardeen J, Cooper N, Schrieffer J R. Physical Review, 1957, 108: 1175.

[6]　Timusk T, et al. Rep. Prog. Phys., 1999, 62: 61.

[7]　Marshall D S, et al. Phys. Rev. Lett., 1996, 76: 4841-4844.

[8]　Norman M R, et al. Nature, 1998, 392: 157-160.

[9]　Shen K M, et al. Science, 2005, 307: 901-904.

[10]　Kanigel A, et al. Nature Phys., 2006, 2: 447-451.

[11]　Lee W S, et al. Nature, 2007, 450: 81-84.

[12]　Hossain M A, et al. Nature Phys., 2008, 4: 527-531.

[13]　Yang H B, et al. Nature, 2008, 456: 77-80.

[14]　Doiron-Leyraud N, et al. Nature, 2007, 447: 565-568.

[15]　Bangura A, et al. Phys. Rev. Lett., 2008, 100: 047004.

[16]　LeBoeuf D, et al. Nature, 2007, 450: 533-536.

[17]　Yelland E A, et al. Phys. Rev. Lett., 2008, 100: 047003.

[18]　Jaudet C, et al. Phys. Rev. Lett., 2008, 100: 187005.

[19]　Sebastian S E, et al. Nature, 2008, 454: 200-203.

[20]　Meng J Q, et al. Nature, 2009, 462: 335.

[21]　Peng Y Y, et al. Nature Communications, 2013, 4: 2459.

[22]　Norman M R, et al. Physical Review B, 1998, 57: R11093.

[23]　Reber T J, et al. Nature Physics, 2012, 8: 606.

[24]　Aichhorn M, et al. Physical Review B, 2010, 82: 064504.

[25]　Analytis J G, et al. Nature Physics, 2014, 10: 194-197.

[26]　Huang J W, et al. Science Bulletin, 2019, 64: 11-19.

[27]　Campuzano J C, Norman M R, Randeria M // Bennemann K H, Ketterson J B. The Physics of Superconductors: Vol. II. Superconductivity in Nanostructures, High-T_c and Novel Superconductors, Organic Superconductors. Berlin: Springer, 2004: 167.

[28]　Lee, et al. Reviews of Modern Physics, 2006, 78: 17.

[29]　Tsuei C C, Kirtley J R. Reviews of Modern Physics, 2000, 72: 969.

[30]　Shen Z X, et al. Physical Review Letters, 1993, 70: 1553.

[31]　Ding H, et al. Physical Review B, 1996, 54: R9678.

[32]　Ding H, et al. Nature, 1996, 382: 51.

[33]　Vishik I, et al. Proceedings of the National Academy of Sciences, 2012, 109: 18332.

[34]　Hashimoto M, et al. Nature Physics, 2014, 10: 483.

[35]　Hashimoto M, et al. Nature Materials, 2014, 14: 37.

[36]　He R H, et al. Science, 2011, 331: 1579.

[37]　Hashimoto M, et al. Nature Physics, 2010, 6: 414.

[38]　Renner C, et al. Phys. Rev. Lett., 1998, 80: 149.

[39] Wang Y, et al. Phys. Rev. B, 2006, 73: 024510.

[40] Kanigel A, et al. Phys. Rev. Lett., 2007, 99: 157001.

[41] Deutscher G. Nature (London), 1999, 397: 410.

[42] Le Tacon M, et al. Nat. Phys., 2006, 2: 537.K.

[43] Tanaka, et al. Science, 2006, 314: 1910.

[44] Boyer M C, et al. Nat. Phys., 2007, 3: 802.

[45] Tokura Y, et al. Physical Review B, 1990, 41: 11657.

[46] Eisaki H, et al. Physical Review B, 2004, 69: 064512.

[47] Ruan W, et al. Science Bulletin, 2016, 61: 1826.

[48] Meng J Q, et al. Physical Review B, 2009, 79: 024514.

[49] Sun X, et al. Chinese Physics Letters, 2018: 35.

[50] Borisenko S V, et al. Physical Review B, 2002: 66.

[51] Anzai H, et al. Nature Communications, 2013, 4: 1815.

[52] Ai P, et al. Chin. Phys. Lett., 2019, 067402: 36.

[53] Suzuki Y, et al. Phys. Rev. B, 2015, 92: 205117.

[54] Sprau P O, et al. Science, 2017, 357: 75.

[55] Hashimoto T, et al. Nat. Commu., 2018, 9: 282.

[56] Rhodes L C, et al. Phys. Rev. B, 2018, 98: 180503.

[57] Kushnirenko Y S, et al. Phys. Rev. B, 2018, 97: 180501.

[58] Scienta Analyzer www.scientaomicron.com.

[59] Zhou X J, et al. Rep. Prog. Phys., 2018, 81: 062101.

[60] Liu D F, et al. Physical Review X, 2018, 8: 031033.

[61] Kang J, et al. Phys. Rev. Lett., 2014, 113: 217001.

[62] Zhao L, et al. CPL, 2008, 25: 4402.

[63] Ding H, et al. EPL, 2008, 83: 47001.

[64] Shimojima T, et al. Science, 2011, 332: 564.

[65] Zhao L, et al. Physical Review B, 2011, 83: 184515.

[66] Zhang W T, et al. PRL, 2008, 100: 107002.

[67] He J F, et al. Phys. Rev. Lett., 2013, 111: 107005.

[68] Zhang W T, et al. Physical Review Letters, 2008, 101: 017002.

[69] Anderson P W. Science, 2007, 316: 1705.

[70] Scalapino D J. Phys. Rep., 1995, 250: 329.

[71] Shen Z X, et al. Philos. Mag. B, 2002, 82: 1349.

[72] Eliashberg G M. Interactions between electrons and lattice vibrations in a supercon-
      ductor. Soviet Physics Jetp-Ussr, 1960, 11: 696-702.

[73] Scalapino D J, Schriefe Jr, Wilkins J W. Strong-coupling superconductivity. I. Physical
      Review, 1966, 148: 263.

[74] Giaever I, et al. Phys. Rev., 1962, 126: 941.

[75] Rowell J M, Anderson P W, Thomas D E. Phys. Rev. Lett., 1963, 10: 334.

[76] Schrieffer J R, Scalapino D J, Wilkins J W. Phys. Rev. Lett., 1963, 10: 336.

[77] McMillan W L, et al. Phys. Rev. Lett., 1965, 14: 108.

[78] Yoshida T, et al. Phys. Rev. Lett., 2003, 91: 027001.

[79] Zhou X J, et al. Phys. Rev. Lett., 2004, 92: 187001.

[80] Vekhter I, Varma C M. Phys. Rev. Lett., 2003, 90: 237003.

[81] Shi J R, et al. Phys Rev Lett., 2004, 92: 186401.

[82] Bok J M, et al. Science Advances, 2016, 2.

[83] Zhang W T, et al. Physical Review B, 2012, 85: 064514.

[84] Bok J M, et al. Physical Review B, 2010, 81: 174516.

第 4 章　铁基化合物超导电性的压力调控

孙力玲

中国科学院物理研究所

超导电性是指某些常态下具有金属导电特性的物质在低温下表现出的一种宏观量子现象. 超导体具有零电阻和抗磁特性, 体现了处于超导态的物质对外部电场和磁场特有的响应. 超导材料在降温过程中在某一温度下可以进入超导状态或在升温过程中在该温度离开超导态, 超导体的这一特征温度被称为超导转变温度 (T_c), 这一特征温度可用来表征超导体超导电性抵抗热涨落的能力或热稳定性. 通过一些调控手段, 如化学掺杂、施加外部压力或磁场等可以实现对超导量子态的调控, 使不超导物质进入超导态或使超导物质离开超导态, 以及可以实现对超导转变温度的调制. 研究对物质超导量子态调控中伴随产生的物质晶体结构、电子结构及相关相变或物态的演化规律与超导态的关联性, 会对深入理解超导电性及变化规律提供关键的实验依据. 本章重点介绍了十余年来利用高压调控手段开展的对铁基超导量子态研究中取得的一些有代表性的结果.

4.1　绪　　论

宏观量子现象是指在宏观尺度上物质表现出原子尺度物质所具有的量子行为的现象, 超导电性是这类现象中的经典代表. 自 1911 年超导电性首次在金属汞中被发现的 100 多年来, 对这种现象的研究一直是物理学、材料科学及相关研究领域的热点研究内容之一, 尤其是 1986 年铜氧化物超导体的发现翻开了对非常规超导电性研究的新篇章 [1,2], 激发了人们对室温超导体探索的热情, 从此探索新的具有更高超导转变温度的高温超导材料一直是超导研究领域的主旋律. 随着研究的不断深入, 人们对超导电性的认识有了根本的转变, 研究重点也从传统理论可以解释的常规超导体转移到其不能解释的非常规超导体. 另一方面, 超导电性研究的手段也更加完备 [3-14]. 但是, 在高温超导新材料的探索方面, 除了以 CuO_2 为基本超导结构单元的各种铜氧化物超导体外, 并未发现可称之为高温超导体的新的超导体, 使高温超导研究一度呈现低迷状态. 2008 年, 铁基超导体 (以 FeAs 为基本超导结构单元的铁砷基超导体, 后来又发现了以 FeSe 为基本超导结构单元的铁硒基超导体) 的发现 [15,16], 为高温超导体的研究带来了新的机遇和挑战, 重新激发了人们对高温超导电性研究的热情. 在铜氧化物超导体研究中积累的高温超导电性知识的基础上, 人们利用各类先进的实验手段及理论积累对铁基超导体进行了全方位的、高效的研究, 取得了大量关于铁基超导体的研究结果, 例如, 对新型铁基超导体的探索 [17-31], 对微观结构与结构相变 [32,33]、电子结构 [34-45]、磁结构 [46-50]、超导电性及相关性能的研究 [51-54]、超导机理研究 [55-65]、对铁基超导体薄膜的研究 [66-70] 以及高压研究 [71-73] 等. 这些研究结果极大地丰富了人们对非常规超导体的认识. 人们期待通过对铁基超导体和铜氧化物超导体共性及不同的对比研究, 在高温超导机理研究方面能有所突破. 但是, 我们不得不面对的现实是, 在铁基超导体发现十余年后的今天, 高温超导机理仍被认为是 21 世纪凝聚态物理研究的重大挑战之一 [74-76]. 正如美国著名物理学家 Anderson[77] 指出的, 现有的高温超导实验结果已处于一个 "过定" (over determined) 的状态. 这应该是指产生高温超导理论突破所需要的实验知识积累已经足够充分了, 因而可能更加需要的是对各类实验结果进行全方位的综合和对比, 是对现有理论的 "去粗取精" "去伪存真", 方能实现对高温超导机理研究的突破, 推动铁基超导体乃至高温超导体的深入研究和全面理解.

为了便于大家能更全面地了解铁基超导体的研究现状, 本章将重点介绍铁基超导体高压研究方面的一些进展. 首先简要介绍了超导研究中应用较多的高压量子调控主要实验方法及相关理论基础, 然后重点介绍了铁基超导体高压实验研究方面取得的一些进展. 本章选取了作者完成的或认为对高温超导电性研究意义相对重要且相关科研人员和广大读者可能会感兴趣的两类最主要的铁基超导体 (铁砷基和铁硒基超导体) 高压实验研究中取得的若干有代表性的结果分别进行介绍. 关于压力下铁基超导体研究的更多结果, 可参见已发表的综述及相关文章 [55,72,78-80].

4.2　高压量子调控主要技术与基本理论简介

目前, 广泛用于超导量子态调控的压力产生装置是金刚石对顶压砧 (diamond anvil cell, DAC), 其可实现的压力调控范围为常压至约 500 GPa (1 GPa= 10^9 Pa). 由于高压实验中所指的压力 (P) 是单位面积 (S) 上所施加的力 (F), 即压强 ($P = F/S$), 因而随着对样品施加压力的增大, DAC 的台面尺寸也需减小, 即样品的体积也随之减小, 比如, 拟对样品施加的压力高于 100 GPa, 样品的尺度仅为 30~40 μm (是人类头发丝直径的一半). 因此, 对于微小样品产生的微弱信号的探测成为许多高压实验都要面对的挑战. 为了测量样品在高压下的晶体结构或价态的变化, 不得不采用同步辐射的高通量、微聚焦的光束线下的 X 射线衍射和吸收实验来获得相关实验数据 [81,82]. 对物质结构的了解是对其性能和机理研究的基础, 因而可以说, 对超导电性的高压量子调控研究对同步辐射实验装置具有高度的依赖性. 同样面对微弱信号测量挑战的高压实验测量技术还包括电子比热测量、交流磁化率测量等 [52,83,84]. 此外, 超高压下的低温输运 (电阻、磁阻、霍尔测量) 以及交流磁化率、比热和结构测量等实验, 均要求对高压实验技术具有深刻的理解和精细的掌握, 包括对金刚石对顶压砧台面的调平技术、传压介质的使用、电极和微小线圈的制备等.

大量理论和实验研究结果表明, 超导体是电子关联系统, 其超导电性是由其晶体结构、电荷、轨道及自旋的状态及其相互作用所决定的. 这些因素可以通过压力、磁场和化学成分等控制参量的调节来有效地进行调控 [10,85-87]. 其中压力是一种 "干净" 而有效的调控方法, 它的优势在于, 无须改变研究系统的化学构成就能实现对系统的晶体结构及电子结构的调控, 产生丰富的物理现象. 同时, 通过研究相关物态或物理量随压力的变化规律, 能为揭示复杂物理现象 (如超导电性) 的内在物理机制提供有价值的实验结果. 因此, 压力作为一种极端的实验条件和重要的物理维度以及对研究材料状态的独特调控方式, 在凝聚态物理及材料科学等前沿科学研究领域发挥着重要的作用. 简而言之, 作为独立于温度和化学组分之外的一个参量, 压力在物质科学研究中占有十分重要的地位, 其作用是其他参量无法替代的. 压力最基本的效应就是, 通过调控构成物质的原子间距或改变其晶体结构及电子结构来影响物质的物理和化学性质, 从而呈现出新现象、新规律及新性质. 在压力的作用下, 物质中会产生晶体或电子结构相变、金属–绝缘体转变, 乃至超导转变等丰富的物理现象 [52,88-90]. 了解压力下 T_c 的变化规律, 除对超导机理的理解有重要的意义外, 对于指导常压下提高 T_c、设计新型超导体和探索新型超导材料也有很大帮助.

从超导研究领域的发展历史来看, 通过对物质施加外部压力来实现对物质量子调控的方法在对超导电性的研究中发挥了极为重要的作用, 使其成为实现超导研究突破的有效手段之一. 最早的高压实验是由 Onnes 领导的小组于 1925 年完成的, 他们对元素 Sn 进行了首次高压研究, 其结果表明在 0.03 GPa 静水压下, Sn 的超导转变温度下降了 5 mK. 对该项研究的背景, Onnes 在一篇文章中给出了说明:"As no satisfactory theoretical explanation of the supraconductive state of metals has been given yet, which might serve as a guide for further investigations, it seems desirable to try, by changing the external conditions, to discover the factors which play a role in the appearing of the phenomenon".[91] 目前, 我们在超导研究中仍要常常面对 Onnes 在 1925 年时所面对的现状, 高压研究仍是一种被寄予厚望和广泛采用的研究手段. 目前, 已得到公认的非常规超导体 (压力为 30 GPa 时, HgBaCaCuO 超导体的 T_c=164 K) 和金属元素超导体 (压力为 161 GPa 时, 元素 Ca 的 T_c=25 K) 的最高超导温度纪录都是在压力下取得的. 尤其, 1986 年朱经武小组在对 $La_{2-x}Ba_xCuO_4$ 高温超导体的高压超导电性研究中揭示了用小半径元素替代引入化学内压力 [2] 对提升超导转变温度的可能性, 启发了液氮温区铜氧化物高温超导体钇钡铜氧的发现和相关研究 [2,5,7,8]. 而在铁基超导体的研究中, 通过压力手段揭示出了更加丰富的与高温超导电性关联的现象和物理, 这些现象和物理是本章将重点介绍的内容.

4.3   铁砷基超导体高压量子调控

2008 年初, 日本东京工业大学的 Hosono 教授研究组 [15] 首次报道了在氟 (F) 掺杂的铁砷化合物 LaOFeAs(1111 体系) 中发现了超导转变温度 (T_c) 为 26 K 的超导电性, 从此揭开了继铜氧化物高温超导体之后高温超导新材料探索及超导机理研究的新篇章. 铁砷基超导体和铜氧化物高温超导体有许多类似之处, 如具有层状准二维晶体结构, 主要由 FeAs 层和中间插层构成. 根据这一特点, 具有不同种类插层结构的铁砷基超导体被分类为 ReFeAs(O/F) (Re 为稀土元素) 1111 体系 [15], AFeAs (A 为碱金属元素) "111" 体系 [92], ARFeAs$_2$ (AR 为稀土元素掺杂的碱土金属元素) "112" 体系, MFe$_2$As$_2$(M 为碱土金属、碱金属及 Eu) "122" 体系 [4], 以及由 "122" 体系衍生出的更复杂的 "21311" "10-3-8" 体系等 [5,93]. 图 4.1 为四种主要铁砷基超导体的晶体结构.

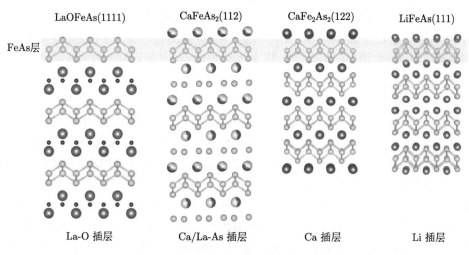

图 4.1   四类主要铁砷基超导体的晶体结构

其中 FeAs 层为超导 "基因" 层 (如绿色背底所示)

本节将在诸多铁砷基高压研究取得的结果中, 主要介绍一些经过综合整理的具有普遍意义的问题或较重要的发现.

4.3.1   高压研究对常压化学掺杂提升超导转变温度的启示

2008 年铁基超导体一出现,Takahashi 等就利用金刚石对顶压砧技术对 LaFe

$AsO_{0.89}F_{0.11}$ 化合物 (称之为 1111 体系) 进行了高压输运测量 [17], 发现其超导转变温度 (T_c) 在 4 GPa 下从常压的 26 K 提高到 43 K. 这一结果表明体积的压缩对提高这类铁砷基超导体转变温度会产生重要影响, 预示着采用小半径稀土元素替代的方法可能会提升其超导体的超导转变温度. 随后, 赵忠贤研究组 [18-24] 利用小半径稀土元素 (如 Ce, Pr, Nd, Sm 等) 替代 La, 采用高温高压合成的方法率先成功合成出了一系列 T_c 达到 50 K 以上的 1111 体系超导体, 推动了铁基超导研究的发展, 也使高压实验研究对高温超导新材料探索具有的重要 "指引作用" 再次得以展示.

1111 体系化合物 (ReFeAsO, Re 为 La, Ce, Pr, Nd, Sm, Gd 等稀土元素) 在室温下具有四方的 ZrCuSiAs 型准二维晶体结构 (空间群为 $P4/nmm$). 由铁砷 (FeAs) 层和稀土氧 (Re-O) 层构成. 其中, FeAs 层是超导层, 而 Re-O 层是载流子库层 (提供载流子). 这种各司其职又互相关联的准二维插层结构的特点与铜氧化物超导体相似. 对这类化合物在不同位置上的组分替代、掺杂和施加外部压力等均被认为是提高铁砷基超导体 T_c 的有效方法. 未掺杂的 1111 体系化合物在常压下并不超导. 在降温过程中, 先发生从四方相到正交相的结构相变, 然后在更低温度下出现反铁磁有序态 [33,53,94-100].

通过化学掺杂或外部压力的可以抑制反铁磁有序态, 诱发超导转变. 例如, LaFe AsO 和 SmFeAsO 在压力下的结构相变温度 (T_s) 和反铁磁转变温度 (T_m) 均会被抑制, 随后出现超导电性. LaFeAsO 的最高 T_c 在 12 GPa 压力下达到最高值 (21 K), 而 SmFeAsO 的 T_c 在 9 GPa 压力下为 11 K[101]. Takahashi 等分别对 $LaFeAsO_{0.89}F_{0.11}$ 材料进行了高压研究, 发现 T_c 的压力效应为正 (T_c 随压力增加而升高), 在 4 GPa 压力下其 T_c 达到 43 K [17]. 据此, 赵忠贤研究组率先通过用其他小半径的稀土元素 (如 Ce, Pr, Nd, Sm 等) 替代 La-1111 中的 La 提高了 T_c, 其中 $SmFeAsO_{0.9}F_{0.1}$[20]、$SmFeAsO_{0.85}$[21] 及 $Gd_{0.8}Th_{0.2}FeAsO$ [99] 的 T_c 均可达到 55 K 左右. 衣玮等 [102] 在对采用高压方法合成的一系列 La-Sm 混合的 1111 体系超导体 $La_{1-x}Sm_xFeAsO_{0.85}$ 的研究中发现, 随着离子半径相对较小的 Sm 含量的不断增加 (La 含量的不断减少), 其 T_c 逐步提高. 这一结果证实了单纯通过施加化学内压力就可以提高 1111 体系超导体的 T_c. 同时, 也使人们对 1111 体系超导体在外部压力下其 T_c 能否进一步提高产生了浓厚的兴趣.

4.3.2 高压研究揭示的铁砷基超导转变温度上限

1111 体系铁砷基超导体发现之后, 人们对其开展了许多高压下的研究 [17,101,103-117], 发现含有不同组分的超导化合物的 T_c 对压力的响应不同. 衣玮等 [103] 对具有最佳氧含量的 $SmFeAsO_{0.85}$ 和 $NdFeAsO_{0.85}$ 进行高压下原位电阻等物性测量, 发现其 T_c 随压力的升高持续下降. 而 $LaFeAsO_{0.89}F_{0.11}$ 和高氧缺位的 LaFeAsO$_{0.3}$ 以及过量氟掺杂的 LaFeAsO$_{0.5}$F$_{0.5}$ 的 T_c 则在压力下先升高后
降低, 形成具有拱形的 T_c-P 关系相图 [104], 如图 4.2 所示. 如果将每个样品的 T_c
随着压力变化的曲线向常压方向延长, 发现所有样品与零压力相交的 T_c 点都处于
不高于 60 K 的温度范围内. 因此他们提出, 以 FeAs 为基本超导单元的超导体可
能实现的最高超导温度不会超过 60 K. 到目前为止, 获得的 FeAs 基超导体的实
验结果均符合这一预测. 实验结果与铁基超导体中存在 As—Fe—As 最佳键角和
最佳阴离子高度的研究结果是一致的 [118,119].

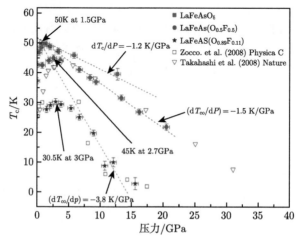

图 4.2　LaFeAsO, LaFeAsO$_{0.5}$F$_{0.5}$ 和 LaFeAsO$_{0.89}$F$_{0.11}$ 样品的 T_c 与压力的关系相图 [104]

　　在上述对镧系元素 1111 体系铁砷基超导体研究的基础上, 王红红等 [120,121]
对近年发现的含钍系元素 1111 体系铁基超导体 ThFeAsN 的高压行为进行了系
统研究. 发现其 T_c 随 As—Fe—As 键角或阴离子高度的变化规律与镧系是一致
的. 这表明, 以 FeAs 为 "超导基因"[122] 的 1111 体系中, 镧系或钍系元素插层对
超导电性的影响规律是相同的.

4.3.3　压力导致的铁砷化合物中超导量子态的构筑

　　随着对铁基超导材料的进一步探索, 人们又发现了铁砷化合物的另一个家族,
即具有 ThCr$_2$Si$_2$ 结构的 "122" 体系 MFe$_2$As$_2$(M = Ca, Sr, Ba 和 Eu). 常压
下, 该体系的母体基态是具有反铁磁的金属, 在低温下会出现从四方相到正交相
的结构相变, 同时伴随着反铁磁相变 [123-128]. 通过化学掺杂引入载流子可以抑制
反铁磁有序, 诱发超导转变, T_c 最高达到 38 K[129-134]. 尤其令人感兴趣的是, 相
对于其他铁砷基超导体系, 该体系对外部物理压力及化学内压力的响应都非常敏
感. MFe$_2$As$_2$ 母相和 Ca$_{10}$(Pt$_3$As$_8$)(Fe$_2$As$_2$)$_5$ (晶体结构可描述为在 CaFe$_2$As$_2$ 晶
格中交替用 Pt$_3$As$_8$ 中间层来置换 Fe$_2$As$_2$ 层) 中的反铁磁转变在压力调控下均

能得到明显的抑制, 继而出现超导电性 [93,135-144]. 根据这些超导体的共同特点, 我们建立了通用压力–温度相图, 如图 4.3 所示. 值得一提的是, 用等价态的元素 P 替代 As, 虽然没有引入载流子, 但由于 P 具有较小的阴离子半径, 这种替代相当于引入了化学内压力, 同样也能导致该体系出现超导电性 [26,145,146]. 未掺杂的 $Ca_{10}(Pt_3As_8)(Fe_2As_2)_5$ 化合物为反铁磁半导体, 用 Pt 部分替代 FeAs 层中的 Fe, 可使其出现超导电性 [147,148]. 由于 $Ca_{10}(Pt_3As_8)(Fe_2As_2)_5$ 化合物具有独特的半导体特性的中间层, 其在已发现的铁基超导体中占有特殊的地位. 高佩雯等 [93] 通过高压原位电阻、交流磁化率、霍尔测量及同步辐射 X 射线结构分析等综合实验手段对该化合物进行了研究, 发现压力在有效抑制样品中的反铁磁长程序后, 导致了超导电性的出现, 如图 4.4 所示. 获得的温度–压力相图清楚地显示出在 3.5~7.0 GPa 压力范围有一拱形的超导区域. 高压原位同步辐射结构分析

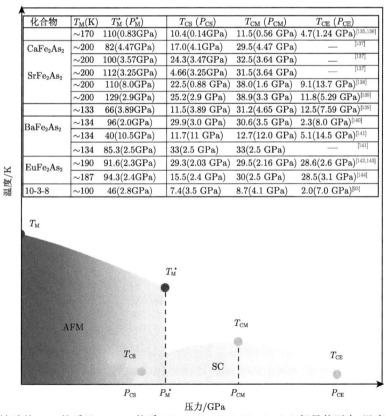

化合物	T_M(K)	T_M^*(P_M^*)	T_{CS}(P_{CS})	T_{CM}(P_{CM})	T_{CE}(P_{CE})	
	~170	110(0.83GPa)	10.4(0.14GPa)	11.5(0.56 GPa)	4.7(1.24 GPa)	[135,136]
$CaFe_2As_2$	~200	82(4.47GPa)	17.0(4.1GPa)	29.5(4.47 GPa)	—	[137]
	~200	100(3.57GPa)	24.3(3.47GPa)	32.5(3.64 GPa)	—	[137]
$SrFe_2As_2$	~200	112(3.25GPa)	4.66(3.25GPa)	31.5(3.64 GPa)	—	[137]
	~200	110(8.0GPa)	22.5(0.88 GPa)	38.0(1.6 GPa)	9.1(13.7 GPa)	[138]
	~200	129(2.9GPa)	25.2(2.9 GPa)	38.9(3.3 GPa)	11.8(5.29 GPa)	[139]
	~133	66(3.89GPa)	11.5(3.89 GPa)	31.2(4.65 GPa)	12.5(7.59 GPa)	[139]
$BaFe_2As_2$	~134	96(2.0GPa)	29.9(3.0 GPa)	30.6(3.5 GPa)	2.3(8.0 GPa)	[140]
	~134	40(10.5GPa)	11.7(11 GPa)	12.7(12.0 GPa)	5.1(14.5 GPa)	[141]
	~134	85.3(2.5GPa)	33(2.5 GPa)	33(2.5 GPa)	—	[141]
$EuFe_2As_2$	~190	91.6(2.3GPa)	29.3(2.03 GPa)	29.5(2.16 GPa)	28.6(2.6 GPa)	[142,143]
	~187	94.3(2.4GPa)	15.5(2.4 GPa)	30(2.5 GPa)	28.5(3.1 GPa)	[144]
10-3-8	~100	46(2.8GPa)	7.4(3.5 GPa)	8.7(4.1 GPa)	2.0(7.0 GPa)	[93]

图 4.3　铁砷基 122 体系及 10-3-8 体系 ($Ca_{10}(Pt_3As_8)(Fe_2As_2)_5$) 超导体压力–温度通用相图

其中, T_M 代表常压下磁有序转变温度; T_M^*、P_M^* 分别代表压力下测得的磁有序转变消失前的磁转变温度和相应的压力; T_{CS}、P_{CS} 分别代表压力下超导出现的温度和相应的压力; T_{CM}、P_{CM} 分别代表压力下超导转变最高温度和相应的压力; T_{CE}、P_{CE} 分别为压力下最终测得的超导转变温度和相应的压力

结果表明, 在本研究的压力范围内没有结构相变发生. 对比温度–压力电子相图和 Fe 位掺 Pt 的温度–掺杂电子相图, 可以看出两者之间有明显的相似和不同. 在 4.1 GPa 以内, 压力和电子掺杂对体系的反铁磁转变温度和超导转变温度的影响十分相似, 然而在更高压力下, 该系统的 T_c 随压力的变化关系与随电子掺杂的变化关系完全不同. 另外, 这类化合物的电子相图中都不存在反铁磁和超导共存的两相区, 这与其他已知的铁砷基 122 型超导体不同. 高压原位霍尔测量结果表明, 压力导致的电子从电荷库层到铁砷层的转移为实现超导电性提供了载流子. 值得注意的是, 掺杂和压力下其载流子都是电子型的, 而且对这两类超导相图的对比都显示出上述的在一定的压力和掺杂范围内其对反铁磁的抑制与对超导电性的诱发作用的类似性, 但在更高的压力和掺杂比例下, 两种量子调控方法所产生的结果完全不同 [147-149]. 这一压力与掺杂的对比研究清晰地展示了压力和掺杂效应对超导这一宏观量子态的影响在作用机理上的不同.

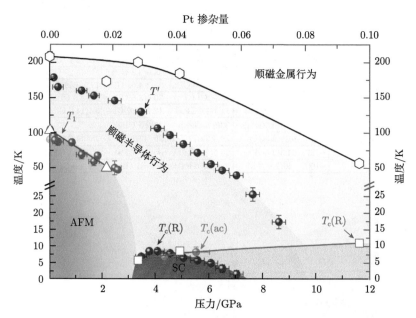

图 4.4　$Ca_{10}(Pt_3As_8)(Fe_2As_2)_5$ 超导体的压力–温度相图及其与温度–掺杂相图的对比 [93]

表明两种调控手段在一定压力范围及低掺杂区域对 T_c 的等效影响, 以及在高压和重掺杂区域的非等效影响

4.3.4　压力下磁有序–超导态双临界点的发现

$Ca_{1-x}La_xFeAs_2$ (112 型) 铁砷基超导体是近年发现的新型铁砷基体系. 该类超导体具有独特的单斜结构, 其晶体结构可以描述为 FeAs 层和 (Ca/La)-As-(Ca/La) 层沿着 c 轴方向堆叠而成. 特别是具有金属性的 As-As 锯齿形链状插层

的存在, 使得它的晶体结构和电子结构与 122 型铁基超导体有本质的区别 [150-153].
在 $Ca_{1-x}La_xFeAs_2$ 体系中, 当掺杂量在 x =0.15~0.25 时出现超导电性, 该掺杂
区间内超导与反铁磁是共存的 [154]. 然而, 在 $x > 0.25$ 的区域, 样品具有单一的
反铁磁态 [155]. 周亚洲等 [83] 对 $Ca_{0.73}La_{0.27}FeAs_2$ 样品进行了系统的高压研究,
得到了该样品在压力下的相图, 如图 4.5 所示. 随着压力的增加, 材料的反铁磁
(AFM) 转变温度逐渐被抑制, 并在临界压力下突然消失, 同时超导转变突然出现,
并在转变压力点处其超导体积分数高达 90% 以上, 表明具有体超导电性. 尤其, 超
导 (SC) 转变起始温度 (T_c) 与反铁磁转变温度 (T_M) 消失的温度基本相同, 具有
这种相变特征的点通常被称为双临界点 (bi-critical point). 这是首次在高温超导
体中发现这种 AFM-SC 转变的双临界点. 二十多年前, SO(5) 超导理论曾通过对
铜氧化物超导体的研究对双临界点的存在提出了预测 [156], 并认为如果有这样的
双临界点存在, 它在磁场的作用下应该不会被破坏 (T_M 和 T_c 分离). 该研究不仅
首次在高温超导体中发现了反铁磁–超导转变双临界点, 而且发现该双临界点在磁
场作用下表现出 T_M 和 T_c 的分离行为, 这为深刻理解高温超导电性提出了新的研
究内容.

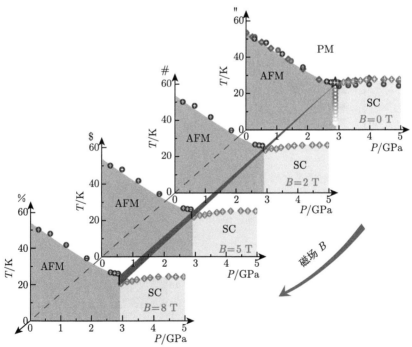

图 4.5 不同磁场下 $Ca_{0.73}La_{0.27}FeAs_2$ 单晶样品的温度–压力相图 [83]

PM, AFM 和 SC 分别代表顺磁、反铁磁和超导相; 红星代表双临界点的位置

4.3.5   压致价态变化对超导电性的影响

EuFe$_2$As$_2$ 是铁砷基 122 型超导体中比较独特的一员, 除了 FeAs 层在较高温度下发生反铁磁转变外, 其铕离子插层在 20 K 附近也呈现出磁有序, 而且其磁性可与超导电性共存 [142-144,157]. 对于这种两种不同磁性层共存的系统, 插层中的磁性与超导电性的关系是一个受到关注的重要问题. 郭静等 [159] 对 EuFe$_2$(As$_{0.81}$P$_{0.19}$)$_2$ 单晶超导样品进行了系统的高压研究, 如图 4.6 所示. 随着压力的升高, 其 T_c 不断下降, 而铕离子插层的磁转变温度 T_m 则不断上升, 其铕离子插层的磁性 (由于超导样品中的铕离子磁性没有定论, 所以这里称其为 UM(unknown magnetism)) 与超导电性在 0~0.5 GPa 这样一个窄的压力范围内是共存的. 随着压力的继续升高, UM 转变为铁磁 (FM) 性, 此时超导电性消失. 这一实验结果表明, UM 态可以从超导态中产生并与超导态共存, 但压力下 FM 态的出现则阻止了超导态的形成. 高压同步辐射 XRD 实验结果表明, 该样品在所研究的压力范围内并没有发生结构相变, 但是在 9 GPa 附近发现 c 轴有明显的塌缩. 高压同步辐射吸收 (XAS) 实验表明, 部分铕离子的价态随着压力的升高从二价向三价转变, 因而样品在压力下所表现的体积的塌缩可能是由价态转变所致. 该研究首次从 EuFe$_2$(As$_{0.81}$P$_{0.19}$)$_2$ 中铕离子插层的磁性对导电层超导电性的影响的角度综合研究了压力下该插层的磁性、FeAs 层的超导电性、铕离子价态及晶格参数的演化过

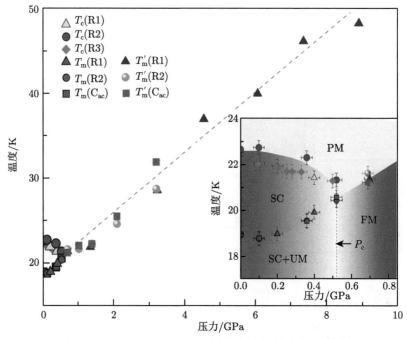

图 4.6   EuFe$_2$(As$_{0.81}$P$_{0.19}$)$_2$ 样品的压力–温度相图 [158]

程及相互关联, 提出压力下铕离子价态的升高有助于 $EuFe_2(As_{0.81}P_{0.19})_2$ 中铕离子插层的磁性从 FM 到 UM 的转变, 但是不利于稳定样品的超导电性.

$CeFeAsO_{1-x}F_x$ 是另一种含有在压力下变价元素 (Ce) 的超导体. 孙力玲等 [110] 对 x 为 0.1 和 0.3 的 $CeFeAsO_{1-x}F_x$ 的铁砷基超导体开展高压下的电阻测量、XRD 测量以及 X 射线吸收谱 (XAS) 研究, 发现了在压力作用下 $CeFeAsO_{1-x}F_x$ 从超导态到非超导态的转变. 电阻测量表明, $CeFeAsO_{1-x}F_x$ 的 T_c 随着压力的升高而缓慢下降. 大约在 8 GPa 压力以上, 其 T_c 突然骤降然后超导消失 [110,108]. 比较不同 F 掺杂量的 $CeFeAsO_{1-x}F_x$ 样品, 发现 F 掺杂量越高的样品在压力作用下 T_c 降低并消失得越迅速. 与周期表中位于 Ce 两侧的 Sm 和 La 的 1111 体系超导样品的 T_c-P 相图相比较, 发现其他 Re-1111 体系超导体在压力作用下并没有出现这种类似现象. 虽然也出现 T_c 下降, 但是直到 20 GPa, 超导转变依然没有消失. 高压下原位 XRD 以及 XAS 研究发现, 在超导电性消失的临界压力点下, 样品的晶格发生了坍塌, 同时铈离子的价态发生了变化. 他们认为这种 Ce-1111 超导体中 T_c 在压力作用下突然消失的现象可能源于这种超导体中存在的超导相和近藤 (Kondo) 效应的相互竞争.

4.3.6 小结

(1) 对于铜氧化物高温超导体, 如果压力下体积的压缩可以提高超导转变温度, 则预示着常压下通过化学掺杂引入化学内压力可能会提高超导转变温度. 这一高温超导新材料探索的规律再次在铁基超导新材料的发展中得到了验证. 其反映出的共性规律是高温超导体对微小晶体结构变化的敏感性.

(2) 根据铁砷基超导体的高压研究结果提出了以 FeAs 层为 "超导基因" 的超导体, 其超导转变温度具有一定的上限值, 任何调控手段只能在一定的 T_c 范围内产生作用. 对此, 是否具有更加普遍的意义? 尤其是什么因素决定了 T_c 是值得深入研究的问题.

(3) 铁基化合物中由压力导致的超导现象与铜氧化物超导体相比更加丰富, 有更多的材料系统可以在压力的作用下呈现出超导电性. 其共性的规律是反铁磁长程序被完全或明显抑制后, 系统进入超导态. 目前, 越来越多的实验结果表明, 在欠掺杂的铜氧化物中赝能隙态是与超导态在实空间共存的. 那么, 欠掺杂铁基超导体中超导态与反铁磁态也是在实空间共存的吗?

(4) 在压力下出现的超导–反铁磁相转变的双临界点为统一理解反铁磁序和超导电性的关系提供了新的线索.

(5) 铁基超导体中关键磁性元素的价态变化与超导相和磁有序相的演化具有很强的关联性. 价态的变化可以同时调整磁性、近藤效应、载流子浓度及晶格状态等. 这些对超导电性的影响都是至关重要的. 尤其, 本节介绍的 $EuFe_2As_2$ 和

$CeFeAsO_{1-x}F_x$ 都具有双磁性层 (FeAs 层和 Eu 或 CeO 层), 对这种超导体中两个磁层的相互作用及与超导电性关系的研究对理解其超导机理具有特殊的意义.

4.4　铁硒基超导体高压量子调控

铁硒化合物中的超导电性是吴茂昆研究组[16] 于 2008 年在 $FeSe_{1-\delta}$ 中发现的, 其超导转变温度为 8 K. 该体系化合物空间群为 $P4/nmm$, 具有典型的反 PbO 型晶体结构, 其仅由 FeSe 层沿 c 轴堆垛而成.

Medvedev 等[51] 对 FeSe 超导体进行了高压研究, 发现其超导转变温度随压力的升高而大幅度提高, 在 8.9 GPa 时 T_c 达到 36.7 K(图 4.7). 高压 XRD 结果显示该材料在压力下出现由正交相到四方相再到六角相的转变, 表明该类化合物晶体结构的变化会对其电子结构及超导转变温度产生巨大的影响. 此外, NMR 的研究结果显示在压力下自旋涨落增强, 预示着这可能是压力下该材料 T_c 大幅提高的原因[159].

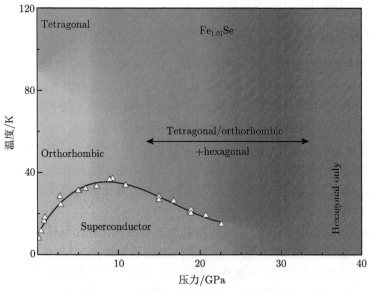

图 4.7　$Fe_{1.01}Se$ 压力下的电子相图[51]

常压下 $Fe_{1.01}Se$ 在 90 K 时发生从四方相到正交相的结构畸变, 在 8.9 GPa 时超导转变温度 (T_c) 达到最大值 36.7 K, 在更高压力下, 样品完全转变为六方相并表现出半导体行为

2010 年, 中国科学院物理研究所的陈小龙研究组[160] 和浙江大学方明虎研究组[27,161] 分别在 FeSe 层间插入碱金属 K 和 Tl/K, Tl/Rb, 发现了具有特殊磁性超晶格相分离结构的新型铁硒基超导体, 其空间群为 $I4/mmm$, 与 $BaFe_2As_2$ 同

结构, 其超导转变温度在 32 K 左右. 该超导体系的发现壮大了铁基超导家族, 为非常规超导体的研究与探索及应用开辟了新的方向. 对该体系的后续研究表明, 在 FeSe 层状化合物中插入 Rb,Cs 等元素, 都可以合成与 KFe_2Se_2 和 (TlK/TlRb) Fe_2Se_2 具有相同晶体结构但存在相分离的超导体, 并且能获得较高的超导转变温度 [27,160]. 这类超导体的结构特点是具有微观尺度的相分离, 其常态的基本组织特征是具有组分为 $A'_2Fe_4Se_5$ (A' = K, Rb, Cs, Tl/K, Tl/Rb) 的绝缘相和超导相 [163-171], 这与其他类铁基超导体有明显区别 [15,48,57,80]. 这类铁硒基超导体表现出丰富的物理现象, 包括绝缘相具有很强的反铁磁磁矩、其反铁磁序寄居于具有棋盘形铁离子格子中铁离子空位形成的 $\sqrt{5} \times \sqrt{5}$ 超晶格中 [169,173], 如图 4.8 所示. 该类超导体为何能够在这样强的磁背景下具有如此高的超导临界温度, 以及反铁磁和铁离子有规律的缺位如何对超导电性产生影响等问题备受关注 [174-176]. 为此, 本节将主要对这类铁硒基超导体在压力下所呈展出的现象与物理进行重点介绍.

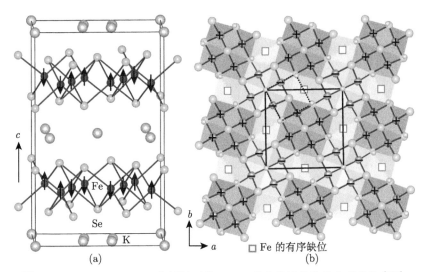

图 4.8 (a) $K_{0.8}Fe_{1.6}Se_2$ 在低温下的 $14/m$ 晶胞的晶体结构和磁结构 [169]

(a) 顶部和底部的 FeSe 层, 包括在 $c/2$ 的水平平面上形成的镜像磁矩取向; (b) 图 (a) 中 FeSe 层的俯视图, 黑色实线标记了 $14/m$ 晶胞

4.4.1 压力导致的超导再进入现象

孙力玲等在对 $Tl_{0.6}Rb_{0.4}Fe_{1.67}Se_2$ 单晶样品进行的高压电阻测量中发现, 这类超导体 (245 超导体) 的超导转变温度 (T_c) 在压力小于 10 GPa 时随着压力的升高而逐渐降低, 直至消失. 而当压力高于 10 GPa 时, 系统出乎意料地进入了一个新的超导态. 高压原位交流磁化率测量结果进一步确认了 $Tl_{0.6}Rb_{0.4}Fe_{1.67}Se_2$ 在

压力下存在两个超导相 [52]. 在对 $K_{0.8}Fe_{1.7}Se_2$ 和 $K_{0.8}Fe_{1.78}Se_2$ 单晶样品的高压研究中也得到了类似的结果. 将由 $Tl_{0.6}Rb_{0.4}Fe_{1.67}Se_2$, $K_{0.8}Fe_{1.7}Se_2$ 和 $K_{0.8}Fe_{1.78}Se_2$ 单晶样品中所得到的不同压力下的 T_c 总结到一个相图中 (图 4.9), 可见在该研究的压力范围内存在两个完全独立的超导相区域: 初始的常压超导相 (SC-I 相) 和由压力诱导的超导相 (SC-II 相). 在 SC-I 相区域, T_c 随着压力的增大而被连续抑制, 在临界压力点 (9.2~9.8 GPa 范围内)T_c 消失. 在更高的压力下 SC-II 相出现. 从图中看出, SC-II 相的 T_c 高于 SC-I 相的 T_c 的最大值. $K_{0.8}Fe_{1.7}Se_2$ 中由压力导致的 T_c 最高达到 48.7 K, $Tl_{0.6}Rb_{0.4}Fe_{1.67}Se_2$ 的 T_c 最高达到 48 K, 这是已有报道的块体铁硒基 245 超导体的最高 T_c 值 [52].

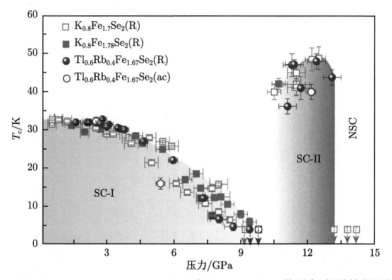

图 4.9　$Tl_{0.6}Rb_{0.4}Fe_{1.67}Se_2$, $K_{0.8}Fe_{1.7}Se_2$ 和 $K_{0.8}Fe_{1.78}Se_2$ 的压力–超导转变温度 (T_c) 相图 [52]

$Tl_{0.6}Rb_{0.4}Fe_{1.67}Se_2$, $K_{0.8}Fe_{1.7}Se_2$ 和 $K_{0.8}Fe_{1.78}Se_2$ 在约 10 GPa 的临界压力下均呈现两个超导相区域 (SC-I 相和 SC-II 相), NSC 代表压力高于 13.2 GPa 的非超导区域. 当压力为 12.5 GPa 时, $K_{0.8}Fe_{1.7}Se_2$ 的 T_c 高达 48.7 K

4.4.2　压力驱动的量子相变

对于很多强关联电子体系, 如铜氧化物 [2,10,87,177,178]、重费米子 [85,179]、有机超导体 [86,180] 及铁砷化合物等 [181-183], 通常认为其超导电性与量子临界转变有着非常密切的关系. 郭静等对铁硒基超导体 $K_{0.8}Fe_{1.7}Se_2$ 进行了高压下的电阻测量, 发现这类超导体电阻曲线上的 "驼峰" 温度 (其最大电阻值对应的温度) T_H 随着压力的升高被不断抑制, 同时超导转变温度 T_c 也随着压力的升高持续下降. 有趣的是, 在电阻曲线上的驼峰被完全抑制的压力下, 其 T_c 也同时消失 [184]. 这一结果表明这两种现象之间可能存在内在的联系.

为了进一步研究所观察到的这一物理现象, 对正常态电阻曲线低于 T_H 的部分用公式 $\rho = \rho_0 + AT^\alpha$ 进行了拟合, 并对样品进行了高压同步辐射 XRD 测量. 结果表明, 对于 $K_{0.8}Fe_{1.7}Se_2$ 和 $K_{0.8}Fe_{1.78}Se_2$ 两种超导体, 其值随着压力的增大而下降, 在 T_c 消失的压力点 ($\sim 10GPa$), $\alpha = 1$ (图 4.10(a)). 电阻率对压力的这种响应行为表明: 该体系在压力的驱动下产生了从费米液体行为向非费米液体行为的转变, 同时也相应地从超导态转变为非超导态. 高压原位 XRD 实验结果表明, 在临界压力点处, 代表铁空位的超晶格峰消失 (图 4.10(b), (c)), 揭示了样品在临界压力点以上寄居于超晶格的反铁磁已不存在了, 即经历了从反铁磁态向顺磁态的转变. 这些实验结果说明, 该体系在 9.2~10.3 GPa 的压力范围内出现了压力驱动的量子临界转变. 低于量子临界压力点, 样品中反铁磁与超导态共存, 并在常态下表现出费米液体行为. 高于量子临界压力点, 样品处于顺磁态, 具有非费米液体行为. 由此, 揭示出在量子相变点附近所观察到的压力诱导的超导再进入现象很可能是由这一量子临界转变所驱动. 叶峰等近期的高压中子衍射实验结果表明, $(Tl,Rb)_2Fe_4Se_5$ 超导体在大约 9 GPa 的压力以下, 其超导电性与反铁磁相共存, 而当压力升高到 9 GPa 以上时, 其超导电性与反铁磁相同时消失 (图 4.11), 这与上述高压输运获得的实验结果是一致的 [185], 同时也支持了在 9 GPa 以上存在量子相变的实验发现.

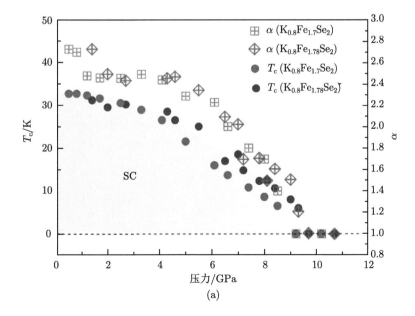

(a)

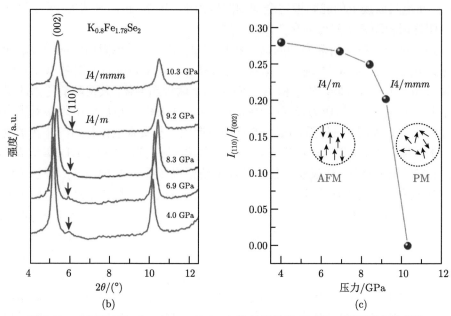

(b)　　　　　　　　　　　　　　　　　　(c)

图 4.10　(a) $K_{0.8}Fe_xSe_2$ ($x = 1.7, 1.78$) 单晶样品的 T_c 和 α 值随压力的变化;
(b) $K_{0.8}Fe_{1.78}Se_2$ 在压力下的 XRD 图谱; (c) $K_{0.8}Fe_{1.78}Se_2$ 样品中代表 Fe 空位有序结构的
超晶格峰强度随压力的变化 [184]

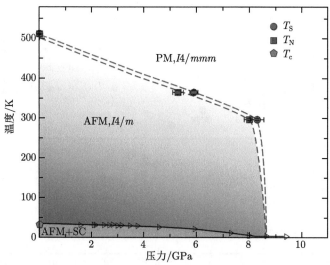

图 4.11　铁硒基超导体 $(Tl, Rb)_2Fe_4Se_5$ 的压力–温度相图 [187]

4.4.3 压力调控揭示的超晶格绝缘相与超导电性的关联性

由于铁硒基超导体微观结构中的相分离, 其 245 绝缘相对产生超导电性的作用是这类超导体超导机理研究的核心问题. 虽然在纯的 245 绝缘相中掺杂适量的铁能够导致其超导 [27,186], 但同时也不可避免地产生了相分离. 因此, 采用化学掺杂的方法来研究 245 绝缘相在实现超导电性中的作用, 由于引入的化学和结构组成的复杂性, 会使问题变得更加复杂. 而压力作为一种 "非化学" 的调控手段, 可以为回答这些问题提供一些重要的实验依据.

高佩雯等 [189] 分别对纯 245 绝缘相和超导相样品进行了电阻测量, 并研究了其结构和输运性能在压力下的演化过程. 发现纯的 245 绝缘相在 0~21 GPa 的压力下没有超导迹象. 但是发现, 在很小的压力下 245 相在 225 K 附近经历了从莫特绝缘态到中间态 (M′) 的转变, 如图 4.12(a) 所示. 在 0.4~8 GPa 的压力范围内, 随着温度的降低, 电阻曲线在低温端重新升高, 说明在此温度区间发生了绝缘相 (MI) 再进入现象, 绝缘相再进入的温度 T' 随着压力的升高向低温方向移动. 说明在不同的压力和温度环境下样品中的 MI 相和 M′ 相处于动态的竞争中. 为了与铁硒基超导体进行对比研究, 在图 4.12(b) 中给出了相应的铁硒基超导体 (具有两相共存结构) 的压力–温度相图. 可以看到, 虽然二者在常压下的物理性质迥异, 但是无论是纯的 245 绝缘相样品, 还是超导样品, M′ 态在相当大的压力范围内都是存在的, 并且主导了其中段温区的电阻行为. 同时, 可以看到超导样品中的 SC-I 相和纯的 245 绝缘样品中的 MI 态存在压力区间重叠. 在约 8 GPa 时, MI 相被 M′ 相完全取代. 其对应的超导样品中的 SC-I 相消失. 这表明 SC-I 相和绝缘的 245 相是共存的. 在高达 21 GPa 的压力范围内, 在纯的 245 绝缘相中未观测到超导电性, 说明纯的 245 绝缘相不是 SC-II 相的母相. 从微观物理角度来看, 在铁硒基超导体中, 特定压力范围内电阻–温度曲线上的驼峰和拐点特征以及铁缺位的有序度由高到无序的演化, 反映了体系中的巡游电子和局域电子的共存与竞争, 这一现象可以用莫特相的轨道选择 (orbital selected Mott phase) 来解释 [188-192], 这种观点得到了理论计算的支持 [187].

4.4.4 化学负压力对超导电性的影响

如前所述, 在对 $A_xFe_{2-y}Se_2$(A=K, Tl/Rb) 的研究中发现其 T_c 在压力下逐渐被抑制 [52,184]. Ying 等在对 $K_xFe_2Se_2$ 的研究中也发现, 对于最佳掺杂的样品其 T_c 随压力升高而下降, 对于 $Cs_xFe_2Se_2$, 其 T_c 则随压力的升高经缓慢的上升后下降 [195]. 雷和畅等研究了利用同价态具有小半径的 S 代替 Se 产生的化学正压力实现对 $K_xFe_{2-y}Se_2$ 的超导性质的影响, 发现其 T_c 随着 S 掺杂量的升高而下降, 直至消失 [194]. 这表明, 无论是物理压力还是化学内压力, 对该类超导体的常压超导电性都是有抑制作用的. 为了探索实现更高的 T_c, 谷大春等通过利用具有大离子

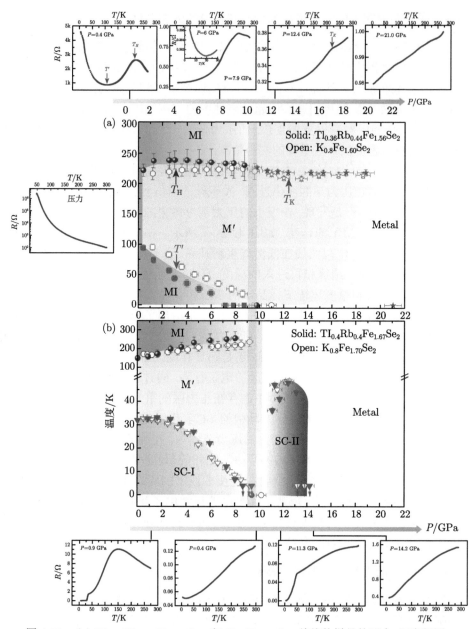

图 4.12　(a) $Tl_{0.36}Rb_{0.44}Fe_{1.56}Se_2$ 和 $K_{0.8}Fe_{1.60}Se_2$ 绝缘体样品的压力–温度相图;
(b) $Tl_{0.4}Rb_{0.4}Fe_{1.67}Se_2$ 和 $K_{0.8}Fe_{1.70}Se_2$ 超导样品的压力–温度相图, 呈现了两个超导区间
(SC-I 和 SC-II)

其中, 代表电阻曲线上驼峰温度的实心点引自参考文献 [184], 代表 T_c 的空心三角引自参考文献 [52]

半径的同价态 Te 替代 Se 在 $Rb_{0.8}Fe_{2-y}Se_2$ 单晶样品中产生化学负压力, 尝试增加该超导体的超导临界转变温度[195]. 如图 4.13 所示, 随着 Te 含量的增加, 化学负压力升高, 但其超导转变温度是下降的. 在 Te 掺杂的 $Rb_{0.8}Fe_{2-y}Se_{2-x}Te_x$ 系列单晶中, 超导电性对于负压力的响应和 S 掺杂的 $K_xFe_{2-y}Se_2$ 以及高压下对 $K_{0.8}Fe_{1.7}Se_2$ 的研究中超导电性对于外部压力的响应是相似的[184,194]. 图 4.13 给出了 S 掺杂和 Te 掺杂的样品中 T_c 与晶胞体积随压力的变化关系, 发现无论是正压力还是负压力都是抑制超导电性的, 而没有施加压力的超导样品的结构具有最佳超导电性.

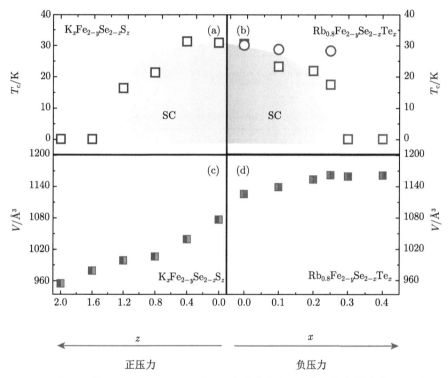

图 4.13 (a) 和 (c) 是 $K_xFe_{2-y}Se_{2-z}S_z$ 中 T_c 和晶胞体积 V 随 S 掺杂的变化; (b) 和 (d) 是 $Rb_{0.8}Fe_{2-y}Se_{2-x}Te_x$ 系列单晶样品中 T_c 和晶胞体积 V 随 Te 掺杂的变化[195]

之前的研究表明, 铁磷族超导体的超导电性对晶格畸变非常敏感[33]. 晶格畸变包括 As—Fe—As 键角[118] 和阴离子高度等[119] 特征参数的变化, 这些都是可以通过化学和物理压力来调节的[194,196]. 为了研究晶格畸变对 $Rb_{0.8}Fe_{2-y}Se_{2-x}Te_x$ 超导电性的影响, 对所测得的 XRD 数据精修得到了其阴离子高度, 并将其 T_c 对阴离子高度的依赖关系添加到铁磷族超导体的 T_c 随阴离子高度变化经验规律图 (图 4.14) 中, 同时将未掺杂的 $K_xFe_{2-y}Se_2$, $(Tl,K)Fe_{2-y}Se_2$, 以及 S 和 Te 掺杂的

$K_x Fe_{2-y} Se_2$ 的相关数据也放在该图中 [55,160,194,197]. 可以看出, 对于 245 超导体, 其阴离子高度与 T_c 的关系并不遵循铁磷族超导体的一般规律 [119]. 245 超导体的最佳阴离子高度值较铁磷族超导体 (1.38Å) 的大, 为 1.45 Å. 这也表明这类超导体是一个既不同于铁磷族超导体, 也不同于 FeSe 超导体的新超导家族.

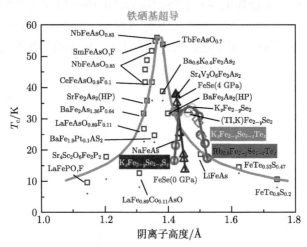

图 4.14　铁磷族及铁硒基超导体中超导转变温度随阴离子高度的变化 [78]

4.4.5　高压研究揭示的超晶格与磁性的关系

如前所述, 在 $A_x Fe_{2-y} Se_2$ (A = K, Tl/Rb) 超导体的高压研究中发现了压力诱导的二次超导相, 并且揭示了二次超导相的出现很可能与压力诱导的量子相变相关 [52,184]. 但究竟二次超导相和常压超导相之间存在什么关系, 以及反铁磁序或是 Fe 空位超晶格在其中所起的作用, 是值得深入研究的问题. 谷大春等通过对 $Rb_{0.8} Fe_{2-y} Se_2$ 样品进行物理压力和化学掺杂的双重调控, 研究了二次超导相在化学掺杂影响下的变化, 以及通过高压 XRD 研究在此过程中 Fe 空位超晶格所起的作用 [197]. 图 4.15 给出了温度–掺杂–压力的三维电子相图. 可以看出, 在压力作用下, 无 Te 掺杂的 $Rb_{0.8} Fe_{2-y} Se_2$ 超导体如其他 $A_x Fe_{2-y} Se_2$ 超导材料一样, 在常压超导相 (SC-I) 消失之后, 出现压力诱导的二次超导相 (SC-II). 对 Te 化学掺杂 ($x = 0.19, 0.28$) 的样品, 其常压超导相同样会不断被抑制, 而且在压力下同样出现了二次超导相, 表现出与非掺杂样品完全类似的行为. 此外, 不同 Te 掺杂样品的二次超导相出现的压力范围基本没有变化. 当 Te 掺杂达到 $x=0.4$ 时, 常压超导相和二次超导相同时消失. 这表明, 一次超导相和二次超导相之间可能存在内在的关联性. 图 4.16 给出了 $Rb_{0.8} Fe_{2-y} Se_{2-x} Te_x$ 系列样品原位高压 XRD 图谱, 结果显示体系中代表有序铁缺位的超晶格峰在压力下具有相似的变化规律, 对于掺杂量为 $x = 0.4$ 的不超导的样品, 其超晶格峰也是会被压力逐渐抑制, 并在 9 GPa 左右消失. 高压 XRD 的实验结果表明：化学掺杂可以破坏反铁磁长程序, 而无法彻底破坏 Fe 空位的超晶格；而物理压力是通过摧毁 Fe 空位超晶格来破坏其反铁磁序. 结合上述对 $Rb_{0.8}Fe_{2-y}Se_{2-x}Te_x$ 的常压研究结果, 可知一次超导相与 245 超晶格相所确定的反铁磁态相密切相关 (图 4.15 插图), 而二次超导相是由反铁磁被抑制后所产生的反铁磁量子涨落驱动的. 可见, 常压下超晶格及反铁磁的存在是常压超导相和高压超导相存在的必要条件 [197].

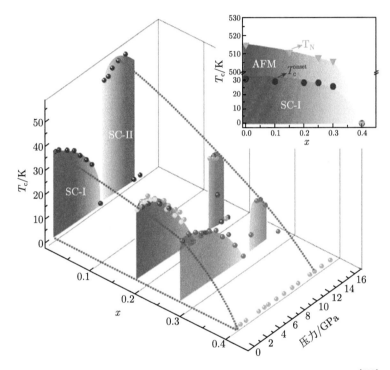

图 4.15 $Rb_{0.8}Fe_{2-y}Se_{2-x}Te_x$ 单晶的温度–掺杂–压力三维相图 [197]

Te 掺杂抑制了常压超导相和二次超导相, 当掺杂达到 0.4 时, 常压超导相和二次超导相同时消失, 表明常压超导相和二次超导相之间存在内在的联系. 该研究结果表明在常压下 Te 掺杂对体系超导电性和反铁磁的影响

4.4.6 小结

245 超导体是中国科学家发现的完全不同于其他高温超导体的具有特殊超晶格结构和磁结构的超导体. $A_xFe_{2-y}Se_2$ 超导体在高压下表现出了丰富的物理现象, 如下所述.

(1) 压力导致的二次超导现象是首次在高温超导体中发现的二次超导现象, 其超导转变温度高达 48.7 K, 是 245 超导体的最高超导转变温度.

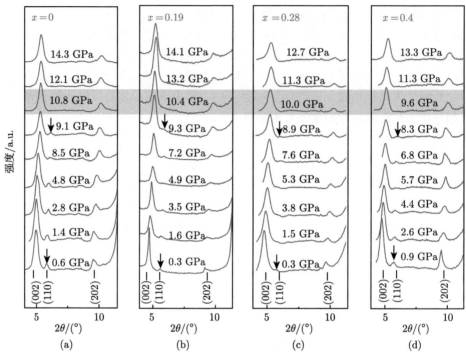

图 4.16　Rb$_{0.8}$Fe$_{2-y}$Se$_{2-x}$Te$_x$ (x=0, 0.19, 0.28, 0.4) 系列样品高压 XRD 图谱 [197]

表明代表 Fe 的 $\sqrt{5} \times \sqrt{5}$ 超晶格结构峰 (110) 在 $\sim$ 10 GPa 以下存在于所有研究的样品中

(2) 245 超晶格相是反铁磁相的寄居处, 无论由掺杂产生的化学正压力或负压力都会降低该类超导体的超导转变温度, 其原因在于破坏了超晶格的完美度, 进而抑制了这种化合物中的反铁磁对超导电性的有利作用; 在外部压力下, 如超晶格被彻底破坏, 则反铁磁序不复存在, 但掺杂 Te 可彻底破坏反铁磁序而仍保留超晶格结构.

(3) 常压下超导相的超导机理可能与 245 相中铁 3d 电子的轨道选择有关, 而产生二次超导的可能机理是量子相变. 相应的, 常压下的超导电性取决于 245 超晶格相的完美度和由其所确定的反铁磁态, 压致超导相的超导电性是由反铁磁长程序被抑制后产生的反铁磁量子涨落所驱动的. 可见, 常压下该类超导体绝缘相的超晶格及相应的反铁磁序的存在是常压超导电性和高压超导电性存在的必要条件.

(4) 245 铁硒基超导体在常压下存在的反铁磁相与超导相的共存, 以及高压下呈现的由反铁磁费米液体到顺磁非费米液体的量子相变, 为更深入、全面地理解非常规超导体的磁性与超导电性的关系提供了新的范例和研究内容, 同时, 也为探索新的具有相分离结构的高温超导材料提供了值得进一步探讨的研究思路.

4.5 本章小结

高压量子调控在铁基超导体中呈现出的丰富物理现象和相关规律, 为我们应对高温超导研究的挑战提供了许多有重要价值的启示. 本章通过对这些现象和其可能预示的物理内涵综合分析, 提出两个方面的问题, 以期对更好地理解超导电性有所帮助. 一方面是如何统一理解晶体结构对超导电性的影响. 对铁基和铜氧化物这类由过渡族金属元素与磷硫族元素构成的化合物超导体的高压研究结果表明, 这些超导体中超导单元的晶格特征参数的微小变化都会对超导转变温度产生决定性的影响 [5-7,118,119], 说明这类超导体中精细的晶体结构变化会引起电子轨道、自旋等相互作用的微妙变化, 进而对其电子结构产生重要影响. 有趣的是, 最近在对全部由过渡族金属元素构成的合金 (如高熵合金和商用的 NbTi 合金) 超导体开展的高压研究结果展示了与上述现象不同的行为 [198,199]. 这类合金在压力产生的变形达到一定的量后 T_c 基本不发生变化 (Ta-Nb-Hf-Zr-Ti 的体积收缩为 21.6%, NbTi 合金的体积收缩为 34.7%), 表明其 T_c 对晶格精细结构的不敏感性, 意味着在压缩率达到一定值后压力对这类超导体的超导电性调控的失效. 由此, 提出这样一个问题: 过渡族金属化合物与过渡族合金的超导机理有何异同? 尤其, 后者的 T_c 所表现出的压力行为完全不同于可用 BCS 理论描述的含有满 d 轨道元素 (如 Zn,Cd, Hg, Ga, In, Tl, Sn, Pb) 超导体对压力的响应行为, 对这些元素超导体超导电性的研究是 BCS 理论建立的基础. 由此我们提出这样一个问题: 超导电性能抵抗体积压缩的 d 过渡族金属合金超导体还是非常规超导体吗? 我们是否应该努力探索找到能对所有这些压力调控的超导现象 (乃至对掺杂和磁场调控中的超导现象) 做出更好解释的、统一的物理图像或完整的理论?

另一方面是磁性与超导电性的关系问题. 铜氧化物和铁基超导体中都存在与超导相近邻或实空间共存的磁有序结构. 对 245 铁基超导体的高压研究结果表明: 稳态的相分离结构与超导相之间存在密切的关联性, 并且分离相具有的特征结构的存在与否决定了常压超导电性的存在. 而在欠掺杂的空穴型铜氧化物超导体中, 赝能隙通常被认为是与相分离结构相关的, 与纯 245 相一样, 其相分离基态是不超导的 [187,200], 但两种超导体表现出不同的行为. 那么, 不同的分离相对超导电性产生作用的区别是什么? 此外, 考虑到欠掺杂结构中相分离的存在, 对于具有拱形超导转变温度的超导体, 非超导分离相对拱形超导区域的形成是否产生了决定性的作用? 如超导体不存在相分离, 在 112 型铁砷基超导体中发现的磁有序相和超导相之间的一级相变现象是否具有更普遍的意义?

总之, 铁基超导体的发现为开展高温超导体机理的研究与探索新型高温超导材料带来了新的机遇和挑战. 但是, 我们必须清醒地认识到, 铁基与铜氧化物超导体这两次高温超导的历史性突破都是产生于 "偶然" (serendipity) 的实验发现, 而不是正确理论指引的结果. 因此, 对于高温超导研究, 目前正面临着来自两个方面的重大挑战: 一是被列为 21 世纪凝聚态物理研究重大挑战的高温超导机理的破解, 二是对新的更加适合实际应用的高温超导材料的探索. 显然, 这两者是相辅相成、互相促进的. 我们认为, 当前的超导理论研究应该充分总结和综合现有各类理论中与实验相符合的成功之处, 并在此基础上, 突破现有理论中与实验结果不符的局限性的束缚, 通过完善现有理论乃至建立新的能够统一描述产生高温超导电性起源的 "呈展物理 (emergencephysics)" 图像, 进而在理论上实现对高温超导电性的全面、深刻和准确的理解, 那时, 人们对非常规超导量子态的一切困惑将迎刃而解, 如同对半导体材料的理解和利用那样, 人们将能充满信心地设计、制备和更广泛地使用超导材料.

参 考 文 献

[1] Bednorz J G, Mueller K A. Possible high Tc superconductivity in the Ba-La-Cu-O system. Z. Phys. B, 1986,64: 189-193.

[2] Wu M K, Ashburn J R, Torng C J, Hor P H, Meng R L, Gao L, Huang Z J, Wang Y Q, Chu C W. Superconductivity at 93 K in a new mixed-phase Y-Ba-Cu-O compound system at ambient pressure. Phys. Rev. Lett., 1987, 58: 908.

[3] Pickett W E. Electronic structure of the high-temperature oxide superconductors. Rev. Mod. Phys., 1989, 61: 433-506.

[4] Dagotto E. Correlated electrons in high-temperature superconductors. Rev. Mod. Phys., 1994, 66: 763-840.

[5] Chu C W, Gao L, Chen F, Huang Z J, Meng R L, Xue Y Y. Superconductivity above 150 K in $HgBa_2Ca_2Cu_3O_{8+\delta}$ at high pressures. Nature, 1993, 365: 323-325.

[6] Gao L, Xue Y Y, Chen F, Xiong Q, Meng R L, Ramirez D, Chu C W, Eggert J H, Mao H K. Superconductivity up to 164 K in $HgBa_2Ca_{m-1}Cu_mO_{2m+2+\delta}$ ($m=1$, 2, and 3) under quasihydrostatic pressures. Phys. Rev. B, 1994, 50: 4260(R).

[7] Schilling A, Cantoni M, Guo J D, Ott H R. Superconductivity above 130 K in the Hg-Ba-Ca-Cu-O system. Nature, 1993, 363: 56-58.

[8] Orenstein J, Millis A J. Advances in the physics of high-temperature superconductivity. Science, 2000, 288: 468-474.

[9] Damascelli A, Hussain Z, Shen Z X. Angle-resolved photoemission studies of the cuprate superconductors. Rev. Mod. Phys., 2003, 75: 473-541.

[10] Chen X J, Struzhkin V V, Yu Y, Goncharov A F, Lin C T, Mao H K, Hemley R J. Enhancement of superconductivity by pressure-driven competition in electronic order. Nature, 2010, 466: 950-953.

[11] Armitage N P, Fournier P, Greene R L. Progress and perspectives on electron-doped cuprates. Rev. Mod. Phys., 2010,82: 2421-2487.

[12] Fischer $\varnothing$, Kugler M, Maggio-Aprile I, Berthod C, Renner C. Scanning tunneling spectroscopy of high-temperature superconductors. Rev. Mod. Phys., 2007,79: 353-419.

[13] Meng J Q, Liu G D, Zhang W T, Zhao L, Liu H Y, Jia X W, Mu D X, Liu S Y, Dong X L, Zhang J, Lu W, Wang G L, Zhou Y, Zhu Y, Wang X Y, Xu Z Y, Chen C T, Zhou X J. Coexistence of Fermi arcs and Fermi pockets in a high-T_c copper oxide superconductor. Nature, 2009, 462: 335-338.

[14] Hashimoto M, Nowadnick E A, He R H, Vishik I M, Moritz B, He Y, Tanaka K, Moore R G, Lu D H, Yoshida Y, Ishikado M, Sasagawa T, Fujita K, Ishida S, Uchida S, Eisaki H, Hussain Z, Devereaux T P, Shen Z X. Direct spectroscopic evidence for phase competition between the pseudogap and superconductivity in $Bi_2Sr_2CaCu_2O_{8+\delta}$. Nat. Mater., 2015, 14: 37-42.

[15] Kamihara Y, Watanabe T, Hirano M, Hosono H. Iron-based layered superconductor $La[O_{1-x}F_x]FeAs$ ($x = 0.05$-0.12) with $T_c = 26$ K. J. Am. Chem. Soc., 2008, 130: 3296-3297.

[16] Hsu F C, Luo J Y, Yeh K W, Chen T K, Huang T W, Wu M P, Lee Y C, Huang Y L, Chu Y Y, Yan D C, Wu M K. Superconductivity in the PbO-type structure α-FeSe. Proc. Natl. Acad. Sci., 2008, 105: 14262-14264.

[17] Takahashi H, Igawa K, Arii K, Kamihara Y, Hirano M, Hosono H. Superconductivity at 43K in an iron-based layered compound $LaO_{1-x}F_xFeAs$. Nature, 2008, 453: 376-378.

[18] Yang J, Li Z C, Lu W, Yi W, Shen X L, Ren Z A, Chen G C, Dong X L, Sun L L, Zhou F, Zhao Z X. Superconductivity at 53.5K in $GdFeAsO_{1-\delta}$. Supercond. Sci. Technol., 2008, 21: 082001.

[19] Chen X H, Wu T, Wu G, Liu R H, Chen H, Fang D F. Superconductivity at 43 K in $SmFeAsO_{1-x}F_x$. Nature, 2008, 453: 761-762

[20] Ren Z A, Lu W, Yang J, Yi W, Shen X L, Li Z C, Che G C, Dong X L, Sun L L, Zhou F, Zhao Z X. Superconductivity at 55 K in iron-based F-doped layered quaternary compound $Sm[O_{1-x}F_x]FeAs$. Chin. Phys Lett., 2008, 25: 2215-2216.

[21] Ren Z A, Che G C, Dong X L, Yang J, Lu W, Yi W, Shen X L, Li Z C, Sun L L, Zhou F, Zhao Z X. Superconductivity and phase diagram in iron-based arsenic-oxides $ReFeAsO_{1-\delta}$(Re=rare-earth metal) without fluorine doping. Europhys. Lett., 2008,83: 17002.

[22] Chen G F, Li Z, Wu D, Li G, Hu W Z, Dong J, Zheng P, Luo J L, Wang N L. Superconductivity at 41K and its competition with spin-density-wave instability in layered $CeO_{1-x}F_xFeAs$. Phys. Rev. Lett., 2008, 100: 247002.

[23] Yang J, Shen X L, Lu W, Yi W, Li Z C, Ren Z A, Che G C, Dong X L, Sun L L, Zhou F. Superconductivity in some heavy rare-earth iron arsenide $REFeAsO_{1-\delta}$ (RE = Ho, Y, Dy and Tb) compounds. New J. Phys., 2009, 11: 025005.

[24] Ren Z A, Yang J, Lu W, Yi W, Che G C, Dong X L, Sun L L, Zhao Z X. Superconductivity at 52 K in iron based F doped layered quaternary compound $Pr[O_{1-x}F_x]FeAs$. Mater. Res. Innovations, 2008, 12:3, 105-106.

[25] Wen H H, Mu G, Fang L, Yang H, Zhu X Y. Superconductivity at 25K in hole-doped $(La_{1-x}Sr_x)OFeAs$. Europhys. Lett., 2008, 82: 17009.

[26] Ren Z, Tao Q, Jiang S, Feng C M, Wang C, Dai J H, Cao G H, Xu Z A. Superconductivity induced by phosphorus doping and its coexistence with ferromagnetism in $EuFe_2(As_{0.7}P_{0.3})_2$. Phys. Rev. Lett., 2009, 102: 137002.

[27] Fang M H, Wang H D, Dong C H, Li Z J, Feng C M, Chen J, Yuan H Q. Fe-based superconductivity with T_c=31 K bordering an antiferromagnetic insulator in $(Tl,K)Fe_xSe_2$. Europhys. Lett., 2011, 94: 27009.

[28] Qiu X, Zhou S Y, Zhang H, Pan B Y, Hong X C, Dai Y F, Eom M J, Kim J S, Ye Z R, Feng D L, Li S Y. Robust nodal superconductivity induced by isovalent doping in $Ba(Fe_{1-x}Ru_x)_2As_2$ and $BaFe_2(As_{1-x}P_x)2$. Phys. Rev. X, 2012, 2: 011010.

[29] Wu M K, Wang M J, Yeh K W. Recent advances in β-$FeSe_{1-x}$ and related superconductors. Sci. Technol. Adv. Mater., 2013, 14: 014402.

[30] Deguchi K, Takano Y, Mizuguchi Y. Physics and chemistry of layered chalcogenide superconductors. Sci. Technol. Adv. Mater., 2012, 13: 054303.

[31] 郭建刚, 金士锋, 王刚, 等. 新型铁基超导体材料的研究进展. 物理, 2011, 40: 510-515.

[32] 李建奇, 宋源军, 马超, 等. 铁基超导体的微结构和结构相变研究. 物理, 2011, 40: 516-522.

[33] Zhao J, Huang Q, de la Cruz C, Li S L, Lynn J W, Chen Y, Green M A, Chen G F, Li G, Li Z, Luo J L, Wang N L, Dai P C. Structural and magnetic phase diagram of $CeFeAsO_{1-x}F_x$ and its relation to high-temperature superconductivity. Nat. Mater., 2008, 7: 953-959.

[34] Zhang P, Yaji K, Hashimoto T, Ota Y, Kondo T, Okazaki K, Wang Z J, Wen J S, Gu G D, Ding H, Shin S. Observation of topological superconductivity on the surface of an iron-based superconductor. Science, 2018, 360: 182-186.

[35] Miao H, Qian T, Shi X, Richard P, Kim T K, Hoesch M, Xing L Y, Wang X C, Jin C Q, Hu J P, Ding H. Observation of strong electron pairing on bands without Fermi surfaces in $LiFe_{1-x}Co_xAs$. Nat. Commun., 2015, 6:6056.

[36] Mou D X, Liu S Y, Jia X W, He J F, Peng Y Y, Zhao L, Yu L, Liu G D, He S L, Dong X L, Zhang J, Wang H D, Dong C H, Fang M H, Wang X Y, Peng Q J, Wang Z M, Zhang S J, Yang F, Xu Z Y, Chen C T, Zhou X J. Distinct fermi surface topology and nodeless superconducting Gap in a $(Tl_{0.58}Rb_{0.42})Fe_{1.72}Se_2$ superconductor. Phys. Rev. Lett., 2011, 106: 107001.

[37] Zhang Y, Ye Z R, Ge Q Q, Chen F, Jiang J, Xu M, Xie B P, Feng D L. Nodal superconducting-gap structure in ferropnictide superconductor $BaFe_2(As_{0.7}P_{0.3})_2$. Nat. Phys., 2012, 8: 371-375.

[38] Yin J X, Wang J H, Wu Z, Li A, Liang X J, Mao H Q, Chen G F, Lv B, Chu C W, Ding H, Pan S H. Tip-pressure-induced incoherent energy gap in $CaFe_2As_2$. Chin. Phys. Lett., 2016, 33: 067401.

[39] Kondo T, Santander-Syro A F, Copie O, Liu C, Tillman M E, Mun E D, Schmalian J, Bud'ko S L, Tanatar M A, Canfield P C, Kaminski A. Momentum dependence of the superconducting Gap in $NdFeAsO_{0.9}F_{0.1}$ single crystals measured by angle resolved photoemission spectroscopy. Phys. Rev. Lett., 2008, 101: 147003.

[40] Thirupathaiah S, Rienks E D L, Jeevan H S, Ovsyannikov R, Slooten E, Kaas J, van Heumen E, de Jong S, Dürr H A, Siemensmeyer K, Follath R, Gegenwart P, Golden M S, Fink J. Dissimilarities between the electronic structure of chemically doped and chemically pressurized iron pnictides from an angle-resolved photoemission spectroscopy study, Phys.Rev.B, 2011, 84, 014531.

[41] Analytis J G, Chu J H, McDonald R D, Riggs S C, Fisher I R. Enhanced fermi-surface nesting in superconducting $BaFe_2(As_{1-x}P_x)_2$ revealed by the de Haas-van Alphen effect. Phys. Rev. Lett., 2010, 105: 207004.

[42] Qiu Y M, Bao W, Zhao Y, Broholm C, Stanev V, Tesanovic Z, Gasparovic Y C, Chang S, Hu J, Qian B, Fang M H, Mao Z Q. Spin Gap and resonance at the nesting wave vector in superconducting $FeSe_{0.4}Te_{0.6}$. Phys. Rev. Lett., 2009, 103: 067008.

[43] Singh D J. Electronic structure of Fe-based superconductors. Physica C, 2009, 469: 418-424.

[44] 卢仲毅, 闫循旺, 高淼, 等. 插层三元铁硒超导体的电子结构和磁性质的理论研究. 物理, 2011, 40: 527-534.

[45] 丁洪, 钱天, 汪晓平. 新型铁基超导体角分辨光电子能谱研究. 物理, 2011, 40: 523-526.

[46] de la Cruz C, Huang Q, Lynn J W, Li J Y, Ratcliff II W, Zerestky J L, Mook H A, Chen G F, Luo J L, Wang N L, Dai P C. Magnetic order close to superconductivity in the iron-based layered $LaO_{1-x}F_xFeAs$ systems. Nature, 2008, 453: 899-902.

[47] Lynn J W, Dai P C. Neutron studies of the iron-based family of high T_c magnetic superconductors. Physica C, 2009, 469: 469-476.

[48] Sun J P, Matsuura K, Ye G Z, Mizukami Y, Shimozawa M, Matsubayashi K, Ya-mashita M, Watashige T, Kasahara S, Matsuda Y, Yan J Q, Sales B C, Uwatoko Y, Cheng J G, Shibauchi T. Dome-shaped magnetic order competing with high-temperature superconductivity at high pressures in FeSe. Nat. Commun., 2016, 7: 12146.

[49] Drew A J, Niedermayer C, Baker P J, Pratt F L, Blundell S J, Lancaster T, Liu R H, Wu G, Chen X H, Watanabe I, Malik V K, Dubroka A, Rössle M, Kim K W, Baines C, Bernhard C. Coexistence of static magnetism and superconductivity in $SmFeAsO_{1-x}F_x$ as revealed by muon spin rotation. Nat. Mater., 2009, 8: 310-314.

[50] 鲍威. 铁基高温超导体的中子散射研究. 物理, 2011, 40: 535-540.

[51] Medvedev S, McQueen T M, Troyan I A, Palasyuk T, Eremets M I, Cava R J, Naghavi S, Casper F, Ksenofontov V, Wortmann G, Felser C. Electronic and magnetic phase diagram of β-Fe$_{1.01}$Se with superconductivity at 36.7 K under pressure. Nat. Mater., 2009, 8: 630-633.

[52] Sun L L, Chen X J, Guo J, Gao P W, Huang Q Z, Wang H D, Fang M H, Chen X L, Chen G F, Wu Q, Zhang C, Gu D C, Dong X L, Wang L, Yang K, Li A G, Dai X, Mao H K, Zhao Z X. Re-emerging superconductivity at 48 kelvin in iron chalcogenides. Nature, 2012, 483: 67-69.

[53] Luetkens H, Klauss H H, Kraken M, Litterst F J, Dellmann T, Klingeler R, Hess C, Khasanov R, Amato A, Baines C, Kosmala M, Schumann O J, Braden M, Hamann-Borrero J, Leps N, Kondrat A, Behr G, Werner J, Büchner B. The electronic phase diagram of the LaO$_{1-x}$F$_x$FeAs superconductor. Nat. Mater., 2009, 8: 305-309.

[54] 罗习刚, 吴涛, 陈仙辉. 非常规超导体及其物性. 物理, 2017, 46: 499-513.

[55] Dagotto E. Colloquium: The unexpected properties of alkali metal iron selenide superconductors. Rev. Mod. Phys., 2013, 85: 849-867.

[56] Paglione J, Greene R L. High-temperature superconductivity in iron-based materials. Nat. Phys., 2010, 6: 645-648.

[57] Mazin I I. Superconductivity gets an iron boost. Nature, 2010, 464: 183-186.

[58] Wen H H. Overview on the physics and materials of the new superconductor K$_x$Fe$_{2-y}$Se$_2$. Rep. Prog. Phys., 2012, 75: 112501.

[59] Xie T, Gong D L, Ghosh H, Ghosh A, Soda M, Masuda T, Itoh S, Bourdarot F, Regnault L P, Danilkin S, Li S L, Luo H Q. Neutron spin resonance in the 112-type iron-based superconductor. Phys. Rev. Lett., 2018,120: 137001.

[60] Lu X Y, Park J T, Zhang R, Luo H Q, Nevidomskyy A H, Si Q M, Dai P C. Nematic spin correlations in the tetragonal state of uniaxial-strained BaFe$_{2-x}$Ni$_x$As$_2$. Science, 2014, 345: 657-660.

[61] Yin J X, Wu Z, Wang J H, Ye Z Y, Gong J, Hou X Y, Shan L, Li A, Liang X J, Wu X X, Li J, Ting C S, Wang Z, Hu J P, Hor P H, Ding H, Pan S H. Observation of a robust zero-energy bound state in iron-based superconductor Fe(Te,Se). Nat. Phys., 2015, 11: 543-546.

[62] Zhou R, Li Z, Yang J, Sun D L, Lin C T, Zheng G Q. Quantum criticality in electron-doped BaFe$_{2-x}$Ni$_x$As$_2$. Nat. Commun., 2013, 4: 2265.

[63] Grafe H J, Paar D, Lang G, Curro N J, Behr G, Werner J, Hamann-Borrero J, Hess C, Leps N, Klingeler R, Büchner B. ^{75}As NMR Studies of Superconducting LaFeAsO$_{0.9}$F$_{0.1}$. Phys. Rev. Lett., 2008, 101: 047003.

[64] Terashima K, Sekiba Y, Bowen J H, Nakayama K, Kawahara T, Sato T, Richard P, Xu Y M, Li L J, Cao G H, Xu Z A, Ding H, TakahashiT. Fermi surface nesting induced strong pairing in iron-based superconductors. Proc. Natl. Acad. Sci., 2009, 106: 7330-7333.

[65] Hosono H, Kuroki K. Iron-based superconductors: Current status of materials and pairing mechanism. Physica C, 2015, 514: 399-422.

[66] He S L, He J F, Zhang W H, Zhao L, Liu D F, Liu X, Mou D X, Ou Y B, Wang Q Y, Li Z, Wang L L, Peng Y Y, Liu Y, Chen C Y, Yu L, Liu G D, Dong X L, Zhang J, Chen C T, Xu Z Y, Chen X, Ma X C, Xue Q K, Zhou X J. Phase diagram and electronic indication of high-temperature superconductivity at 65 K in single-layer FeSe films. Nat. Mat., 2013, 12: 605-610.

[67] Wang Q Y, Li Z, Zhang W H, Zhang Z C, Zhang J S, Li W, Ding H, Ou Y B, Deng P, Chang K, Wen J, Song C L, He K, Jia J F, Ji S H, Wang Y Y, Wang L L, Chen X, Ma X C, Xue Q K. Interface-induced high-temperature superconductivity in single unit-cell FeSe films on SrTiO$_3$. Chin. Phys. Lett., 2012, 29: 037402.

[68] Sun Y, Zhang W H, Xing Y, Li F S, Zhao Y F, Xia Z C, Wang L L, Ma X C, Xue Q K, Wang J. High temperature superconducting FeSe films on SrTiO$_3$ substrates. Sci. Rep., 2014, 4: 6040.

[69] Song C L, Wang L L, Ma X C, Xue Q K. Research on superconductivity of epitaxial FeSe films. Chinese Sci. Bull., 2015, 60: 2739-2749.

[70] Kimber S A J, Kreyssig A, Zhang Y Z , Jeschke H O, Valenti R, Yokaichiya F, Colombier E, Yan J, Hansen T C, Chatterji T, McQueeney R J, Canfield P C, Goldman A I, Argyriou D N. Similarities between structural distortions under pressure and chemical doping in superconducting BaFe$_2$As$_2$. Nat. Mater., 2009, 8: 471-475.

[71] Ji G F, Zhang J S, Ma L, Fan P, Wang P S, Dai J, Tan G T, Song Y, Zhang C L, Dai P C, Normand B, Yu W Q. Simultaneous optimization of spin fluctuations and superconductivity under pressure in an iron-based superconductor. Phys. Rev. Lett., 2013, 111: 107004.

[72] Chu C W, Lorenz B. High pressure studies on Fe-pnictide superconductors. Physica, 2009, 469: 385-395.

[73] Tafti F F, Juneau-Fecteau A, Delage M È, René de Cotret S, Reid J P, Wang A F, Luo X G , Chen X H, Doiron-Leyraud N, Taillefer L. Sudden reversal in the pressure dependence of T_c in the iron-based superconductor KFe$_2$As$_2$. Nat. Phys., 2013, 9: 349-352.

[74] Mihailovic D. Inter-site pair superconductivity: origins and recent validation experiments. High-T_c Copper Oxide Superconductors and Related Novel Materials, Springer Series in Materials Science, 2017, 255: 201-212.

[75] 向涛, 薛健. 高温超导研究面临的挑战. 物理, 2017, 46: 514-520.

[76] 阮威, 王亚愚. 铜氧化物高温超导体中的电子有序态. 物理, 2017, 46: 521-527.

[77] Anderson P W. Last Words on the Cuprates. arXiv 2016: 1612.03919.

[78] 郭静, 孙力玲. 压力下碱金属铁硒基超导体中的现象与物理. 物理学报, 2015, 64: 217406.

[79] 衣玮, 吴奇, 孙力玲. 压力下铁砷基化合物的超导电性研究. 物理学报, 2017, 66: 037402.

[80] Sefat A S. Pressure effects on two superconducting iron-based families. Rep. Prog. Phys., 2011, 74: 124502.

[81] Sun L L, Guo J, Chen F F, Chen X H, Dong X L, Lu W, Zhang C, Jiang Z, Zou Y, Zhang S, Huang Y H, Wu Q, Dai X, Li Y C, Liu J, Zhao Z X. Valence change of europium in $EuFe_2As_{1.4}P_{0.6}$ and compressed $EuFe_2As_2$ and its relation to superconductivity. Phys. Rev. B, 2010, 82: 134509.

[82] Zhou Y Z, Kim D J, Rosa P F, Wu Q, Guo J, Zhang S, Wang Z, Defen Kang D F, Yi W, Li YC, Li C D, Liu J, Duan P Q, Zi M, Wei XJ, Jiang Z, Huang Y Y, Yang Y F, Fisk Z, Sun L L, Zhao Z X. Pressure-induced quantum phase transitions in a YbB_6 single crystal. Phys. Rev. B, 2015, 92: 241118(R).

[83] Zhou Y Z, Jiang S, Wu Q, Sidorov V A, Guo J, Yi W, Zhang S, Wang Z, Wang H H, Cai S, Yang K, Jiang S, Li A G, Ni N, Zhang G M, Sun L L, Zhao Z X. Observation of a bi-critical point between antiferromagnetic and superconducting phases in pressurized single crystal $Ca_{0.73}La_{0.27}FeAs_2$. Sci. Bull., 2017, 62: 857-862.

[84] Hamlin J J, Deemyad S, Schilling J S, Jacobsen M K, Kumar R S, Cornelius A L, Cao G. ac susceptibility studies of the weak itinerant ferromagnet $SrRuO_3$ under high pressure to 34 GPa. Phys. Rev. B, 2007, 76: 014432.

[85] Yuan H Q, Grosche F M, Deppe M, Geibel C, Sparn G, Steglich F. Observation of two distinct superconducting phases in $CeCu_2Si_2$. Science, 2003, 302: 2104-2107.

[86] Uji S, Shinagawa H, Terashima T, Yakabe T, Terai Y, Tokumoto M, Kobayashi A, Tanaka H, Kobayashi H. Magnetic-field-induced superconductivity in a two-dimensional organic conductor. Nature, 2001, 410: 908-910.

[87] Jin K, Butch N P, Kirshenbaum K, Paglione J, Greene R L. Link between spin fluctuations and electron pairing in copper oxide superconductors. Nature, 2011, 476: 73-75.

[88] Matsuoka T, Shimizu K. Direct observation of a pressure-induced metal-to-semiconductor transition in lithium. Nature, 2009, 458: 186-189.

[89] Ma Y M, Eremets M, Oganov A R, Xie Y, Trojan I, Medvedev S, Lyakhov A O, Valle M, Prakapenka V. Transparent dense sodium. Nature, 2009, 458: 182-185.

[90] Pan X C, Chen X L, Liu H M, et al. Pressure-driven dome-shaped superconductivity and electronic structural evolution in tungsten ditelluride. Nat. Commun., 2015, 6: 7804.

[91] Schilling J S. What High Pressure Studies Have Taught Us about High-temperature Superconductivity//Frontiers of High Pressure Research II: Application of High Pressure to Low-Dimensional Novel Electronic Materials. Dordrecht: Springer Netherlands, 2001: 345-360.

[92] Wang X C, Liu Q Q, Lv Y X, Gao W B, Yang L X, Yu R C, Li F Y, Jin C Q. The superconductivity at 18 K in LiFeAs system. Solid State Commun., 2008, 148: 538-540.

[93] Gao P W, Sun L L, Ni N, Guo J, Wu Q, Zhang C, Gu D C, Yang K, Li A G, Jiang S, Cava R J, Zhao Z X. Pressure-induced superconductivity and its scaling with doping-

induced superconductivity in the iron pnictide with skutterudite intermediary layers. Adv. Mater., 2014, 26: 2346-2351.

[94] Rotundu C R, Keane D T, Freelon B, Wilson S D, Kim A, Valdivia P N, Bourret-Courchesne E, Birgeneau R J. Phase diagram of the $PrFeAsO_{1-x}F_x$ superconductor. Phys. Rev. B, 2009, 80: 144517.

[95] Jesche A, Krellner C, de Souza M, Lang M, Geibel C. Coupling between the structural and magnetic transition in CeFeAsO. Phys. Rev. B, 2010, 81: 134525.

[96] Qiu Y, Bao W, Huang Q, Yildirim T, Simmons J M, Green M A, Lynn J W, Gasparovic Y C, Li J, Wu T, Wu G, Chen X H. Crystal structure and antiferromagnetic order in $NdFeAsO_{1-x}F_x(x=0.0$ and 0.2) superconducting compounds from neutron diffraction measurements. Phys. Rev. Lett., 2008, 101: 257002.

[97] Chen Y, Lynn J W, Li J, Li G, Chen G F, Luo J L, Wang N L, Dai P C, dela Cruz C, Mook H A. Magnetic order of the iron spins in NdFeAsO. Phys. Rev. B, 2008, 78: 064515.

[98] Martinelli A, Palenzona A, Tropeano M, Putti M, Ferdeghini C, Profeta G, Emerich E. Retention of the tetragonal to orthorhombic structural transition in F-substituted SmFeAsO: a new phase diagram for $SmFeAs(O_{1-x}F_x)$. Phys. Rev. Lett., 2011, 106: 227001.

[99] Wang C, Li L J, Chi S, Zhu Z W, Ren Z, Li Y K, Wang Y T, Lin X, Luo Y K, Jiang S A, Xu X F, Cao G H, Xu Z A. Thorium-doping-induced superconductivity up to 56 K in $Gd_{1-x}Th_xFeAsO$. Europhys. Lett., 2008, 83: 67006.

[100] Lumsden M D, Christianson A D. Magnetism in Fe-based superconductors. J. Phys.: Condens. Matter, 2010, 22: 203203.

[101] Takahashi H, Okada H, Igawa K, Kamihara Y, Hirano M, Hosono H, Matsubayashi K, Uwatoko Y. High-pressure studies on superconductivity in $LaFeAsO_{1-x}F_x$ and $SmFeAsO_{1-x}F_x$. J. Supercond. Nov. Magn., 2009, 22: 595-598.

[102] Yi W, Yang J, Shen X L, Lu W, Li Z C, Ren Z A, Che G C, Dong X L, Zhou F, Sun L L, Zhao Z X. Superconductivity in the mixed rare-earth iron oxyarsenide $La_{1-x}Sm_xFeAsO_{0.85}$. Supercond. Sci. Tech., 2008, 21: 125002.

[103] Yi W, Sun L L, Ren Z A, Lu W, Dong X L, Zhang H J, Dai X, Fang Z, Li Z C, Che G C, Yang J, Shen X L, Zhou F, Zhao Z X. Pressure effect on superconductivity of iron-based arsenic-oxide $ReFeAsO_{0.85}$ (Re=Sm and Nd). Europhys. Lett., 2008,83: 57002.

[104] Yi W, Zhang C, Sun L L, Ren Z A, Lu W, Dong X L, Li Z C, Che G C, Yang J, Shen X L, Dai X, Fang Z, Zhou F, Zhao Z X. High-pressure study on $LaFeAs(O_{1-x}F_x)$ and $LaFeAsO_\delta$ with different T_c. Europhys. Lett., 2008, 84: 67009.

[105] Zocco D A, Hamlin J J, Baumbach R E, Maple M B, McGuire M A, Sefat A S, Sales B C, Jin R, Mandrus D, Jeffries J R, Weir S T, Vohra Y K. Effect of pressure on the superconducting critical temperature of $La[O_{0.89}F_{0.11}]FeAs$ and $Ce[O_{0.88}F_{0.12}]FeAs$. Phy. C, 2008, 468: 2229-2232.

[106] Okada H, Igawa K, Takahashi H, Kamihara Y, Hirano M, Hosono H, Matsubayashi K, Uwatoko Y. Superconductivity under high pressure in LaFeAsO. J. Phys. Soc. Jpn., 2008, 77: 113712.

[107] Kawakami T, Kamatani T, Okada H, Takahashi H, Nasu S, Kamihara Y, Hirano M, Hosono H. High-pressure ^{57}Fe Mössbauer spectroscopy of LaFeAsO. J. Phys. Soc. Jpn., 2009, 78: 123703.

[108] Zocco D A, Baumbach R E, Hamlin J J, Janoschek M, Lum I K, McGuire M A, Sefat A S, Sales B C, Jin R, Mandrus D, Jeffries J R, Weir S T, Vohra Y K, Maple M B. Search for pressure-induced superconductivity in CeFeAsO and CeFePO iron pnictides. Phys. Rev. B, 2011, 83: 094528.

[109] Takahashi H, Soeda H, Nukii M, Kawashima C, Nakanishi T, Iimura S, Muraba Y, Matsuishi S, Hosono H. Superconductivity at 52 K in hydrogen-substituted LaFeAsO$_{1-x}$H$_x$ under high pressure. Sci. Rep., 2015, 5: 7829.

[110] Sun L L, Dai X, Zhang C, Yi W, Chen G F, Wang N L, Zheng L R, Jiang Z, Wei X J, Huang Y Y, Yang J, Ren Z A, Lu W, Dong X L, Che G C, Wu Q, Ding H, Liu J, Hu T D, Zhao Z X. Pressure-induced competition between superconductivity and Kondo effect in CeFeAsO$_{1-x}$F$_x$ (x=0.16 and 0.3). Europhys. Lett., 2010, 91: 57008.

[111] Tamilselvan N R, Kanagaraj M, Murata K, Yoshino H, Arumugam S, Yamada A, Uwatoko Y, Kumararaman S. High pressure effect on superconductivity of hole-doped Pr$_{0.75}$Sr$_{0.25}$FeAsO iron pnictides. J. Supercond. Nov. Magn., 2014, 27: 1381-1385.

[112] Takeshita N, Iyo A, Eisaki H, Kito H, Ito T. Remarkable suppression of T_c by pressure in NdFeAsO$_{1-y}$($y = 0.4$). J. Phys. Soc. Jpn., 2008, 77: 075003.

[113] Takahashi H, Okada H, Igawa K, Kamihara Y, Hirano M, Hosono H. Pressure studies of (La,Sm)FeAsO$_{1-x}$F$_x$ and LaFePO. Phys. C, 2009, 469: 413-417.

[114] Takabayashi Y, McDonald M T, Papanikolaou D, Margadonna S, Wu G, Liu R H, Chen X H, Prassides K. Doping dependence of the pressure response of Tc in the SmO$_{1-x}$F$_x$FeAs superconductors. J. Am. Chem. Soc., 2008,130: 9242-9243.

[115] Lorenz B, Sasmal K, Chaudhury R P, Chen X H, Liu R H, Wu T, Chu C W. Effect of pressure on the superconducting and spin-density-wave states of SmFeAsO$_{1-x}$F$_x$. Phys. Rev. B, 2008, 78: 012505.

[116] Zhou Y Z, Sidorov V A, Petrova A E, Penkov A A, Pinyagin A N, Zhao Z X, Sun L L. Superconducting properties of GdFeAsO$_{0.85}$ at high pressure. J. Supercond. Nov. Magn., 2016, 29: 1105-1110.

[117] Kalai Selvan G, Bhoi D, Arumugam S, Midya A, Mandal P.Effect of pressure on the magnetic and superconducting transitions of GdFe$_{1-x}$Co$_x$AsO ($x = 0, 0.1, 1$) compounds. Supercond. Sci. Tech., 2015, 28: 015009.

[118] Lee C H, Iyo A, Eisaki H, Kito H, Fernandez-Diaz M T, Ito T, Kihou K, Matsuhata H, Braden M, Yamada K. Effect of structural parameters on superconductivity in fluorine-free LnFeAsO$_{1-y}$(Ln = La, Nd). J. Phys. Soc. Jpn., 2008, 77: 083704.

[119] Mizuguchi Y, Hara Y, Deguchi K, Tsuda S, Yamaguchi T, Takeda K, Kotegawa H, Tou H, Takano Y. Anion height dependence of T_c for the Fe-based superconductor. Supercond. Sci. Technol., 2010, 23: 054013.

[120] Wang C, Wang Z C, Mei Y X, Li Y K, Li L, Tang Z T, Liu Y, Zhang P, Zhai H F, Xu Z A, Cao G H. A new ZrCuSiAs-type superconductor: ThFeAsN. J. Am. Chem. Soc., 2016, 138: 2170-2173.

[121] Wang H H, Guo J, Shao Y T, Wang C, Cai S, Wang Z, Li X D, Li Y C, Cao G H, Wu Q, Sun L L. Pressure effects on superconductivity and structural parameters of ThFeAsN. Europhys. Lett., 2018, 123: 67004.

[122] Hu J P. Identifying the genes of unconventional high temperature superconductors. Sci. Bull., 2016, 61: 561-569.

[123] Jeevan H S, Hossain Z, Kasinathan D, Rosner H, Geibel C, Gegenwart P. Electrical resistivity and specific heat of single-crystalline $EuFe_2As_2$: a magnetic homologue of $SrFe_2As_2$. Phys. Rev. B, 2008, 78: 052502.

[124] Ni N, Nandi S, Kreyssig A, Goldman A I, Mun E D, Bud'ko S L, Canfield P C. Effects of Co substitution on thermodynamic and transport properties and anisotropic Hc2 in $Ba(Fe_{1-x}Co_x)_2As_2$ single crystals. Phys. Rev. B, 2008, 78: 014523.

[125] Krellner C, Caroca-Canales N, Jesche A, Rosner H, Ormeci A, Geibel C. Magnetic and structural transitions in layered iron arsenide systems:AFe_2As_2 versus RFeAsO. Phys. Rev. B, 2008, 78: 100504.

[126] Chen G F, Li Z, Dong J, Li G, Hu W Z, Zhang X D, Song X H, Zheng P, Wang N L, Luo J L. Transport and anisotropy in single-crystalline $SrFe_2As_2$ and $A_{0.6}K_{0.4}Fe_2As_2$(A=Sr, Ba) superconductors. Phys. Rev. B, 2008, 78: 224512.

[127] Huang Q, Qiu Y, Bao W, Green M A, Lynn J W, Gasparovic Y C, Wu T, Wu G, Chen X H. Neutron-diffraction measurements of magnetic order and a structural transition in the parent $BaFe_2As_2$ compound of FeAs-based high-temperature superconductors. Phys. Rev. Lett., 2008, 101: 257003.

[128] Tegel M, Rotter M, Weiss V, Schappacher F M, Poettgen R, Johrendt D. Structural and magnetic phase transitions in the ternary iron arsenides $SrFe_2As_2$ and $EuFe_2As_2$. J. Phys.: Condens. Matter., 2008, 20: 452201.

[129] Sharma S, Bharathi A, Chandra S, Reddy V R, Paulraj S, Satya A T, Sastry V S, Gupta A, Sundar C S. Superconductivity in Ru-substituted polycrystalline $BaFe_{2-x}Ru_xAs_2$. Phys. Rev. B, 2010, 81: 174512.

[130] Sefat A S, Jin R Y, McGuire M A, Sales B C, Singh D J, Mandrus D. Superconductivity at 22 K in co-doped $BaFe_2As_2$ crystals. Phys. Rev. Lett., 2008, 101: 117004.

[131] Li L J, Luo Y K, Wang Q B, Chen H, Ren Z, Tao Q, Li Y K, Lin X, He M, Zhu Z W, Cao G H, Xu Z A. Superconductivity induced by Ni doping in $BaFe_2As_2$ single crystals. New J. Phys., 2009, 11: 025008.

[132] Ni N, Thaler A, Kracher A, Yan J Q, Bud'ko S L, Canfield P C. Phase diagrams of $Ba(Fe_{1-x}M_x)_2As_2$ single crystals (M=Rh and Pd). Phys. Rev. B, 2009, 80: 024511.

[133] Leithe-Jasper A, Schnelle W, Geibel C, Rosner H. Superconducting state in SrFe$_{2-x}$Co$_x$As$_2$ by internal doping of the iron arsenide layers. Phys. Rev. Lett., 2008,101: 207004.

[134] Han F, Zhu X Y, Cheng P, Mu G, Jia Y, Fang L, Wang Y L, Luo H Q, Zeng B, Shen B, Shan L, Ren C, Wen H H. Superconductivity and phase diagrams of the 4d- and 5d-metal-doped iron arsenides SrFe$_{2-x}$M$_x$As$_2$(M=Rh,Ir,Pd). Phys. Rev. B, 2009, 80: 024506.

[135] Lee H, Park E, Park T, Sidorov V A, Ronning F, Bauer E D, Thompson J D. Pressure-induced superconducting state of antiferromagnetic CaFe$_2$As$_2$. Phys. Rev. B, 2009, 80: 024519.

[136] Baek S H, Lee H, Brown S E, Curro N J, Bauer E D, Ronning F, Park T, Thompson J D. NMR Investigation of superconductivity and antiferromagnetism in CaFe$_2$As$_2$ under pressure. Phys. Rev. Lett., 2009, 102: 227601.

[137] Kotegawa H, Kawazoe T, Sugawara H, Murata K, Tou H. Effect of uniaxial stress for pressure-induced superconductor SrFe$_2$As$_2$. J. Phys. Soc. Jpn., 2009, 78: 083702.

[138] Igawa K, Okada H, Takahashi H, Matsuishi S, Kamihara Y, Hirano M, Hosono H, Matsubayashi K, Uwatoko Y. Pressure-induced superconductivity in iron pnictide compound SrFe$_2$As$_2$. J. Phys. Soc. Jpn., 2009,78: 025001.

[139] Colombier E, Bud'ko S L, Ni N, Canfield P C. Complete pressure-dependent phase diagrams for SrFe$_2$As$_2$ and BaFe$_2$As$_2$. Phys. Rev. B, 2009, 79: 224518.

[140] Ishikawa F, Eguchi N, Kodama M, Fujimaki K, Einaga M, Ohmura A, Nakayama A, Mitsuda A, Yamada Y. Zero-resistance superconducting phase in BaFe$_2$As$_2$ under high pressure. Phys. Rev. B, 2009, 79: 172506.

[141] Yamazaki T, Takeshita N, Kobayashi R, Fukazawa H, Kohori Y, Kihou K, Lee C H, Kito H, Iyo A, Eisaki H. Appearance of pressure-induced superconductivity in BaFe$_2$As$_2$ under hydrostatic conditions and its extremely high sensitivity to uniaxial stress. Phys. Rev. B, 2010, 81: 224511.

[142] Ren Z, Zhu Z W, Jiang S, Xu X F, Tao Q, Wang C, Feng C M, Cao G H, Xu Z A. Antiferromagnetic transition in EuFe$_2$As$_2$: a possible parent compound for superconductors. Phys. Rev. B, 2008, 78: 052501.

[143] Miclea C F, Nicklas M,Jeevan H S, Kasinathan D, Hossain Z, Rosner H, Gegenwart P, Geibel C, Steglich F. Evidence for a reentrant superconducting state in EuFe$_2$As$_2$ under pressure. Phys. Rev. B, 2009, 79: 212509.

[144] Kurita N, Kimata M, Kodama K, Harada A, Tomita M, Suzuki H S, Matsumoto T, Murata K, Uji S, Terashima T. Phase diagram of pressure-induced superconductivity in EuFe$_2$As$_2$ probed by high-pressure resistivity up to 3.2 GPa. Phys. Rev. B, 2011,83: 214513.

[145] Shi H L, Yang H X, Tian H F, Lu J B, Wang Z W, Qin Y B, Song Y J, Li J Q. Structural properties and superconductivity of SrFe$_2$As$_{2-x}$P$_x$ $(0.0 \leqslant x \leqslant 1.0)$ and CaFe$_2$As$_{2-y}$P$_y$ $(0.0 \leqslant y \leqslant 0.3)$. J. Phys: Condens. Matter., 2010,22: 125702.

[146] Jiang S, Xing H, Xuan G F, Wang C, Ren Z, Feng C M, Dai J H, Xu Z A, Cao G H. Superconductivity up to 30 K in the vicinity of the quantum critical point in $BaFe_2(As_{1-x}P_x)_2$. J. Phys: Condens. Matter., 2009,21: 382203.

[147] Ni N, Allred J M, Chan B C, Cava R J. High Tc electron doped $Ca_{10}(Pt_3As_8)$ $(Fe_2As_2)_5$ and $Ca_{10}(Pt_4As_8)(Fe_2As_2)_5$ superconductors with skutterudite intermediary layers. Proc. Natl. Acad. Sci., 2011,108: 1019-1026.

[148] Löhnert C, Stürzer T, Tegel M, Frankovsky R, Friederichs G, Johrendt D. Superconductivity up to 35 K in the iron platinum arsenides $(CaFe_{1-x}Pt_xAs)_{10}Pt_{4-y}As_8$ with layered structures. Angew. Chem. Int. Ed., 2011, 50: 9195-9199.

[149] Xiang Z J, Luo X G, Ying J J, Wang X F, Yan Y J, Wang A F, Cheng P, Ye G J, Chen X H. Transport properties and electronic phase diagram of single-crystalline $Ca_{10}(Pt_3As_8)((Fe_{1-x}Pt_x)_2As_2)_5$. Phys. Rev. B, 2012,85: 224527.

[150] Kudo K, Mizukami T, Kitahama Y, Mitsuoka D, Iba K, Fujimura K, Nishimoto N,Hiraoka Y, Nohara M. Enhanced superconductivity up to 43 K by P/Sb doping of $Ca_{1-x}La_xFeAs_2$. J. Phys. Soc. Jpn., 2014,83: 025001.

[151] Katayama N, Kudo K, Onari S, Mizukami T, Sugawara K, Sugiyama Y, Kitahama Y, Keita I, Kazunori F, Nishimoto N, Nohara M, Sawa H. Superconductivity in $Ca_{1-x}La_xFeAs_2$: a novel 112-type iron pnictide with arsenic zigzag bonds. J. Phys. Soc. Jpn., 2013, 82: 123702.

[152] Saha S R, Drye T, Goh S K, Klintberg L E, Silver J M, Grosche F M, Sutherland M, Munsie T J S, Luke G M, Pratt D K, Lynn J W, Paglione J. Segregation of antiferromagnetism and high-temperature superconductivity in $Ca_{1-x}La_xFe_2As_2$. Phys. Rev. B, 2014, 89: 134516.

[153] Gati E, Köhler S, Guterding D, Wolf B, Knner S, Ran S, Bud'ko S L, Canfield P C, Lang M. Hydrostatic-pressure tuning of magnetic, nonmagnetic, and superconducting states in annealed $Ca(Fe_{1-x}Co_x)_2As_2$. Phys. Rev. B, 2012, 86: 220511.

[154] Kawasaki S, Mabuchi T, Maeda S, Adachi T, Mizukami T, Kudo K, Nohara M, Zheng G Q. Doping-enhanced antiferromagnetism in $Ca_{1-x}La_xFeAs_2$. Phys. Rev. B, 2015, 92: 180508(R).

[155] Jiang S, Liu C, Cao H B, Birol T, Allred J M, Tian W, Liu L, Cho K, Krogstad M J, Ma J, Taddei K M, Tanatar M A, Hoesch M, Prozorov R, Rosenkranz S, Uemura Y J, Kotliar G, Ni N. Structural and magnetic phase transitions in $Ca_{0.73}La_{0.27}FeAs_2$ with electron-overdoped FeAs layers. Phys. Rev. B, 2016, 93: 054522.

[156] Zhang S C. A unified theory based on $SO(5)$ symmetry of superconductivity and antiferromagnetism. Science, 1997, 275: 1089-1096.

[157] Banks H B, Bi W, Sun L L, Chen G F, Chen X H, Schilling J S. Dependence of magnetic ordering temperature of doped and undoped $EuFe_2As_2$ on hydrostatic pressure to 0.8GPa. Phys. C, 2011, 471: 476-479.

[158] Guo J, Wu Q, Feng J, Chen G F, Kagayama T, Zhang C, Yi W, Li Y C, Li X D, Liu J, Jiang Z, Wei X J, Huang Y Y, Shimizhu K, Sun L L, Zhao Z X. Cor-

relation between intercalated magnetic layers and superconductivity in pressurized EuFe$_2$(As$_{0.81}$P$_{0.19}$)$_2$. Europhys. Lett., 2015, 111: 57007.

[159]　Imai T, Ahilan K, Ning F L, McQueen T M, Cava R J. Why does undoped FeSe become a high-T_c superconductor under pressure? Phys. Rev. Lett, 2009, 102: 177005.

[160]　Guo J G, Jin S F, Wang G, Wang S C, Zhu K X, Zhou T T, He M, Chen X L. Superconductivity in the iron selenide K$_x$Fe$_2$Se$_2$($0 \leqslant x \leqslant 1.0$). Phys. Rev. B, 2010, 82: 180520.

[161]　Wang H D, Dong C H, Li Z J, Mao Q H, Zhu S S, Feng C M, Yuan H Q, Fang M H. Superconductivity at 32 K and anisotropy in Tl$_{0.58}$Rb$_{0.42}$Fe$_{1.72}$Se$_2$ crystals. EPL, 2011, 93: 47004.

[162]　Wang A F, Ying J J, Yan Y J, Liu R H, Luo X G, Li Z Y, Wang X F, Zhang M, Ye G J, Cheng P, Xiang Z J, Chen X H. Superconductivity at 32 K in single-crystalline Rb$_x$Fe$_{2-y}$Se$_2$. Phys. Rev. B, 2011, 83: 060512(R).

[163]　Cao C, Dai J H. Electronic structure and Mott localization of iron-deficient TlFe$_{1.5}$Se$_2$ with superstructures. Phys. Rev. B, 2011, 83: 193104.

[164]　Yan X W, Gao M, Lu Z Y, Xiang T. Ternary iron selenide K$_{0.8}$Fe$_{1.6}$Se$_2$ is an antiferromagnetic semiconductor. Phys. Rev. B, 2011, 83: 233205.

[165]　Ricci A, Poccia N, Campi G, Joseph B, Arrighetti G, Barba L, Reynolds M, Burghammer M, Takeya H, Mizuguchi Y, Takano Y, Colapietro M, Saini N L, Bianconi A. Nanoscale phase separation in the iron chalcogenide superconductor K$_{0.8}$Fe$_{1.6}$Se$_2$ as seen via scanning nanofocused X-ray diffraction. Phys. Rev. B, 2011, 84: 060511(R).

[166]　Wang Z, Song Y J, Shi H L, Wang Z W, Chen Z, Tian H F, Chen G F, Guo J G, Yang H X, Li J Q. Microstructure and ordering of iron vacancies in the superconductor system K$_y$Fe$_x$Se$_2$ as seen via transmission electron microscopy. Phys. Rev. B, 2011, 83: 140505(R).

[167]　Chen F, Xu M, Ge Q Q, Zhang Y, Ye Z R, Yang L X, Jiang J, Xie B P, Che R C, Zhang M, Wang A F, Chen X H, Shen D W, Hu J P, Feng D L. Electronic identification of the parental phases and mesoscopic phase separation of K$_x$Fe$_{2-y}$Se$_2$ superconductors. Phys. Rev. X, 2011, 1: 021020.

[168]　Wang C N, Marsik P, Schuster R, Dubroka A, RoEssle M, Niedermayer C H, Varma G D, Wang A F, Chen X H, Wolf T, Bernhard C. Macroscopic phase segregation in superconducting K$_{0.73}$Fe$_{1.67}$Se$_2$ as seen by muon spin rotation and infrared spectroscopy. Phys. Rev. B, 2012, 85: 214503.

[169]　Yuan R H, Dong T, Song Y J, Zheng P, Chen G F, Hu J P, Li J Q, Wang N L. Nanoscale phase separation of antiferromagnetic order and superconductivity in K$_{0.75}$Fe$_{1.75}$Se$_2$. Sci. Rep., 2012, 2: 221.

[170]　Li W, Ding H, Li Z, Deng P, Chang K, He K, Ji S H, Wang L L, Ma X C, Hu J P, Chen X, Xue Q K. KFe$_2$Se$_2$is the parent compound of K-doped iron selenide superconductors. Phys. Rev. Lett., 2012, 109: 057003.

[171] Ding X X, Fang D L, Wang Z Y, Yang H, Liu J Z, Deng Q, Ma G B, Meng C, Hu Y H, Wen H H. Influence of microstructure on superconductivity in $K_xFe_{2-y}Se_2$ and evidence for a new parent phase $K_2Fe_7Se_8$. Nat. Commun., 2013, 4: 1897.

[172] Bao W, Huang Q Z, Chen G F, Green M A, Wang D M, He J B, Qiu Y M. A novel large moment antiferromagnetic order in $K_{0.8}Fe_{1.6}Se_2$ superconductor. Chin. Phys. Lett., 2011, 28: 086104.

[173] Ye F, Chi S, Bao W, Wang X F, Ying J J, Chen X H, Wang H D, Dong C H, Fang M H. Common crystalline and magnetic structure of superconducting $A_2Fe_4Se_5$(A=K,Rb,Cs,Tl) single crystals measured using neutron diffraction. Phys. Rev. Lett., 2011, 107: 137003.

[174] Mazin I I. iron superconductivity weathers another storm. Physics, 2011, 4: 26.

[175] Bao W. Structure, magnetic order and excitations in the 245 family of Fe-based superconductors. J. Phys.: Condens. Matter., 2015, 27: 023201.

[176] Bao W. Physics picture from neutron scattering study on Fe-based superconductors. Chin. Phys. B, 2013, 22: 087405.

[177] Valla T, Fedorov A V, Johnson P D, Wells B O, Hulbert S L, Li Q, Gu G D, Koshizuka N. Evidence for quantum critical behavior in the optimally doped cuprate $Bi_2Sr_2CaCu_2O_{8+\delta}$. Science, 1999, 285: 2110-2113.

[178] van der Marel D, Molegraaf H J A, Zaanen J, Nussinov Z, Carbone F, Damascelli A, Eisaki H, Greven M, Kes P H, Li M. Quantum critical behaviour in a high-T_c superconductor. Nature, 2003, 425: 271-274.

[179] Mathur N D, Grosche F M, Julian S R, Walker I R, Freye D M, Haselwimmer R K W, Lonzarich G G. Magnetically mediated superconductivity in heavy fermion compounds. Nature, 1998, 394: 39-43.

[180] Okuhata T, Nagai T, Taniguchi H, Satoh K, Hedo M, Uwatoko Y. High-pressure studies of doped-type organic superconductors. J. Phys. Soc. Jpn., 2007, 76: 188-189.

[181] Nakai Y, Iye T, Kitagawa S, Ishida K, Ikeda H, Kasahara S, Shishido H, Shibauchi T, Matsuda Y, Terashima T. Unconventional superconductivity and antiferromagnetic quantum critical behavior in the isovalent-doped $BaFe_2(As_{1-x}P_x)_2$. Phys. Rev. Lett., 2010,105: 107003.

[182] Dai J H, Si Q M, Zhu J X, Abrahams E. Iron pnictides as a new setting for quantum criticality. PNAS, 2009, 106: 4118-4121.

[183] Dong J K, Zhou S Y, Guan T Y, Zhang H, Dai Y F, Qiu X, Wang X F, He Y, Chen X H, Li S Y. Quantum criticality and nodal superconductivity in the FeAs-based superconductor KFe_2As_2. Phys. Rev. Lett., 2010, 104: 087005.

[184] Guo J, Chen X J, Dai J H, Zhang C, Guo J G, Chen X L, Wu Q, Gu D C, Gao P W, Yang L H, Yang K, Dai X, Mao H K, Sun L L, Zhao Z X. Pressure-driven quantum criticality in iron-selenide superconductors. Phys. Rev. Lett., 2012, 108: 197001.

[185] Feng Y, Bao W, Chi S X, Antonio M dos S, Jamie J M, Fang M H, Wang H D, Mao Q H, Wang J C, Liu J J, Sheng J M. High-pressure single-crystal neutron scattering

study of magnetic and Fe vacancy orders in $(Tl,Rb)_2Fe_4Se_5$ superconductor. Chin. Phys. Lett., 2014, 31: 127401.

[186] Yan Y J, Zhang M, Wang A F, Ying J J, Li Z Y, Qin W, Luo X G, Li J Q, Hu J P, Chen X H. Electronic and magnetic phase diagram in $K_xFe_{2-y}Se_2$ superconductors. Sci. Rep., 2012,2: 212.

[187] Gao P W, Yu R, Sun L L, Wang H D, Wang Z, Wu Q, Fang M H, Chen G F, Guo J, Zhang C, Gu D C, Tian H F, Li J Q, Liu J, Li Y C, Li X D, Jiang S, Yang K, Li A G, Si Q, Zhao Z X. Role of the 245 phase in alkaline iron selenide superconductors revealed by high-pressure studies. Phys. Rev. B, 2014, 89: 094514.

[188] Yu R, Si Q M. Orbital-selective mott phase in multiorbital models for alkaline iron selenides $K_{1-x}Fe_{2-y}Se_2$. Phys. Rev. Lett., 2013,110: 146402.

[189] Yi M, Lu D H, Yu R, Riggs S C, Chu J H, Lv B, Liu Z K, Lu M, Cui Y T, Hashimoto M, Mo S K, Hussain Z, Chu C W, Fisher I R, Si Q, Shen Z X. Observation of temperature-induced crossover to an orbital-selective mott phase in $A_xFe_{2-y}Se_2$(A=K, Rb) superconductors. Phys. Rev. Lett., 2013,110: 067003.

[190] Anisimov V I, Nekrasov I A, Kondakov D E, Rice T M, Sigrist M. Orbital-selective Mott-insulator transition in $Ca_{2-x}Sr_xRuO_4$. Eur. Phys. J. B, 2002, 25: 191-201.

[191] Neupane M, Richard P, Pan Z H, Xu Y M, Jin R, Mandrus D, Dai X, Fang Z, Wang Z, Ding H. Observation of a novel orbital selective mott transition in $Ca_{1.8}Sr_{0.2}RuO_4$. Phys. Rev. Lett., 2009, 103: 097001.

[192] de' Medici L, Hassan S R, Capone M, Dai X. Orbital-selective mott transition out of band degeneracy lifting. Phys. Rev. Lett., 2009, 102: 126401.

[193] Ying J J, Wang X F, Luo X G, Li Z Y, Yan Y J, Zhang M, Wang A F, Cheng P, Ye G J, Xiang Z J, Liu R H, Chen X H. Pressure effect on superconductivity of $A_xFe_2Se_2$(A=K and Cs). New J. Phys., 2011, 13: 033008.

[194] Lei H C, Abeykoon M, Bozin E S, Wang K F, Warren J B, Petrovic C. Phase diagram of $K_xFe_{2-y}Se_{2-z}S_z$ and the suppression of its superconducting state by an Fe 2-Se/S tetrahedron distortion. Phys. Rev. Lett., 2011, 107: 137002.

[195] Gu D C, Sun L L, Wu Q, Zhang C, Guo J, Gao P W, Wu Y, Dong X L, Dai X, Zhao Z X. Correlation between superconductivity and antiferromagnetism in $Rb_{0.8}Fe_{2-y}Se_{2-x}Te_x$ single crystals. Phys. Rev. B, 2012, 85: 174523.

[196] Yeh K W, Huang T W, Huang Y L, Chen T K, Hsu F C, Wu P M, Lee Y C, Chu Y Y, Chen C L, Luo J Y, Yan D C, Wu M K. Tellurium substitution effect on superconductivity of the α-phase iron selenide. EPL, 2008, 84: 37002.

[197] Gu D C, Wu Q, Zhou Y Z, Gao P W, Guo J, Zhang C, Zhang S, Jiang S, Yang K, Li A G, Sun L L, Zhao Z X. Superconductivity in pressurized $Rb_{0.8}Fe_{2-y}Se_{2-x}Te_x$. New J. Phys., 2015, 17: 073021.

[198] Guo J, Wang H H, von Rohr F, Wang Z, Cai S, Zhou Y Z, Yang K, Li A G, Jiang S, Wu Q, Cava R J, Sun L L. Robust zero resistance in a superconducting high-entropy alloy at pressures up to 190 GPa. Proc. Natl. Acad. Sci., 2017,114: 13144-13147.

[199] Guo J, Lin G C, Cai S, Xi C Y, Zhang C J, Sun W S, Wang Q L, Yang K, Li A G, Wu Q, Zhang Y H, Xiang T, Cava R J, Sun L L. Record-high superconductivity in niobium–titanium alloy. Adv. Mat., 2019, 31: 1807240.

[200] Giraldo-Gallo P, Galvis J A, Stegen Z, Modic K A, Balakirev F F, Betts J B, Lian X, Moir C, Riggs S C, Wu J, Bollinger A T, He X, Božović I, Ramshaw B J, McDonald R D, Boebinger G S, Shekhter A. Scale-invariant magnetoresistance in a cuprate superconductor. Science, 2018, 361: 479-481.

第 5 章 "111" 体系铁基超导材料：性能、调控和非常规物态构筑

望贤成, 邓正, 靳常青

中国科学院物理研究所

2008 年 3 月, 日本东京工业大学的 Hideo Hosono 教授课题组首次报道 La $(O_{1-x}F_x)$FeAs 超导体, 即铁基 "1111" 体系, 之后在世界范围内掀起一股铁基超导材料研究的热潮 [1-6]; 2008 年 4 月, 德国科学家报道了以 $(Ba,K)Fe_2As_2$ 为代表的 "122" 体系 [7]; 2008 年 6 月, 中国科学院物理研究所靳常青研究团队发现并命名了以 LiFeAs 为代表的铁基超导主要体系之一的 "111" 体系 [8]. 2008 年 7 月, 美国休斯敦大学朱经武研究组和英国的科学家也分别报道了 LiFeAs 超导体 [9,10]. "111" 型铁基超导体家族共有三个成员:LiFeAs[8]、NaFeAs[11] 和 LiFeP[12].

"111" 体系本身具有几个显著特点: ① 晶体结构简单, 可形成无极性的解理面, 非常适合基于表面实验技术的物性研究; ② LiFeAs 无须化学掺杂即可实现超导, 排除了掺杂引起的无序, 为机理研究提供了理想载体; ③ 化学组分经济, 有助于潜在的应用. 这些特点导致作为铁基超导主要体系之一的 "111" 型对材料研究发挥了独特的作用, 揭示了早期在其他体系观察到的费米面嵌套并非引发铁基超导的必要条件 [13], 对扭转铁基超导机理的研究具有重要促进作用 [14-24].

"111" 体系的研究现在已经拓展到拓扑、稀磁半导体材料, 在 LiFeAs 材料已经观察到可同时存在超导态和多种拓扑态的现象 [25], 这为今后进一步研究拓扑超导提供了非常理想的平台; "111" 型 LiZnAs 基稀磁半导体的发现 [26], 为构筑面向应用的基于 LiFeAs 超导和稀磁, 乃至 LiMnAs 磁有序材料的非常规超导态、稀磁和磁有序多组合异质结提供了前所未有的机遇.

5.1 "111" 体系母体相结构和性质

"111" 型超导体的晶体结构简单, 在 [FeAs/P] 超导层之间含有两层 Li/Na 原子层 (图 5.1), 晶体很容易在这两层 Li/Na 原子层之间解离形成无极性的解离面, 其表面态的电子结构和体态的电子结构相同, 非常适合基于表面实验技术的物性研究, 因此 "111" 体系对铁基超导相关物性机制方面的研究具有特殊的贡献.

尽管 "111" 体系铁基超导体具有相同的晶体结构, 但是其超导物性却相差很大. "111" 家族的三个成员具有各自的物性特点: LiFeAs 母体相是无须额外掺杂、非常干净的超导体, 在研究掺杂对超导电性影响的过程中避免了由反铁磁序带来的干扰; NaFeAs 母体相随温度降低依次发生了晶体结构转变、反铁磁相变和超导转变, 并在远高于结构转变温度时观察到了电子晶列相结构的存在; LiFeP 和 LiFeAs 一样本身没有长程反铁磁有序, 其无须掺杂即表现超导转变温度为 6 K 的超导电性, 但是与 LiFeAs 的超导能隙无节点不同, LiFeP 存在零能隙的超导能隙节点.

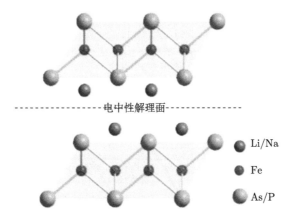

图 5.1 "111" 铁基超导体系晶体结构示意图 (引自: 物理学报 67, 207414 (2018))

LiFeAs 具有空间群为 $P4/nmm$ 的四方相晶体结构, 其晶格常数分别为 $a = b = 3.7715$ Å, $c = 6.3574$ Å. 高质量大尺寸的 LiFeAs 单晶可以比较容易地通过以 LiAs 为溶剂的溶剂法制备. 图 5.2 为典型的 LiFeAs 晶体样品的电阻率及磁化率测量数据, 显示其超导转变温度约为 18 K. LiFeAs 载流子类型为电子型, 其霍尔系数随温度在 $-5 \times 10^{-8} \sim -2 \times 10^{-8}$ cm^3/C 范围内变化. 在脉冲高磁场下测得上临界场为 $\mu_0 H_{c2}^{\|ab}$ (1.4 K) $\sim$ 24 T 和 $\mu_0 H_{c2}^{\|c}$ (1.4 K) $\sim$ 15 T, 由此数据可以得到 LiFeAs 超导的各向异性 γ 约为 1.5. 通过不同实验测量技术手段测量计算 LiFeAs 的超导能隙, 其结果均给出 LiFeAs 具有两个无能隙节点的超导能隙, 分别为 $\Delta_1 \sim 5.3$ meV 和 $\Delta_2 \sim 2.5$ meV.

值得一提的是, 在 LiFeAs 体系中, 所有实验均没有发现自旋密度波的存在. 由于 "1111" 和 "122" 体系铁基超导体母体相的基态均为自旋密度波型反铁磁态 [6], 其超导电性是通过化学掺杂抑制反铁磁基态后才开始出现, 因此报道具有超导性质的 LiFeAs 并不存在自旋密度波这一现象引起了人们极大关注. 原来, LiFeAs 的电子能带结构不同于其他铁基超导体, 其费米能级附近电子能带和费米面分布示意图如图 5.3(a) 和 (b) 所示. LiFeAs 的电子结构中, 在费米能级附近有 5 个来自 Fe-3d 轨道 (分别为 d$_{xy}$, d$_{xz}$, d$_{yz}$) 的能带, 分别标记为 α、α′、β、γ 和 δ

能带, 并在 Γ 点形成两个空穴型费米面和在 M 点形成两个电子型费米面. 由于 LiFeAs 特殊的能带结构, 其电子型费米面和空穴型费米面不存在嵌套条件, 所以在该体系没有发现自旋密度波相关的结构不稳定和反铁磁相变. 尽管如此, 非弹性中子散射实验却在 LiFeAs 样品中观察到很强的磁涨落, 并且在进入超导状态下, 该磁涨落明显增强, 表明 LiFeAs 体系的超导物理机制仍与磁涨落密切关联.

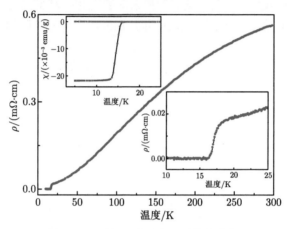

图 5.2　LiFeAs 电阻率及磁化率曲线

左上角插图为磁化率曲线, 右下角插图为放大的电阻率数据

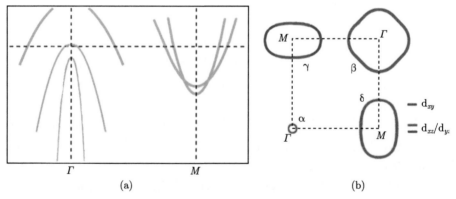

图 5.3　LiFeAs 费米面附近能带结构 (a) 及费米面 (b) 分布示意图

NaFeAs 是 "111" 型铁基超导体系中发现的第二个成员, 但与 LiFeAs 超导体完全不同的是, NaFeAs 母体相随着温度的降低依次经历了晶体结构相变 (T_s= 52 K)、反铁磁相变 (T_N=41 K) 和超导转变 T_c, 如图 5.4(a) 所示[27]. 不过该超导转变温度很宽, 起始转变温度约为 23 K, 零电阻转变温度仅为 ~10 K, 并且其超

导含量很低, 通常认为是表面超导. 在结构相变温度以上, NaFeAs 具有空间群为 $P4/nmm$ 的四方相晶体结构, 其晶格常数分别为 $a = b = 3.9448$ Å, $c = 6.9968$ Å. 当温度低于 T_s 时, 其四方相晶体结构转变为空间群为 $Cmma$ 的正交相, 晶格常数分别为 a=5.5890 Å, b=5.5694 Å 和 c= 6.9919 Å, 其中 $a > b$. 图 5.4(b) 为 NaFeAs 单晶中子衍射给出的共线反铁磁结构基态[28]. 与 "1111" 以及 "122" 型铁基超导母体相的磁结构类似, 在 NaFeAs 磁结构中自旋平行于 ab 平面, 沿短轴 b 方向铁磁排列, 沿长轴 a 方向反铁磁排列, 层与层之间的自旋为反铁磁排列, 进而形成共线性反铁磁结构基态. 但是与 LaFeAsO 的饱和磁矩 μ_{sat} ~0.36 μ_B、BaFe$_2$As$_2$ 的 μ_{sat} ~0.36 μ_B 相比较而言, NaFeAs 的饱和磁矩 μ_{sat} 非常小, 约 $(0.09\pm0.04)\mu_B$.

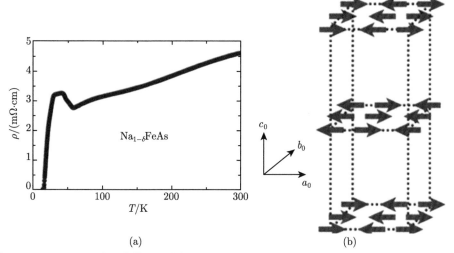

图 5.4　(a)NaFeAs 电阻率数据 (引自：Phys. Rev. Lett. 102, 227004 (2009)); (b)NaFeAs 磁结构 (引自：Phys. Rev. B 80, 020504 (2009))

除了上述宏观相变外, NaFeAs 在远高于晶体结构相变 T_s 的温度就发生了电子晶列相转变. 电子晶列相具有 C_2 旋转对称性, 它的出现打破了原有四方相具有的 C_4 旋转对称性, 因此电子晶列相具有高度的电子各向异性. 在 NaFeAs 体系中, 在沿晶轴 b 方向施加一定压力去除孪晶效应之后, 在 T_s 温度之上观察到显著的电阻率沿 a 轴和 b 轴方向的差异. 另外, 利用扫描隧道显微谱测量技术可以直接观察局域电子态的各向异性, 并且所观察到电子态各向异性的空间分布以及能量依赖关系不仅意味着 C_4 旋转对称性的破缺, 还进一步说明短程、单向性的强反铁磁涨落的存在, 同时反铁磁涨落在远高于 T_N 和 T_s 的温度仍与费米能级附近的电子存在相互关联[29]. 此外, 封东来研究组系统研究了 NaFeAs 电子晶列态 (正交顺磁相) 下的电子结构. 相较于其四方相电子结构, 在正交顺磁相中, yz 和 xy

能带在 Γ 点发生劈裂, 并且在 M 点费米面附近打开能隙, 进而使得正交顺磁态的电子结构重整化, 由原来四方相的 C_4 旋转对称性变为 C_2 旋转对称性 [30].

5.2　LiFeAs 材料掺杂和性能调控

对于大多数铁基超导体系来讲, 掺杂是诱导超导的重要途径, 并且可以在多个晶格位置实现不同形式的掺杂诱导超导电性. 例如 $BaFe_2As_2$ 体系, 在 Ba 位可以进行碱土金属 K 掺杂, 在 Fe 位中的 Fe 原子可以被其他 3d 过渡族金属部分替代, 在 As 位可以实现部分 P 原子掺杂. 但是对于 LiFeAs 体系来说, 大部分研究主要集中在 Fe 位置掺杂. 通过 3d 过渡族金属原子对 Fe 原子的部分替代, 实现对 LiFeAs 费米能级的调节, 进而研究掺杂对超导态和正常态的影响以及其他新颖物理现象, 对理解铁基超导物理性质具有十分重要的意义.

5.2.1　掺杂对 LiFeAs 超导温度的影响

对 LiFeAs 进行 3d 过渡族金属掺杂的研究中, 比较系统的有 Co、Ni、Cu 以及 V 掺杂 [31,32]. 在铁基化合物中, Fe、Co、Ni 的正常价态为 +2, 用 Co 或 Ni 部分替代 Fe 原子属于等价态掺杂, 通常情况下不会引入载流子. 但是在其他铁基超导体系中, Co 和 Ni 掺杂均会抑制母体相的晶体结构转变和反铁磁转变, 并诱导出超导电性. ARPES、霍尔及 X 射线散射谱测量等实验测量均表明, Co 和 Ni 掺杂向系统引入了电子型载流子. LiFeAs 本身被认为是处于电子型过掺杂超导区, Co 和 Ni 掺杂引入电子型载流子将使得 LiFeAs 体系进一步远离最佳超导区域, 因此超导转变温度随掺杂浓度增加而降低. 实验研究表明, $LiFe_{1-x}Tm_xAs$(Tm=Co, Ni, Cu) 超导转变温度随着掺杂浓度的增加近似线性降低, 如图 5.5(a) 所示 [33]. T_c 随掺杂变化的斜率分别为: 1.0 K/Co-1%、2.2 K/ Ni-1% 和 1.9 K/Cu-1%. 亦即每掺杂 1% 的 Co、Ni 和 Cu 时, 超导转变温度分别下降 1.0 K、2.2 K 和 1.9 K. 值得注意的是, Ni 掺杂导致 T_c 下降速率约为 Co 掺杂时 T_c 下降速率的两倍. 如果忽略掺杂带来的杂质散射效应而只考虑引入载流子浓度对 T_c 的影响, 基于 T_c 随掺杂线性降低, 可以认为 Ni 掺杂引入的电子是 Co 掺杂引入电子的两倍. 由于 Co 和 Ni 的 3d 电子比 Fe 的 3d 电子分别多 1 个和 2 个, 因此刚带模型理论预期每用一个 Co 或者 Ni 原子替代 Fe 原子, 将引入 1 个或 2 个自由电子.

图 5.5(b) 是假设每个 Co、Ni 和 Cu 原子掺杂分别提供 1 个、2 个和 3 个自由电子时, T_c 随掺杂电子浓度的变化曲线. 可以看出, 曲线中 Co 和 Ni 的数据基本重合, 这说明 Co 和 Ni 的掺杂行为符合刚带模型的预期. 但是 Cu 掺杂的 T_c 和电子浓度数据与 Co 和 Ni 的掺杂数据显著不同. 对于 Cu 掺杂来说, 显然每个 Cu 原子掺杂不能向 LiFeAs 系统提供 3 个自由电子. LiFeAs 的电子结构中, Γ 点处 α 能

带顶刚好穿过费米能级, 构成了一个非常小的空穴型费米面 (图 5.3). 当掺杂 6% 的 Cu 后, α 能带下沉到费米能级以下, 导致这个小的空穴型费米面消失. 但是大的空穴型费米面 β 与其他两个电子型费米面 γ 和 δ 大小基本不受 Cu 掺杂的影响. 因此整体上来说, Cu 掺杂对 LiFeAs 的费米面影响不大. α 能带下沉说明 Cu 掺杂确实向体系内部引入自由电子, 但是远没有 Co 掺杂对费米面的影响大, 这说明 Cu 的 3d 电子大部分都是局域化的. 其实 Co 和 Ni 的 3d 能带和 Fe 的 3d 能带大部分存在交叉重叠, 但是 Cu 的 3d 能带局域在远离费米面以下的 −4 eV 能量处. 因此 Cu 掺杂将引入较强的杂质散射中心, 亦即在 LiFeAs 体系中, Cu 掺杂抑制 T_c 的主要原因是较强的杂质散射对超导库珀对的破坏效应, 而并非电子型载流子的引入.

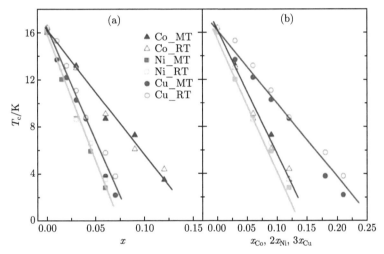

图 5.5　(a) LiFe$_{1-x}$Tm$_x$As 超导转变温度随掺杂浓度 x 的变化; (b) 超导转变温度随掺杂电子浓度的变化 (引自: 物理学报 67, 207414 (2018))

对 Co 掺杂的 LiFe$_{1-x}$Co$_x$As 体系来说, 少量电子型掺杂 (Co-1% 掺杂) 将使得 α 能带下沉至费米能级以下, 并导致空穴型费米面 α 消失, 发生 Lifshitz 转变. Co-3% 掺杂使得 α 能带完全下沉至费米能级以下, 但令人惊讶的是, 在费米能级以下的 α 能带上仍然观察到超导凝聚现象, 其超导能隙 Δ_α ∼4.5 meV $(2\Delta_\alpha/(k_B T_c)=7)$[34], 并且可以排除 Δ_α 是由其他能带超导的近邻效应而导致的可能性. 基于巡游电子观念的弱耦合近似理论, 反铁磁涨落和超导极度依赖于不同费米面之间的电子散射. 而基于局域磁矩交换相互作用的强耦合近似理论对于接近费米面的电子能带结构的微小变化不是很敏感. 因此在 LiFe$_{1-x}$Co$_x$As 体系中观察到不依赖于费米面的超导能隙以及 $2\Delta_\alpha/(k_B T_c)=7$ 表明铁基超导体存在强耦合超导配对机制. 同时, 进一步研究表明, LiFe$_{1-x}$Co$_x$As 体系中的超导配对强度 $2\Delta_\alpha/(k_B T_c)$ 不随掺杂浓度变化, 并且玻恩 (Born) 极限弱散射理论可以很好地描述费米面处态密度随 Co 掺杂的变化, 进一步说明 Co 掺杂主要是通过引入非磁性弱散射进而抑制超导的 [35].

3d 过渡族金属中, V 元素排在 Fe 的左侧. 掺杂 V 原子将向 LiFeAs 体系中引入空穴型载流子. 图 5.6(a) 为 LiFeAs 和 LiFe$_{0.958}$V$_{0.042}$As 的霍尔测量数据. 在整个测量温度范围内, LiFeAs 的霍尔系数均为负值, 表明载流子类型主要为电子. 但是当掺杂 4.2% 的 V 原子后, LiFe$_{0.958}$V$_{0.042}$As 的霍尔系数明显转变为正值, 其主要载流子为空穴型, 这说明 V 掺杂引入空穴型载流子. 对掺 V 的 LiFe$_{1-x}$V$_x$As 体系进行 ARPES 测量的实验数据也进一步确认 V 掺杂引入空穴这一结论, 并且通过各个费米面大小的比较可以给出每掺杂一个 V 原子大约引入 0.3 个空穴. 基于 LiFeAs 可以看作是电子型过掺杂超导体, 空穴型掺杂应该使得 LiFe$_{1-x}$V$_x$As 逐渐向最佳掺杂区靠近, T_c 随 V 掺杂应该增大, 但是实验结果却表明, T_c 随 V 掺杂以斜率为 7 K/V-1% 的速度快速下降, 如图 5.6(b) 所示.

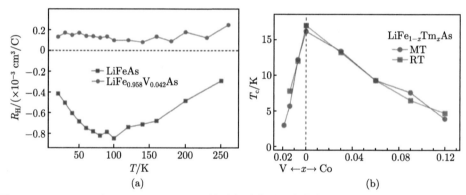

图 5.6　(a)LiFeAs 和 LiFe$_{0.958}$V$_{0.042}$As 的霍尔系数随温度的变化; (b) 超导温度 T_c 随 V 和 Co 掺杂浓度的变化 (引自：物理学报 67, 207414 (2018))

其实, 在 LiFe$_{1-x}$V$_x$As 体系中, V 掺杂引入了较强的杂质散射. 安德森局域化效应预期大量杂质散射将导致金属向绝缘体相变的发生. 相变的临界杂质浓度代表了杂质的散射能力强弱. 杂质散射能力越强, 发生金属绝缘体转变的临界掺杂浓度越小. LiFe$_{1-x}$Tm$_x$As 的正常态电阻在 V、Co 和 Cu 掺杂达到一定浓度后确实都发生了金属向绝缘态的转变, Co、Cu 和 V 的临界掺杂浓度依次为 40%、13% 和 6.6%. 由此可以看出, V 掺杂将引入非常强的杂质散射中心, 对超导库珀对具有强烈的破坏作用, 因此 V 掺杂将快速抑制超导转变温度.

另外, V 部分替代 Fe 具有磁性掺杂效应. 通过对样品顺磁态的磁化率曲线进行居里–外斯公式拟合, 可以给出 LiFe$_{1-x}$Tm$_x$As 的有效磁矩. 图 5.7 为 Fe/Tm 平均有效磁矩随掺杂浓度的变化. Co 和 Cu 掺杂基本不改变 LiFeAs 中 Fe/Tm 的有效磁矩, 而 V 掺杂导致平均有效磁矩显著增加. LiFeAs 中 16% 的 Fe 原子被

V 替代, 其 Fe/V 的平均有效磁矩由原来未掺杂的 0.2 μ_B 上升到 3.3 μ_B, 平均有效磁矩大幅度增加的可能原因是, V 杂质的局域磁矩和 Fe-3d 的巡游电子相互作用导致部分 Fe-3d 的巡游电子转变为未配对的局域电子. V 杂质引起平均有效磁矩剧烈增加可能也是超导温度快速降低的重要原因.

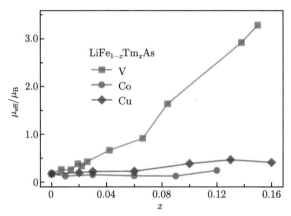

图 5.7　LiFe$_{1-x}$Tm$_x$As 体系的平均有效磁矩随 V, Co, Cu 掺杂浓度 x 的变化 (引自: 物理学报 67, 207414 (2018))

5.2.2 掺杂对 LiFeAs 正常态性质的影响

LiFeAs 体系中不论是电子型 Co 掺杂还是空穴型 V 掺杂, 在调节费米能级的过程中, 均会引起空穴型费米面和电子型费米面完美嵌套, 进而引发系列有趣的物理现象 [32,36]. 图 5.8(a)~(e) 为 LiFe$_{1-x}$Co$_x$As 的电阻率随温度变化曲线. 其正常态电阻率按照公式 $\rho = \rho_0 + A \ast T^n$ 拟合, 可以给出 n 指数随掺杂浓度的变化. 随着 Co 掺杂浓度的增加, n 指数由原来的 $n = 2$ 逐渐降低, 在 Co-12% 的样品中, n 指数最低达到 1.35 左右. 继续增加 Co 的掺杂浓度, n 指数又逐渐增加并恢复到 2. 代表电阻率随温度依赖关系的 n 指数偏离 2 并趋近于 1, 说明 LiFe$_{1-x}$Co$_x$As 体系由费米液体行为向非费米液体行为过渡. 进一步增加 Co 的含量, 体系将再次恢复到费米液体行为.

图 5.8(f)~(j) 为不同含量的 Co 掺杂样品 ARPES 测量给出的费米面大小. 红色标记为两个电子型费米面 γ 和 δ, 蓝色标记为大的空穴型费米面 β. 小的空穴型费米面 α 由于 Co 掺杂将消失, 此处没有标记. 在没有掺杂的样品中, 空穴型费米面 β 显著大于电子型费米面 γ 和 δ. 由于 Co 掺杂引入电子型载流子, 所以费米能级上移, 进而导致空穴型费米面逐渐变小, 同时电子型费米面增大. 在 Co-12% 的样品中, 空穴型费米面 β 与电子型费米面 γ 和 δ 完美嵌套. 进一步提高 Co 的掺杂浓度, 空穴型费米面 β 继续缩小, 同时电子型费米面继续增大, 结果导致空穴

型费米面和电子型费米面远离嵌套的状态. 费米面嵌套程度随 Co 掺杂浓度增加先增大, 在 Co-12% 处达到最大值, 随后逐渐减小.

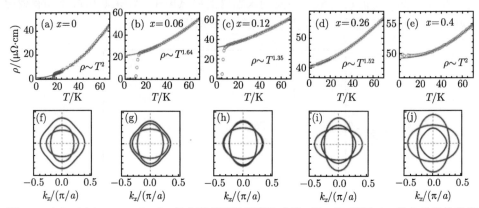

图 5.8　(a)~(e) LiFe$_{1-x}$Co$_x$As 的电阻率随温度变化曲线; (f)~(j) 不同 Co 掺杂样品的费米面示意图 (引自: Phys. Rev. X 5, 031035 (2015))

红色标记为两个电子型费米面 γ 和 δ, 蓝色标记为大的空穴型费米面 β

　　费米面嵌套将促进费米面之间的电子散射, 进而增强体系的自旋涨落. 如果自旋涨落增大到一定程度, 就会发生反铁磁结构转变, 大多数铁基超导体母体相正是这种情况. 在 LiFe$_{1-x}$Co$_x$As 体系中, Co-12% 的样品费米面嵌套程度最好, 尽管该材料没有发生晶体结构相变和形成长程磁有序, 但是核磁共振实验表明, 这时的自旋涨落强度最大. 通常情况下, 自旋涨落增强会导致非费米液体行为. LiFe$_{1-x}$Co$_x$As 体系中自旋涨落强度和 n 指数具有相对应的随 Co 掺杂浓度的变化规律, 这说明其非费米液体行为起因于自旋涨落增强. 亦即, 随着 Co 掺杂浓度的增加, LiFe$_{1-x}$Co$_x$As 费米面发生偏离嵌套—嵌套—偏离嵌套的演化, 导致体系自旋涨落强度由弱逐渐增强再到减弱的变化, 进而使得体系发生费米液体—非费米液体—费米液体行为的转变.

　　此外, Co 掺杂不仅改变费米面大小, 同时也改变电子关联强度大小 [37]. 能带的重整化因子, 亦即利用密度泛函理论计算得到能带宽度与实验测得带宽的比值, 可以反映体系的电子关联强度大小. 图 5.9 (a)~(c) 为 LiFe$_{1-x}$Co$_x$As 体系 ARPES 实验给出的费米面能级附近电子能带结构. 图 5.9 (b) 和 (c) 分别为 Co 掺杂 17% 和 30% 的能带结构, 其所有能带均可以通过图 5.9 (a) 中 LiFeAs 母体相能带上下平移, 同时能量分别同比例放大 1.6 倍和 2.2 倍变换后得到, 亦即所有能带带宽随着 Co 掺杂以相同比例增加. 图中 β 能带包含能带顶和能带底, 显示完整的能带宽度, 因此 β 能带的带宽可以方便描述 LiFe$_{1-x}$Co$_x$As 体系中电子关联强度随 Co 掺杂的变化. 显然, 随着 Co 掺杂浓度增加, 体系能带展宽, 电子关联强度逐渐变小.

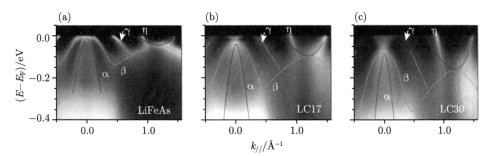

图 5.9 (a)~(c) ARPES 实验测得 $LiFe_{1-x}Co_xAs$ 电子能带结构 (引自：Phys. Rev. X 4, 031041 (2014))

Co 掺杂含量: (a) $x = 0$; (b) $x = 17\%$; (c) $x = 30\%$

下面将介绍一下 V 掺杂的情况. 尽管 V 掺杂引入空穴型载流子, 和 Co 掺杂一样, V 掺杂也会在调节 $LiFe_{1-x}V_xAs$ 费米能级的过程中出现类似的费米液体和非费米液体之间的演化. 图 5.10(a)~(e) 为 $LiFe_{1-x}V_xAs$ 电阻率随温度的变化曲线及正常态曲线拟合. n 指数随 V 掺杂浓度增加, 先由 $n = 2$ 逐渐降低, 在 8.4% 的掺杂浓度处 n 降低到最小值 1, 随后 n 值开始随掺杂浓度增加而增加. 图 5.10(f)~(i) 为 $LiFe_{1-x}V_xAs$ 费米面演化示意图. 红色标记和蓝色标记分别表示空穴型费米面和电子型费米面. 值得注意的是, 在 V 掺杂情况下, 空穴型费米

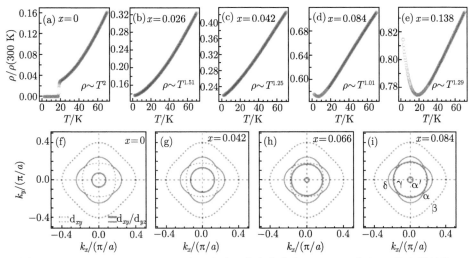

图 5.10 (a)~(e)$LiFe_{1-x}V_xAs$ 电阻率随温度变化曲线; (f)~(i) 不同 Co 掺杂样品的费米面示意图 (引自：Phys. Rev. B 94, 094524 (2016))

蓝色标记为两个电子型费米面 γ 和 δ, 红色标记为空穴型费米面 α、α' 和 β

面 β(红虚线) 与两个电子型费米面 γ 和 δ 大小基本不变, 只是 α 和 α′ 两个能带上移, 使得原来小的 α 空穴型费米面逐渐增大, α′ 在 V-6.6% 掺杂的情况下开始出现. 当 V 掺杂浓度为 8.4% 时, α 空穴型费米面增大到和电子型费米面构成嵌套, 也正是在该掺杂浓度条件下, n 指数达到最小值 1. 当 V 掺杂浓度进一步增大, α 空穴型费米面继续增大进而导致偏离费米面嵌套的状态, 同时 n 指数开始逐渐增大. 由此, $LiFe_{1-x}V_xAs$ 体系中费米液体和非费米液体之间的演化仍然是由掺杂调控费米能级形成嵌套的费米面, 进而导致自旋涨落增强引起的.

5.3　NaFeAs 掺杂材料超导性质

NaFeAs 母体相随温度降低依次经历了电子向列序转变 (T_{nem})、晶体结构转变 (T_s)、反铁磁转变 (T_N) 和超导转变 (T_c). 通过掺杂引入载流子可以调控上述各种转变, 进而为研究探索超导转变的物理机制提供实验依据. 对于 NaFeAs 体系来讲, 在 Na 和 As 的位置进行其他掺杂非常困难, 这也是 "111" 体系所共有的特点, 但是在 Fe 的位置可以很方便掺杂其他过渡族金属来实现载流子的引入. 陈仙辉等详细研究了 $NaFe_{1-x}Co_xAs$ 体系随 Co 掺杂的超导的演化, 如图 5.11 所示 [38]. 当 Co 的掺杂含量约为 2% 时, T_N 和 T_s 相继被抑制为零, T_c 在 Co-2.5% 达到最大值, 约 20 K. 随着 Co 含量继续增大, T_c 开始逐渐下降, 并在 Co-11% 的掺杂浓度时降为零. 该超导相图直观反映了反铁磁序和超导之间的相互竞争关系, 这种竞争关系在微观电子态上也可以直接观察到. 在 $NaFe_{1-x}Co_xAs$ 相图的欠掺杂区 (x = 0.014), 利用扫描隧道显微技术可以在同一空间位置同时观察到自旋密度波转变对应的能隙以及超导能隙, 并且不同位置所给出的自旋密度波信号强度与超导信号强度反比例相关, 这充分说明, 自旋密度波与超导微观共存并且存在相互竞争关系.

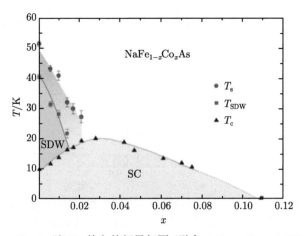

图 5.11　$NaFe_{1-x}Co_xAs$ 随 Co 掺杂的超导相图 (引自: Phys. Rev. B 85, 224521 (2012))

对过掺杂区样品 $NaFe_{1-x}Co_xAs(x=0.05, T_c=18$ K) 进行超导能隙测量的实验结果表明, 该体系具有无能隙节点且各向同性的超导能隙, 不同能带上观察到的能隙大小为 6~7 meV. 由上述测量数据可以给出该材料超导能隙与超导温度的比值 $2\Delta/(k_BT_c) \sim 8$, 该比值和 $LiFe_{1-x}Co_xAs(x=0.03)$ 样品 α 能带上超导能隙与超导温度的比值接近, 稍大于其他铁基超导体系的比值 $(2\Delta/(k_BT_c) \sim 5{\sim}7)$, 这表明 "111" 铁基超导体系是强耦合超导体. 有关超导对称性, 虽然无节点且各向同性的超导能隙直接说明 $NaFe_{1-x}Co_xAs$ 体系超导库珀对具有 s 波对称性, 但是并不能进一步指出是 $s_\pm$ 还是 s^{++} 对称性. 目前已有实验通过无磁杂质对超导库珀对的破坏行为方式证明该超导具有 $s_\pm$ 对称性.

除了 Co 掺杂外, NaFeAs 在 Fe 的位置也可以进行其他 3d 过渡族金属元素掺杂, 如 Ni 和 Cu. 类似于 LiFeAs 体系, 在 NaFeAs 体系掺杂 Co 和 Ni 的行为符合刚带模型预期, 亦即每个 Co 原子掺杂引入一个电子, 每个 Ni 原子掺杂引入两个电子. 然而对于 Cu 掺杂来讲, 情况相对比较复杂. Cu 的 3d 电子比 Fe 多出三个电子, 但是掺杂的 Cu 3d 电子并非都是巡游状态, 部分 3d 电子其实是局域的, 这样就导致 Cu 掺杂并不能像刚带模型预期那样可以贡献出 3 个自由电子. 总体来看, Cu 掺杂的确引入电子型载流子, 抑制 NaFeAs 的结构转变和反铁磁相变, 同时导致 NaFeAs 的超导温度以及超导含量增大, 但是 Cu 掺杂同时引入了较强的杂质散射, 因此 $NaFe_{1-x}Cu_xAs$ 的超导温度最高只有 11.5 K, 远低于 Co 掺杂情况下最高超导温度 20 K.

5.4 LiFeP 材料超导特性

LiFeP 是第三个 "111" 型铁基超导体系成员, 它与 LiFeAs 的相似之处在于均没有长程磁有序, 仅存在反铁磁涨落, 并且无须掺杂就具有超导电性, 如图 5.12 所示, LiFeP 超导转变温度为 6 K [13]. 第一性原理计算和 de Haas-van Alphen 振荡实验表明, LiFeP 与 LiFeAs 的能带结构相近 [39,40], 在某种程度上 LiFeP 可以看作压缩状态下的 LiFeAs [41].

但是需要特别强调的是, 与 LiFeAs 无超导能隙节点不同, LiFeP 的超导存在超导能隙节点, 这是 LiFeP 在 "111" 体系中最显著的特点 [42]. 众所周知, 超导配对机制是铁基超导体的核心物理问题. 超导能隙有无节点, 意味着其超导能隙对称性存在显著区别. 在铁基超导体中, 仅有 LiFeP, LiFePO, KFe_2As_2 等少数体系存在超导能隙节点, 因此这些例外材料的研究对确立铁基超导的统一机制起着至关重要的作用.

目前对 LiFeP 超导能隙的研究主要从磁场穿透深度的测量以及超导转变点处的比热跃变两方面进行. 图 5.13(a) 为 LiFeP 和 LiFeAs 单晶的面内磁场穿透

深度 $\Delta\lambda$ 与温度的变化曲线, 从中可以发现二者的显著区别 [43]. 对于 LiFeAs 来说, $\Delta\lambda$ 与温度 T 的关系呈现二次方变化, 这与无超导能隙的 $s_\pm$ 对称性吻合; 而 LiFeP 中 $\Delta\lambda$ 与温度 T 几乎呈线性变化, 这是能隙存在节点的特征行为.

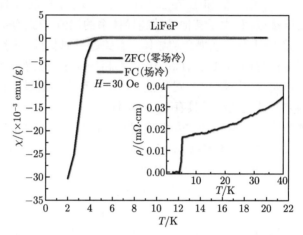

图 5.12　不同 Li 含量的 LiFeP 样品的超导磁化率曲线

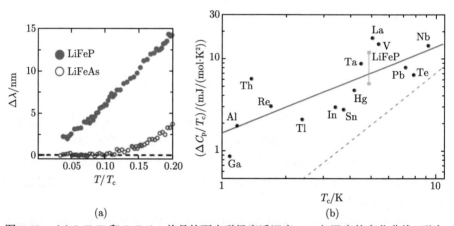

(a)　　　　　　　　　　　　　(b)

图 5.13　(a) LiFeP 和 LiFeAs 单晶的面内磁场穿透深度 $\Delta\lambda$ 与温度的变化曲线 (引自: Phys. Rev. Lett. 108, 047003 (2012)); (b) 多种元素超导体以及 LiFeP 的比热跃变与超导临界温度的对应关系 (引自: Phys. Rev. B 87, 054504 (2013))

另一个非常有趣的现象是, 如图 5-13(b) 中虚线所示, 大部分铁基超导体在超导转变温度 T_c 处的比热跃变 $\Delta C_p/T_c$ 正比于 T_c^2. LiFeP 的比热跃变则明显偏离这条虚线, 反而与众多元素超导体接近. 另一个存在超导能隙节点的材料 KFe_2As_2 的比热跃变也偏离以上规律. 因此 LiFeP 中反常的比热跃变是其存在超导能隙节点的另一有力证据 [44]. 此外, 磁输运性能测试与 de Haas-van Alphen 振荡实验也提供了 LiFeP 中存在能隙节点的一些间接证据 [39,45].

5.5　压力诱发的 "111" 体系超导温度上升

随着高压实验技术的发展, 高压综合极端条件已越来越多地应用于功能材料研究 [46], 如高压高温合成 "铜系" [47-49]、顶角氧掺杂型超导材料 [50,51]、首个压缩配位型等铜基超导新材料 [52], 以及钌 (Ru) 基多形体铁磁金属 [53]. 高压合成的样品可以在常压常温条件回收, 如人造金刚石, 从而实现在常压条件下研究和运用. 高压合成具有提高反应活性和速率的功效, 高压提供的密闭环境可以实现常规条件难以达到的高氧压, 这对合成新兴氧化物特别重要; 高压合成尤其具有可抑制易熔原料挥发、保证材料化学配比的特点, 这点为我们早期快速合成铁基 "111" 体系发挥了重要作用 [9]. 另一方面可实现高压在位性能研究、高压结合低温及强磁场等极端条件来研究高压下的电学和磁性性质 [54]、结合 XRD 研究高压下材料晶体结构的演变 [55]、结合谱学测量手段研究高压下材料电子结构信息等 [56]. 本节将首先简单介绍高压实验技术, 之后介绍该高压实验技术在 "111" 型铁基超导体的研究成果.

5.5.1　高压实验技术

目前高压原位表征实验技术中的高压可以由活塞圆筒装置以及金刚石压砧高压装置产生. 活塞圆筒高压装置产生的最高压力一般不超过 3 GPa, 但由于其使用液体为传压介质, 可以产生非常好的静水压, 所以在实验不要求很高压强条件下, 一般采用该高压装置进行高压原位表征实验. 金刚石压砧高压装置可以产生高达数百万个大气压 (一万个大气压约为 1 GPa), 在高压原位表征实验中得到广泛应用. 图 5.14 给出了金刚石压砧加压的基本原理. 金刚石高压腔由一对金刚石压砧和密封垫组成. 两金刚石对压的面称为砧面, 在加压过程中, 两砧面由密封垫隔开, 样品置于密封垫的中心孔 (即样品腔) 中. 压砧由宝石级金刚石磨制而成, 金刚石压砧端面非常小 (直径通常 300~500 μm), 因此施加一个很小的外力就能在压砧之间产生非常大的压强.

在两个金刚石之间的金属密封垫在实验中主要起两方面的作用: ① 其中心孔洞构成一个高压容器, 密封高压样品; ② 避免上下两颗金刚石压砧相互直接碰触而损坏, 对金刚石压砧起到重要保护作用. 基于上述功能, 密封垫的选择原则是, 既要具有一定的强度还要具有合适的延展性, 以保证高压腔内实现尽量高的压强. 基于上述要求, 通常选用硬质金属作为高压实验的密封垫材料, 如不锈钢、钨、铼等. 此外, 由于一些特殊的测量要求也会选择一些其他材料作为密封垫, 例如在进行高压原位电学性质测量时选择一些非金属密封垫以防短路; 在磁性测量时, 为了减小一般磁性金属密封垫对测量过程的干扰, 会选择一些非磁金属 (CuBe) 作为密封垫; 对于 XRD 就需要使用一些小原子序数的材料来作为密封垫, 如金属 Be 和 B 粉.

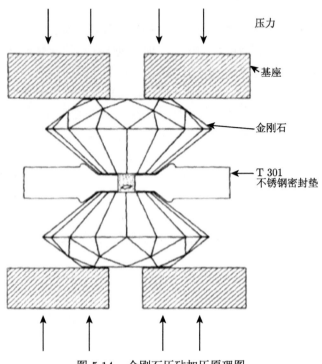

图 5.14　金刚石压砧加压原理图

　　传压介质, 顾名思义是为了传递压力, 因此尽量选择高压、低温条件下具有较好流动性的材料作为传压介质, 从而在高压腔体内降低压力梯度, 实现准静水压的目的. 普通高压实验选用 V (甲醇)：V (乙醇) $= 4:1$ 的混合液作为传压介质. 该传压介质在 300 K 时压力低于 10.4 GPa(混合液的凝结点) 条件下一直能有很好的静水压效果. 另外, 在 0~15 GPa 压力范围内, 硅油也是一种理想的传压介质. 在更高压力条件下, 氩由于熔点低、热传导率低及具有化学惰性而成为理想的传压介质. 对于气体传压介质来讲, 通常有低温装载法和高压气体装载法两种. 先将样品和少量红宝石颗粒 (用于标定压强大小) 放在样品孔中, 两金刚石间留有缝隙, 在低温下或高压氛围中传压介质会填充到样品孔中, 这时稍稍加些压力即可将传压介质连同样品及红宝石完全封在高压腔体内. 但是对于电阻实验来说, 液态或者气态传压介质的使用是非常困难的, 因此在这类实验中我们只能采用较软的固态物质充当传压介质, 如 MgO 或六方 BN.

在高压实验中, 通常采用红宝石荧光方法标定压力大小. 其原理是通过测量红宝石内的 Cr^{3+} 荧光峰随着压力的移动来确定施加在红宝石上的压力. 在激光照射下, 红宝石内的 Cr^{3+} 在受激后会出现两条荧光峰 R1($\lambda \sim 6942$ Å) 和 R2($\lambda \sim 6928$ Å). 相较于 R2, R1 荧光峰光的强度大, 峰形更尖锐, 因此通常使用 R1 荧光峰作为参考标准来标定压力. 在压力作用下, 红宝石荧光峰会相对于常压有一定位移, 在 30 GPa 范围内呈线性, 速率约为 3.65 Å/GPa. 毛河光等将红宝石标压范围延伸到百万大气压以上, 他们用银作内压标, 利用已知银的状态方程可以对红宝石荧光标度法进行修正, 得出的修正后公式为

$$P(\text{GPa}) = 1904 \times [(\lambda_P/\lambda_0)^B - 1]/B$$

公式中, λ_P 为不同压力下红宝石 R1 线中心波长; λ_0 为常压下 R1 线中心波长; B 为一参数, 在非静水压条件下取 5, 准静水压条件下取 7.665.

压力是和温度、组分一样具有有效调控材料物性的一个维度. 压力直接缩短物质的原子间距, 改变物质的晶体结构及电子结构, 进而调控材料的物性. 尤其是压力在调控材料物性的同时并没有引入由掺杂带来的无序, 这有利于研究材料的内禀物理性质. 压力是调控超导性质的有效手段, 在铁基超导的研究过程中也发挥了重要作用. "111" 型铁基超导性质随高压调控的研究充分表明, 其超导 T_c 与晶体结构以及磁涨落密切相关.

5.5.2　压力对 LiFeAs 和 LiFeP 超导的影响

自从 La($O_{1-x}F_x$)FeAs($T_c \sim 26$ K) 铁基超导发现以来, 高压技术立即应用于该材料并将超导转变温度提高到 43 K, 同时利用离子半径较小的其他稀土离子取代 La^{3+} 产生化学压力, 进一步提高 T_c 至 50 K 以上. 由此可见, 压力在铁基超导研究方面发挥了重要作用. 通过总结大量铁基超导材料的实验数据发现, 阴离子 As^{3-} 或 Se^{2-} 到 Fe 平面的高度存在一个最优值 $h \sim 1.38$ Å [57]. 当 h=1.38 Å 时, 超导 T_c 最大. 当 h 值偏离该最优值时, T_c 均逐渐降低. T_c 随 h 值的变化曲线如图 5.15 所示. 压力调控下铁基超导体的 T_c 和 h 值也满足该经验规律. 由此可见, 阴离子距 Fe 平面的高度与超导密切关联. 有理论计算表明, 铁基超导体中阴离子到 Fe 平面的高度 h 与 Γ 点附近 d_{xy} 能带形成的空穴型费米面大小紧密相关, h 值越小, d_{xy} 能带下沉, 该空穴型费米面越小. 由此可见, h 值的大小关系到空穴型费米面和电子型费米面之间的嵌套程度, 进而决定磁涨落强度, 并与超导直接关联.

LiFeAs 和 LiFeP 本身没有长程磁有序, 因此其超导转变温度 T_c 随压力的变化表现为简单的单调线性下降, 其下降速率分别为 1.37 K/GPa 和 1.26 K/GPa [58,59], 如图 5.16 所示. 常压下 LiFeAs 晶体结构中, $FeAs_4$ 四面体内 As—Fe—As 键角 α 约为 103°, 明显小于正四面体时的 109.5°, 呈现沿 c 轴拉长的四面体形态. 并且

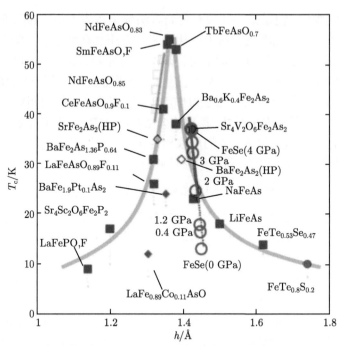

图 5.15　铁基超导体材料中超导转变温度 T_c 与阴离子到 Fe 平面高度 h 的经验关系 (引自：Supercond. Sci. Technol. 23, 054013 (2010))

LiFeAs 在常压状态下, As 到 Fe 平面的高度约为 1.50 Å, 大于最优 h 值, 位于峰值的右侧, 如图 5.15 所示. 通过对高压原位测量的同步辐射 XRD 谱数据进行精修, 可以给出高压状态下各原子的具体占位, 进而获得晶胞常数、原子之间的键长和键角等重要晶体结构信息. 通过高压下 Fe—As 键长 L 以及 As—Fe—As 键角 α, 可以计算得到各个压力点所对应的 As 到 Fe 平面高度 $h = L \times \cos(\alpha/2)$. 对于 LiFeAs 体系来说, 随施加压力逐步增大, 实验发现 As 到 Fe 平面高度逐渐减小. 常压下 LiFeAs 晶体结构中 As 到 Fe 平面高度 h 值位于最优值的右侧, 因此 T_c 随压力增大而减小符合图 5.15 所给出的经验规律, 这也说明压力调控 LiFeAs 超导转变的结构起源来自于压力对 $FeAs_4$ 四面体形状的改变. 对于 LiFeP 材料来讲, 其常压下 P 到 Fe 平面的距离约为 1.32 Å, 比较接近最优 h 值 1.38 Å, 但是其超导转变温度 T_c 很低, 约为 6 K. 很明显, LiFeP 常压晶体结构数据和超导温度偏离图 5.15 所给出的经验规律, 具体原因还需进一步研究.

5.5.3　压力对 NaFeAs 超导的影响

NaFeAs 母体相同时具有结构转变、反铁磁转变以及超导转变, 因此压力对该材料体系超导性质的调控相较于其他两个 "111" 体系材料而言更加复杂, 其物理内容也更加丰富. 对于 NaFeAs 母体相来说, 我们首先从晶体结构随压力演化的角度来说明压力对其超导转变温度的影响. 图 5.17 为 NaFeAs 晶体结构中 As 到 Fe 平面高度 h、As—Fe—As 键角 α 以及超导转变温度 T_c 随压力调控的演化[12]. 首先, 在 $0 \sim 3$ GPa 的压力区间, 随压力增大, As 到 Fe 平面高度 h 由常压时的 1.42 Å 左右逐渐降低并接近图 5.15 所给出的最优值 1.38 Å; 同时, 键角 α 由约 108.2° 增大并趋近正四面体时的 109.5°. 其次, 当压力大于 3 GPa 之后, 随着压力进一步增大, h 值开始增大并偏离最优值, 键角 α 开始减小并偏离 109.5°. 单从结构上看, NaFeAs 在 3 GPa 处发生了等结构相变, 在相变点处, h 值和键角 α 同时达到适合获得高超导转变温度的最佳值. 从压力调控超导转变温度的实验数据来看, 确实在等结构相变的压力点 3 GPa 处, T_c 达到最大值约 31 K. 由于 T_c、h 值和键角 α 随压力增加呈现非单调的变化, 并且同时在 3 GPa 压力点达到最佳值, 这进一步说明压力调控 NaFeAs 母体相超导转变的结构起源与 As 到 Fe 平面高度和 As—Fe—As 键角密切关联.

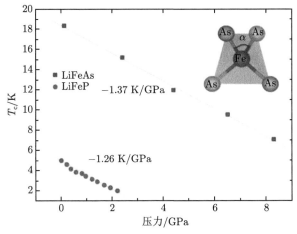

图 5.16 LiFeAs 和 LiFeP 超导 T_c 随压力变化

插图为 LiFeAs 晶体结构中 FeAs$_4$ 四面体

除了上述从结构变化的角度来解释压力调控下超导演化的现象, 我们也可以从反铁磁序变化的角度来理解超导随压力调控的演变规律. 类似于其他铁基超导母体相, 在施加压力的初始阶段, NaFeAs 的反铁磁转变逐渐被抑制, 在此过程中, 其超导转变温度逐渐上升. 由反铁磁序和超导转变随压力的变化趋势也可以看出, 超导与反铁磁序之间存在竞争关系, 压力调控下的超导行为演化起源于反铁磁序被抑制.

一般情况下, 对铁基超导体系施加压力的效果等效于载流子的引入. 压力作用于铁基母体相, 可以抑制反铁磁序进而诱导超导; 对欠掺杂的铁基超导体施加压

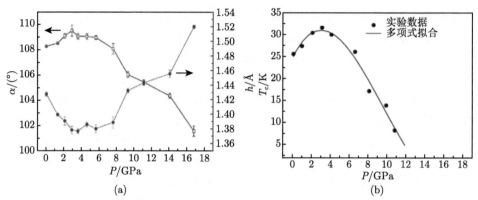

图 5.17   (a)NaFeAs 母体相晶体结构中 As 到 Fe 平面高度 h 和 As—Fe—As 键角 α 随压力调控的演化; (b) 超导转变温度 T_c 随压力调控的演化 (引自: J. Am. Chem. Soc. 133, 7892 (2011))

力可以进一步提高超导转变温度; 如果对最佳掺杂或过掺杂的超导体系施加压力, 体系的超导转变将逐渐被抑制. 但是对于过掺杂 NaFeAs 体系而言却比较反常, 压力作用于过掺杂的 $NaFe_{1-x}Co_xAs$ (x=0.075) 以及 $NaFe_{1-x}Cu_xAs$ (x=0.037) 样品时, 在起始施加压力阶段, 超导转变温度随压力增加反而进一步增大. 这个反常现象也为研究压力调控下超导与磁涨落之间的关联提供了绝好的机会. 图 5.18 为过掺杂 $NaFe_{1-x}Co_xAs$ ($x = 0.06$) 样品在压力调控下超导转变温度 T_c 和磁涨

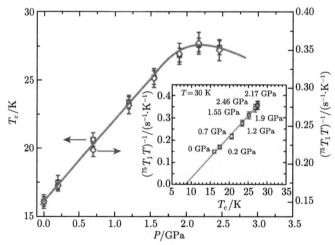

图 5.18 $NaFe_{1-x}Co_xAs$ (x=0.06) 样品的超导转变温度和正常态 (30 K) 下自旋晶格弛豫率 $1/(^{75}T_1T)$ 随压力的变化曲线 (引自: Phys. Rev. Lett. 111, 107004 (2013))

插图为超导转变温度与自旋晶格弛豫率 $1/(^{75}T_1T)$ 之间的线性关系

落强度的演化[60]. 自旋晶格弛豫率 $1/(^{75}T_1T)$ 的大小直接反映体系磁涨落强度大小. 由图 5.18 可以看出, 在起始压力阶段, T_c 和 $1/(^{75}T_1T)$ 均随压力增加而增大, 并在 2.17 GPa 压力下达到最大值. 当进一步增加压力, T_c 和 $1/(^{75}T_1T)$ 均随压力增大而减小. 由插图可以直观看出, 在所施加压力范围内, T_c 和 $1/(^{75}T_1T)$ 之间具有很好的线性关系, 这直接说明压力调控下超导的演化来源于压力对磁涨落的调控.

5.6 LiFeAs 超导材料的拓扑特性

拓扑超导态是一种新的物态, 其内部是超导态, 表面是具有拓扑保护的无能隙金属态, 亦即马约拉纳费米子态, 在拓扑量子计算领域具有广阔的应用前景. 拓扑超导态可以在拓扑绝缘体的基础上进行化学掺杂诱导超导[61], 或者对拓扑绝缘体施加压力, 在保持拓扑属性不变的基础上压力诱导超导来实现拓扑超导[54]. 同时, 拓扑超导态也可以通过在超导体的表面制备拓扑绝缘体薄膜, 基于超导近邻效应在拓扑绝缘体表面实现[62].

此外, 在铁基超导体中也发现拓扑态的存在, 并在 $FeTe_{0.55}Se_{0.45}$ 超导体中观察到马约拉纳零能模. 有计算表明, 在铁基超导体中, 相邻 [FeAs/Se] 层之间的距离决定了层间 As/Se-4p 电子的相互作用, 进而影响 p_z 的能带宽度大小. 同时, 晶格常数 a 值大小或者 As/Se 到 Fe 平面的高度将影响 As/Se-4p 电子和 Fe-3d 电子的相互作用强度, 并决定 p_z 能带在 Γ 点的位置. 减小晶格常数 a 值的大小可以使得在 Γ 点的 p_z 能带下沉到 α 能带下面, 导致能带翻转并实现拓扑绝缘体相. 与此同时, p_z 能带和 β 能带的交叉将产生拓扑狄拉克半金属相. 由于 $LiFe_{1-x}Co_xAs$ 体系的晶格常数 a 和 [FeAs] 层间距较小, 所以理论计算结论指出, 在 LiFeAs 的电子能带结构中存在拓扑绝缘体态 (TI) 和拓扑狄拉克半金属态 (TDS), 如图 5.19(a) 所示. 图 5.19(b) 为 LiFeAs (001) 面的能带结构计算结果, 在费米能级上方分别明确显示存在拓扑绝缘态狄拉克锥和拓扑半金属狄拉克锥. 幸运的是, LiFeAs 没有磁结构和晶体结构相变的干扰, 同时具有中性的晶体解理面, 所以实验上可获得比较清晰的能带结构. 通过在 LiFeAs 的基础上掺杂少量的 Co, 引入电子型载流子来调节费米能级, 目前在超导的 $LiFe_{1-x}Co_xAs$ 体系中实验已经观察到拓扑绝缘体态和拓扑狄拉克半金属态, 分别如图 5.19 (c) 和 (d) 所示[25]. 随着 Co 掺杂浓度增大, 费米面逐渐上移, 可以依次调节拓扑绝缘态狄拉克锥和拓扑半金属狄拉克锥相对费米能级的位置. 由于在 Co 掺杂浓度低于 9% 时, $LiFe_{1-x}Co_xAs$ 仍然具有大于 4 K 的超导转变温度, 所以 $LiFe_{1-x}Co_xAs$ 体系是一个用来研究高温拓扑超导性质的非常好的平台.

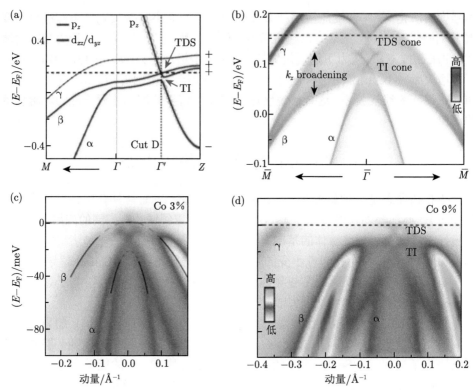

图 5.19　LiFeAs 母体相在费米面附近沿 *Γ-M* 和 *Γ-Z* 两个方向的能带 (引自: Nat. Phys. 15, 41 (2019))

p_z 能带与 β 能带和 α 能带交叉, 分别产生拓扑绝缘体态 (TI) 和拓扑狄拉克半金属态 (TDS)

5.7　从 "111" 体系超导材料到 "111" 体系稀磁半导体材料

　　结合在铁基超导研究中取得的丰富经验, 靳常青团队进一步将研究从 "111" 型 LiFeAs 铁基超导体扩展到组分相近的铁磁半导体材料, 发现了以 Li(Zn,Mn)As 为代表的 "111" 型新型稀磁半导体 [26]. 该材料通过等价磁性离子 Mn^{2+} 部分替代 Zn^{2+} 离子引入自旋、通过 Li 的过量掺杂引入电荷, 从而成功实现了电荷、自旋掺杂的分别调控. 自旋电荷掺杂机制的分离意味着可以单独进行电荷调控, 从而实现稀磁半导体研究长期渴望的 p、n 同时掺杂.

　　稀磁半导体兼具半导体材料和磁性材料的双重特性, 通过调控其电荷与自旋自由度, 将信息处理与存储集成在单一器件上, 因此成为破解后摩尔时代难题的候选材料之一. *Science* 曾列出 125 个最具挑战性的科学问题, 研制面向应用的稀磁半导体在物质科学领域名列前茅. 但是在研究过程中, 逐渐凸显了经典的 III-V 族稀磁半导体难以克服的瓶颈, 即自旋和电荷掺杂的捆绑. 以 (Ga,Mn)As 为例,

(Ga^{3+},Mn^{2+}) 的异价掺杂使得 Mn 的含量难以有效提高, 这直接阻碍了居里温度的提升; 自旋与电荷 "捆绑" 在 Mn 上, 这严重制约了对材料磁性和电性的调控. 因此, 实现自旋和电荷掺杂机制的分离调控成为稀磁半导体材料设计和研制面临的重大挑战.

Li(Zn,Mn)As 是首个发现的电荷与自旋掺杂分离的新型稀磁半导体材料, 它与铁基超导 LiFeAs 化学组分接近. Li(Zn,Mn)As 通过 (Zn^{2+},Mn^{2+}) 等价磁性元素替代引入自旋、非磁性元素 Li 的过量掺杂引入电荷, 从而实现了电荷与自旋掺杂机制的分离, 成功实现了电荷、自旋掺杂的分别调控, 并且在体材料中 Mn 的掺杂浓度可以高达 15%[26]. 同时掺杂电荷和局域自旋 (即锰离子) 的样品呈现铁磁性, 如图 5.20(a) 所示, 样品的居里温度随 Mn 浓度的增加而上升. 传统稀磁半导体中, 由于天然的 "低固溶度" 的限制, 一些情况下会出现磁性团簇, 而这些磁性团簇将干扰人们对材料本征铁磁的研究. 为了排除 Li(Zn,Mn)As 的铁磁性来源与团簇的可能性, 我们进行了反常霍尔效应的观测. 反常霍尔效应 (anomalous Hall effect, AHE) 源于磁性材料内的自旋–轨道耦合, 是铁磁半导体的重要表现, 是载流子与局域磁矩耦合的重要证据. 如图 5.20(b) 所示, 在居里温度以下, Li(Zn,Mn)As 呈现显著的反常霍尔效应, 证实了铁磁序是 Li(ZnMn)As 的本征属性.

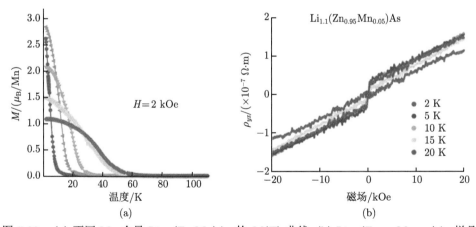

图 5.20 (a) 不同 Mn 含量 $Li_{1.1}(Zn,Mn)As$ 的 $M(T)$ 曲线; (b) $Li_{1.1}(Zn_{0.95}Mn_{0.05})As$ 样品在低温下的霍尔电阻, 15 K 以下表现出了明显的反常霍尔效应 (引自: Nat. Commun. 2, 422 (2011))

μ 子自旋弛豫 (μSR) 利用 μ 子磁矩在样品内部局域磁场中的拉莫尔进动来探测样品的磁性. 相比于中子技术, μSR 可以探测的磁信号提高了 10 倍以上, 因此非常适合用于研究稀磁半导体的磁有序以及磁动力学性质. 根据理论模型, 样品中存在铁磁相和顺磁相, 自旋弛豫谱上铁磁相和顺磁相的响应各不相同, 铁磁谱表现为快速衰减, 顺磁谱则反之. 图 5.21(a) 所示, 随着温度的下降, 快速衰减的成分出现, 并且其所占比例逐渐增大, 说明样品中铁磁体积分数迅速上升. 通过拟合, 可以分别获得铁磁相和顺磁相的体积分数. 拟合结果汇总在图 5.21(b) 中, 图中清晰地显示, T_c 以下铁磁相含量迅速升高, 直到达到 100%. 这个结果表明, 进入铁磁态后, Li(Zn,Mn)As 中的所有的局域自旋长程有序排列, 这说明了铁磁性是材料的本征属性, 而并非来自磁性杂质或团簇[26,63,64].

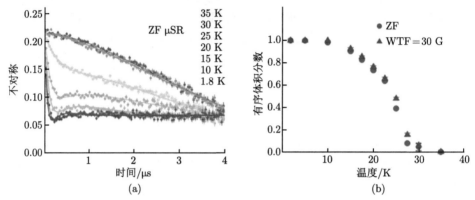

图 5.21　　(a) 零场 (ZF) 模式下 Li$_{1.1}$(Zn$_{0.95}$Mn$_{0.05}$)As(T_c=30 K) 的时间谱; (b) ZF 模式与弱垂直场 (WTF) 模式下 Li$_{1.1}$(Zn$_{0.95}$Mn$_{0.05}$)As 铁磁含量的拟合结果 (引自：Nat. Commun. 2, 422 (2011))

5.8　"111" 体系构筑多功能非常规磁电材料前景

"111" 铁基超导体是铁基超导材料中非常重要的超导体系之一. 其母体相无须掺杂即呈现超导性质, 是干净的超导体. 并且, 该体系的晶体结构简单, 具有非极性的晶体解理面, 非常适合基于表面实验技术的物性研究, 对促进铁基超导相关物性机制方面的研究具有重要贡献. 尤其重要的是, 近期在 LiFe$_{1-x}$Co$_x$As 材料体系中实验观察到超导和多种拓扑态共存[25]. 通过少量 Co 掺杂, 可以系统调节拓扑绝缘态狄拉克点和拓扑半金属狄拉克点相对费米能级的位置, 这为详细研究拓扑超导性质及其物理提供了理想的平台, 并有望获得积极的研究进展.

"111" 型新型稀磁半导体 Li(Zn,Mn)As 不仅是对 "111" 型铁基超导体 LiFeAs 在材料构型上的拓展, 更可以与后者构建同结构异质结. 如图 5.22 所示, Li(Zn, Mn)As 稀磁半导体和 LiFeAs 超导体, 以及 LiMnAs 反铁磁体在合适的晶面上拥有匹配的晶格, 将可以互相组合, 形成界面完美的异质结, 而在此前的 (Ga,Mn)As 等传统稀磁半导体中很难找到类似理想组合[65]. 基于以上特性, 将能设计半导体、超导和磁有序等多种功能材料构成的多组合异质结, 为探索新的物理效应和新的应用提供重要基础. 例如, Li(Zn,Mn)As 与铁基超导体 LiFeAs 构成的安德烈夫反射 [66], 将能用于研究自旋–轨道耦合、超导配对机制等凝聚态物理的关键问题 [66-68]. 更有趣的是, 铁磁性 Li(Zn,Mn)As 与拓扑超导体 Li(Fe,Co)As 组成的异质结 (图 5.23) 可能诱发全新的界面量子态. 这一先进的设计理念与诸多国际同行不谋而合, 国际电气与电子工程师学会 (IEEE) 在近期发布的关于自旋电子学演生材料的路线图文章中, 将发展基于电荷与自旋掺杂分离新型稀磁半导体的同结构多组合异质结选为未来稀磁半导体的主要研究方向之一 [68].

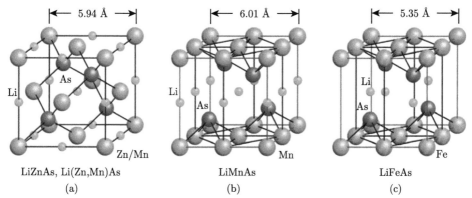

图 5.22 稀磁半导体 Li(Zn,Mn)As (a)、反铁磁 LiMnAs (b) 和超导体 LiFeAs (c) 的晶体结构图 (引自 Nat. Commun. 2, 422 (2011))

这三种材料拥有接近完美匹配的晶格

图 5.23 铁磁性 Li(Zn,Mn)As 与拓扑超导体 Li(Fe,Co)As 组成的异质结

参 考 文 献

[1] Stewart G R. Superconductivity in iron compounds. Reviews of Modern Physics, 2011, 83: 1589.

[2] Ishida K, Nakai Y, Hosono H. To what extent iron-pnictide new superconductors have been clarified: a progress report. Journal of the Physical Society of Japan, 2009, 78: 062001.

[3] Kamihara Y, Watanabe T, Hirano M, Hosono H. Iron-based layered superconductor La[$O_{1-x}F_x$]FeAs (x=0.05-0.12) with T_c = 26 K. Journal of the American Chemical Society, 2008, 130: 3296.

[4] Chen X H, Wu T, Wu G, Liu R H, Chen H, Fang D F. Superconductivity at 43 K in SmFeAsO$_{1-x}$F$_x$. Nature, 2008, 453: 761.

[5] Ren Z A, Lu W, Yang J, Yi W, Shen X L, Li Z C, Che G C, Dong X L, Sun L L, Zhou F, Zhao Z X. Superconductivity at 55 K in iron-based F-doped layered quaternary compound Sm(O$_{1-x}$F$_x$)FeAs. Chinese Physics Letters, 2008, 25: 2215.

[6] Dong J, Zhang H J, Xu G, Li Z, Li G, Hu W Z, Wu D, Chen G F, Dai X, Luo J L, Fang Z, Wang N L. Competing orders and spin-density-wave instability in La(O$_{1-x}$F$_x$)FeAs. Epl, 2008, 83: 27006.

[7] Rotter M, Tegel M, Johrendt D. Superconductivity at 38 K in the iron arsenide (Ba$_{1-x}$K$_x$)Fe$_2$As$_2$. Physical Review Letters, 2008, 101: 107006.

[8] Wang X C, Liu Q Q, Lv Y X, Gao W B, Yang L X, Yu R C, Li F Y, Jin C Q. The superconductivity at 18 K in LiFeAs system. Solid State Communications, 2008, 148: 538.

[9] Tapp J H, Tang Z J, Lv B, Sasmal K, Lorenz B, Chu P C W, Guloy A M. LiFeAs: an intrinsic FeAs-based superconductor with T_c=18 K. Physical Review B, 2008, 78: 060505.

[10] Pitcher M J, Parker D R, Adamson P, Herkelrath S J, Boothroyd A T, Ibberson R M, Brunelli M, Clarke S J. Structure and superconductivity of LiFeAs. Chemical Communications, 2008, 45: 5918.

[11] Liu Q Q, Yu X H, Wang X C, Deng Z, Lv Y X, Zhu J L, Zhang S J, Liu H Z, Yang W G, Wang L, Mao H K, Shen G Y, Lu Z Y, Ren Y, Chen Z Q, Lin Z J, Zha Y S, Jin C Q. Pressure-induced isostructural phase transition and correlation of FeAs coordination with the superconducting properties of 111-type Na$_{1-x}$FeAs. Journal of the American Chemical Society, 2011, 133: 7892.

[12] Deng Z, Wang X C, Liu Q Q, Zhang S J, Lv Y X, Zhu J L, Yu R C, Jin C Q. A new "111" type iron pnictide superconductor LiFeP. Europhysics Letter, 2009, 87: 37004.

[13] Borisenko S V, Zabolotnyy V B, Evtushinsky D V, Kim T K, Morozov I V, Yaresko A N, Kordyuk A A, Behr G, Vasiliev A, Follath R, Buchner B. Superconductivity without nesting in LiFeAs. Physical Review Letters, 2010, 105: 067002.

[14] Wang F, Lee D H. The electron-pairing mechanism of iron-based superconductors. Science, 2011, 332: 200.

[15] Wen H H, Li S L. Materials and novel superconductivity in iron pnictide superconductors. Annual Review of Condensed Matter Physics, 2011, 2: 121.

[16] Inosov D S, White J S, Evtushinsky D V, Morozov I V, Cameron A, Stockert U, Zabolotnyy V B, Kim T K, Kordyuk A A, Borisenko S V, Forgan E M, Klingeler R, Park J T, Wurmehl S, Vasiliev A N, Behr G, Dewhurst C D, Hinkov V. Weak superconducting pairing and a single isotropic energy gap in stoichiometric LiFeAs.

Physical Review Letters, 2010, 104: 187001.

[17] Chi S, Grothe S, Liang R X, Dosanjh P, Hardy W N, Burke S A, Bonn D A, Pennec Y. Scanning tunneling spectroscopy of superconducting LiFeAs single crystals: evidence for two nodeless energy gaps and coupling to a bosonic mode. Physical Review Letters, 2012, 109: 087002.

[18] Qureshi N, Steffens P, Drees Y, Komarek A C, Lamago D, Sidis Y, Harnagea L, Grafe H J, Wurmehl S, Buchner B, Braden M. Inelastic neutron-scattering measurements of incommensurate magnetic excitations on superconducting LiFeAs single crystals. Physical Review Letters, 2012, 108: 117001.

[19] Allan M P, Rost A W, Mackenzie A P, Xie Y, Davis J C, Kihou K, Lee C H, Iyo A, Eisaki H, Chuang T M. Anisotropic energy gaps of iron-based superconductivity from intraband quasiparticle interference in LiFeAs. Science, 2012, 336: 563.

[20] Huang G Q, Xing Z W, Xing D Y. Spin-phonon coupling and effect of pressure in the superconductor LiFeAs: lattice dynamics from first-principles calculations. Physical Review B, 2010, 82: 014511.

[21] Hsu F C, Luo J Y, Yeh K W, Chen T K, Huang T W, Wu P M, Lee Y C, Huang Y L, Chu Y Y, Yan D C, Wu M K. Superconductivity in the PbO-type structure alpha-FeSe. Proceedings of the National Academy of Sciences of the United States of America, 2008, 105: 14262.

[22] Wang C, Li L J, Chi S, Zhu Z W, Ren Z, Li Y K, Wang Y T, Lin X, Luo Y K, Jiang S A, Xu X F, Cao G H, Xu Z A. Thorium-doping-induced superconductivity up to 56 K in $Gd_{1-x}Th_x$FeAsO. Europhysics Letter, 2008, 83: 67006.

[23] Gregory D H, Cameron J M, Hughes R W, Zhao Y M. Ternary and higher pnictides; prospects for new materials and applications. Chemical Society Reviews, 2011, 40: 4099.

[24] Ganguli A K, Prakash J, Thakur G S. The iron-age of superconductivity: structural correlations and commonalities among the various families having -Fe-Pn-slabs (Pn = P, As and Sb). Chemical Society Reviews, 2013, 42: 569.

[25] Zhang P, Wang Z, Wu X X, Yaji K, Ishida Y, Kohama Y, Dai G, Sun Y, Bareille C, Kuroda K, Kondo T, Okazaki K, Kindo K, Wang X, Jin C, Hu J, Thomale R, Sumida K, Wu S, Miyamoto K, Okuda T, Ding H, Gu G D, Tamegai T, Kawakami T, Sato M, Shin S. Multiple topological states in iron-based superconductors. Nature Physics, 2019, 15: 41.

[26] Deng Z, Jin C Q, Liu Q Q, Wang X C, Zhu J L, Feng S M, Chen L C, Yu R C, Arguello C, Goko T, Ning F L, Zhang J S, Wang Y Y, Aczel A A, Munsie T, Williams T J, Luke G M, Kakeshita T, Uchida S, Higemoto W, Ito T U, Gu B, Maekawa S, Morris G D, Uemura Y J. Li(Zn,Mn)As as a new generation ferromagnet based on a I-II-V semiconductor. Nature Communications, 2011, 2: 422.

[27] Chen G F, Hu W Z, Luo J L, Wang N L. Multiple phase transitions in single-crystalline $Na_{1-\delta}$FeAs. Physical Review Letters, 2009, 102: 227004.

[28] Li S L, de la Cruz C, Huang Q, Chen G F, Xia T L, Luo J L, Wang N L, Dai P C. Structural and magnetic phase transitions in $Na_{1-\delta}FeAs$. Physical Review B, 2009, 80: 020504.

[29] Rosenthal E P, Andrade E F, Arguello C J, Fernandes R M, Xing L Y, Wang X C, Jin C Q, Millis A J, Pasupathy A N. Visualization of electron nematicity and unidirectional antiferroic fluctuations at high temperatures in NaFeAs. Nature Physics, 2014, 10: 225.

[30] Zhang Y, He C, Ye Z R, Jiang J, Chen F, Xu M, Ge Q Q, Xie B P, Wei J, Aeschlimann M, Cui X Y, Shi M, Hu J P, Feng D L. Symmetry breaking via orbital-dependent reconstruction of electronic structure in detwinned NaFeAs. Physical Review B, 2012, 85: 085121.

[31] Xing L Y, Miao H, Wang X C, Ma J, Liu Q Q, Deng Z, Ding H, Jin C Q. The anomaly Cu doping effects on LiFeAs superconductors. Journal of Physics-Condensed Matter, 2014, 26: 435703.

[32] Xing L Y, Shi X, Richard P, Wang X C, Liu Q Q, Lv B Q, Ma J Z, Fu B B, Kong L Y, Miao H, Qian T, Kim T K, Hoesch M, Ding H, Jin C Q. Observation of non-Fermi liquid behavior in hole-doped $LiFe_{1-x}V_xAs$. Physical Review B, 2016, 94: 094524.

[33] 望贤成, 靳常青. "111" 型铁基超导材料研究进展. 物理学报, 2018, 67: 207414.

[34] Miao H, Qian T, Shi X, Richard P, Kim T K, Hoesch M, Xing L Y, Wang X C, Jin C Q, Hu J P, Ding H. Observation of strong electron pairing on bands without Fermi surfaces in $LiFe_{1-x}Co_xAs$. Nature Communications, 2015, 6: 6056.

[35] Yin J X, Zhang S S, Dai G Y, Zhao Y Y, Kreisel A, Macam G, Wu X X, Miao H, Huang Z Q, Martiny J H J, Andersen B M, Shumiya N, Multer D, Litskevich M, Cheng Z J, Yang X, Cochran T A, Chang G Q, Belopolski I, Xing L Y, Wang X C, Gao Y, Chuang F C, Lin H, Wang Z Q, Jin C Q, Bang Y, Hasan M Z. Quantum phase transition of correlated iron-based superconductivity in $LiFe_{1-x}Co_xAs$. Physical Review Letters, 2019, 123: 217004.

[36] Dai Y M, Miao H, Xing L Y, Wang X C, Wang P S, Xiao H, Qian T, Richard P, Qiu X G, Yu W, Jin C Q, Wang Z, Johnson P D, Homes C C, Ding H. Spin-fluctuation-induced non-fermi-liquid behavior with suppressed superconductivity in $LiFe_{1-x}Co_xAs$. Physical Review X, 2015, 5: 031035.

[37] Ye Z R, Zhang Y, Chen F, Xu M, Jiang J, Niu X H, Wen C H P, Xing L Y, Wang X C, Jin C Q, Xie B P, Feng D L. Extraordinary doping effects on quasiparticle scattering and bandwidth in iron-based superconductors. Physical Review X, 2014, 4: 031041.

[38] Wang A F, Luo X G, Yan Y J, Ying J J, Xiang Z J, Ye G J, Cheng P, Li Z Y, Hu W J, Chen X H. Phase diagram and calorimetric properties of $NaFe_{1-x}Co_xAs$. Physical Review B, 2012, 85: 224521.

[39] Putzke C, Coldea A I, Guillamon I, Vignolles D, McCollam A, LeBoeuf D, Watson M D, Mazin I I, Kasahara S, Terashima T, Shibauchi T, Matsuda Y, Carrington A. De haas an alphen study of the fermi surfaces of superconducting LiFeP and LiFeAs.

Physical Review Letters, 2012, 108: 047002.

[40] Ferber J, Jeschke H O, Valenti R. Fermi surface topology of LaFePO and LiFeP. Physical Review Letters, 2012, 109: 236403.

[41] Shein I R, Ivanovskii A L. Electronic properties of novel 6 K superconductor LiFeP in comparison with LiFeAs from first principles calculations. Solid State Communications, 2010, 150: 152.

[42] Nourafkan R. Nodal versus nodeless superconductivity in isoelectronic LiFeP and LiFeAs. Physical Review B, 2016, 93: 241116.

[43] Hashimoto K, Kasahara S, Katsumata R, Mizukami Y, Yamashita M, Ikeda H, Terashima T, Carrington A, Matsuda Y, Shibauchi T. Nodal versus nodeless behaviors of the order parameters of LiFeP and LiFeAs superconductors from magnetic penetration-depth measurements. Physical Review Letters, 2012, 108: 047003.

[44] Kim J S, Xing L Y, Wang X C, Jin C Q, Stewart G R. LiFeP: a nodal superconductor with an unusually large $\Delta C/T_{\mathrm{c}}$. Physical Review B, 2013, 87: 054504.

[45] Kasahara S, Hashimoto K, Ikeda H, Terashima T, Matsuda Y, Shibauchi T. Contrasts in electron correlations and inelastic scattering between LiFeP and LiFeAs revealed by charge transport. Physical Review B, 2012, 85: 060503.

[46] 靳常青. 运用高压技术设计和研制超导材料新体系. 科学通报, 2017, 62: 3947.

[47] Jin C Q, Adachi S, Wu X J, Yamauchi H, Tanaka S. 117-K superconductivity in the Ba-Ca-Cu-O system. Physica C, 1994, 223: 238.

[48] Jin C Q, Adachi S, Wu X J, Yamauchi. A new superconducting homologous series of compounds: Cu-12$(n-1)n$://Advances in Superconductivity Ⅶ. Tokyo: Springer Japan, 1995: 249.

[49] 赵建发, 李文敏, 靳常青. 组分简单环境友好的铜基高温超导材料: "铜系". 中国科学: 物理学力学天文学, 2018, 48: 87405.

[50] Jin C Q, Wu X J, Laffez P, Tatsuki T, Tamura T, Adachi S, Yamauchi H, Koshizuka N, Tanaka S. Superconductivity at 80 K in $(\mathrm{Sr,Ca})_3\mathrm{Cu}_2\mathrm{O}_{4+\delta}\mathrm{Cl}_{2-y}$ induced by apical oxygen doping. Nature, 1995, 375: 301.

[51] Jin C Q, Puzniak R, Zhao Z X, Wu X J, Tatsuski T, Tamura T, Adachi S, Tanabe K, Yamauchi H, Tanaka S. High-pressure synthesis and superconducting properties of the oxychloride superconductor $(\mathrm{Sr,Ca})_3\mathrm{Cu}_2\mathrm{O}_{4+\delta}\ \mathrm{Cl}_{2-y}$. Physical Review B, 2000, 61: 778.

[52] Li W M, Zhao J F, Cao L P, Hu Z, Huang Q Z, Wang X C, Liu Y, Zhao G Q, Zhang J, Liu Q Q, Yu R Z, Long Y W, Wu H, Lin H J, Chen C T, Li Z, Gong Z Z, Guguchia Z, Kim J S, Stewart G R, Uemura Y J, Uchida S, Jin C Q. Superconductivity in a unique type of copper oxide. Proceedings of the National Academy of Sciences, 2019, 116: 12156.

[53] Jin C Q, Zhou J S, Goodenough J B, Liu Q Q, Zhao J G, Yang L X, Yu Y, Yu R C, Katsura T, Shatskiy A, Ito E. High-pressure synthesis of the cubic perovskite BaRuO_3 and evolution of ferromagnetism in ARuO_3 (A = Ca, Sr, Ba) ruthenates. Proceedings

of the National Academy of Sciences of the United States of America, 2008, 105: 7115.

[54] Zhang J L, Zhang S J, Weng H M, Zhang W, Yang L X, Liu Q Q, Feng S M, Wang X C, Yu R C, Cao L Z, Wang L, Yang W G, Liu H Z, Zhao W Y, Zhang S C, Dai X, Fang Z, Jin C Q. Pressure-induced superconductivity in topological parent compound Bi_2Te_3. Proceedings of the National Academy of Sciences of the United States of America, 2011, 108: 24.

[55] Zhang S J, Wang X C, Liu Q Q, Lv Y X, Yu X H, Lin Z J, Zhao Y S, Wang L, Ding Y, Mao H K, Jin C Q. Superconductivity at 31K in the "111"-type iron arsenide superconductor $Na_{1-x}FeAs$ induced by pressure. Europhysics Letter, 2009, 88: 47008.

[56] Jin M L, Sun F, Xing L Y, Zhang S J, Feng S M, Kong P P, Li W M, Wang X C, Zhu J L, Long Y W, Bai H Y, Gu C Z, Yu R C, Yang W G, Shen G Y, Zhao Y S, Mao H K, Jin C Q. Superconductivity bordering rashba type topological transition. Scientific Reports, 2017, 7: 39699.

[57] Mizuguchi Y, Hara Y, Deguchi K, Tsuda1 S, Yamaguchi T, Takeda K, Kotegawa H, Tou H, Takano Y. Anion height dependence of Tc for the Fe-based superconductor. Superconductor Science and Technology, 2010, 23: 054013.

[58] Zhang S J, Wang X C, Sammynaiken R, Tse J S, Yang L X, Li Z, Liu Q Q, Desgreniers S, Yao Y, Liu H Z, Jin C Q. Effect of pressure on the iron arsenide superconductor Li_xFeAs (x=0.8,1.0,1.1). Physical Review B, 2009, 80: 014506.

[59] Mydeen K, Lengyel E, Deng Z, Wang X C, Jin C Q, Nicklas M. Temperature-pressure phase diagram of the superconducting iron pnictide LiFeP. Physical Review B, 2010, 82: 014514.

[60] Ji G F, Zhang J S, Ma L, Fan P, Wang P S, Dai J, Tan G T, Song Y, Zhang C L, Dai P C, Normand B, Yu W Q. Simultaneous optimization of spin fluctuations and superconductivity under pressure in an iron-based superconductor. Physical Review Letters, 2013, 111: 107004.

[61] Hor Y S, Williams A J, Checkelsky J G, Roushan P, Seo J, Xu Q, Zandbergen H W, Yazdani A, Ong N P, Cava R J. Superconductivity in $Cu_xBi_2Se_3$ and its implications for pairing in the undoped topological insulator. Physical Review Letters, 2010, 104: 057001.

[62] Wang M X, Liu C H, Xu J P, Yang F, Miao L, Yao M Y, Gao C L, Shen C Y, Ma X C, Chen X, Xu Z A, Liu Y, Zhang S C, Qian D, Jia J F, Xue Q K. The coexistence of superconductivity and topological order in the Bi_2Se_3 thin films. Science, 2012, 336: 52.

[63] Deng Z, Zhao K, Gu B, Han W, Zhu J L, Wang X C, Li X, Liu Q Q, Yu R C, Goko T, Frandsen B, Liu L, Zhang J S, Wang Y, Ning F L, Maekawa S, Uemura Y J, Jin C Q. Diluted ferromagnetic semiconductor Li(Zn,Mn)P with decoupled charge and spin doping. Phys. Rev. B, 2013, 88: 081203.

[64] Han W, Chen B J, Gu B, Zhao G Q, Yu S, Wang X C, Liu Q Q, Deng Z, Li W M, Zhao J F, Cao L P, Peng Y, Shen X, Zhu X H, Yu R C, Maekawa S, Uemura Y J, Jin

C Q. Li(Cd, Mn)P: a new cadmium based diluted ferromagnetic semiconductor with independent spin & charge doping. Scientific Reports, 2019, 9: 7490.

[65] 邓正, 赵侃, 靳常青. 电荷自旋注入机制分离的新型稀磁半导体. 物理, 2013, 42: 682.

[66] 邓正, 赵国强, 靳常青. 自旋和电荷分别掺杂的新一类稀磁半导体研究进展. 物理学报, 2019, 68: 167502.

[67] Zhao G Q, Deng Z, Jin C Q. Advances in new generation diluted magnetic semiconductors with independent spin and charge doping. Journal of Semiconductors, 2019, 40: 81505.

[68] Hirohata A, Sukegawa H, Yanagihara H, Zutic I, Seki T, Mizukami S, Swaminathan R. Roadmap for emerging materials for spintronic device applications. IEEE Transactions on Magnetics, 2015, 51: 2457393.

第 6 章　极低温热导率探测铁基超导体的超导量子态

黄烨煜, 李世燕

复旦大学应用表面物理国家重点实验室

　　铁基超导体自 2008 年问世以来, 由于其独特的物理性质和在应用方面的潜在优势, 激发了世界范围的研究热潮, 是过去十年凝聚态物理研究的热点之一. 铁基超导体并非个例, 而是一个成员众多的大家族, 不同铁基超导体之间既有相同也有不同之处. 总体来说, 铁基超导体超导转变温度相对较高, 且其中的磁性原子不仅不会破坏超导, 反而与超导配对机制有关. 这都表明铁基超导体中存在一种全新的超导配对机制作用, 不同于另一类高温超导体铜氧化物, 也不同于另一类具有磁性原子的超导体重费米子超导体 [1]. 这也是铁基超导体引起物理学家们广泛兴趣的原因.

　　热导率是材料导热能力的量度, 是材料的一种体性质. 测量材料在极低温下的热导率是研究块状超导体能隙结构的一种有力手段, 根据能隙结构情况可以进一步去推断超导的配对机制. 本章对极低温热导率的测量方法作了介绍, 并回顾了最近十几年间使用这种方法在不同类型的铁基超导体中探测超导能隙结构的研究结果, 希望能够帮助读者更好地理解极低温热导率这种实验手段对铁基超导体的研究.

6.1　铁基超导体简介

　　长久以来, 人们都认为, 磁性原子的存在会妨碍体系达到更高的超导温度, 甚至会阻止体系进入超导态. 重费米子体系是一个非常好的例子, 绝大多数的重费米子超导体的超导转变温度都相当低. 因此 2008 年含有磁性元素铁的铁基超导体 $LaFeAsO_{1-x}F_x$ 的发现大大出乎了人们的意料 [2]. 更有意思的是, 人们陆续在不同铁基超导体中发现了高于 40 K 的超导转变温度 [3,4]. 也就是说, 超导转变温度超过 BCS 理论预言的极限不再是铜氧化物超导体独有的性质, 而是另一个, 甚至可能更多的体系都具有的性质.

　　铁基超导体与铜氧化物超导体的一个显著的共同点是, 它们都具有以 3d 过渡金属为基石构筑的二维格子结构, 两者的这种结构都不会被少量的掺杂所破坏. 它们的主要不同在于: 铜氧化物超导体中配体几乎完全处于 Cu 平面之内, 而铁基超导体中 As(或 P、Se、Te 等) 分散于 Fe 平面的上下. 对于铜氧化物超导体来说, 在费米面附近 Cu 的 $d_{x^2-y^2}$ 轨道占绝对主导地位, 使人们能以较为简化的单带模型来研究它. 而对于铁基超导体来说, "面外的" As 与 Fe 的能带杂化导致多条 d 轨道穿越费米面, 因而不能将铜氧化物超导体中得到的结论简单地套用于铁基超导体的配对机制.

如前文所述, 铁基超导体中实现超过 40 K 的超导引起了很大的研究兴趣, 因为这强烈地暗示了这一系列超导体可能具有非常规的配对机制. 将其与另一大类高温超导体铜氧化物家族进行对比, 或许会对人们理解高温超导产生的原理有更深入的认识. 与铜氧化物超导体类似, 铁基超导体的母体化合物一般具有磁有序, 可以通过电子掺杂、空穴掺杂、外加压力或改变化学压力等多种手段使其发生超导. 然而, 两者也有很明显的不同: 铜基超导体的长程磁有序在超导产生之前就已被完全压制, 而大多铁基超导体相图上则保有一段超导与磁有序共存的区间, 这为人们研究超导与磁性的竞争和共存提供了可能. 另外, 铜基超导体的母体是莫特绝缘体, 而铁基超导体的母体是金属性行为. 这些特征都表明, 铁基超导的配对机制可能不同于常规超导体和铜氧化物超导体. 时至今日, 铜氧化物高温超导体的配对机制仍未很好地得到解决, 因此, 研究铁基超导体这个新的高温超导体系并探索其配对机制, 可能为人们寻找更高超导转变温度的超导体以及更好地研究高温超导的本质带来突破.

已经发现的铁基超导体具有几种不同的结构和化学组分, 但是它们都包含共同的 Fe-(P,As) 层或 Fe-(Se,Te) 层. 按照 Fe-(P,As) 层或 Fe-(Se,Te) 层的数目可以分为不同的体系, 主要有以 $LaFeAsO_{1-x}F_x$ 为代表的 1111 体系、以 $Ba_{1-x}K_xFe_2As_2$ 为代表的 122 体系、以 LiFeAs 为代表的 111 体系, 以及 $FeSe_x$ 为代表的 11 体系等. 不同体系的铁基超导体的能带结构仍然存在不小的差异, 能隙结构也并不相同, 这些都为揭示铁基超导的配对机制带来了困难. 在后面的章节中也会一一介绍极低温热导率对每种类型的铁基超导体的研究结果.

6.2 极低温热导率如何探测能隙结构

当体系进入超导态时, 费米面附近具有相反动量的电子在特定的相互作用下, 可以配对成库珀对并打开超导能隙. 大多数已知的超导体是通过电子–声子相互作用配对的, 其超导能隙各向同性, 不存在能隙为零的部分 (也就是节点), 这种配对被称为 s 波配对. 而对于一些特殊的超导体, 如铜氧化物超导体, 它们的配对方式是非常规的 d 波配对, 其超导能隙四度对称, 在特定方向存在节点. 超导能隙的结构和对称性能够很好地反映超导电子的配对方式, 对探索超导配对机制非常重要. 而极低温热输运性质测量就是一种很好的研究超导能隙的手段. 相比广泛应用于研究高温超导体的角分辨光电子能谱 (ARPES) 以及扫描隧道显微镜 (STM) 技术来说, 极低温热导率是一种体测量的手段, 它可以排除一些界面主导的效应对结论的干扰, 也不对样品能否解离出完美的表面有要求. 而与另一种体测量手段极低温比热相比, 热导率测量可以免于极低温下肖特基异常的干扰, 使探测能深入更低的温度进行. 另外, 通过测量样品在超导态以及磁场压制下渐变到正常态时导热性质的变化过程, 可以给出超导电子配对以及准粒子激发的信息, 从而揭示超导的能隙结构, 并为探索超导配对机制提供依据.

在介绍通过极低温热导率研究铁基超导体的结果之前, 我们可以先来看看极低温热导率究竟是如何反映体系的能隙结构的.

一般我们用 κ 来表示热导率, 而正常态金属参与导热的一般是电子和声子, 因此正常态金属的总热导率为 $\kappa = \kappa_e + \kappa_{ph}$. Sommerfeld 理论中, 自由电子气的热导率 κ_e 可以用比热 C_e、费米速度 v_F 和平均自由程 $l_e = v_F \tau_e$ 计算给出

$$\kappa_e = \frac{1}{3} C_e v_F l_e \tag{6.1}$$

在低温极限下, 电子主要受到固体中缺陷的弹性散射, 故平均自由程 l_e 与温度无关, 而比热 C_e 与温度 T 呈线性关系

$$C_e = \pi^2 k_B{}^2 \frac{n}{m v_F{}^2} T \tag{6.2}$$

因此, 极低温下正常态金属热导率中的电子贡献项呈现线性温度依赖关系, 即 $\kappa_e \sim T$.

极低温下声子的平均自由程 l_{ph} 被样品本身的尺寸所限制, 边界散射成为低温下声子热导率的主要原因, 即 l_{ph} 也与温度无关. 当温度降到 1 K 以下时, 德拜理论预言了声子比热 $C_{ph} \sim T^3$. 类似于公式 (6.1) 可以得到, 声子热导率满足 $\kappa_{ph} \sim T^3$.

因此, 正常态金属的极低温热导率可以写作

$$\kappa/T = \kappa_e/T + \kappa_{ph}/T = \kappa_0/T + bT^2$$

金属由电子导电, 其电导率 σ 满足 Drude 模型

$$\sigma = \frac{ne^2 \tau_e}{m} \tag{6.3}$$

由式 (6.1)~ 式 (6.3) 可知, 在零温极限下, 正常态金属电导率和热导率满足

$$\frac{\kappa}{\sigma T} = \frac{\pi^2}{3} \left(\frac{k_B}{e} \right)^2 = L_0 = 2.45 \times 10^{-8} \mathrm{W} \cdot \Omega / K^2 \tag{6.4}$$

这就是 Wiedemann-Franz 定律, 它描述了趋近于绝对零度时金属电导率和热导率之间的联系.

对于超导体来说, 我们可以将超导体的热导率与温度的关系表示为 $\kappa/T = \kappa_0/T + bT^\alpha$. 其中, 第一项是 κ/T 在 $T \to 0$ 时的值 κ_0/T, 一般称为剩余线性项, 表示超导体中的电子热导率贡献; 第二项 bT^α 表示超导体中的声子热导率贡献, α 是一个介于 2~3 的值.

如果超导体是 s 波配对的, 超导能隙被完全打开, 那么在零温极限下费米面附近的所有电子全部形成库珀对, 而库珀对是不传递热的, 因此在零温极限下不存在能够携带热量的准粒子, $\kappa_0/T \to 0$. 如果超导体是 d 波配对的, 能隙函数在节点方向等于零, 那么零温极限下这些方向仍然可以存在可以传递热量的准粒子激发, 此时剩余线性项 κ_0/T 不为 0. 由于仍存在大量费米面附近的电子配对形成库珀对, 因此剩余线性项 κ_0/T 是一个大于 0 小于正常态热导率 ($\kappa_N/T = \sigma_0 L_0$) 的数值. 可以清楚地看到, 无论何种超导体, 都不满足正常态的 Wiedemann-Franz 定律. 而通过测量零场下超导样品的热导率, 可以判断超导能隙上是否有节点的存在.

对于第二类超导体, 随着外加磁场的增加, 磁通会以涡旋的形式渐次地进入超导体内部. 超导体在磁场作用下恢复正常态的过程, 在极低温热导率上会表现为线性剩余项 κ_0/T 的增加. 当超导体恢复到正常态时, 体系的导热性质也恢复到正常态的值, $\kappa_0/T = \kappa_N/T$, 这时 Wiedemann-Franz 定律就可以得到满足. 通过测量超导体在外加磁场下的热导率行为, 可以获得更多关于能隙结构的信息.

对于 s 波超导体, $T \to 0$ 时, 准粒子被局域在磁通涡旋核心 (vortex core) 里, 垂直于磁场方向的导热只能靠相邻磁通涡旋之间的隧穿来完成. 随着磁场增大, 磁通涡旋越来越密集, 使得准粒子更容易在涡核核心之间隧穿. 这会让 κ_0/T 以指数的形式缓慢增加. 如果是能隙各向同性的单能带的超导体, 或者虽然是多能带超导体, 但各能带或各角度的能隙不存在很强的各向异性时, 都能看到这种特征的指数形式的曲线. 如果能隙角度或者不同能隙间具有较强的各向异性, 这种指数特征的曲线将会发生一些变化, 如典型的两带超导体 NbSe$_2$, 它的两个能隙值的比例为 1:3, 这时 κ_0/T 对 H 不再是单纯的指数增长, 而是存在从上凸到下凹的转折 [5], 如图 6.1(b) 所示. 对于非常规超导体, 超导能隙具有节点, 在 $T \to 0$ 时体系有准粒子激发. 这些非局域的准粒子存在于磁通涡旋之外, 当 $T \ll T_c$ 时在体系的热输运中起主导作用. 在磁场作用下, 准粒子态密度会以 $\sqrt{H}$ 增加 [6,7], 这使得 κ_0/T 在低场下的增加速度远比无节点超导体的情况快, 如图 6.1(b) 中的 Tl-2201 [8]. 通过进一步测量热导率对磁场的依赖关系, 我们可以清晰地判断出超导体的能隙结构和对称性, 从而为探索超导的配对机制提供依据.

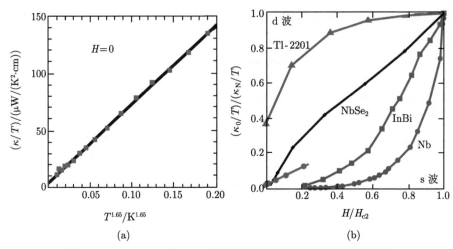

图 6.1　$Ba_{0.75}K_{0.25}Fe_2As_2$ 单晶的极低温热导率 (红色数据点)

6.3　极低温热导率对 122 体系的研究

由于容易获得大尺寸高质量的单晶样品,122 体系成为铁基超导体中被研究得最多的一个体系. 122 体系的母体化合物为 $(Ba, Sr, Ca, Eu)Fe_2As_2$, 每个晶格中包含两个 FeAs 层, 通过对母体的掺杂或取代来获得超导. 以母体是 $BaFe_2As_2$ 的 Ba122 体系为例, 它可以构成如下不同类型的超导体: 用 K 取代 Ba 的空穴型超导体 $Ba_{1-x}K_xFe_2As_2$(K-Ba122) 及其衍生型; 用 Co 或 Ni 取代 Fe 的电子型超导体 $Ba(Fe_{1-x}Co_x)_2As_2$(Co-Ba122) 和 $Ba(Fe_{1-x}Ni_x)_2As_2$(Ni-Ba122); 以及用 P 对 As 或用 Ru 对 Fe 进行同价替换形成的超导体 $BaFe_2(As_{1-x}P_x)_2$(P-Ba122) 和 $Ba(Fe_{1-x}Ru_x)_2As_2$(Ru-Ba122) 等. 在 122 体系中, 不同的掺杂方式和掺杂量, 会不同程度改变体系的能带结构和费米面, 导致超导能隙结构的差异. 下面将对 122 体系的热导率研究结果进行分类介绍.

6.3.1　空穴型 K-Ba122 超导体及其衍生型

Luo 等率先对两个最佳掺杂附近的 $Ba_{1-x}K_xFe_2As_2$ 样品的极低温热导率进行了测量 [9]. 这两个样品的掺杂程度都略低于最佳掺杂 $x \approx 0.4$, 分别为 $x = 0.25(T_c = 26K)$ 和 $x = 0.28(T_c = 30K)$. 这两种样品的行为几乎一致, 他们只展示了 $x = 0.25$ 的结果.

如图 6.1(a) 所示, 磁场为零时, $Ba_{0.75}K_{0.25}Fe_2As_2$ 样品的热导率数据可以用公式 $\kappa/T = \kappa_0/T + bT^\alpha$ 拟合, 得到的剩余线性项很小, 与用 Wiedemann-Franz 定律 (公式 (6.4)) 计算得到的正常态热导率 $\kappa_N/T = \sigma_0 L_0$ 相比, κ_0/T 仅为正常态值的 1%, 可以忽略. 此外, 如果超导能隙存在节点, 理论计算将给出 20 倍以上

的 κ_0/T. 这些证据表明, 最佳掺杂附近的 $Ba_{0.75}K_{0.25}Fe_2As_2$ 样品的超导能隙不存在由对称性引起的节点, 从而排除了 d 波配对的可能.

为了进一步理解超导能隙结构, Luo 等测量了 $Ba_{0.75}K_{0.25}Fe_2As_2$ 样品的热导率在不同磁场下的行为, 并将其归一化的热导率随磁场的依赖关系与几种典型的超导体进行了比较, 包括 "干净" 的 s 波超导金属 Nb[10], "脏" 的 s 波超导合金 InBi[11], 多带 s 波超导体 NbSe_2[5], 以及过掺杂的 d 波铜氧化物超导体 $Tl_2Ba_2CuO_{6+\delta}$(Tl-2201)[8], 结果如图 6.1(b) 所示. 可以看到, 磁场下由于去局域化的准粒子在磁通涡旋外态密度的增加, d 波超导体的 κ_0/T 大致与 $\sqrt{H}$ 成正比, 而各向同性的 s 波超导体 Nb 则表现出 κ_0/T 在低场下随磁场指数增加的行为. 多能带材料中 κ_0/T 的磁场依赖行为会更加复杂, 如双带超导体 MgB_2[12] 和 NbSe_2[5], 它们两个费米面上的超导能隙都是各向同性的 s 波, 但这两个能隙的大小之比约为 3:1, 因此, 压制这两个超导能隙所需的上临界场之比为 9:1. 当较小的超导能隙被压制后, 这部分的超导电子变成正常电子, 可以自由移动参与导热, 于是会贡献出一个较大的热导率, 使得 κ_0/T 在低场下的增加远快于普通 s 波超导体.

取 $H = H_{c2}/5$ 来比较 $Ba_{0.75}K_{0.25}Fe_2As_2$ 样品与其他的超导体, 可以看到, $Ba_{0.75}K_{0.25}Fe_2As_2$ 样品的 κ_0/T 为正常值的 1/10, 比 NbSe_2 小, 而又比单带 s 波超导体 Nb 大. 其 κ_0/T 介于二者之间的增长速度表明, $Ba_{0.75}K_{0.25}Fe_2As_2$ 表现出多能带的特性, 且多个能带的超导能隙大小并不相同, 虽然没有能隙节点, 但是有能隙较小的部分存在.

很快, 人们又生长了用 K 完全取代 Ba, 即极端空穴掺杂的 KFe_2As_2($T_c = 3K$) 样品. 在 KFe_2As_2 出现之前, 理论和实验的工作倾向于支持铁基超导是 $s_\pm$ 波配对, 即通过波矢为 $Q_{AF} = (\pi, \pi)$ 的反铁磁自旋涨落连接处于费米面 Γ 点的空穴口袋和处于 M 点的电子口袋, 使电子配对并在电子和空穴口袋上打开超导能隙, 这些超导能隙是没有节点的. 但 ARPES 实验表明, 极端空穴掺杂的 KFe_2As_2($T_c = 3K$) 样品, 费米面 M 点的电子口袋已经完全消失 [13]. 这种与其他的 122 体系样品不同的能带结构表明, 它的超导配对机制不能用 $s_\pm$ 波配对来解释. 因此, 研究 KFe_2As_2 的超导能隙结构是有必要的.

Dong 等测量并分析了 KFe_2As_2 的 ab 面热导率 [14], 如图 6.2 所示. 图 6.2(a) 中对零场的热导率数据拟合, 给出约为正常态值 (κ_N/T) 的 30% 的剩余线性项 κ_0/T. 这表明 KFe_2As_2 的超导能隙中存在节点, 似乎并不是 s 波类型的超导配对. 图 6.2(b) 显示了 κ_0/T 随磁场的变化行为, 它几乎和典型的 d 波超导体 Tl-2201 完全一致, 而与 s 波的 Nb 或双带超导体 NbSe_2 的行为不同. 这更说明了在 KFe_2As_2 中 s 波配对是不成立的.

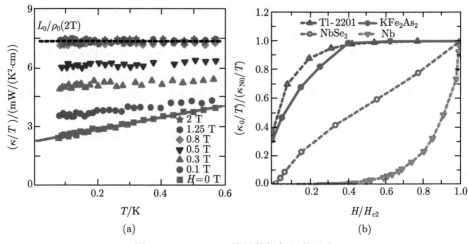

图 6.2　KFe$_2$As$_2$ 单晶的极低温热导率

Reid 等在 ab 面内热导率的基础上, 进一步测量了 KFe$_2$As$_2$ 沿 c 方向的热导率 [15], 结果如图 6.3 所示. 可以清楚地看到, 无论面内还是面外的热导率在零场下都存在明显的线性剩余项, 且在考虑几何因子的情况下, 与 Dong 等的结果完全吻合 [14], 证实了超导能隙间存在竖直的线节点. 此外, Reid 等还通过理论计算发现, 热导率测量结果与准二维的 d 波超导体的计算结果符合得非常好, 进一步确定了 KFe$_2$As$_2$ 的超导配对是 d 波配对.

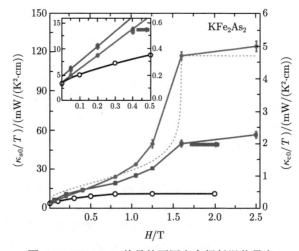

图 6.3　KFe$_2$As$_2$ 单晶的不同方向极低温热导率

KFe$_2$As$_2$ 异于其他铁基超导样品的热导率行为也并非难以理解. 它的能带结构决定了它不可能通过能带间配对来获得超导电性, 因而与大多数能满足 s$_\pm$ 波配对的铁基超导体不同. Dong 等认为, KFe_2As_2 的能隙节点是由被反铁磁自旋涨落所联系的电子在能带内进行配对所导致的, 类似于 $CeCoIn_5$ 的情况 [16]. 这种反铁磁自旋涨落导致的超导配对通常会表现为 d 波对称性.

除此之外, Zhang 等和 Hong 等还分别对 KFe_2As_2 的同类型超导体 $RbFe_2As_2$ 和 $CsFe_2As_2$ 进行了 ab 面内的热导率测量 [17,18], 结果如图 6.4 所示, 与 KFe_2As_2 的结果也十分相似.

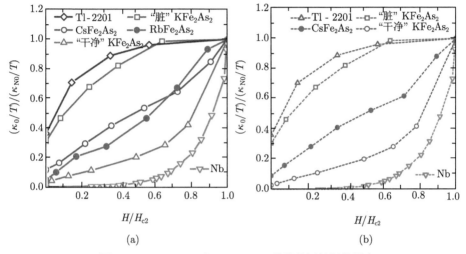

图 6.4　$RbFe_2As_2$ 和 $CsFe_2As_2$ 单晶的极低温热导率

从最佳掺杂到极端过掺杂, 热导率的行为发生了巨大的变化, 这就激发了人们去研究中间区间, 也就是重度过掺杂的 $Ba_{1-x}K_xFe_2As_2$ 的热导率行为. Watanabe 等分别测量了 $x = 0.76, 0.88, 0.93$ 和 1 的 $Ba_{1-x}K_xFe_2As_2$ 的热导率 [19], 结果如图 6.5 所示. 可以看到, 当 $x = 0.76$ 时, $Ba_{1-x}K_xFe_2As_2$ 的极低温热导率结果不存在线性剩余项, 说明此时超导能隙仍是完全打开的; 而 $x = 0.88, 0.93$ 和 1 时, $Ba_{1-x}K_xFe_2As_2$ 的热导率存在线性剩余项, 但线性剩余项归一化以后不仅不相等而且随 x 并非单调变化, 这与 d 波超导体的结果不符.

Hong 等更精细地测量 $Ba_{1-x}K_xFe_2As_2$ 掺杂组分从 $x = 1$ 到 $x = 0.747$ 的热导率行为变化 [20], 结果如图 6.6 所示. 首先, 与 Watanabe 等的结果不同, Hong 等测得的 κ_0/T 随着 x 的减小单调地减小. 其次, 所有 $x \neq 1$ 的 $Ba_{1-x}K_xFe_2As_2$ 的 κ_0/T 绝对值与 KFe_2As_2 相比都很小. 而 $Ba_{1-x}K_xFe_2As_2$ 系列样品中 v_F 基本不随 x 改变, 结合非常接近于 KFe_2As_2 的掺杂区间下正常态电子比热系数也几乎不变, 对 KFe_2As_2 以准二维 d 波模型所估算得到的 κ_0/T 应该也适用于重度过掺杂 $Ba_{1-x}K_xFe_2As_2$. 然而, 即使是最接近于 KFe_2As_2 的 $x = 0.974$ 的 $Ba_{1-x}K_xFe_2As_2$, 其 κ_0/T 也比这个值小了近 20 倍, 这同样意味着 d 波配对机制

与实验结果不符.

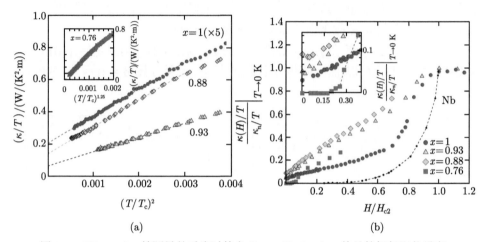

图 6.5　Watanabe 等测量的重度过掺杂 $Ba_{1-x}K_xFe_2As_2$ 单晶的极低温热导率

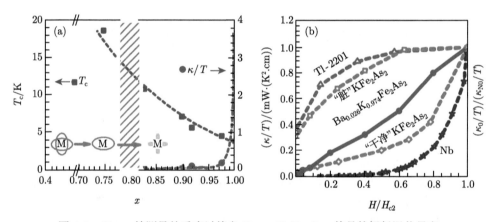

图 6.6　Hong 等测量的重度过掺杂 $Ba_{1-x}K_xFe_2As_2$ 单晶的极低温热导率

　　重度过掺杂的热导率结果似乎又与极端过掺杂的热导率结果自相矛盾, 还有待进一步的研究.

　　在 K-Ba122 体系相图上, $x < 0.24$ 时 $Ba_{1-x}K_xFe_2As_2$ 进入超导与反铁磁共存区. Reid 等对一系列欠掺杂 $Ba_{1-x}K_xFe_2As_2$ 样品也进行了极低温热导率测量 [21], 样品掺杂量从 $x = 0.34$ 到 $x = 0.16$, 涵盖了欠掺杂 K-Ba122 体系的反铁磁序共存区和非共存区域. 样品 T_c 与掺杂成分 x 的关系如图 6.7(a) 上图所示. Reid 等分别测量了热流垂直于 c 方向和热流沿 c 方向的两种热导率.

　　图 6.7(a) 下图显示了零场下 $Ba_{1-x}K_xFe_2As_2$ 的热导率剩余线性项与正常态热导率的比值 $(\kappa_0/T)/(\kappa_N/T)$ 随掺杂组分 x 的变化. 在实验中测量的欠掺杂区域

中, 无论热流垂直于 c 方向还是沿 c 方向, $(\kappa_0/T)/(\kappa_N/T)$ 都在实验误差范围内等于零, 这代表超导能隙不存在节点, 与 Luo 等的结果相符[9].

图 6.7(b) 显示了热流沿 ab 面和沿 c 方向的 κ_0/T 在磁场下的行为, 其中磁场沿 c 方向. 可以清楚地看到, 无论热流沿哪一个方向, 随着掺杂组分 x 的减小 (也就是样品 T_c 的降低), κ_0/T 在较低磁场处的增长越来越快, 这一现象也反映在图 6.7(a) 下图中 $H = 0.15H_{c2}$ 处 κ_0/T 随掺杂组分 x 的变化中. Reid 等注意到这种加速增长是进入反铁磁区域开始明显观察到的, 认为在反铁磁区域以外能隙是各向同性的, 而在反铁磁区域内由于反铁磁作用, 费米面出现了重构, 使得能隙上出现了极小值, 并且随着掺杂组分的降低, 极小值越来越深.

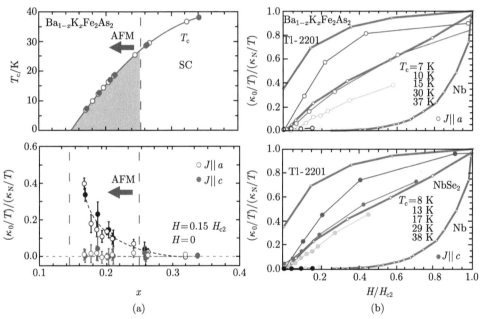

图 6.7 欠掺杂 $Ba_{1-x}K_xFe_2As_2$ 单晶的极低温热导率, (b) 中空心圆圈为五个热流沿 ab 面的样品, T_c 分别为 7, 10, 15, 30, 37K; 实心圆圈为五个热流沿 c 方向的样品, T_c 分别为 8, 13, 17, 29, 38K

由于 $Ba_{1-x}K_xFe_2As_2$ 中钡离子和钾离子处于随机占据的状态, 为了研究这种随机占据对超导性质的影响, 就有人去合成 $Ba_{1-x}K_xFe_2As_2$ 的衍生类型 $CaKFe_4As_4$ 和 $CsCa_2Fe_4As_4F_2$. 在这两种材料中, 铁砷层所处的位置没有变化, 而原来由钾离子和钡离子随机占据的层被清晰地分为了钾离子层和钙离子层 ($CaKFe_4As_4$) 或 Ca_2F_2 层 ($CsCa_2Fe_4As_4F_2$). 它们的排列方式是轮流堆叠的, 这种轮流堆叠的结构彻底消除了由随机占据带来的无序, 而它们与掺杂组分 $x=0.5$ 的 $Ba_{1-x}K_xFe_2As_2$ 的掺杂程度相当.

Huang 等测量并分析了 $CsCa_2Fe_4As_4F_2$ 的 ab 面热导率[22], 如图 6.8 所示.

结合上文最佳掺杂附近的 $Ba_{1-x}K_xFe_2As_2$ 的结果, 我们很容易注意到, $CsCa_2$-$Fe_4As_4F_2$ 的热导率行为与最佳掺杂附近的 $Ba_{1-x}K_xFe_2As_2$ 十分相似[9], 由此可见, 钡离子和钾离子随机占据对超导性质的影响十分有限.

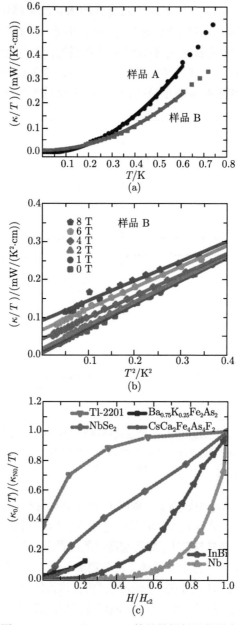

图 6.8　$CsCa_2Fe_4As_4F_2$ 单晶的极低温热导率

6.3.2 电子型 Ni-Ba122 超导体

对电子掺杂的 $BaFe_{1.8}Co_{0.2}As_2(T_c = 22K)$ 单晶的核磁共振奈特位移 (Knight shift) 实验排除了铁基超导自旋三重态配对的可能[23], 然而到底是 s 波、d 波, 还是 $s_\pm$ 波配对仍然存在争议. Ding 等对 Ni-Ba122 体系最佳掺杂的单晶 $BaFe_{1.9}Ni_{0.1}As_2$ $(T_c = 20.3 \text{ K})$ 的 ab 面内热导率进行了测量[24].

图 6.9(a) 显示了 $BaFe_{1.9}Ni_{0.1}As_2$ 单晶样品在零场下和磁场下热导率随温度的变化. 零场下, 拟合得到的 κ_0/T 在系统误差范围内可以忽略, 表明超导能隙不存在节点. 这与空穴型最佳掺杂附近的 $Ba_{0.75}K_{0.25}Fe_2As_2$[9] 以及 $BaNi_2As_2(T_c = 0.7K)$[25] 的结论一致, 排除了 d 波配对的可能. 但是和 $Ba_{0.75}K_{0.25}Fe_2As_2$ 的 κ_0/T 随磁场接近线性增加不同, $BaFe_{1.9}Ni_{0.1}As_2$ 的 κ_0/T 随磁场的变化更缓慢, 更接近单一能带 s 波的行为, 如图 6.9(b) 所示.

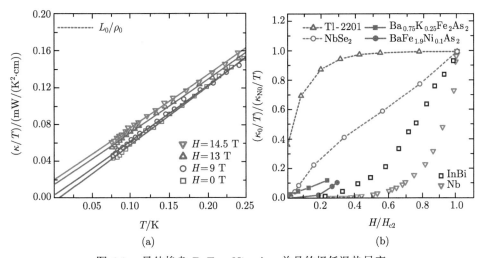

图 6.9 最佳掺杂 $BaFe_{1.9}Ni_{0.1}As_2$ 单晶的极低温热导率

然而, 铁基超导体并不是单带超导体, 它有多个能带穿越费米面. 考虑 ARPES 对 K-Ba122 体系和 Co-Ba122 体系的测量结果[26,27], 可以推测出略微欠掺杂的 $Ba_{0.75}K_{0.25}Fe_2As_2$ 样品, 其空穴和电子口袋上的能隙大小差异约为 2.3 倍, 比 $NbSe_2$ 的比值更小, 所以 κ_0/T 增加得比 $NbSe_2$ 快, 表现为低场下的线性增加. 而 $BaFe_{1.9}Ni_{0.1}As_2$ 的能带结构类似于 $BaFe_{1.85}Co_{0.15}As_2$, 其空穴和电子口袋上的能隙大小非常接近, 磁场对不同能隙上超导的压制情况差不多, 所以表现出近似单带 s 波的磁场依赖行为, 实际上它仍然是 $s_\pm$ 波配对.

此后, Martin 等对 Ni-Ba122 的穿透深度测量[28]表明, 过掺杂区域的 Ni-Ba122 体系中存在三维的超导能隙节点.

6.3.3　电子型 Co-Ba122 超导体

Tanatar 等测量了一系列不同掺杂区域的 $Ba(Fe_{1-x}Co_x)_2As_2$ 样品 ab 面内的极低温热导率 [29], 结果如图 6.10 所示. 其中 $x = 0.074$ 是接近最佳掺杂的样品. 从图中可见, 它的热导率行为与最佳掺杂附近的 K-Ba122 和 Ni-Ba122 体系的样品都很相似, 即零场下 κ_0/T 为零, 磁场下 κ_0/T 的增加介于多带超导和 s 波超导之间. 这些相似的测量结果都表明, 电子掺杂和空穴掺杂的 122 体系中最佳掺杂附近的样品 ab 面内的超导能隙都不存在节点, 并且热导率随磁场的变化都可以用多个大小不同的能隙或者能隙存在一定程度的各向异性来解释.

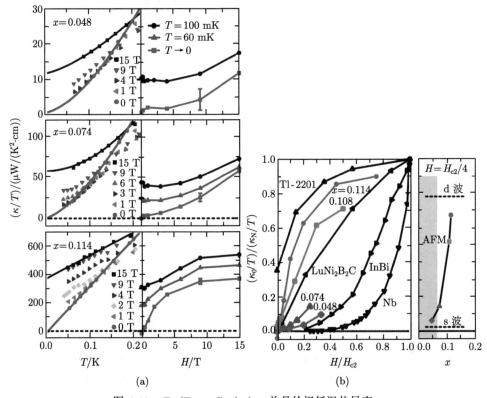

图 6.10　$Ba(Fe_{1-x}Co_x)_2As_2$ 单晶的极低温热导率

目前提到的热导率实验研究的电子型掺杂 122 体系大都局限在最佳掺杂附近, 但最佳掺杂靠近反铁磁相, 有可能对研究造成干扰, 而过掺杂区域就不会存在这种问题. 此外, 过掺杂区域中, 过度的电子掺杂将破坏超导电性, 而在超导电性消失之前, 超导能隙和配对对称性是否发生了变化, 这也是需要认真考虑的问题. 另一方面, 最佳掺杂样品的 T_c 和上临界场 H_{c2} 都很高, 而一般的实验室外磁场只能达到 30% 的 H_{c2}，不能充分地研究超导能隙受磁场压制的行为. 过掺杂样品则可以容易地得到完整的 κ_0/T 对磁场的依赖关系.

Tanatar 和 Dong 等各自对过掺杂的 $Ba(Fe_{1-x}Co_x)_2As_2$ 样品进行了热导率测量，结果如图 6.10($x = 0.114$)[29]、图 6.11($x = 0.135$)[30] 所示. 两者的结果非常相似. 零场下，过掺杂的 $Ba(Fe_{1-x}Co_x)_2As_2$ 样品的热导率剩余线性项 κ_0/T 都在系统误差范围内等于零，这和最佳掺杂的情况类似，表明即使在非常过度的电子掺杂区域里，$Ba(Fe_{1-x}Co_x)_2As_2$ 的超导能隙也不存在节点.

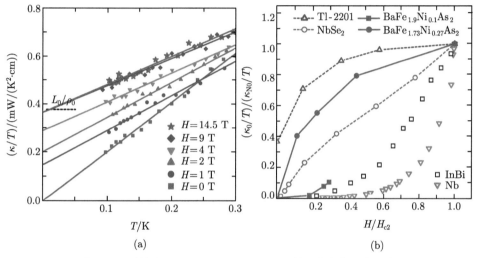

图 6.11　过掺杂 $Ba(Fe_{0.865}Co_{0.135})_2As_2$ 单晶的极低温热导率

在外加磁场下，过掺杂样品的 κ_0/T 随磁场的变化与最佳掺杂有很大差异. 事实上，低场下 κ_0/T 的快速增加更像是典型的 d 波行为，但零场下的结果却排除了 d 波配对的可能. 考虑 ARPES 测量的 $BaFe_2As_2$ 体系的能带结构和超导能隙随掺杂的演化情况 [26,27,31,32]，并注意到 κ_0/T 随磁场变化比 $NbSe_2$ 快得多，Dong 等认为 [30]，重度过掺杂的 $Ba(Fe_{0.865}Co_{0.135})_2As_2$ 样品的费米面上应该有一个非常小的空穴口袋 (β) 以及两个大的电子口袋 (γ 和 δ). 这两个大的电子口袋中包含了大多数的载流子，并且 β 口袋上的能隙应该是 γ 和 δ 上的 4~5 倍. 在依靠能带间配对相互作用导致超导的模型下，能隙的比例可以由 $\Delta_2/\Delta_1 = \sqrt{N_1/N_2}$ 计算得出，其中 N_1 和 N_2 分别是两个能带费米面的态密度 [33]. 也就是说，重度过掺杂的 $Ba(Fe_{0.865}Co_{0.135})_2As_2$ 的热导率结果支持了上述能带间配对的超导理论. 另外，测量数据也和理论上对不同能隙大小的各向同性 $s_\pm$ 波超导的计算结果相符 [34]. Tanatar 等则认为 [29]，这样的磁场依赖关系说明超导能隙存在很强的 k 方向依赖，即能隙存在很强的各向异性，其中最小值大约是最大值的 1/6. 这种能隙结构可以用扩展的 s 波 [35-37] 来解释.

　　Tanatar 等还测量了欠掺杂的 Co-Ba122 样品 $Ba(Fe_{0.952}Co_{0.048})_2As_2$ 的极低温热导率 [29], 如图 6.10 所示, 和最佳掺杂以及过掺杂的情况类似, 欠掺杂样品零场下为零的 κ_0/T 表明超导能隙不存在节点. 磁场下, κ_0/T 随磁场的变化比最佳掺杂更慢, 更接近于 s 波的行为.

　　综合三种不同掺杂程度的 Co-Ba122 体系在 ab 面内的热导率测量结果, 并以 $H/H_{c2} = 0.25$ 时不同掺杂组分样品的热导率剩余线性项占据正常态的比例 $(\kappa_0/T)/(\kappa_N/T)$ 作图, Tanatar 等得到了如图 6.10(b) 右图所示的结果. 同时图中还用虚线画出了典型的 s 波和 d 波的情况, 作为比较. 从图中可以清楚地看到, 随着掺杂程度 x 的增加, 电子型 Co-Ba122 体系样品在 ab 面内有从近似 s 波向近似 d 波超导变化的趋势.

　　除了 ab 面内的热导率, Reid 等还测量了 7 个不同 Co 掺杂量的 Co-Ba122 体系样品在 c 方向的热导率 [38], 这些样品的 Co 掺杂范围包含了 Co-Ba122 相图中欠掺杂到过掺杂的部分 $(0.038 \leqslant x \leqslant 0.127)$. 热导率测量的结果如图 6.12 所示.

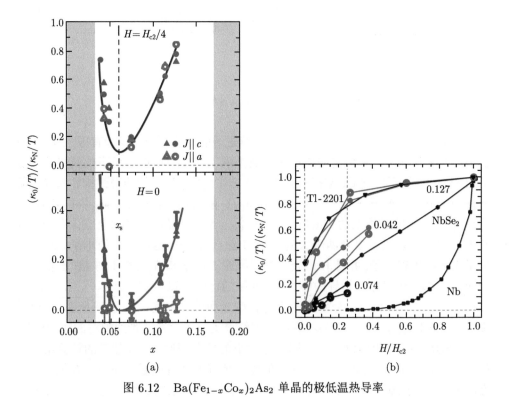

(a)　　　　　　　　　　　　　　　　(b)

图 6.12　$Ba(Fe_{1-x}Co_x)_2As_2$ 单晶的极低温热导率

图 6.12(a) 显示了热流沿不同方向的 Co-Ba122 体系样品归一化热导率剩余线性项 $(\kappa_0/T)/(\kappa_N/T)$ 随 Co 掺杂量 x 的变化, 其中红色空心符号表示热流沿 a 方向, 蓝色实心符号表示热流沿 c 方向的结果. 上图为 $H = H_{c2}/4$ 的结果, 下图为 $H = 0$ 的结果, 位于 $x = 0.06$ 的垂直虚线表示 Co-Ba122 在 $T = 0$ 时发生结构相变的临界掺杂量 x_s. 容易看到, 当 $H = 0$ 时, 热流沿 a 方向的热导率在各种不同掺杂程度下, 剩余线性项 κ_0/T 都在误差范围内等于零. 这和前人的结果一致, 代表 ab 面内 Co-Ba122 体系的超导能隙没有节点存在. 热流沿 c 方向的情况则不同, 不论掺杂程度多少, κ_0/T 都不为零, 并且在远离最佳掺杂时 κ_0/T 变得更大. 这表明, c 方向超导能隙在某些特定 k 方向上存在能隙节点. Reid 等认为, κ_0/T 在 a 方向和 c 方向的各向异性表明, Co-Ba122 体系费米面的能隙节点应该主要在 c 方向上, ab 面内的贡献很小. 并且, 由于各向异性在 x 偏离最佳掺杂 $(x \sim 0.06)$ 的区域变得更加明显, 说明能隙节点并不是由对称性引发的, 所以依然可以用 $s_\pm$ 配对的超导态来解释. 另一方面, 当 $H = H_{c2}/4$ 时, ab 面内和 c 方向的 κ_0/T 大小相似, 即磁场激发的参与两个方向导热的准粒子数量差不多. 这表明, 尽管 a 方向没有能隙节点, 但 ab 面内的能隙还是存在非常小 (不为零) 的区域.

Reid 等从图 6.12(b) 选择了三个不同掺杂区域的 Co-Ba122 体系的样品, 画出了它们各自的归一化的 κ_0/T 随归一化磁场 H/H_{c2} 的变化. 从图 6.12(b) 中能够更明显地看到, 最佳掺杂 $(x = 0.074)$ 附近, a 方向和 c 方向的热导率 κ_0/T 都是从 0 开始变化的, 表明两个方向都没有能隙节点. 欠掺杂 $x = 0.042$ 和重度过掺杂 $x = 0.127$ 的样品, a 方向热导率 κ_0/T 仍然是从 0 开始变化的, 代表没有能隙节点的出现. c 方向热导率 κ_0/T 则是从非零开始增加, 代表超导能隙存在节点. 尽管如此, 两个方向的 κ_0/T 随磁场的变化都非常快, 和 d 波的行为很接近.

这些测量表明, Co-Ba122 体系的超导能隙存在非常强烈的 k 依赖关系, 费米面的结构应该在 c 方向上有非常显著的节点, 而在 ab 面内存在很深的极小值.

6.3.4 同价掺杂的 P-Ba122 超导体

Hashimoto 等对最佳掺杂的单晶样品 $BaFe_2(As_{0.67}P_{0.33})_2$ $(T_c = 30$ K$)$ 进行了热导率和穿透深度的测量 [39]. 热导率的实验结果如图 6.13 所示. 如图 6.13(a) 所示, 零场下 $BaFe_2(As_{0.67}P_{0.33})_2$ 的热导率剩余线性项 κ_0/T 有明显的不为零的数值, 说明其超导能隙中存在能隙节点. 对不同磁场下的 κ_0/T 作图, 如图 6.13(b) 所示, 可以看到, κ_0/T 在低磁场下增加得很迅速, 当磁场为 $0.2H_{c2}$ 时 κ_0/T 已经达到正常态的 70%. 这种磁场依赖关系和典型的节点超导体 Tl-2201 非常相似, 存在这种由多普勒频移造成的 $\sqrt{H}$ 的磁场依赖关系, 是超导能隙节点存在的有力证明. 另外, 穿透深度的温度依赖关系也给出了能隙节点存在的有力证据, 而 Nakai 等的 NMR 实验也支持最佳掺杂的 $BaFe_2(As_{0.67}P_{0.33})_2$ 样品具有超导能隙节点 [40].

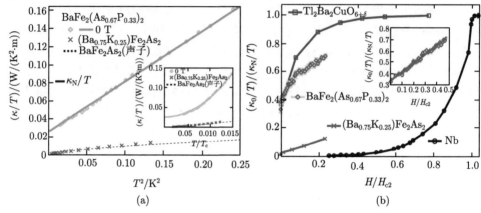

图 6.13　最佳掺杂 $BaFe_2(As_{0.67}P_{0.33})_2$ 单晶的极低温热导率

　　P-Ba122 体系中, 最佳掺杂附近的超导能隙存在节点, 这与 K-Ba122 体系中与其 T_c 接近的超导体能隙无节点的特点恰好相反. 由于 P 掺杂不会明显地改变母体的费米面结构, 产生超导能隙节点的原因仍不十分清楚. 基于已有的实验数据, Hashimoto 等认为, 铁基超导体的超导能隙是否具有节点与磷族元素到铁层的距离 h_{Pn} 有关. 当 h_{Pn} 小于 0.133 nm 时, 超导能隙表现为有节点, 而大于 0.133 nm 时, 超导能隙则没有节点 [41]. 事实上, 最佳掺杂的 $BaFe_2(As_{0.67}P_{0.33})_2$ 超导体确实表现出具有节点的超导电性 [39,40]. 磷离子比砷离子半径小, 因此在 P-Ba122 体系中 h_{Pn} 将随 P 掺杂量的增加而减小. 如果研究欠掺杂的样品, 也许能看到 P-Ba122 体系的超导能隙随 P 掺杂浓度的减小从具有节点变成没有节点.

　　Qiu 等测量了重度欠掺杂的单晶样品 $BaFe_2(As_{0.82}P_{0.18})_2$ 的 ab 面内热导率 [42], 如图 6.14(c) 所示. 可以看到, 尽管这个样品的 P 掺杂量已经很小, 但零场下当 $T \to 0$ 时 κ_0/T 依然不为零, 代表了具有节点的超导电性.

　　图 6.15 中显示了欠掺杂 $BaFe_2(As_{0.82}P_{0.18})_2$ 样品的归一化热导率剩余线性项随磁场的变化. 图中欠掺杂样品的变化趋势与最佳掺杂样品的变化趋势非常接近, 表明从最佳掺杂到非常欠掺杂的区域里, P 的掺杂都导致 P-Ba122 超导体存在超导能隙节点.

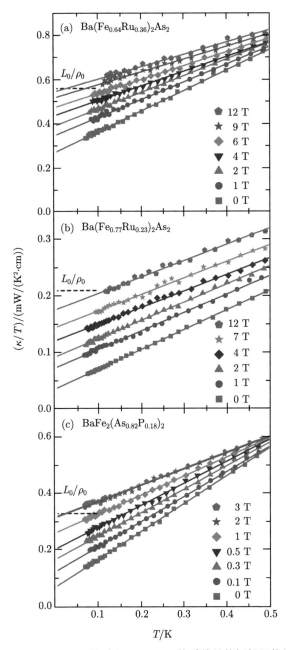

图 6.14 Ru-Ba122 体系和 P-Ba122 体系单晶的极低温热导率

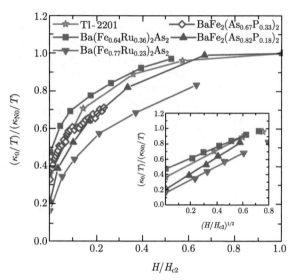

图 6.15　Ru-Ba122 体系和 P-Ba122 体系随磁场变化的热导率

6.3.5　同价掺杂的 Ru-Ba122 超导体

除了用 P 同价取代 As, 用 Ru 同价取代 Fe 的化合物 $Ba(Fe_{1-x}Ru_x)_2As_2$ 同样可以得到与 P-Ba122 相似的相图. 这引起了人们的兴趣, 希望研究 Ru-Ba122 是否也是一种具有能隙节点的体系.

Qiu 等对最佳掺杂的 $Ba(Fe_{0.64}Ru_{0.36})_2As_2$ 单晶样品 ab 面的极低温热导率进行了测量 [42], 如图 6.14(a) 所示. 非常明显地, 零场下的热导率给出超过正常态 40% 的 κ_0/T, 这是超导能隙存在节点的有力证据. 热导率随磁场的变化 (图 6.14 (a)) 以及剩余线性项对磁场 $\sqrt{H}$ 的依赖关系 (图 6.15) 表明, 最佳掺杂的 $Ba(Fe_{0.64}Ru_{0.36})_2As_2$ 样品超导能隙具有 d 波类型的节点.

这表明, 两种同价掺杂的样品与之前的电子、空穴掺杂的情况并不相同, 这种没有电荷转移、只有化学压力变化的掺杂方式都会导致超导能隙节点的存在, 即使在最佳掺杂附近. 这说明同价掺杂的超导配对机制也很可能与之前的电子、空穴掺杂不同.

Qiu 等对欠掺杂的 $Ba(Fe_{0.77}Ru_{0.23})_2As_2$ 单晶样品进行了研究 [42], 结果如图 6.14(b) 和图 6.15 所示. 钌离子比铁离子大, Ru 的掺杂将会导致 a 方向的晶格常数增大以及 c 方向的晶格常数减小, 因而减小磷族元素到铁层的距离 h_{Pn}[43]. 但热导率的测量结果显示, 零场下存在超过正常态 17% 的 κ_0/T, 并且剩余线性项对磁场存在 $\sqrt{H}$ 的依赖关系, 和 P 的欠掺杂样品结果相似, 这两个欠掺杂样品仍然能够看到节点, 相对于最佳掺杂的情况, 并没有出现从有节点到无节点的转变. 这表明, 超导能隙节点的存在是 Ru 和 P 同价掺杂体系中普遍存在的现象, 不能

简单地用 h_{Pn} 来作为衡量超导能隙结构是否存在节点的参数.

6.4 极低温热导率对 111 体系的研究

111 体系主要指化合物 (Li, Na)FeAs, 其每个晶格中只包含有一个 FeAs 层. 111 体系的样品对空气都比较敏感, 这也为研究增加了难度. LiFeAs 的化学组分正好满足化学计量配比, 因此受杂质和无序的影响很小, 同时未经掺杂的 LiFeAs 样品就不存在自旋密度波 (SDW) 态, 最重要的是它的电子能带互相分开, 很容易区分和做进一步的分析. NaFeAs 和 LiFeAs 的电子结构比较接近, 但是两者又有很多不同: 没有掺杂的 LiFeAs 已经是超导体, T_c 约为 18 K, 而 NaFeAs 在 ~ 40 K 以下为 SDW 有序态, 只有当 Na 不足 ($x = 0.9$ 附近的 Na_xFeAs)、用 Co 或 Ni 掺杂 ($NaFe_{1-x}Co_xAs$ 和 $NaFe_{1-x}Ni_xAs$) 时才会出现超导电性.

6.4.1 LiFeAs

LiFeAs 是铁基超导中恰好满足化学计量配比的超导体, 它的配对机制受无序的影响小, 并且也具有比较高的 T_c, 这些都使 LiFeAs 的超导能隙结构和配对机制研究显得比较重要. LiFeAs 的费米面由四个或五个部分组成, 即布里渊区中心 M 点的两个电子口袋以及两个或三个 Γ 点附近的空穴口袋 [44]. ARPES 实验发现, ab 面内的超导能隙是各向同性的, 并且电子口袋上的能隙大小 Δ_e 约为空穴上能隙 Δ_h 的 2 倍 [45]. 这一结论也和比热 [45]、穿透深度 [46,47]、低临界场 [48,49] 等实验结果相符. 但是这些实验都没有探测到存在类似过掺杂的 Co-Ba122 那样处于 ab 面外的超导能隙节点. 因此, Tanatar 等用热导率的手段研究了 LiFeAs 的三维超导能隙结构 [50].

图 6.16(a) 所示分别为 LiFeAs 热流沿着 ab 面和热流沿着 c 方向的热导率随温度的变化. 零场下两个热流方向的热导率拟合得到的剩余线性项都约为 5 mW/($K^2 \cdot cm$), 和系统误差大小相同, 并且分别为正常态热导率的 1%(热流沿 c 方向) 和 0.1%(热流沿 ab 面). 这些都说明, LiFeAs 的超导能隙在三维方向都不存在能隙节点. 图 6.16(b) 显示了归一化热导率剩余线性项 $(\kappa_0/T)/(\kappa_N/T)$ 随归一化磁场 H/H_{c2} 的变化. 两种热流方向下, $(\kappa_0/T)/(\kappa_N/T)$ 的变化趋势非常接近, 类似于单一能隙且各向同性的超导体的行为.

然而, ARPES 实验发现, LiFeAs 电子和空穴能隙大小应该不同. 热导率上之所以没有表现出明显的多带行为, 可能的原因有两个: 隧穿影响的热导率受关联长度 $\xi = v_F/\Delta$ 控制, 当 ξ_e 和 ξ_h 差不多时, κ_0/T 随磁场的变化不会表现出多带行为; 如果空穴能带的正常态电导率比电子能带的小得多, 则有 $\kappa_N^h/T \ll \kappa_N^h/T$, 那么热导率归一化后的 $(\kappa_0/T)/(\kappa_N/T)$ 会消除电子和空穴能隙的大小差异.

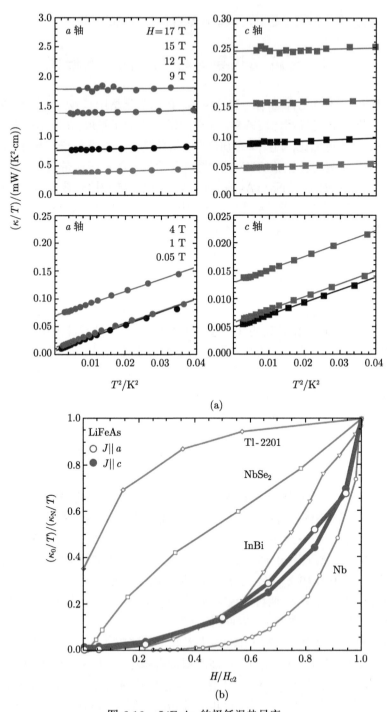

图 6.16　LiFeAs 的极低温热导率

6.4.2 NaFe$_{1-x}$Co$_x$As

各种实验手段都表明 LiFeAs 是没有能隙节点的超导体, 而关于 NaFe$_{1-x}$Co$_x$As 的超导能隙结构, 不同实验手段得到的结论却存在争议. ARPES 对最佳掺杂的 NaFe$_{0.95}$Co$_{0.05}$As ($T_c \sim 18$ K) 的测量表明, 它的三个费米面上的超导能隙都是近似各向同性的 [51]. 但是穿透深度的实验发现, NaFe$_{1-x}$Co$_x$As 从欠掺杂到过掺杂区域 ($0.02 \leqslant x \leqslant 0.10$) 都具有超导能隙节点 [52]. 为了解决这样的争议, Zhou 等用热导率的实验手段研究了最佳掺杂 NaFe$_{0.972}$Co$_{0.028}$As($T_c \sim 20$ K) 和过掺杂的 NaFe$_{0.925}$Co$_{0.075}$As($T_c \sim 11$ K) 的超导能隙 [53].

热流沿着 ab 面, 磁场沿着 c 方向, 不同磁场下 NaFe$_{1-x}$Co$_x$As 的热导率随温度变化的情况如图 6.17 所示. 图 6.17 (a) 为最佳掺杂样品 (OP20K) 的结果, 图 6.17 (b) 为过掺杂样品 (OD11K) 的结果. 容易看到, 零场下, 两者的拟合都会给出几乎为零的剩余线性项 κ_0/T, 表明超导能隙不具有节点, 支持了 ARPES 实验的结论.

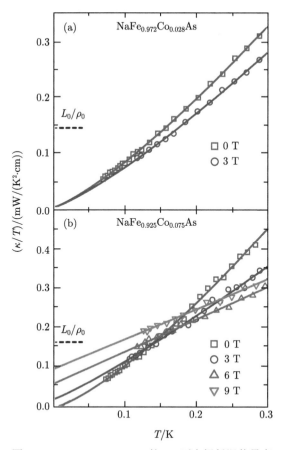

图 6.17　NaFe$_{1-x}$Co$_x$As 的 ab 面内极低温热导率

为了了解能隙结构的细节, 并确认超导能隙无节点的特征, Zhou 等测量了两个样品在磁场下的表现. 磁场最高达到 9 T, 分别约为 OP20K 和 OD11K 样品上临界场 H_{c2} 的 25% 和 60%.

对 OP20K 的样品, 直到 9 T($25\%H_{c2}$) 的热导率数据依然维持在 κ_0/T 几乎为零的程度. 这种 κ_0/T 的变化趋势也支持 ARPES 的实验结果, 即最佳掺杂的 $NaFe_{1-x}Co_xAs$ 的费米面由一个 $\Delta_1 = 6.8$ meV 的 α 空穴能带和两个 $\Delta_2 = 6.4$ meV 的 $\gamma(\delta)$ 电子能带组成. 两种能带上的能隙大小差不多, 因此磁场对 κ_0/T 的影响就像对一个单带各向同性能隙的超导体一样.

而对 OD11K 样品, κ_0/T 随磁场有一定的增加, 如图 6.18 所示. 作为对比, 图中同时列出了 Co-Ba122 体系中相应的最佳掺杂 $Ba(Fe_{0.926}Co_{0.074})_2As_2$ 样品和过掺杂的 $Ba(Fe_{0.892}Co_{0.108})_2As_2$ 样品 [29]. 可以看到, OD11K 样品随磁场的行为和最佳掺杂的 $Ba(Fe_{0.926}Co_{0.074})_2As_2$ 样品的行为非常近似, 而相较于过掺杂的 $Ba(Fe_{0.892}Co_{0.108})_2As_2$ 则慢得多. 这表明, OD11K 样品在不同能带上的能隙大小应该有较大的差别, 或者同一能隙上存在较大的各向异性.

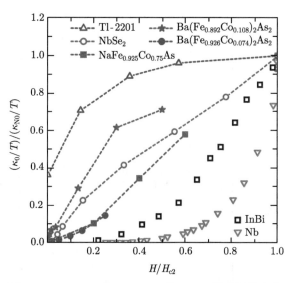

图 6.18　$NaFe_{0.925}Co_{0.075}As$ 的 κ_0/T 随磁场的变化

6.5　极低温热导率对 11 体系的研究

铁基超导中的 FeAs 层是由 $FeAs_4$ 四面体构成, 而二元化合物 FeAs 并不能形成这样的层状结构, 只能采用 $FeAs_6$ 八面体堆叠成正交结构 [54]. 不过, 二元化合物 FeSe 却能形成类似的层状结构. 11 体系包含简单的二元化合物 $FeSe_x$、FeS

以及它们的三元化合物 $FeSe_xTe_{1-x}$[55].

6.5.1 $FeSe_x$

二元化合物 $FeSe_x$ 是由与 FeAs 层类似的 FeSe 层堆叠而成的. 在 Se 缺失的情况下会表现出超导电性 ($T_c \sim 8$ K)[56]. 加压后 $FeSe_x$ 的 T_c 甚至能达到 37 K[57-59], 这意味着它可能与其他含 FeAs 层的铁基超导具有相同的超导机理.

Dong 等测量了 $FeSe_x(T_c = 8.8$ K) 单晶的面内热导率[60], 如图 6.19(a) 所示. 零场下, κ_0/T 非常小, 只有正常态热导率值的 4%. 由于样品达到的最低温只有 120 mK, 缺少更低温度的数据, 这样反推得到的 κ_0/T 值通常会偏大. 由此可以认为 $FeSe_x$ 的超导能隙应该没有节点.

图 6.19(b) 给出了 κ_0/T 随磁场的变化. 可以看到, $FeSe_x$ 单晶样品的 κ_0/T 随磁场的变化行为与多带 s 波超导体 $NbSe_2$ 类似, 都是随磁场几乎线性地增加. 因此类似地, Dong 等认为 $FeSe_x$ 也应该是一种多能隙的超导体, 其不同能隙的比值接近 3, 至少在 ab 面内的能隙是多带无节点的结构. Khasanov 等用双带 (s+s) 波模型解释面内穿透深度实验时, 认为两个能隙值的大小分别为 1.60 meV 和 0.38 meV[61], 其比值接近 4, 也与我们的热导率结果所估算的比值接近.

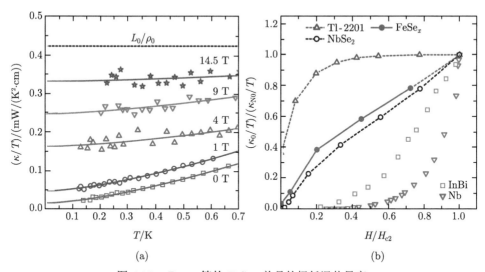

图 6.19　Dong 等的 $FeSe_x$ 单晶的极低温热导率

有意思的是, 2014 年 Kasahara 等成功地合成了近乎无缺陷的 FeSe 单晶 ($T_c = 9.5$ K), 并对其进行了面内热导率测量[62], 结果如图 6.20 所示. 零场下, κ_0/T 比 $FeSe_x$ 单晶样品中测得的数值大 10 倍以上[60], 是能隙存在节点的有力证据. 这与此前 Song 等用 STM 研究 FeSe 薄膜的结论一致[63]. 这种在不同缺陷程度的样品中测得不一样结论的现象则表明, 纯净 FeSe 中的节点并非对称性引起的, 而更有可能是 "扩展的 s 波" 引起的.

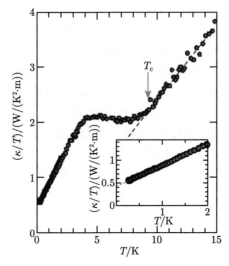

图 6.20　零场下近乎无缺陷 FeSe 单晶的低温热导率

Bourgeois-Hope 等随后再次对 FeSe 单晶进行了面内热导率的测量 [64], 不同磁场下线性剩余项 κ_0/T 的结果如图 6.21 所示. 在图 6.21(a) 中可以看到, 他们

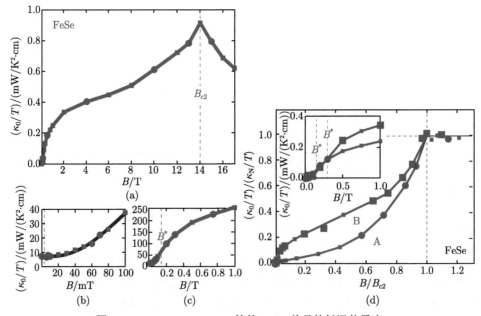

图 6.21　Bourgeois-Hope 等的 FeSe 单晶的低温热导率

的样品在零场下线性剩余项可以忽略不计, 而在磁场较小的区域 κ_0/T 和 H 满足指数变化的关系. 因此 Bourgeois-Hope 等认为, 他们的样品中不存在节点, 但是存在一个尺度非常小的各向异性的超导能隙, 会在某些方向存在极小值. 当样品更干净的时候, 这些极小值可能会发展成不受对称性保护的节点, 而杂质会消除能隙的各向异性并使能隙变宽. 这个结论与之前 Dong 等和 Kasahara 等的实验结果也是相符的.

6.5.2 FeS

FeS 与 FeSe 拥有相同晶体结构和相似电子结构, 同样也是超导体, 超导转变温度在 5 K 左右, 但是关于 FeS 的超导能隙结构的争议相对较少, 弄清 FeS 超导能隙结构的研究也有利于我们研究 FeSe 的超导能隙.

Ying 等分别测量了 FeS 单晶和薄片的面内极低温热导率 [65], 结果如图 6.22 所示. 可以清楚地看到, 无论是单晶还是薄片, 在零场下都存在明显的线性剩余项 κ_0/T, 这充分说明了 FeS 的超导能隙间存在节点. 然而薄片和单晶归一化以后的行为仍然存在很大区别, 说明超导能隙结构不应该是 d 波的, 节点更有可能是偶然的、不受对称性保护的. 根据能带计算的结果, FeS 至少存在两个空穴口袋和两个电子口袋, 而 κ_0/T 随磁场的增长较为平缓说明并非所有的超导能隙内都存在节点.

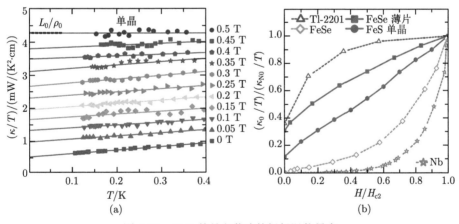

图 6.22　FeS 单晶和薄片的极低温热导率

6.6　极低温热导率对 1111 体系的研究

1111 体系是最早发现的铁基超导体系, 其母体 LaFeAsO 不超导并有 SDW 态. 用各种稀土元素 Ce, Pr, Nd, Sm 等替换 La 也能作为 1111 体系的母体. 通过对母体用 F 等对 O 进行掺杂, 用 Mn, Co, Ni 等对 Fe 位掺杂, 用 P 对 As

进行掺杂, 都会引发超导电性. 铁基超导体中目前的最高转变温度 55 K 的化合物也是 1111 体系的 SmFeAs(O,F)[66]. 然而 1111 体系的单晶都非常小, 大约在 200μm × 200μm × 10μm[67], 因此很多研究手段都不适用. 对 1111 体系的研究仍需要更多工作.

6.6.1　LaFePO

穿透深度实验 [68,69] 表明, LaFePO 的超导能隙应该存在线节点, 但是并不清楚节点位于费米面上的什么位置, 几种超导配对对称性都可能存在. Yamashita 等对 LaFePO(T_c = 7.4 K) 样品在磁场垂直于 c 方向的极低温热导率进行了测量 [70], 结果如图 6.23 所示.

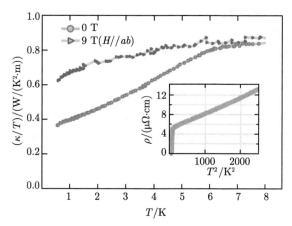

图 6.23　LaFePO 单晶在零场和 9 T 下的热导率

图 6.23 中显示了热导率在零场以及 9 T(高于 H_{c2}) 时的结果. 可以看到, 当 $T \to 0$ 时, 剩余线性项 κ_0/T 约为 0.30 W/(K^2 · m). 而在具有线节点的单带超导体中, 通常可以用公式 $\kappa_0/T \sim 2(\xi_{ab}/l)(\kappa_N/T)$ 粗略地估计热导率剩余线性项. 对 LaFePO 而言, 计算给出 $\kappa_0/T \sim 0.19$ W/(K^2 · m), 和测量结果比较相近. 但是多带效应会对 ξ_{ab} 和 κ_N 造成影响, 使得 κ_0/T 的估计值偏大, 并不能完全证明 LaFePO 具有线节点, 因而 Yamashita 等继续测量了热导率随磁场的变化关系, 如图 6.24 所示.

热导率对磁场的依赖关系 $\kappa(H)$ 显示了单晶超导部分的信息, 因此, 即使有不超导的部分也不会影响得出的结论. 低温下的声子散射主要受缺陷影响, 与磁场无关. 在图 6.24 中显示了热导率在磁场平行和垂直于 c 方向的结果, 通过在 $T = 0.46$ K($0.062T_c$) 扫描磁场 H 测量得到. 零场下的热导率被作为背景扣除, 并且已经用正常态的热导率值进行了归一化. 可以看到, 磁场在两个方向的测量曲线非常相似: 低场下 $\kappa(H)$ 随磁场增加得很快, 并且, 尽管 H_{c2} 有很大的各向异性, 但

$\kappa(H)$ 在不同磁场下的行为几乎一致, 且在 $H_s \sim 350$ Oe(1Oe = 79.5775A/m) 处达到饱和. 在 H_s 以上, H_{c2} 各向异性的影响开始显现, $\kappa(H)$ 也变得各向异性. 这种 $\kappa(H)$ 在 H_s 以下迅速增加以及在 H_s 以上相对平缓地增长, 是典型的多带超导体的特征. 由于大、小能隙的比值与磁场存在 $\Delta_L/\Delta_S \sim \sqrt{H_{c2}}/H_s$ 的关系, 因此可以推断 LaFePO 的大、小能隙之比约为 6:1.

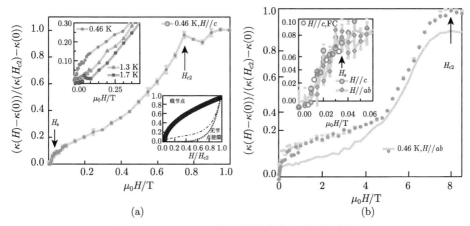

图 6.24　LaFePO 单晶的热导率随磁场的变化

考虑 LaFePO 的能带计算结果, 它的费米面由布里渊区 M 点的两个电子柱、Γ 点的两个空穴柱, 以及在 Z 点展开的一个三维空穴口袋组成. 这个三维的能带和其他二维能带间的耦合比较弱 [71]. 而在 H_s 以下, 热导率随磁场的变化 $\kappa(H)$ 近似各向同性, 表明较小的能隙代表了三维空穴口袋的信息, 这个三维的超导能隙被完全打开, 因为这一段的 $\kappa(H)$ 并不满足 $\sqrt{H}$ 的依赖关系, 并且这个较小能隙的关联长度和平均自由程大小近似, 这种情况下有能隙节点的超导电性一般不能存在.

在 H_s 以上, 具有较小超导能隙的三维能带的准粒子已经能够完全参与导热, 在 $H//c$ 时, 从 H_s 到 $\sim 0.4H_{c2}$, $\kappa(H)$ 以 $\sqrt{H}$ 形式增长. 热导率的这种 H 的依赖关系, 以及从上凸到下凹的转折, 表明它不是一个简单的超导能隙完全打开的超导体, 因为不具有节点的超导体 $\kappa(H)$ 的变化一直是下凹的曲线. 低场下的上凸曲线表明能隙应该具有很大程度的各向异性, 但在非常接近 H_{c2} 时的下凹曲线又并非完全各向异性的能隙所具有的特征. 结合穿透深度的结果 [68,69], LaFePO 的二维能带上应该有两种不同的超导能隙, 一种是能隙完全打开的, 另一种是具有节点的.

最后, 分析能隙节点的位置. Yamashita 等认为, d 波配对的可能性应该可以排除, 因为 d 波配对会使三维能带和二维的情况相似, 都具有节点, 和实验结果矛盾. 他们认为, 应该是具有节点的 $s_\pm$ 波配对, 这种配对会导致 M 点的二维电子能带具有节点, 而二维和三维的空穴能带超导能隙完全打开, 并且考虑到二维的电子和空穴能带大小比较类似, 这种配对机制非常符合热导率的结果.

参 考 文 献

[1] Stewart G R. Superconductivity in iron compounds. Reviews of Modern Physics, 2011, 83(4): 1589-1652.

[2] Kamihara Y, Watanabe T, Hirano M, Hosono H. Iron-Based Layered Superconductor La[O1-xFx]FeAs (x = 0.05−0.12) with Tc = 26 K. J. Am. Chem. Soc., 2008, 130(11): 3296-3297.

[3] Chen X H,Wu T,Wu G, Liu R H, Chen H, Fang D F. Superconductivity at 43 K in SmFeAsO 1-x F x. Nature, 2008, 453: 761-762.

[4] Chen G F, Li Z, Wu D, Li G, Hu W Z, Dong J, Zheng P, Luo J L, Wang N L. Superconductivity at 41 K and Its Competition with Spin-Density-Wave Instability in Layered CeO1−xFxFeAs. Phys. Rev. Lett., 2008, 100: 247002.

[5] Boaknin E, Tanatar M A, Paglione J, Hawthorn D, Ronning F, Hill R W, Sutherland M, Taillefer L, Sonier J, Hayden S M, Brill J W. Heat Conduction in the Vortex State of NbSe2: Evidence for Multiband Superconductivity. Phys. Rev. Lett., 2003, 90: 117003.

[6] Volovik G E. JETPLett., 1993, 58: 469-473.

[7] Kubert C, Hirschfeld P J. Quasiparticle Transport Properties of d-Wave Superconductors in the Vortex State. Phys. Rev. Lett., 1998, 80: 4963-4966.

[8] Proust C,Boaknin E, Hill R W, Taillefer L, MackenzieA P. Heat Transport in a Strongly Overdoped Cuprate: Fermi Liquid and a Pure d-Wave BCS Superconductor. Phys. Rev. Lett., 2002, 89: 147003.

[9] Luo X G, Tanatar M A, Reid J P, Shakeripour H, Doiron-Leyraud N, Ni N, Bud'ko S L, Canfield P C, Luo H, Wang Z, Wen H H, Prozorov R, Taillefer L. Quasiparticle heat transport in single-crystalline Ba1−xKxFe2As2: Evidence for a k-dependent superconducting gap without nodes. Phys. Rev. B, 2009, 80: 140503(R).

[10] Lowell J, Sousa J B. Mixed-state thermal conductivity of type II superconductors. J. Low Temp. Phys., 1970, 3: 65-87.

[11] Willis J, Ginsberg D M. Thermal conductivity of superconducting alloy films in a perpendicular magnetic field. Phys. Rev. B, 1976, 14: 1916.

[12] Sologubenko A V, Jun J, Kazakov S M, Karpinski J, Ott H R. Thermal conductivity of single-crystalline MgB2. Phys. Rev. B, 2002, 66: 014504.

[13] Sato T, Nakayama K, Sekiba Y, Richard P, Xu Y M, Souma S, Takahashi T, Chen G F, Luo J L, Wang N L, Ding H. Band Structure and Fermi Surface of an Extremely Overdoped Iron-Based Superconductor KFe2As2. Phys. Rev. Lett., 2009, 103: 047002.

[14] Dong J K, Zhou S Y, Guan T Y, Zhang H, Dai Y F, Qiu X, Wang X F, He Y, Chen X H, Li S Y. Quantum Criticality and Nodal Superconductivity in the FeAs-Based Superconductor KFe2As2. Phys. Rev. Lett., 2010, 104: 087005.

[15] Reid J P, Tanatar M A, Juneau-Fecteau A, et al. Universal Heat Conduction in the Iron Arsenide Superconductor KFe2As2: Evidence of a d-Wave State. Phys. Rev. Lett., 2012, 109: 087001.

[16] Vorontsov A, Vekhter I. Nodal structure of quasi-two-dimensional superconductors probed by a magnetic field. Phys. Rev. Lett., 2006, 96: 237001.

[17] Zhang Z, Wang A F, Hong X C, Zhang J, Pan B Y, Pan J, Xu Y, Luo X G, Chen X H, Li S Y. Heat transport in RbFe2As2 single crystals: Evidence for nodal superconducting gap. Phys. Rev. B, 2015, 91: 024502.

[18] Hong X C, Li X L, Pan B Y, He L P, Wang A F, Luo X G, Chen X H, Li S Y. Nodal gap in iron-based superconductor CsFe2As2 probed by quasiparticle heat transport. Phys. Rev. B, 2013, 87: 144502.

[19] Watanabe D, Yamashita T, Kawamoto Y, Kurata S, Mizukami Y, et al. Doping evolution of the quasiparticle excitations in heavily hole-doped Ba1−xKxFe2As2: A possible superconducting gap with sign-reversal between hole pockets. Phys. Rev. B, 2014, 89: 115112.

[20] Hong X C, Wang A F, Zhang Z, Pan J, He L P, Luo X G, Chen X H, Li S Y. Doping Evolution of the Superconducting Gap Structure in Heavily Hole-Doped Ba1−xKxFe2As2: a Heat Transport Study. Chin. Phys. Lett., 2015, 32: 127403.

[21] Reid J-Ph, Tanatar M A, Luo X G, Shakeripour H, Rene de Cotret S, Juneau-Fecteau A, Chang J, Shen B, Wen H H, Kim H, Prozorov R, Doiron-Leyraud N, Taillefer L. Doping evolution of the superconducting gap structure in the underdoped iron arsenide Ba1−xKxFe2As2 revealed by thermal conductivity. Phys. Rev. B, 2016, 93: 214519.

[22] Huang Y Y, Wang Z C, Yu Y J, Ni J M, Li Q, Cheng E J, Cao G H, Li S Y. Multigap nodeless superconductivity in CsCa2Fe4As4F2 probed by heat transport. Phys. Rev. B, 2019, 99: 020502(R).

[23] Ning F L, Ahilan K, Imai T, Sefat A S, Jin R, Mcguire M A, Sales B C, Mandrus D. 59Co and 75As NMR investigation of electron-doped high Tc superconductor BaFe1. 8Co0. 2As2 (Tc= 22 K). J. Phys. Soc. Jpn., 2008, 77: 103705.

[24] Ding L, Dong J K, Zhou S Y, Guan T Y, Qiu X, Zhang C, Li L J, Lin X, Cao G H, Xu Z A, Li S Y. Nodeless superconducting gap in electron-doped BaFe1. 9Ni0. 1As2 probed by quasiparticle heat transport. New J. Phys., 2009, 11: 093018.

[25] Kurita N, Ronning F, Miclea C F. Low-temperature thermal conductivity of BaFe2As2: A parent compound of iron arsenide superconductors. Phys. Rev. B, 2009, 79: 214439.

[26] Ding H, Richard P, Nakayama K, Sugawara K, Arakane T, Sekiba Y, Takayama A, Souma S, Sato T, Takahashi T, Wang Z, Dai X, Fang Z, Chen G F, Luo J L, Wang

N L. Observation of Fermi-surface-dependent nodeless superconducting gaps in Ba0. 6K0. 4Fe2As2. EPL, 2008, 83: 47001.

[27]　Nakayama K, Sato T, Richard P, Xu Y M, Sekiba Y, Souma S, Chen G F, Luo J L, Wang N L, Ding H, Takahashi T. Superconducting gap symmetry of Ba0. 6K0. 4Fe2As2 studied by angle-resolved photoemission spectroscopy. EPL, 2009, 85: 67002.

[28]　Martin C, Kim H, Gordon R T, Ni N, Kogan V G, Bud'ko S L, Canfield P C, Tanatar M A, Prozorov R. Evidence from anisotropic penetration depth for a three-dimensional nodal superconducting gap in single-crystalline Ba(Fe1−xNix)2As2. Phys. Rev. B, 2010, 81: 060505(R).

[29]　Tanatar M A, Reid J P, Shakeripour H, Luo X G, Doiron-Leyraud N, Ni N, Bud'ko S L, Canfield P C, Prozorov R, Taillefer L. Doping Dependence of Heat Transport in the Iron-Arsenide Superconductor Ba(Fe1−xCox)2As2: From Isotropic to a Strongly k-Dependent Gap Structure. Phys. Rev. Lett., 2010, 104: 067002.

[30]　Dong J K, Zhou S Y, Guan T Y, Qiu X, Zhang C, Cheng P, Fang L, Wen H H, LiS Y. Thermal conductivity of overdoped BaFe1.73Co0.27As2 single crystal: Evidence for nodeless multiple superconducting gaps and interband interactions. Phys. Rev. B, 2010, 81: 094520.

[31]　Sekiba Y, Sato T, Nakayama K, Terashima K, Richard P, Bowen J H, Ding H, Xu Y M, Li L J, Cao G H, Xu Z A, Takahashi T. Electronic structure of heavily electron-doped BaFe1. 7Co0. 3As2 studied by angle-resolved photoemission. New J. Phys., 2009, 11: 025020.

[32]　Terashima K, Sekiba Y, Bowen J H, Nakayama K, Kawahara T, Sato T, Richard P, Xu Y M, Li L J, Cao G H, Xu Z A, Ding H, Takahashi T. Fermi surface nesting induced strong pairing in iron-based superconductors. Proc. Natl. Acad. Sci., 2009, 106: 7330-7333.

[33]　Dolgov V, Mazin I I, Parker D, Golubov A A. Interband superconductivity: contrasts between Bardeen-Cooper-Schrieffer and Eliashberg theories. Phys. Rev. B, 2009, 79: 060502(R).

[34]　Bang Y. Volovik Effect in the ±s-Wave State for the Iron-Based Superconductors. Phys. Rev. Lett., 2010, 104: 217001.

[35]　Wang F, Zhai H, Ran Y, Vishwanath A, Lee D H. Functional renormalization-group study of the pairing symmetry and pairing mechanism of the FeAs-based high-temperature superconductor. Phys. Rev. Lett., 2009, 102: 047005.

[36]　Mishra V, Boyd G, Graser S, Maier T, Hirschfeld P J, Scalapino D J. Lifting of nodes by disorder in extended-s-state superconductors: Application to ferropnictides. Phys. Rev. B, 2009, 79: 094512.

[37]　Chubukov A V, Vavilov M G, Vorontsov A B. Momentum dependence and nodes of the superconducting gap in the iron pnictides. Phys. Rev. B, 2009, 80: 140515(R).

[38]　Reid J P, Tanatar M A, Luo X G, Shakeripour H, Doiron-Leyraud N, Ni N, Bud'ko S L, Canfield P C, Prozorov R, Taillefer L. Nodes in the gap structure of the iron arsenide

superconductor Ba(Fe1−xCox)2As2 from c-axis heat transport measurements. Phys. Rev. B, 2010, 82: 064501.

[39] Hashimoto K, Yamashita M, Kasahara S, Senshu Y, Nakata N, Tonegawa S, Ikada K, Serafin A, Carrington A, Terashima T, Ikeda H, Shibauchi T, Matsuda Y. Line nodes in the energy gap of superconducting BaFe2(As1−xPx)2 single crystals as seen via penetration depth and thermal conductivity. Phys. Rev. B, 2010, 81: 220501.

[40] Nakai Y, Iye T, Kitagawa S, Ishida K, Kasahara S, Shibauchi T, Matsuda Y, Terashima T. 31P and 75As NMR evidence for a residual density of states at zero energy in superconducting BaFe2(As0.67P0.33)2. Phys. Rev. B, 2010, 81: 020503.

[41] Hashimoto K, Kasahara S, Katsumata R, Mizukami Y, Yamashita M, Ikeda H, Terashima T, Carrington A, Matsuda Y, Shibauchi T. Nodal versus nodeless behaviors of the order parameters of LiFeP and LiFeAs superconductors from magnetic penetration-depth measurements. Phys. Rev. Lett., 2012, 108: 047003.

[42] Qiu X, Zhou S Y, Zhang H, Pan B Y, Hong X C, Dai Y F, Eom M J, Kim J S, Ye Z R, Zhang Y, Feng D L, Li S Y. Robust Nodal Superconductivity Induced by Isovalent Doping in Ba(Fe1−xRux)2As2 and BaFe2(As1−xPx)2. Phys. Rev. X, 2012, 2: 011010.

[43] Rullier-Albenque F, Colson D, Forget A, Thuéry P, Poissonnet S. Hole and electron contributions to the transport properties of Ba(Fe1−xRux)2As2 single crystals. Phys. Rev. B, 2010, 81: 224503.

[44] Nekrasov I A, Pchelkina Z V, Sadovskii M V. Electronic structure of new LiFeAs high-T c superconductor. JETPLett., 2008, 88: 543.

[45] Borisenko S V, Zabolotnyy V B, Evtushinsky D V, Kim T K, Morozov I V, Yaresko A N, Kordyuk A A, Behr G, Vasiliev A, Follath R, Büchner B. Superconductivity without nesting in LiFeAs. Phys. Rev. Lett., 2010, 105: 067002.

[46] Kim H, Tanatar M A, Song Y J, Kwon Y S, Prozorov R. Nodeless two-gap superconducting state in single crystals of the stoichiometric iron pnictide LiFeAs. Phys. Rev. B, 2011, 83: 100502.

[47] Imai Y, Takahashi H, Kitagawa K, Matsubayashi K, Nakai N, Nagai Y, Uwatoko Y, Machida M, Maeda A. Microwave surface impedance measurements of LiFeAs single crystals. J. Phys. Soc. Jpn., 2011, 80: 013704.

[48] Sasmal K, Lv B, Tang Z, Wei F Y, Xue Y Y, Guloy A M, Chu C W. Lower critical field, anisotropy, and two-gap features of LiFeAs. Phys. Rev. B, 2010, 81: 144512.

[49] Song Y J, Ghim J S, Yoon J H, Lee K J, Jung M H, Ji H S, Shim J H, Kwon Y S. Small anisotropy of the lower critical field and the s±-wave two-gap feature in single-crystal LiFeAs. EPL, 2011, 94: 57008.

[50] Tanatar M A, Reid J P, Ren'edeCotret S, Doiron-Leyraud N, Laliberté F, Hassinger E, Chang J, Kim H, Cho K, Song Y J, Kwon Y S, Prozorov R, Taillefer L. Phys. Rev. B, 2011, 84: 054507.

[51] LiuZ H, Richard P, Nakayama K, Chen G F, Dong S, He J B, Wang D M, Xia T L, Umezawa K, Kawahara T, Souma S, Sato T, Takahashi T, Qian T, Huang Y, Xu N, Shi Y, Ding H, Wang S C. Isotropic three-dimensional gap in the iron arsenide superconductor LiFeAs from directional heat transport measurements. Phys. Rev. B, 2011, 84: 064519.

[52] Cho K, Tanatar M A, Spyrison N, Kim H, Song Y, Dai P, Zhang C L, Prozorov R. Doping-dependent anisotropic superconducting gap in Na1- (Fe1−xCox)As from London penetration depth. Phys.Rev.B, 2012, 86: 020508(R).

[53] Zhou S Y, Hong X C, Qiu X, Pan B Y, Zhang Z, Li X L, Dong W N, Wang A F, Luo X G, Chen X H, Li S Y. Evidence for nodeless superconducting gap in NaFe1−xCoxAs from low-temperature thermal conductivity measurements. EPL, 2013, 101: 17007.

[54] Segawa K, Ando Y. J. Phys. Soc. Jpn., 2009, 78: 104720.

[55] Sales B C, Sefat A S, McGuire M A, Jin R Y, Mandrus D, Mozharivskyj Y. Bulk superconductivity at 14 K in single crystals of Fe1+yTexSe1−x. Phys. Rev. B, 2009, 79: 094521.

[56] Hsu F C, Luo J Y, Yeh K W, Chen T K, Huang T W, Wu P M, Lee Y C, Huang Y L, Chu Y Y, Yan D C, Wu M K. Superconductivity in the PbO-type structure -FeSe. Proc. Natl. Acad. Sci., 2008, 105: 14262-14264.

[57] Mizuguchi Y, Tomioka F, Tsuda S, Yamaguchi T, Takano Y. Superconductivity at 27K in tetragonal FeSe under high pressure. Appl. Phys. Lett., 2008, 93: 152505.

[58] Margadonna S, Takabayashi Y, Ohishi Y, Mizuguchi Y, Takano Y, Kagayama T, Nakagawa T, Takata M, Prassides K. Pressure evolution of the low-temperature crystal structure and bonding of the superconductor FeSe (Tc=37K). Phys. Rev. B, 2009, 80: 064506.

[59] Medvedev S, McQueen T M, Troyan I A, Palasyuk T, Eremets M I, Cava R J, Naghavi S, Casper F, Ksenofontov V, Wortmann G, Felser C. Electronic and magnetic phase diagram of -Fe 1.01 Se with superconductivity at 36.7 K under pressure. Nat. Mater., 2009, 8: 630-633.

[60] Dong J K, Guan T Y, Zhou S Y, Qiu X, Ding L, Zhang C, Patel U, Xiao Z L, Li S Y. Multigap nodeless superconductivity in FeSex: Evidence from quasiparticle heat transport. Phys. Rev. B, 2009, 80: 024518.

[61] Khasanov R, Conder K, Pomjakushina E, Amato A, Baines C, Bukowski Z, Karpinski J, Katrych S, Klauss H H, Luetkens H, Shengelaya A, Zhigadlo N D. Evidence of nodeless superconductivity in FeSe0.85 from a muon-spin-rotation study of the in-plane magnetic penetration depth. Phys. Rev. B, 2008, 78: 220510(R).

[62] Kasahara S, Watashige T, Hanaguri T, Kohsaka Y, Yamashita T, Shimoyama Y, Mizukami Y, Endo R, Ikeda H, Aoyama K, Terashima T, Uji S, Wolf T, Löhneysen H, Shibauchi T, Matsuda Y. Field-induced superconducting phase of FeSe in the BCS-BEC cross-over. Proc. Natl. Acad. Sci., 2014, 111: 16309-16313.

[63] Song C L, Wang Y L, Cheng P, Jiang Y P, Li W, Zhang T, Li Z, He K, Wang L, Jia J F, Hung H H, Wu C, Ma X, Chen X, Xue Q K. Direct observation of nodes and twofold symmetry in FeSe superconductor. Science, 2011, 332: 1410-1413.

[64] Bourgeois-Hope P, Chi S, Bonn D A, Liang R, Hardy W N, Wolf T, Meingast C, Doiron-Leyraud N, Taillefer L. Thermal conductivity of the iron-based superconductor FeSe: Nodeless gap with a strong two-band character. Phys. Rev. Lett., 2016, 117: 097003.

[65] Ying T P, Lai X F, Hong X C, Xu Y, He L P, Zhang J, Wang M X, Yu Y J, Huang F Q, Li S Y. Nodal superconductivity in FeS: Evidence from quasiparticle heat transport. Phys. Rev. B, 2016, 94: 100504(R).

[66] Ren Z A, Lu W, Yang J, Yi W, Shen X L, Zheng C, Che G C, Dong X L, Sun L L, Zhou F, Zhao Z X. Superconductivity at 55 K in Iron-Based F-Doped Layered Quaternary Compound Sm[O1-xFx]FeAs. Chin. Phys. Lett., 2008, 25: 2215.

[67] Moll P J W, Puzniak R, Balakirev F, Rogacki K, Karpinski J, Zhigadlo N D, Batlogg B. High magnetic-field scales and critical currents in SmFeAs (O, F) crystals. Nat. Mater., 2010, 9: 628.

[68] Fletcher J D, Serafin A, Malone L, Analytis J G, Chu J H, Erickson A S, Fisher I R, Carrington A. Evidence for a nodal-line superconducting state in LaFePO. Phys. Rev. Lett., 2009, 102: 147001.

[69] Hicks C W, Lippman T M, Huber M E, Analytis J G, Chu J H, Erickson A S, Fisher I R, Moler K A. Evidence for a nodal energy gap in the iron-pnictide superconductor LaFePO from penetration depth measurements by scanning SQUID susceptometry. Phys. Rev. Lett., 2009, 103: 127003.

[70] Yamashida M, Nakata N, Senshu Y, Tonegawa S, Ikada K, Hashimoto K, Sugawara H, Shibauchi T, Matsuda Y. Thermal conductivity measurements of the energy-gap anisotropy of superconducting LaFePO at low temperatures. Phys. Rev. B, 2009, 80: 220509.

[71] Vildosola V, Pourovskii L, Arita R, Biermann S, Georges A. Bandwidth and Fermi surface of iron oxypnictides: Covalency and sensitivity to structural changes. Phys. Rev. B, 2008, 78: 064518.

第 7 章　FeSe 界面超导的构筑与机理研究

彭瑞, 徐海超, 谭世勇, 宋琦, 文陈昊平, 黄梓灿, 樊秦, 刘希

复旦大学物理系, 复旦大学先进材料实验室

近年来, 随着分子束外延技术的发展, 人们可以对高温超导体等复杂量子材料体系实现逐个原子层精度的外延生长. 由复杂量子材料构建的薄膜与异质结构, 一方面可能应用于未来的新型器件, 另一方面也为其基础机理的研究和新现象的探索提供了更多的调控自由度. 材料体系在其尺度接近二维极限时, 可能会产生与体材料迥异的性质. 其中界面效应及尺寸效应是不容忽视的因素, 从微观上来看, 界面处常常受到以下几方面的影响: ① 在二维极限下, 电荷屏蔽效应减弱, 导致体系的电子关联强度上升, 如在 $SrVO_3$ 外延薄膜中, 厚度减小而导致的带宽减小和金属–绝缘体相变 [1,2]; ② 二维体系中有更高的量子涨落效应, 会破坏长程有序, 然而, KT 相变的发现说明二维体系中仍然可能存在有序态 [3]; ③ 异质界面的对称性破缺和局域相互作用会导致新奇的界面现象, 如在 $LaAlO_3/SrTiO_3$ 界面的二维电子气及其超导行为 [4]. 这些现象往往超出平均场理论的预言能力, 其界面新奇物性背后的微观图像仍有待建立, 而更多新现象也有待实验发现.

在高温超导的研究中, 体系趋于二维极限往往不利于超导. 但令人惊讶的是, 生长在 $SrTiO_3$ (STO) 的单层 FeSe 薄膜, 尽管厚度为单层, 却在 T_c 上有很大的提升, 甚至打破了铁基超导中的最高 T_c 的纪录 [6]. 该界面超导体系最早在 2012 年由清华大学薛其坤教授课题组发现, 随后引发超导与界面领域的持续研究热潮. 理解界面超导的机制并进行调控有可能在单原子层实现液氮温度的超导, 为今后的超薄、超快、超低能耗的超导器件应用提供了广阔前景. 除此之外, 研究界面的高温超导的机理, 也会加深我们对高温超导机理等基础物理问题的理解.

本章综合介绍 FeSe/STO 界面超导体系的一系列实验工作, 我们将结合本领域的相关进展, 着重介绍本课题组通过结合分子束外延 (MBE)、角分辨光电子能谱 (ARPES)、扫描隧道谱 (STS) 等多种实验技术, 对该界面相互作用进行表征与调控等研究工作, 阐述各个自由度对高温超导电性的影响及界面高温超导形成的物理机制.

7.1　单层 FeSe/SrTiO₃ 界面超导的构筑和基本性质

7.1.1　FeSe/SrTiO₃ 界面超导的发现

FeSe 是铁基超导体中结构最简单的材料 (图 7.1(a))，其层状的结构单元也是其他铁基超导材料的基本组成单元，对其研究具有普适意义. FeSe 体材料具有 8 K 的超导转变温度、90 K 的向列序转变温度 [7]，而且没有长程磁有序，具有自旋涨落和自旋阻挫效应 [8,9]. 在 FeSe 中掺杂大量电子形成重度电子掺杂的铁硒类材料，如 $K_x Fe_2 Se_2$ 等 [10-12]，其超导转变温度会提高至 30 K 以上.

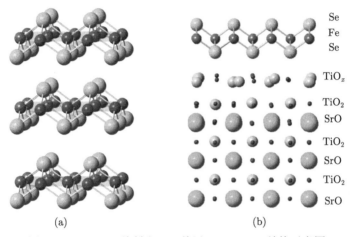

图 7.1　(a) FeSe 块材和 (b) 单层 FeSe/STO 结构示意图

FeSe 薄膜最初成功生长在石墨烯表面，FeSe 和石墨烯之间通过微弱的范德瓦耳斯力结合，FeSe 薄膜的超导转变随着层厚的减小而被压制，单层 FeSe 的 T_c 小于 2.2 K[13].

2012 年，清华大学薛其坤教授课题组在 STO 衬底上外延生长了 FeSe 单层薄膜，在原位扫描隧道显微镜测量中观测到了高达 20 meV 的超导能隙，对比 FeSe 块材 2.2 meV 的超导能隙提高了近一个数量级，具有磁场下的涡旋态等典型的第二类超导体的特征. 基于体材料 8 K 的超导转变温度，可以估计在单层 FeSe/STO 可能有着高达近液氮温度的超导电性，为得到突破液氮温度的铁基超导和薄膜超导带来了希望 [6].

单层 FeSe/STO 界面的发现，激起了大量的后续研究. 系列研究包括利用多种实验手段验证其超导并表征其超导转变温度，这部分工作将着重在 7.1.3 节介绍；对其表面/界面形貌及原子结构的表征，将着重在 7.1.4 节介绍；为了理解界面提升超导的相互作用，对界面电子结构的研究及其与多层膜的对比将着重在 7.2.1

节和 7.2.2 节介绍; 对 FeSe/STO 中的配对对称性的研究详见 7.2.3 节; 基于界面提升超导的几种理论图像, 实验对界面各自由度进行分别调控, 为各个理论提供了实验性判据并给出超导增强的机制, 详见 7.3 节; 其中, 实验设计不同的界面结构来得到更高的超导转变温度, 在 FeSe/BaTiO$_3$/KTaO$_3$ 这一人工结构中得到了高达 75 K 的超导能隙闭合温度, 这部分详见 7.3.2 节; 研究揭示了这种界面提升超导的机理, 这将加深人们对超导电性的总体理解, 并可能用于进一步提升其他高温超导体系的转变温度.

7.1.2　生长流程

FeSe 单层薄膜的质量会受到衬底表面状态、外延生长条件、后续退火条件等因素的影响. 由于生长设备的细节差异, 不同课题组都报道了各自的经验方法, 其中的生长条件略有差别 [6,14-19], 需要根据实际实验情况优化微调.

STO(100) 面的晶格常数为 0.3905 nm, 大于 FeSe 块材的晶格常数 0.3765 nm, 晶格间的失配约为 3.7%. STO 沿着 001 方向的结构可以看作是由 TiO$_2$ 层与 SrO 层交错堆垛而成, 不管是 TiO$_2$ 终止面还是 SrO 终止面都是电中性的, 表面不存在未饱和的悬挂键. 为了获得高质量单层 FeSe/STO 薄膜, 生长需要具有 TiO$_2$ 终止面、原子级平整的衬底表面. 而目前制备 STO 单一终止面的方法已经发展得比较成熟 [20-22]: 利用 SrO 可与水反应生成碱性化合物, 即 SrO+H$_2$O $\Longrightarrow$ Sr(OH)$_2$, 用易挥发的酸对该表面进行刻蚀, 可以清理掉表面生成的 Sr(OH)$_2$. 而 TiO$_2$ 面比较稳定, 经过酸刻蚀后的衬底, 再经过高温退火, 可形成单一 TiO$_2$ 终止面的、具有平直原子级高度台阶的平整表面.

本章介绍的研究工作中, 除了在 STO 衬底上外延生长 FeSe 之外, 还有其他氧化物异质结构, 包括 FeSe/STO/KTaO$_3$、FeSe/STO/LaAlO$_3$、FeSe/BaTiO$_3$/KTaO$_3$ 等. 在生长这些复杂异质结构的 FeSe 层之前, 其 STO 或 BaTiO$_3$ 层首先通过氧化物分子束外延生长在原子级平整的 KTaO$_3$ 或 LaAlO$_3$ 衬底上. 生长后的氧化物表面同样是原子级平整并且拥有 TiO$_2$ 的单一终止面.

在表面敏感的谱学测量如 ARPES、STM 等实验中, 需要表面层接地, 因此采用具有少量 Nb 掺杂的 Nb:SrTiO$_3$ 单晶作为衬底, 其中 Nb 掺杂可以增强衬底的导电性; 或者在生长 STO 薄膜、BaTiO$_3$ 薄膜的过程中掺入 0.5%~5% 的 Nb, 以增加样品的导电性帮助接地. 而在输运测量中则倾向于使用绝缘 STO 衬底, 以获得较为纯净的单层 FeSe 的电输运性质.

在生长 FeSe 之前, 需要对 STO 衬底或其他氧化物异质结构进行原位高温退火处理, 在这个过程中, 氧化物表面会变得更加平整, 并会形成充足的氧空位. 除了用于需要保持衬底绝缘性的输运测量外, 实验多将衬底升温到 950 ℃, 在 Se 束流下退火 30 min. 实验上发现, 这种表面环境有利于高质量单层 FeSe 薄膜的外延生长.

FeSe 薄膜的生长采用自限制共沉积法, 即通过热蒸发源产生 Fe 和 Se 分子束流共同沉积到衬底表面, 生长时, Se 的束流远大于 Fe 的束流可以保证 Fe 与 Se 的充分完全反应, 生长温度约为 450 °C, 介于 Se 和 Fe 的蒸发温度之间, 多余的未反应的 Se 会从衬底脱附. 因此 FeSe 薄膜的生长速率完全由 Fe 源的束流大小决定. 生长完成后, 将温度升高到 550 °C 对其进行退火, 这一步可以进一步蒸发多余的 Se, 使薄膜变成超导相并提高晶体质量.

退火完成的薄膜, 将在超高真空环境下原位转移到 ARPES、STM 等原位测量系统进行电子结构测量, 一般情况下, 同一块样品会经过多次的退火–测量–退火的循环, 以提高晶体质量. 或者将覆盖上保护层, 进行非原位的转移及后续表征.

7.1.3 对于界面超导 T_{c} 的表征

FeSe 块材的超导于 2008 年被报道, 输运测量给出约为 8 K 的超导转变温度 [7]. 2012 年, 薛其坤课题组在单层 FeSe/STO 上用 STM 观测到了比 FeSe 块材大一个量级的超导能隙, 推断单层 FeSe/STO 可能具有超过液氮温度的超导 T_{c}[6]. 由于 FeSe 单层对空气敏感, 为对其超导电性 (零电阻、迈斯纳效应) 的直接表征带来了很大困难. 图 7.2 总结了对单层 FeSe/STO 界面超导的表征历史, 涉及包括原位与非原位的多种表征手段. 由于 FeSe 单层的空气敏感性, 人们最初使用覆盖保护层的方法, 对 FeSe/STO 界面进行非原位的测量. 保护层可以减慢 FeSe 单层与空气反应的速率, 但随之也对界面超导带来影响, 对单层 FeSe/STO 覆盖 FeTe 和 Si 的保护层后, 测得的电阻开始加速下降的温度在 40.2 K[18], 低于预期的液氮沸点温度. 此外, 电阻测量需要绝缘的 STO 衬底, 这却不利于 STM 和 ARPES 等原位谱学研究, 因此实验设计往往不能兼顾输运测量和谱学测量.

由于非原位电阻测量的复杂性, 在用 STM 或 ARPES 对单层 FeSe/STO 的研究中通常使用超导能隙闭合的温度来表征超导 T_{c}. 在发现单层 FeSe/STO 超导后, 薛其坤课题组利用 STM 观测到的能隙在 42.9 K 和 50.1 K 依然存在, 说明能隙闭合温度高于该温度 [23]. 对单层 FeSe/STO 超导能隙的 ARPES 测量最初以非原位的方式实现: 将单层 FeSe/STO 覆盖上数十纳米厚的 Se 覆盖层以阻止其与空气反应, 转移到 ARPES 系统的准备腔, 经过多次退火程序, 以去除 Se 覆盖层并恢复超导相. 周兴江教授课题组利用这种方法先后得到约 55 K 和 (65±5) K 的能隙闭合温度 [24,25]. 2013 年, 我们课题组利用与 ARPES 系统直接对接的 MBE 设备, 原位生长单层 FeSe/STO 薄膜, 实现首次原位的电子结构测量, 并得到 (60±5) K 的超导能隙闭合温度 [14]. 2014 年, 斯坦福大学 Shen 课题组也实现了 FeSe/STO

薄膜的原位生长和 ARPES 测量, 他们得到了 (58±7) K 的超导能隙闭合温度 [15].
不同课题组给出的超导能隙闭合温度基本一致.

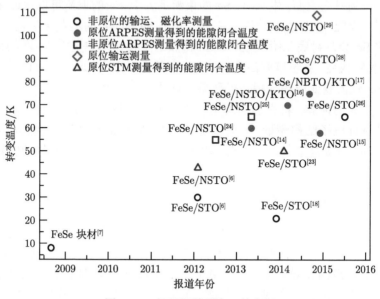

图 7.2　对于界面超导 T_c 的表征

在研究单层 FeSe/STO 界面超导机理的过程中, 对界面环境进行人工调控是揭示界面提升超导机理和进一步提升超导的手段. 我们课题组利用原位的氧化物分子束外延系统, 对氧化物界面的应力、化学组分等多种自由度进行人工调控, 揭示它们对界面超导的影响规律. 在进行一系列机理研究 (后文将详细介绍) 的过程中, 我们还在单层 FeSe/STO/KTaO$_3$ 异质结构中获得了 70 K 的超导能隙闭合温度 [16], 以及在单层 FeSe/BaTiO$_3$/KTaO$_3$ 异质结构中获得了 75 K 的超导能隙闭合温度 [17], 是目前铁基超导中超导能隙闭合温度的最高纪录.

为了确认 FeSe/STO 中观察到的能隙是否对应体系完全进入超导态, 人们在进行谱学研究的同时, 继续尝试使用输运、磁性测量等实验手段来确认 FeSe/STO 中的超导转变. 磁互感线圈测量抗磁性 [26] 和 μ 子自旋弛豫测量 [27] 在我们课题组提供的样品中测得了 65 K 左右的 T_c. 基于超导量子干涉器件 (SQUID) 测量发现在 85 K 就有抗磁迹象 [28]. 2014 年, 贾金锋课题组率先实现了真空内原位四电极测量技术, 观测到了 109 K 的超导转变 [29]. 相比于 ARPES 和 STM 的能隙闭合温度和能隙大小, 后两个工作测得的超导转变温度偏高, 需要进一步的实验重复验证和理论解释.

7.1.4 界面形貌与原子结构

STM 可以研究外延的单层 FeSe 的表面形貌. 在 STO 衬底上生长单层 FeSe 之后, 从大范围形貌来看, 在充分退火的样品中, 单层 FeSe 可以均匀覆盖在 STO 表面, 表面保持原子级平整且有畴界 [6,30,31]. 如图 7.3所示, 有两种不同的畴界形式被报道, 图 7.3(a) 是连续的畴界, 而图 7.3(b) 是裂开的畴界.

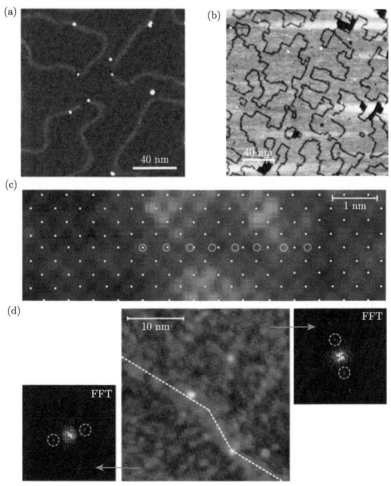

图 7.3 单层 FeSe/SrTiO₃ 薄膜的表面形貌呈现的两种不同的畴界
(引自: Fan Q, et al. Nat. Phys., 11,946(2015))

从原子分辨图上来观察畴界, 畴界宽度约为 3.5 nm, 畴界上的晶格仍是清晰可分辨的. 用代表畴界左侧的原子晶格分布的白色点阵覆盖整个原子分辨图后 (图 7.3(c)), 可以观察到, 在畴界中白色点阵和实际原子位置逐渐开始偏离, 到了畴界右侧, 白色点阵则是很好地对应着深色阴影位置, 从左侧跨越畴界到右侧, 沿着 Fe-Fe 方向, 即 [110] 方向错开了 1/2 晶格, 这意味着在 $SrTiO_3(001)$ 上存在两种等价的单层 FeSe 外延位置 [30,31]. 畴界连接的两个不同畴中都具有 2×1 的重构, 左右两个畴的重构取向相互垂直 (图 7.3(d)). 而对两个畴分别进行傅里叶变换, 可以看到圆圈标识的重构方向呈 90° 翻转, 2×1 重构和畴界 1/2 晶格的错位在裂开的畴界也是存在的 [31]. Bang 等也通过第一性原理计算进行模拟, 模型指出, 衬底中的氧空位会形成如我们实验观察到的薄膜表面形貌 [32].

单层 FeSe/STO 界面的面间结构是理解界面超导提升的重要信息, 主要使用扫描透射电子显微镜 (STEM) 直接观测样品的横截面, 或者通过表面 X 射线衍射 (SXRD) 得到表面附近数十个原子层的精确原子位置. 这两种手段都可以得到皮米量级的结构精度. 在同一时期, 薛其坤课题组与谷林课题组合作通过 STEM 测量发现界面处的双 TiO_x 层 [33], 耶鲁大学 Ahn 课题组在我们课题组提供的样品上进行了 SXRD 测量, 同样发现 FeSe/STO 界面处具有双 TiO_x 层结构 [34], 界面双 TiO_2 结构的发现对理论计算给出了重要的实验约束. 然而, 这些结构测量都是在有保护层的样品上进行的非原位测量, 特别是 STEM 需要经过复杂的制样过程, 这使得界面结构的一些细节, 如层间距和原子的相对位置, 可能在非原位制样过程中发生改变. 要得到 FeSe/STO 界面的本征结构信息, 仍然有待于后续的原位界面结构表征.

7.2　单层 FeSe/SrTiO$_3$ 的电子结构与超导能隙

随着近年来高质量 FeSe 单晶体材料的合成, 它的电子结构逐渐被 ARPES 实验清晰地揭示, 电子型费米口袋与空穴型费米口袋共存, 且两种费米口袋大小近似, 表现为多带、电中性的特质 [35-38]. 在单层 FeSe/STO 的界面超导被发现之后, 人们最关心的问题就是单层 FeSe/STO 相比于 T_c 仅有 8 K 的 FeSe 体材料 [7], 在电子结构上有着哪些特殊之处, 其超导的配对对称性又是怎样.

7.2.1　单层 FeSe/SrTiO$_3$ 电子结构及其特殊性

实验表明, 单层 FeSe/SrTiO$_3$ 界面在电子结构中具有三个特征, 如图 7.4 所示, 具体阐述如下.

(1) 具有重度电子掺杂, 其电子掺杂源于界面电荷转移.

来自不同课题组的角分辨光电子能谱实验结果均显示, 单层 FeSe/STO 的费米表面仅由电子型费米口袋组成 (图 7.5(a))[14,15,24]. 在布里渊区中心 Γ 点周围, 抛物线带 (带 α) 位于布里渊区中心周围的费米能量下方, 带顶位于约 -80 meV (图 7.5(b)), STM 实验表明, 在费米能量以上 75 meV 处存在电子型的未占据能

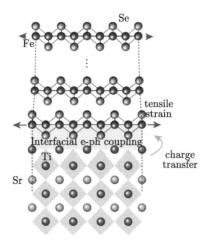

图 7.4 单层 FeSe/SrTiO₃ 的界面相互作用示意图 [39]

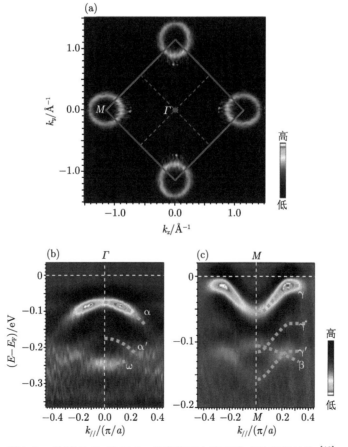

图 7.5 单层 FeSe/SrTiO₃ 的费米面与高对称点的能带结构 [40]

带 [19]. 在布里渊区域角落 M 点附近, 两个近乎简并的电子型带构成两个略椭圆的电子型费米口袋 (图 7.5(c)). 从 Luttinger 体积估算, 对于充分退火后的单层 FeSe/SrTiO₃[14,25], 电子掺杂会稳定在每个 Fe 有着 0.12 e⁻ 的掺杂.

费米面仅由电子型费米口袋构成, 这一点类似于 $A_xFe_{2-y}Se_2$ (A= K, Cs, Rb 等) 等重度电子掺杂的铁基超导体 [41], 而不同于 FeSe 体材料在内的大多数铁基超导体 [35-38,42]. 为了回答界面如何诱导这种重电子掺杂, 我们课题组在 1ML FeSe 薄膜生长期间的各个步骤测量光电子能谱的变化 [14]. STO 衬底显示绝缘体/半导体行为, 在费米能量附近没有态密度 (图 7.6(a)). 在真空中热处理后, STO 中出现氧空位 [43,44], 出现了类似于金属的费米台阶及局域的电子态 (图 7.6(b)). 在单层 FeSe 生长之后, 随着费米台阶的消失, 态密度在费米能量附近再次耗尽 (图 7.6(c)), 这表明, 局域氧空位诱导态的电子转移到 FeSe 层, 并负责单层 FeSe 中的电子掺杂.

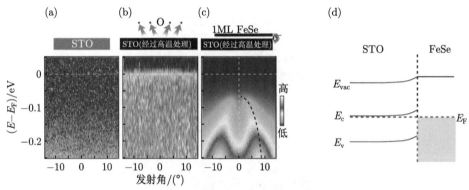

图 7.6   单层 FeSe/SrTiO₃ 的界面电荷转移成因 [14,45]

为了理解界面处电荷转移为什么会自发发生, Zhang 等通过 UPS 和 X 射线光电子能谱 (XPS) 实验, 测量得到了 STO 和不同厚度的 FeSe 的功函数 [45]. FeSe 的功函数大于 Nb:STO 的功函数, 而界面处的费米能量需要匹配, 这会导致 Nb:STO 一侧的能带向上弯折, 因此, 界面处电子从 Nb:STO 转移到 FeSe 中 [45]. 横截面的电子能量损失谱 (EELS) 实验观测到界面 FeSe 一侧的 Fe 的谱线发生蓝移, 表明能带弯折在 FeSe 侧也会局域发生 [46].

(2) STO 上的单层 FeSe 可以实现完全外延, 导致单层 FeSe 中具有 3.7% 的双轴拉伸应变.

我们知道能带结构的对称性遵循布里渊区的周期性, 通过测量光电子能谱在费米面处的强度分布精确地定出高对称点 Γ 和 M 位置, 可以得到倒格子空间布里渊区的大小. 根据实空间与倒空间的换算关系, 就可以估计实空间中的晶格常数. 使用这种方法可得, STO 上单层 FeSe 的面内晶格常数为 3.90 Å[14,24], 与 STO 的面内晶格一致, 说明可以发生完全外延. 与体材料 FeSe 的面内晶格 (3.765 Å) 相比, 单层 FeSe/STO 的面内晶格发生了双轴拉伸, 拉伸比例高达 3.7%. 理论计算表明, 单层 FeSe 显示出很大的机械柔韧性[47], 可以支持高达 30% 的巨大应变限制, 可以通过使用不同的方法进一步设计单层 FeSe 的拉伸应变. 基于拉伸应力的调控与超导研究将在 7.2.2 节详细介绍.

(3) ARPES 测量揭示了界面电子–声子耦合的证据.

从图 7.5可以看出, 除了 Γ 点附近的 α、ω 能带、M 点附近的 γ、β 能带之外, 还可以看到能带的复制行为, 如类似于 α 能带色散的 α' 能带, 类似于 γ 能带色散的 γ^* 和 γ' 能带等. 复制带与原始能带色散相近, 而在能量上分离. 复制带的行为首次由 Lee 等在单层 FeSe/STO 的角分辨光电子能谱中清楚地观察到[15], 随后在其他氧化物界面也观测到[17,48]. 其被解释为由 FeSe 中的电子与 STO 中的声子模式相互作用, 在界面上引起抖落 (shake off) 效应[15]. 主带和复制带之间的能量分离 (E_s) 为 100 meV, 与 EELS 实验所观测到的一支属于 STO 的氧的 Fuchs-Kliewer(FK) 声子能量相当[49], 这种能量的相似性指出了界面电子–声子耦合作用存在的可能性.

然而, 仅由复制带的出现, 以及 E_s 与 STO 的 FK 声子能量的相近, 并不能推断界面电子–声子耦合一定存在. 近年来, 在 FeSe/STO 界面电子– 声子相互作用是否存在各方面存在较多争议. 部分理论计算指出, 界面电声子会被完全屏蔽[50], FeSe 中所观测到的复制带仅仅是 FeSe 的 d$_{xy}$ 能带重整化的结果[51], 不对应界面电子–声子相互作用. 此外, Li 等提出, 即使复制带的产生与声子相关, 它可能仅源于光电子实验过程中的出射光电子与 STO 的 FK 声子的耦合[52], 而并不代表 FeSe 内部的电子与 STO 的 FK 声子存在界面耦合.

为了理解这些问题, 我们组进行了系统的实验, 研究了大量的样品. 并对界面的氧进行了同位素替换, 并研究能带随氧同位素的变化, 从而理解复制带与界面电子–声子相互作用的关系.

三种不同的样品被生长并用于对比 (图 7.7). 第一种样品是 FeSe 的厚膜, 通过表面蒸镀钾原子可以实现表面的 FeSe 层有着类似于 FeSe/STO 的每个铁具有 0.12 个电子的载流子浓度, 与单层 FeSe/STO 相比, 该掺杂的 FeSe 层基本不受界面影响[53,54]. 第二种样品是常规的单层 FeSe/STO. 第三种样品我们对 NSTO 衬底进行了 O 同位素的替换, 即在表面生长了 ST^{18}O 薄膜, 再生长单层 FeSe, 因此它的界面不再是 FeSe/NST^{16}O, 而是 FeSe/NST^{18}O. 利用原位 ARPES 研究这三类样品的电子结构, 可以看出它们的能带结构非常接近, 而不同点在于, 复制带仅存在于单层 FeSe/STO 中, 而不存在于电子掺杂的 FeSe 厚膜上 (图 7.7). 这否定了复制带只是 FeSe 中的 d$_{xy}$ 能带的可能性[51]. 那么, 复制带是不是对应界面电子–声子相互作用呢?

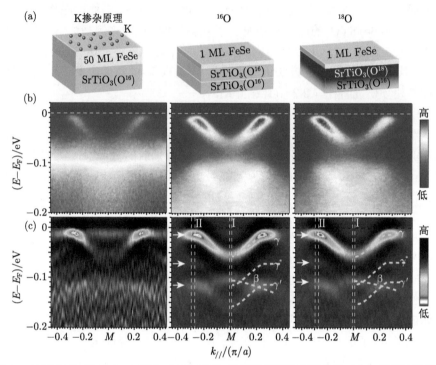

图 7.7　单层 FeSe/SrTiO$_3$ 与不含 STO 界面, 以及进行同位素替换的 STO 界面的能带结构对比 [40]

　　对界面处氧为 ^{16}O 和 ^{18}O 的两种样品进行了细致分析和比较可发现, 在动量区间 Ⅱ, 可以观测到 γ, γ* 和 γ′ 三个类似的能带, 其中 γ* 的信号相比于 γ 和 γ′ 要更弱一些, 在动量区间 Ⅰ, 主要能带是 γ, β 和 γ′. 比较这两种样品中 γ′(γ*) 对于 γ 能带的位置 $E_s(E_s^*)$, 可以发现, ^{16}O 的 $E_s(E_s^*)$ 相比于 ^{18}O 的样品更大 (图 7.8(c)). 实验中对大量的 ^{16}O 样品和 ^{18}O 样品进行统计分析, 也可以得到类似的结论, 在 ^{16}O 的样品中, 复制带和原始能带的能量间隔要大于 ^{18}O 样品中的情况.

　　对 FeSe/NST^{16}O 和 FeSe/NST^{18}O 进行了 EELS 实验 (图 7.8), 可以清晰地测到 STO 的两支 FK 声子, 可以定义为 FK1 和 FK2(图 7.8(b)). 这两支声子的能量在 ^{18}O 的样品中要低于 ^{16}O 的样品, 这与声子的同位素效应是定性一致的. 比较复制带的能量差和声子能量可以发现, FK2(FK1) 的声子能量与 $E_s(E_s^*)$ 很接近 (图 7.8(d)). 更重要的是, 无论是复制带的能量偏移 $E_s(E_s^*)$, 还是 FK1、FK2 的声子能量, 都满足同位素效应, 在 ^{18}O 的样品上能量更低, 并与氧原子质量的平方根分之一近似成正比 (图 7.8(e)). 这直接地证明了, 这两条复制带的确是由 FeSe 中的电子与 STO 中的 FK 声子相互作用产生的.

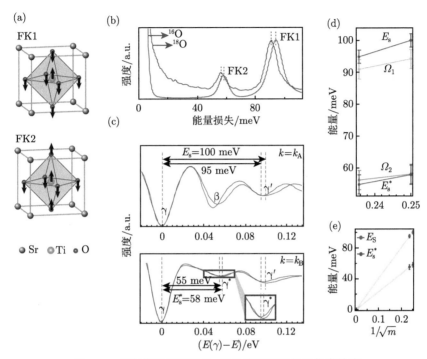

图 7.8 复制带能量偏移量, 以及声子能量的同位素效应

理论提出 shake off 效应可能不是源于界面电子–声子耦合, 而是 FK 声子与光电效应的出射光电子的相互作用 [52], 针对这个图像 Song 等给出了实验判据 [40]. 首先, ARPES 测量的 ∼100 meV 的复制带的能量分离明显大于声子能量 (图 7.8(d)). 这是由于电子–声子耦合引起的能带重整化 [15,55], 而无法用出射光电子受到的 shake off 态效应来解释 [52]. 另一方面, 通过光子能量依赖的 ARPES 研究, 对于不同的光子能量, 垂直于样品表面的光电子动量是不同的, 这将影响声子与出射光电子发生相互作用的强度. 然而, 对于不同的光子能量, 实验发现复制带的强度比是相似的 [40]. 这表明电子–声子相互作用确是发生在界面, 即 FeSe 中的电子与 STO 中的 FK 声子存在相互作用.

当复制带源于界面电子–声子相互作用时, 其相对于主带的强度将与无量纲电子–声子耦合常数 λ 成比例 [15,55-59]. 由图 7.7 中可以看出, 对于同一块样品, γ' 的强度显著高于 γ^*, 表明 FeSe 电子 STO 的界面与 FK1 声子的 EPI 强度比 FK2 声子高 (图 7.7(c)), 可以理解为由 FK1 声子对应更强的电偶极子场导致. 考虑到 FK1 声子中所有 6 个 O^{2-} 在振动中具有同样的相位, 而与 Ti^{2+} 具有相反的相位 (图 7.8(a)), 这可以产生更大的电偶极子场, 导致更强的电子–声子相互作用. 与此一致的是, ARPES 测量的 100 meV 的复制带 γ' 的能量偏移 E_s 明显大于声子能量 FK1, 而 γ^* 的能量偏移 E_s^* 与声子 FK2 的能量相当. 这些都说明, 电子–声子耦合主要发生在 FeSe 电子与 STO 的 FK1 声子之间.

7.2.2　FeSe 能带结构随薄膜厚度的演变

STS 研究清楚地表明第二层 FeSe/STO 中超导性的消失. 单层 FeSe 的能带和体材料 FeSe 的能带截然不同 [35-38], 两者之间是如何演变的呢? 逐层生长及原位 ARPES 实验给出了 FeSe 电子结构随厚度的演变, 总结如图 7.9 所示. 当厚度大于 3 个单元晶胞的 FeSe 之后 (单元晶胞以下简称为 uc), FeSe 的能带结构极为相似, 费米面附近, Γ 点由两条空穴型能带组成, 构成费米面谱图中 Γ 点的空穴型费米口袋. M 点能带比较复杂, 有两条电子型能带穿越费米面, 形成十字形交叉的电子型费米口袋 (主要的谱重由十字末端的四个很强的点贡献). 随着厚度的增加, 各条能带的相对位置会有细微的变化, 比如, Γ 点的两条空穴型能带的费米穿越 (能带穿越费米面时的动量, 定义为 k_F) 随厚度的增大而略微增大. 这两条带在 2uc[15] 或 3uc FeSe 中 [14] 不穿越费米面 (临界薄膜厚度的微小变化可能是由于这两篇文献中的厚度校准不同)[6].

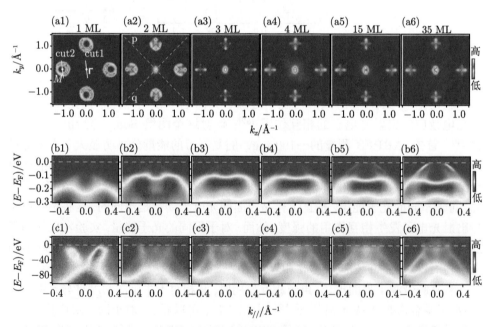

图 7.9　FeSe/SrTiO$_3$ 的费米面、高对称点附近的电子结构随着 FeSe 层数的演化

HeI 光对应的光子能量为 21.2 eV, 其对应光电效应下电子的穿透深度大概为 1 nm, 因此在 2 uc 的 FeSe 样品里, 不仅能得到最表层 FeSe 的能带, 同时还可以

探测到第一层 FeSe 的电子结构, 以及超导能隙 (图 7.10). 这表明 1uc FeSe 的超导并不会受到第二个晶胞层的 FeSe 的压制.

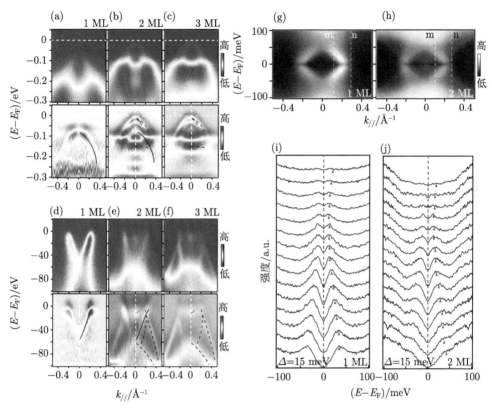

图 7.10   2uc FeSe/SrTiO₃ 的能带结构分析
(引自: Tan S Y, et al. Nat. Mat., 12, 637(2013))

随着温度的升高, FeSe 多层膜的能带结构 (图 7.11(a)∼(c)) 和费米面 (图 7.11(d)) 均发生明显变化 [14]. 在 50uc 的 FeSe 薄膜中, 从 M 点的二次微分谱 (图 7.11(a1)∼(a7)) 可以看出: 在低温下, M 点由两条穿越费米面的电子型能带和两条不穿越费米面的空穴型能带组成; 随着温度升高, 穿越较小的电子型能带条 (称为 σ 带) 的带底逐渐向深能级移动, 带顶处于更深能级的空穴型能带 (称为 ρ 带) 的带顶逐渐靠近费米面向上移动; 在某一特征温度 T_A 时 σ 带带底和 ρ 带带顶合并在同一结合能处. 二次微分谱里在 M 点中心取 EDC (能量色散曲线), 两个谷底分别代表着 σ 带的带顶和 ρ 带的带底位置, 随着温度的升高, 两个谷底逐渐靠拢并在 125 K 合并, 然后不再变化, 如图 7.11(b) 所示. 布里渊区中心的能带也随温度的变化而略微偏移 (图 7.11(c)). 实验观测到的能带结构在相变温度附近发生重组的现象, 并不能由温度的热展宽效应造成, 而是发生了某种相变 [14].

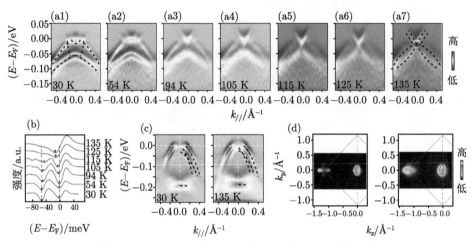

图 7.11　50 层 FeSe/SrTiO$_3$ 的能带结构随温度的演化

(引自: Tan S Y, et al. Nat. Mat., 12, 637(2013))

最初, 电子结构的重构被认为是短程自旋密度波 (SDW) 涨落 [14]. 随后, 在 FeSe 块状晶体 [35,37,38] 中也观察到类似的谱带分裂行为, 其他课题组也在 FeSe 厚膜 [60] 中进行了更为细致的表征. 由于体材料 FeSe[61] 没有磁转变, 并且在 ARPES 研究中没有自旋密度波引起的能带折叠 [14,60], 现在电子结构的温度依赖行为被认为是由电子向列序引起 [35,37,38,60]. 向列序产生的驱动力被认为是自旋有序或涨落 [8,9,38]、轨道有序或涨落 [60] 或这两者的组合 [35,37].

在厚度大于 2uc 的所有 FeSe 薄膜里均发生能带重构行为, 如图 7.12(a)~(e) 所示. 取不同厚度 FeSe 薄膜原始谱 M 点中心的 EDC 进行分析, 在 3uc 的薄膜样品里, 相变温度 T_A 约为 165 K, 随着厚度的增加, 相变温度逐渐降低, 到 35uc 以后基本不再变化, 约为 125 K. 同时, 在最低温的能带劈裂 ΔE 越大 (图 7.12(f)), 对应的相变温度 T_A 越高 (图 7.12(g)), 即向列序更强. 由于 2uc FeSe 样品的电子结构是单层能带和两层能带的叠加, M 点很强的单层 FeSe 的能带结构对 2uc 的相变温度的实验表征造成干扰. 但根据变化趋势, 在 2uc FeSe 薄膜里其相变温度 T_A 应该是最高的.

另一方面, 通过分析费米面的对称性 (图 7.13(a) 和 (b)) 可以看出, 随着薄膜厚度的增加, FeSe 的晶格逐渐减小, 应力逐渐释放, 直到 50uc 以后, 面内晶格弛豫到体 3.76Å, 等于体相 FeSe 的面内晶格常数应力完全释放.

在图 7.13(c) 中, 我们给出了 FeSe 向列序相变温度 T_A 以及超导转变温度 T_c 随晶格常数变化的相图. 图 7.13(c) 中黄色区域是 FeSe 超导转变温度随外加压力

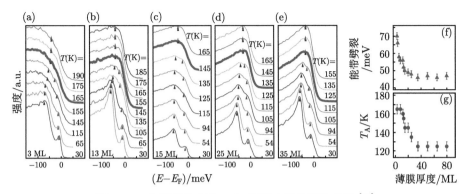

图 7.12　向列序在多层 FeSe 薄膜中的厚度依赖性 [14]

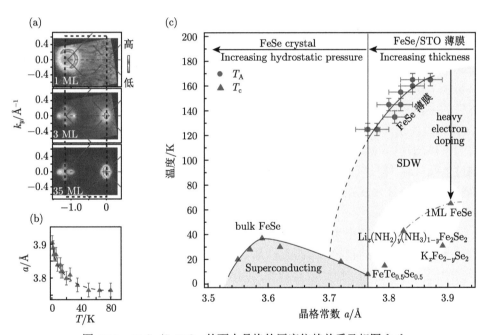

图 7.13　FeSe/SrTiO₃ 的面内晶格的厚度依赖关系及相图 [14]

的变化, 来自文献 [62]. 浅蓝色区域是我们在 FeSe 薄膜中的实验结果. 相图中也总结了典型的 FeSe 类超导体, 包括 FeTe₀.₅Se₀.₅[63], K$_x$Fe$_{2-y}$Se₂[10], Li$_x$(NH₂)$_y$(NH₃)$_{1-y}$Fe₂Se₂[64] 的 T_c 以及其对应的晶格常数. 这个相图跟 FeAs 类超导体的普适相图十分相似, 如 BaFe₂(As$_{1-x}$P$_x$)₂[65] 和 Ba(Fe$_{1-x}$Ru$_x$)As₂[66] 的相图. 可以看到, 向列序随 FeSe 晶格常数的减小逐渐被压制, 直到超导出现. 从向列序随晶格的变化曲线可以推测, 单层 FeSe 本来应该是处于非常强的向列序态, 但由于

STO 衬底的电子转移给单层 FeSe, 对其进行了电子掺杂, 压制了向列序, 因而出现超导. 分析 FeSe 类超导体的 T_c 以及对应的晶格常数可以看到, 较大的面内晶格常数对应着较高的 T_c. 随后的理论计算给出, 当面内晶格常数越大时, 反铁磁交换相互作用更强, 在充足的电子掺杂压制反铁磁的情况下, 更强的反铁磁涨落对应更高的超导 T_c[67]. 这也引发了对 FeSe/STO 的界面拉伸应力调控实验, 具体实验将在 7.3 节介绍.

7.2.3　超导能隙对称性研究

　　确定配对对称性有助于理解超导配对的微观机制. 大多数铁基超导的费米面都由布里渊区中心的空穴型费米面和布里渊区顶角的电子型费米面组成. 基于这样的费米面结构, 以自旋涨落为配对中介的配对理论与基于局域反铁磁相互作用的配对图像都给出 s± 波的配对对称性[68]. 在 s± 波配对图像中, 空穴型费米面和电子型费米面上的能隙有着相反的配对相位. 无论是对于没有节点的材料, 如 $Ba_{1-x}K_xFe_2As_2$, $BaFe_{2-x}Co_xAs_2$, $FeTe_{1-x}Se_x$, 还是对于有能隙节点的材料, 如 $BaFe_2(As_{1-x}P_x)_2$ 和过掺杂的 $Ba_{1-x}K_xFe_2As_2$, 这样的配对对称性可以很好地解释实验上观测到的超导能隙分布[69-75]. 因此, s± 波也逐渐成为铁基超导配对对称性的主流图像. 2010 年末, 以 $K_{0.8}Fe_2Se_2$ 为代表的 $A_xFe_{2-y}Se_2$(A= K, Cs, Rb 等) 被发现, 从化学价态上来看, 每个 Fe 上可能被掺杂了 0.4 个电子, 而从之前的铁砷超导体的情况看, 如 $Ba(Fe,Co)_2As_2$, 在 40% 的电子掺杂下, 体系会达到过掺杂区域, 超导已经消失[68]. 而 $K_{0.8}Fe_2Se_2$ 却有着 33 K 左右的超导电性. 尽管之后的研究发现在这类材料中存在相分离现象, 超导相大约是每个 Fe 上有 0.202 个电子的掺杂[76], 低于价态估计, 但所有的角分辨光电子能谱实验都证实了在这类材料中只有电子型费米面[41]. 由于布里渊区中心空穴型费米面的缺失, 仍然有 33 K 左右的超导, 这让人们需要重新审视基于超导序参量在空穴型和电子费米面之间反相的 s± 配对对称性. 而除了 $A_xFe_{2-y}Se_2$ 之外, 从电子结构上可知, 单层 FeSe/SrTiO₃ 则是另一类重度电子掺杂的铁基超导, 费米面结构都是由布里渊区角落的电子型费米面组成. 这类重度电子掺杂材料中的配对对称性挑战了主流 s± 波配对[41], 并且一直是铁基超导体研究中一个未解决的关键问题. 多种理论图像给出了不同的配对对称性, 例如没有相位变号的简单 s 波[77-80], d 波配对[81,82], 键合–反键合 (bonding-antibonding) 的 s± 波配对[83,84], 轨道相关的 s± 波配对[85,86], 带间 s 波配对 (奇宇称) 和带内 s 波配对 (偶宇称) 共存的 s± 波配对[87,88] 等. 这些理论基于椭圆形的费米面, 指出沿着布里渊区角落的两个电子口袋的不同费米表面部分之间可能存在或不存在超导能隙的符号反转. 然而, 在重度电子掺杂的 FeSe 类材料中, 两个电子口袋是近乎简并的并且很难区分 (如 AFe_2Se_2[41,76]、单层 FeSe/STO[14,15,24]、LiFeOHFeSe 等[89]). 早期的角分辨光电子能谱也给出了 FeSe/STO 上超导能隙的近似各向同性分布[14,15,24], 因此无法检验不同的配对图像.

我们的实验发现, FeSe/STO 中电子型费米面的椭圆性可以通过增强拉伸应变所提升[16], 继续增大拉伸应力在布里渊区角落可以观测到两个椭圆形的费米口袋 (图 7.14(a)). 因此, 这种拉伸应力下的单层 FeSe/STO 是测试配对对称性的理想材料. 沿着两个电子口袋的交叉动量的光电子能谱如图 7.14(b) 和 (c) 所示, 从动量分布曲线中的单峰线形状及更精细的半高宽拟合可见[16], 两个电子带之间没有杂化, 这与 bonding-antibonding 的 s± 波配对所需要的电子型费米面之间存在很强的杂化不相符[83,84]. 在椭圆费米面上存在能隙大小的变化. 从沿着 γ$_1$ 费米口袋的各个动量位置的对称化能量分布曲线 (图 7.14(d)) 可看出, 超导相干峰在不同的动量位置峰位处的能量不同. 能隙在动量空间各向异性, 在 $\varphi = 45°$ 时出现极小值, 但没有节点. 同样, 我们研究了另一块退火程序不同的 FeSe/STO 样品[16], 以及 FeSe/BTO 界面的能隙对称性[17], 也发现了沿着椭圆形费米面的各向异性、没有节点的能隙分布. 随后, Zhang 等通过偏振依赖的 ARPES 实验

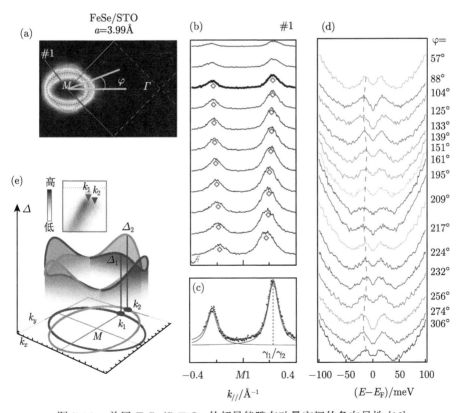

图 7.14 单层 FeSe/SrTiO$_3$ 的超导能隙在动量空间的各向异性 [16]

发现, 一方面证实在 $\varphi = 45°$ 存在超导能隙的极小值且没有能隙节点及杂化行为, 另一方面在 $\varphi = 0°$、$90°$ 的超导能隙大小也不完全相同, 在 $\varphi = 90°$ 更大 [90]. 这种二度对称的能隙结构 (图 7.14(e)) 在 Song 等高质量的 FeSe/STO 样品中进一步得到验证 [40].

各向异性但无节点的能隙分布对不同超导配对对称性的理论图像构成约束. bonding-antibonding 的 s± 和 d+is 配对图像基于两个电子口袋之间的杂化 [83,84], 这在 FeSe 中没有观察到. 没有杂化的 d 波配对 [81,82] 和轨道反相 s± 图像 [85,86] 将不可避免地诱导节点, 这在实验数据中也没有出现 [16]. 附加的带间 s 波配对可以以有限的能隙尺寸 [87,88] 提升节点, 从而产生能隙各向异性. 或者, 各向异性但无节点的能隙分布可以由各向异性的费米表面拓扑或轨道相关的能隙尺寸引起, 其中符号保持 s 波配对 [77,78,91,92]. 为了进一步判断超导序参量是否在费米面上存在变号, 需要通过相位敏感的实验进行研究. 利用低温 STM, 可以通过准粒子散射随磁场的响应、磁性和非磁性的单原子杂质散射来揭开配对对称性的神秘面纱 [30].

在超导能隙的空间分布很均匀的样品上, 利用系统配备的超导磁体, 施加垂直于薄膜表面的磁场, 在 70 nm×70 nm 范围内的磁通涡旋的情况如图 7.15 所示. 从单个磁通涡旋看, 在磁通中心位置, 存在非对称的电导峰. 零偏压电导沿着不同方向随偏离中心距离的衰减情况有所不同. 利用公式 $g(r, V = 0) = g_\infty + A\exp(-r/\xi)$ 可以拟合出相干长度. 沿 [100] 方向的金茨堡–朗道 (GL) 相干长度为

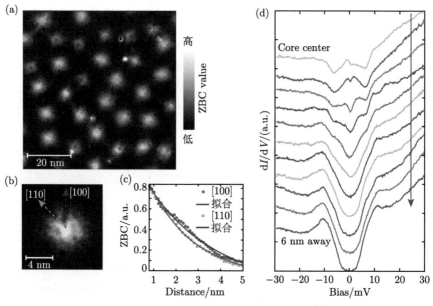

图 7.15　单层 FeSe/SrTiO$_3$ 的磁涡旋态 [30]

3.18 nm, 而沿 [110] 方向则为 2.45 nm. GL 相干长度的各向异性与超导能隙和费米面的各向异性一致 [16,90].

STM 测量超导波函数对称性的一种方式是通过准粒子干涉技术 (QPI) 来确定超导序参量的相位信息, 由 Hanaguri 等最先在铜氧化物超导体中进行应用, 并证实了 d 波配对对称性 [93]. 由于超导准粒子的相干因子的影响, 标量散射势对于不变号散射过程具有压制作用, 而磁性散射势对于变号散射具有压制作用. 这一技术同样在铁基超导体中获得了应用 [71].

在 FeSe/STO 中, 不同能量下的 11 T 磁场下所测得的 QPI 的快速傅里叶变换 (FFT) 中的散射特征和零场下相比并没有明显的强度增大或是减小, 几乎看不出其中变化 [30]. 对不同能量下的 FFT 进行了 (FFT$_{B=11T}$ $-$ FFT$_{B=0T}$)/(FFT$_{B=11T}$ $+$ FFT$_{B=0T}$) 处理 (图 7.16(c)), 可以看到和零场下的 FFT 中相似的特征 (图 7.16(a)), 如 ring1、ring2 或布拉格点, 而 ring1 和 ring2 区域之间并没有相对明显的强度差. 为了确认这点, 首先, 在零场下, 我们取如图 7.16(a) 所示的 ring1、ring2 和 ring3 的阴影进行强度积分. 三个环的积分强度在不同能量下的结果如图 7.16(b) 所示, 三个散射环的强度在能隙附近有着相似的能量变化关系, 在

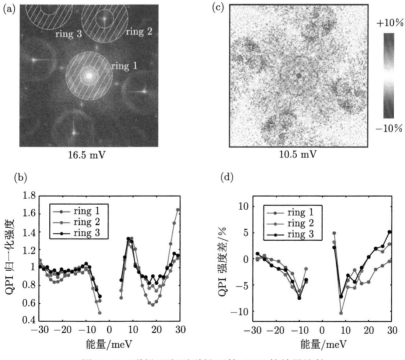

图 7.16 磁场下和无磁场下的 QPI 的结果比较

(引自: Fan Q, et al. Nat. Phys., 11, 946(2015))

能隙 ±10 meV 附近出现强度的一个峰值, 在能隙内强度则迅速被压制. 统一的能量依赖关系说明三种散射路径没有明显差别, 即能隙符号和 M 点位置无关, 因此我们可以排除 d 波配对的情况. 在加场 11 T 的情况下, 散射特征整体强度略有变化, 但是特征之间并没有相对的强度变化. 如图 7.16 (d) 所示, 加场后, 三个区域不同能量下的积分区域强度变化基本一致. 在能隙 ± 10 meV 左右, 压制最强. 11 T 的情况下, 统一的能量依赖关系也排除了 d 波配对的可能. 综合加场和零场的结果, 在加场中不同的散射过程的相对强度并没有在磁场的引入后发生变化, 没有观察到不变号散射过程或变号散射过程的增强或抑制. 强度上的整体变化可能是由于超导电流引起了准粒子能量上的多普勒平移, 压制了所有散射过程.

　　通过 QPI 的结果可以排除 d 波配对对称性的可能, 但如何确认究竟是变号还是不变号的 s 波? STM 测量超导波函数对称性的另一种方式是研究超导对于杂质的响应. 在常规超导体、铜氧化物高温超导体和铁基超导体中已有不少通过杂质态响应来研究超导配对对称性的实验结果 [94]. 对于 d 波或 s± 波配对, 磁性和非磁性杂质均会破坏配对, 如铜氧化物高温超导体 Bi-2212 的结果 [95], 在铁基超导体中的结果等 [96]. 对于无符号变化的 s++ 波配对, 杂质的响应则符合 Anderson 定律, 即非磁性杂质不会破坏时间反演对称性, 不会破坏超导, 而磁性杂质相反 [97].

　　图 7.17 给出了磁性杂质 Cr 和 Mn 的实验结果. 在 Cr 的杂质位置, ±3 mV 处

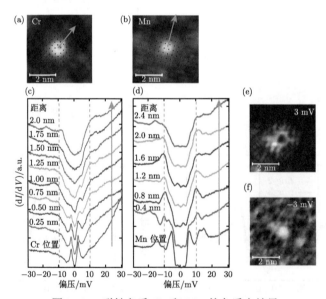

图 7.17　磁性杂质 Cr 和 Mn 的杂质态结果

3mV 和 −3mV 的微分电导图为 Cr 原子的, 图中黑色点阵对应着薄膜的 Se 晶格. (引自: Fan Q, et al. Nat. Phys., 11, 946 (2015))

出现了一对尖锐的对称峰, 并且超导相干峰被压制, 即 Cr 引入了能隙内的杂质态. 当逐渐远离杂质位置, 杂质态随着距离增大而逐渐减弱, 超导相干峰也逐步恢复, 2 nm 距离外, 完全恢复超导状态. 在杂质态的峰值位置的微分电导图则呈现能隙内 Bogoliubov 准粒子的特性, 如图 7.17(e) 和 (f) 所示, 在强度的空间分布上刚好相反, 即在 3 mV 下暗色的中心位置正好对应着 −3 mV 中心白色位置. 另一个磁性杂质 Mn 表现相似, Mn 的杂质位置, ± 5 mV 处出现了尖锐对称的杂质态, 在远离杂质 Mn 2.4 nm 距离后, 超导能隙方完全恢复. 对于非磁性杂质, 在 Zn、Ag 和 K 的杂质处和杂质附近, 如图 7.18 所示, 并没有能隙内的杂质态, 且超导相干峰也不受影响 (不同位置的超导能隙的不完全相同源自薄膜本身的微小的不均匀性, 这种微小差异是随机的). 总的来说, 磁性杂质抑制了超导, 在能隙内引入了杂质态, 而非磁性杂质则不影响超导, 因此这个实验结果对应不变号的 s++ 波. 其实单层 FeSe/STO 中 Se 的缺陷并不影响超导能隙, 也是和这一结果相符合的. 单

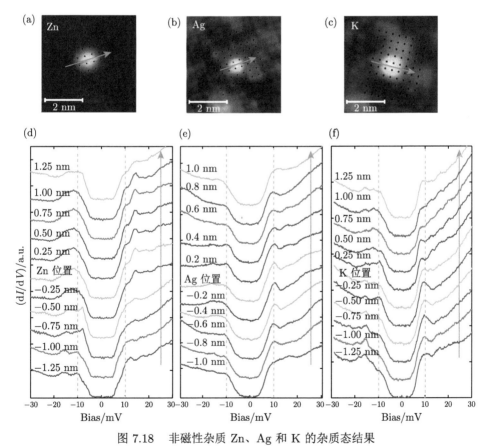

图 7.18　非磁性杂质 Zn、Ag 和 K 的杂质态结果

黑色点阵对应着薄膜的 Se 晶格. 引自: Fan Q, et al. Nat. Phys., 11, 946 (2015)

层 FeSe/SrTiO$_3$ 薄膜体系中的电子配对对称性为无符号变化的 s++ 波, 这和常规的铁基超导体不相同, 这表明, 界面增强电–声耦合相互作用或声子诱发的轨道涨落抑或 $\cos k_x \cos k_y$ 的广义 s 波, 对单层 FeSe/SrTiO$_3$ 薄膜高温超导电性可能扮演重要作用.

7.3　界面超导机理研究

单层 FeSe/STO 超导转变温度出乎意料地高, 这引发超导及界面领域的研究热潮. 理解界面对超导的增强机制可能有利于我们寻找更高 T_c 的超导材料, 因此一直是该领域的核心问题. 如前所述, 界面相互作用可以归为对 FeSe 的拉伸应力、电子掺杂, 以及 FeSe 中的电子与界面氧化物的电声子耦合.

考虑界面对超导的增强作用, 有以下三种可能的图像.

(1) 超导的配对机制仍然是反铁磁/轨道涨落等非常规超导配对机制, 但界面氧化物与 FeSe 的耦合增强了反铁磁对于超导的有效作用力, 从而实现了界面增强的超导. 对于多层 FeSe, ARPES 测量发现拉伸应力作用增强了向列序 [14], 表明在单层 FeSe/SrTiO$_3$ 中可能有着自旋/轨道涨落的增强. Cao 等通过理论计算发现, 在拉伸应力作用下, FeSe 薄膜中的 Fe—Se—Fe 键角会被拉直, 增强了超交换相互作用, 引入更强的反铁磁作用 [67]. 因为大多数非常规超导的母体为磁有序态, 往往是通过掺杂压制磁有序, 继而出现高温超导. 对于 FeSe 薄膜, 层数越少拉伸应力作用越大, 理论图像指出, 在单层情况下界面电荷转移压制了体系原本的反铁磁或反铁磁涨落, 进而出现了高温超导 (图 7.19(a)). 因此, 基于该理论图像, 使超导增强的主要因素是拉伸应力和界面电荷转移的共同作用, 调控拉伸应力将是检验该理论图像的直接途径.

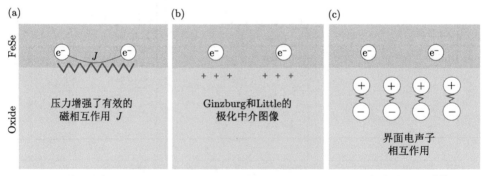

图 7.19　复制带在不同样品中的特征与界面增强超导的几种可能的相互作用 [17]

(2) Ginzburg 和 Little 等曾提出电介质中的电子位移极化可以屏蔽金属中的

库仑相互作用, 导致库珀配对, 引起界面超导 [101,102], 如图 7.19(b) 所示. 调控界面氧化物, 直接改变氧化物中的极化程度将是检验该图像的直接途径.

(3) $BaTiO_3$ 和 $SrTiO_3$ 作为介电常数很大的电介质, 其中的离子位移极化会与 FeSe 中的电子发生相互作用, 即界面电声子相互作用 [104], 从而引起超导配对 (图 7.19(c)). 界面电子–声子耦合能否导致单层 FeSe 中的超导配对, 它是否可以完全解释单层 FeSe 中的高温超导, 它与非常规超导配对机制能否存在共同作用, 都是理论争议的焦点问题, 有待实验的检验.

针对可能的界面超导增强机制, 通过界面设计, 可以对这几种界面相互作用分别进行控制变量法的调控, 研究超导 T_c 的变化, 从而对以上几种图像给出实验判据.

7.3.1 单层 FeSe/STO 界面的应力调控

基于图 7.19(a), 超导增强的主要因素是拉伸应力和界面电荷转移的共同作用, 则在保持充分电荷掺杂的情况下, 增大拉伸应力将进一步提升超导, 而消除拉伸应力在单层 FeSe/STO 中将不再有如此高的 T_c.

为了检验理论图像, 可以通过构建设计异质结保持 $FeSe/SrTiO_3$ 的界面不变, 通过选择面内晶格常数不同的衬底来改变面内晶格, 如图 7.20所示. $KTaO_3$ 的晶格常数为 3.989 Å, 比 $SrTiO_3$ 衬底的面内晶格 3.905 Å 大 2%. 实验通过氧化物分子束外延在 KTO 衬底上外延生长了 40 层 Nb:$SrTiO_3$ 薄膜, 通过 X 射线倒格点谱图测量可以检测得到, 生长的 Nb:$SrTiO_3$ 薄膜是均匀外延在 $KTaO_3$ 衬底上且没有晶格的弛豫, 可以对 FeSe 施加更大的拉伸应力 [16]. 而 $LaAlO_3$ 衬底的面内晶格是 3.79Å, 相比体材料 FeSe 的晶格常数 (3.765 Å) 大 0.7%, 但比 $SrTiO_3$ 的晶格常数 (3.905Å) 小 3%. 因此, 采用 $LaAlO_3$ 作为衬底, 可以减小 FeSe/STO 的拉伸应力, 研究单层 FeSe 在几乎不受拉伸应力作用下的超导电性, 从而理解拉伸应力对界面超导的影响 [98]. 实验发现, 随着层厚的增加, 最表面的 Nb:$SrTiO_3$ 薄膜受到的 $LaAlO_3$ 晶格错配的应力作用在减弱. 对于 3 uc Nb:$SrTiO_3$/$LaAlO_3$, 5 uc Nb:$SrTiO_3$/$LaAlO_3$, 9 uc Nb:$SrTiO_3$/$LaAlO_3$ 和 20 uc Nb:$SrTiO_3$/$LaAlO_3$, 对应的面内晶格常数分别为 (3.79±0.02) Å, (3.81±0.02) Å, (3.87±0.02) Å 和 (3.90±0.02) Å[98]. 其中, 对于 3 uc Nb:$SrTiO_3$ /$LaAlO_3$ 而言, 在晶格错配的应力作用下保持了 $LaAlO_3$ 衬底的面内晶格常数; 对于单层 FeSe 来说, 对应着 0.6% 的拉伸应变作用, 而 20 uc Nb:$SrTiO_3$ /$LaAlO_3$ 的面内晶格常数已经弛豫为 Nb:$SrTiO_3$ 本身的晶格常数. 基于不同晶格常数而又保持相同薄膜表面的 Nb:$SrTiO_3$/$LaAlO_3$, 在其表面上外延生长的单层 FeSe, 可以研究不同拉伸应力作用的能带结构和超导电性. 通过原位 ARPES 实验测量, 可以根据单层 FeSe 薄膜的费米面及其对称性计算得知布里渊区的大小, 从而得到实空间对应的晶格常数. 实验发现, 对于每个异质结而言, 单层 FeSe 的面内晶格常数与其外延生长的 Nb:SrTiO₃ 薄膜衬底的面内晶格常数在实验误差范围内保持一致. 也就是说, 单层 FeSe 薄膜完全外延了 Nb:SrTiO₃ 薄膜的晶格常数, 实现单层 FeSe 所受应力的大范围调控.

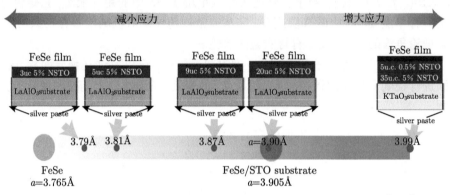

图 7.20　对单层 FeSe/SrTiO₃ 的界面应力调控及异质结设计示意图 [16,98]

图 7.21为 FeSe 薄膜在布里渊区中心沿 Γ-M 方向的能带结构, 所有 FeSe 薄膜在布里渊区中心均有一个抛物线型的能带 α, 在更深的结合能附近有一条较平的 ω 能带, 对于不同的样品, ω 的深度不同. 如果将布里渊区中心的能带 α 和能带 ω 之间的能量差定义为 δE. 如图 7.21 所示, 随着 FeSe 薄膜的晶格常数的增加, 能量差 δE 逐渐减小. 另一方面, 从光电子能谱的二次微分结果可以明显看出, 随着面内晶格的增大, 能带 α 的线型更为平缓, 这也意味着对应的电子有效质量更大. 对能带 α 的能量动量色散关系进行了二次函数拟合, 可以得到有效质量 m^* 与面内晶格常数的关系, 如图 7.21(h) 所示, 随着晶格常数的增加, 有效质量逐渐增大. 从图中我们也可以看出, SrTiO₃/KTaO₃ 界面上和 SrTiO₃/LaAlO₃ 界面上的单层 FeSe 薄膜的电子有效质量变化趋势基本上处于同一曲线上, 具有相同晶格常数的单层 FeSe/STO/LAO 和 FeSe/STO 对应的有效质量和 δE 也十分接近, 这也说明了 FeSe/SrTiO₃ 的界面耦合作用并没有发生改变.

如 7.2.3 节所述, 在 M 点附近, 相比于 FeSe/STO 继续增大拉伸应力至 $a = 3.99$ Å 时, γ_1 和 γ_2 简并消除, 可以清晰地看到两条电子型能带. 另一方面, 在减小拉伸应力的情况下, 即 FeSe/STO/LAO 中, γ_1 和 γ_2 两条能带近似简并, 而随着面内晶格常数的增大, 它们的有效质量逐渐增大 (图 7.22), 这与能带 α 随着拉伸应力的变化趋势一样 (图 7.21). 因此, 费米能量附近的能带, 其有效质量均随着面内晶格常数的增大而增大. 有效质量的增大也意味着电子的跳跃积分 t 的减小, 那

么对应到洪德 (Hund) 定则耦合强度 J_H/t(J_H 为洪德规则耦合常数 [99,100]), 以及次近邻交换耦合强度 J_2/t(J_2 是次近邻耦合系数 [99,100]), 跳跃积分 t 的减小则意味着有效关联强度的增大. 这些结果都表明, 拉伸应力作用增大了体系的有效关联强度.

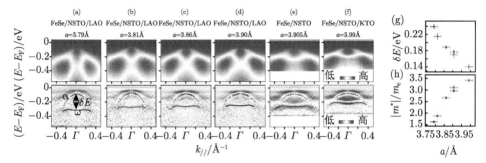

图 7.21 不同拉伸应力下单层 FeSe/SrTiO$_3$ 的 Γ 点附近带结构演化

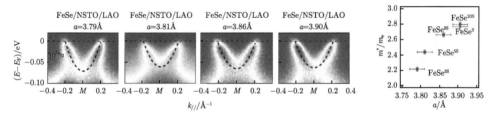

图 7.22 不同拉伸应力下单层 FeSe/SrTiO$_3$/LaAlO$_3$ 的 M 点附近能带结构演化 [98]

进一步, 分析超导能隙随温度的演化可以得到超导能隙闭合温度, 根据 BCS 拟合, 不同应力下的单层 FeSe 薄膜的能隙闭合温度如图 7.23 所示. 首先, FeSe/NSTO/KTO 的配对温度为 70 K. 这表明, 增大单层 FeSe 中的拉伸应力导致了配对温度 5 K 的提升. 然而从定量上来看, 体材料 FeSe 到 FeSe/NSTO, 面内晶格发生了 3.7% 的拉伸, T_c 从 8 K 提高到了 65 K; 然而从 FeSe/NSTO 到 FeSe/NSTO/KTO, 继续增大了 2% 的面内晶格, T_c 仅仅提高了 5 K, 是大大低于预期值的. 根据基于磁相互作用的计算, 从 3.765 Å 上升到 3.905 Å 再上升到 4.045 Å, 次近邻交换相互所用 J_2 相比于无应力的 FeSe, 分别上升了 23.2% 和 39.5%, 这也是与能隙闭合温度的上升不成比例的. 这表明, 除了磁相互作用之外, 还有其他效应影响着单层 FeSe 中的界面超导.

其次, 比较 #1, #2, #5, #6 可知 (图 7.23), 它们有着相同的 FeSe/Nb:SrTiO$_3$ 界面, 同时电子掺杂量也一致, 随着拉伸应力作用的增强, 对应的超导配对温度呈现一定程度的升高趋势. 然而, 值得注意的是, 对于 #1 而言, 单层 FeSe 的面内晶格常数与体材料 FeSe 非常接近, 相对应只有 0.6% 的拉伸应力作用, 然而超导能隙闭合温度相对于体材料 FeSe, 甚至是最佳电子掺杂的 FeSe 依然有很大的增强.

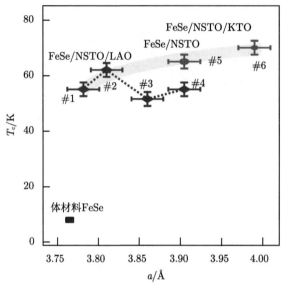

图 7.23 不同拉伸应力下单层 FeSe/SrTiO$_3$ 的超导能隙闭合温度演化 [16,98]

还需注意的是, 对于 #3 和 #4 而言, 超导转变温度显然偏离了 #1, #2, #5, #6 中超导配对温度与面内晶格常数之间的正相关趋势曲线. 特别地, 对于样品 #4 而言, 尽管与 #5, 即 FeSe/NSTO 衬底有着相同的界面和同样大小的界面拉伸应力作用, 其超导配对温度却明显低于 FeSe/NSTO 衬底. Huang 等从反射高能电子衍射 (RHEED) 图像的对比 (图 7.24) 中发现, 9 uc Nb:SrTiO$_3$ 和 20 uc Nb:SrTiO$_3$ 由于晶格的弛豫, 显著影响了其表面形态. 由于 Nb:SrTiO$_3$ 薄膜外延在 LAO 衬底上, 晶格弛豫主要发生在层厚为 5~20 uc[98]. 晶格弛豫会引起沉积原子的位错, 使得 9 uc Nb:SrTiO$_3$ 和 20 uc Nb:SrTiO$_3$ 薄膜的表面变得不再是成片的平整表面. 相应地, 从 RHEED 图像可以看出, 薄膜表面从二维变成准二维, (0 −1) 和 (01) 衍射斑点的展宽增加. Nb:SrTiO$_3$ 表面弛豫导致的原子位错和表面粗糙度将直接影响外延的单层 FeSe 薄膜的表面质量. 图 7.24(b) 为 Nb:SrTiO$_3$ 上单层 FeSe 的低能电子衍射图像. 对于薄膜表面而言, 锐利的 RHEED 和高能电子衍射 (LEED) 衍射点都表示表面具有相对较大的电子衍射相干长度, 即代表着大面积的原子级平整表面. 从图中我们可以看出, #3 和 #4 的 LEED 衍射点明显变得较为微弱. 定量地, 衍射点强度分布曲线的半高宽明显更大, 表明 #3 和 #4 的结晶度相对较差. 这些结果表明, 单层 FeSe 薄膜的超导转变温度对于界面处氧化物层的表面形态十分敏感. 比较 FeSe 的超导转变温度时, 除了电荷转移、生长条件需一致外, 必须选择晶体质量、表面平整度等因素一致的样品进行对比.

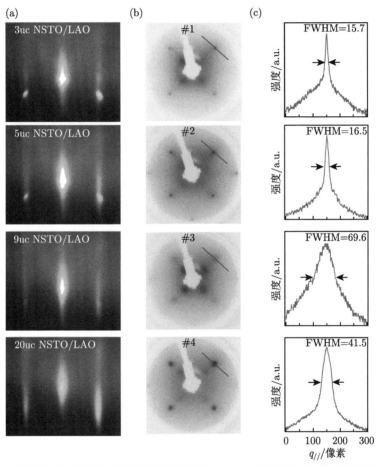

图 7.24　生长在 LAO 衬底上的不同层厚的 NSTO 薄膜的 RHEED 图像, 以及及对应的 #1, #2, #3, #4 的单层 FeSe/SrTiO₃ 的 LEED 图像 [98]

7.3.2　单层 FeSe 的界面材料调控

如前所述, 基于拉伸应力和电荷转移的图像, 并不能完全解释 FeSe/STO 中的超导电性, 界面扮演了重要的角色. 为了更好地研究氧化物界面提升超导的机理, 是否是由界面氧化物对 FeSe 中的库仑屏蔽造成了高温超导, 我们将界面的材料换成了 Nb:BaTiO₃, 来研究这个界面处单层 FeSe 的电子结构和超导能隙 [17].

BaTiO$_3$ 体材料的面内晶格常数在室温下为 3.992 Å, 比体材料的 KTaO$_3$ 的面内晶格略大. 然而, 由于 BaTiO$_3$ 在 130℃ 以上为顺电性, 在 130℃ 以下表现为铁电性, 低温下又会发生一系列的结构相变, 在高温生长以及降温进行低温的 ARPES 测量时都会有各种方向的自发极化发生, 因此很难在体材料的 BaTiO$_3$ 中保持原子层尺度的平整度, 甚至在变温过程中会发生破裂, 并不适合单层 FeSe 的生长和低温下的超导电性的研究. 我们利用生长 Nb:BaTiO$_3$/KTaO$_3$ 异质结构的方法获得高质量、原子层平整度的 Nb 掺杂的 BaTiO$_3$ 薄膜. 为了得到较好的导电性, 我们让 Nb:BaTiO$_3$(NBTO) 的厚度为 40~83 层. 对比实验发现, NBTO 的层厚在这个区间变化不影响单层 FeSe 的实验结果, 这是由于 NBTO 和 KTO 具有很好的面内晶格匹配.

如图 7.25 所示, 真空中高温退火下的 NBTO 具有 3×3 的超结构, 这样的重构对外延单层 FeSe 有着直接的影响, 导致外延的单层 FeSe 有 3 种不同的晶畴结构 (称为 FeSe^B 样品), 其中一种外延了 KTaO$_3$ 的晶格 (称为 FeSe^{BU} 相), 而另两种晶畴分别转了正负 18.5°, 对应的面内晶格为 3.78 Å, 布里渊区转动的角度与 LEED 上的转动晶畴的角度一致 (称为 FeSe^{BR} 相). 其中 3.989 Å 为面内极度拉伸情况, 它的费米面形状为椭圆形, 与 FeSe/NSTO/KTO 一致; 面内晶格常数为 3.78 Å 的转动 FeSe 相的费米面形状为圆形, 与拉伸应力较小的 FeSe 相似. 两种不同晶畴的 FeSe 的电子掺杂均为平均每个 Fe 上有 0.12 个电子.

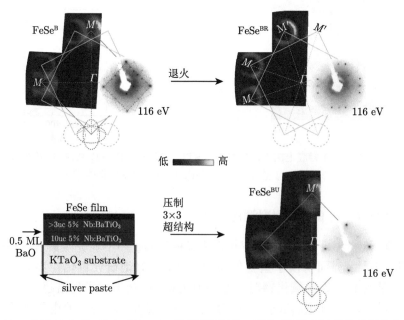

图 7.25　单层 FeSe/BaTiO$_3$/KTaO$_3$ 的费米面结构, 以及对两种晶畴结构的调控和增强

三种晶畴在实空间同时存在, 通过退火或者界面控制, 可以成功地实现只有 FeSe^{BR} 相或者 FeSe^{BU} 相的薄膜 (称为 FeSe^{BR} 样品、FeSe^{BU} 样品). 在不同界面、不同应力的单层 FeSe 薄膜中, Γ 点附近能带仍然都是由费米面以下的二次型的 α 能带和更深能级的较平的 ω 能带组成, 但能带的关联效应有着明显的变化. 从 Γ 点附近光电子能谱的二次微分 (图 7.26(c)) 中可以明显看出, 在 NBTO 上的两种不同面内晶格常数的单层 FeSe 中, FeSe^{BU} 相比于 FeSe^{BR} 面内晶格常数更大, 同时能带的有效质量更大, 在 Γ 点 α 带和 ω 带之间的能量差更小. 同样的变化在 NSTO 上的两种不同面内晶格常数的单层 FeSe 中也成立. 这表明, 增强单层 FeSe 中的拉伸应力之后, 电子之间的关联作用更强.

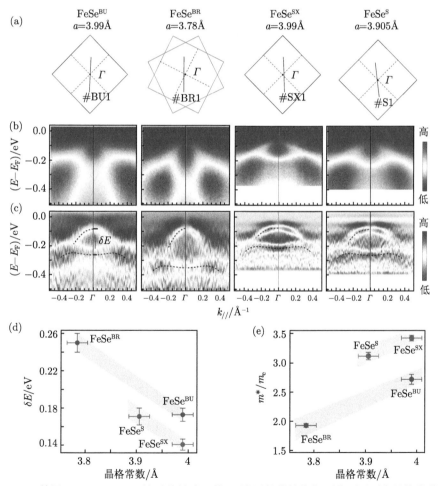

图 7.26 单层 FeSe/BaTiO$_3$ 的两种晶畴下的 Γ 附近能带结构与两种不同面内晶格常数的 FeSe/SrTiO$_3$ 的能带结构对比 [17]

此外, 比较 $FeSe^{BU}$ 和 $FeSe^{SX}$(即 FeSe/STO/KTO) 时, 虽然 FeSe 的面内晶格常数都是 3.989 Å, 而且 FeSe 中都是每个 Fe 上有 0.12 个载流子, 然而它们的能带的有效质量却有明显的差别, $Nb:BaTiO_3$ 上的 FeSe 的关联作用要明显弱于 $SrTiO_3$ 上的单层 FeSe. 这表明, 界面氧化物不仅给 FeSe 提供拉伸应力和电荷转移, 还与 FeSe 发生界面耦合, 影响着单层 FeSe 的关联作用. NBTO 界面和 STO 界面上的单层 FeSe 的有效质量的变化趋势是两条分立的线: 界面氧化物为 NBTO 时, 它上面的单层 FeSe 中的电子关联作用要弱于界面氧化物为 NSTO 的情况, 进一步说明了界面氧化物和单层 FeSe 之间的界面耦合作用.

在超导能隙方面, $FeSe^{B}$、$FeSe^{BR}$、$FeSe^{BU}$ 三种样品的能带色散在费米动量之外都向高结合能折回, 这是 Bogliubov 准粒子色散的特征. 随着温度的升高, 超导能隙逐渐减小, 并在高温闭合 (图 7.27), 代表着样品超过了其超导配对温度. 实验发现, $FeSe^{BR}$ 的超导配对温度为 70K. $FeSe^{BU}$ 的超导相干峰很弱, 可能

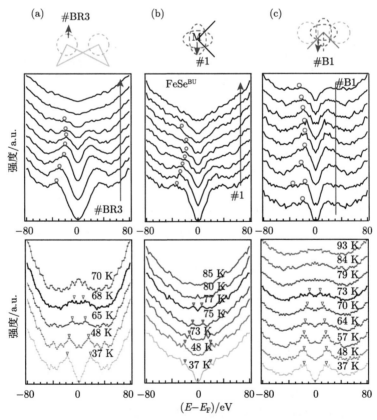

图 7.27　单层 $FeSe/BaTiO_3$ 的不同晶畴的超导能隙闭合温度 [17]

与 BaO 部分终结面成分不利于高质量 FeSe 的生长有关, 超导相干峰较弱情况下能隙的判断会存在一定的误差. 为了更精确地得到 FeSe^{BU} 的超导配对温度, 我们在 FeSe^B 的样品中 $M2$ 点附近进行了 FeSe^{BU} 相的能隙测量. 为了避免光电子矩阵元效应的影响, 实验在略微偏离 $M2$ 处测量 FeSe^{BU} 的超导能隙和能隙随温度的变化, 如图 7.27(c) 所示. 在低温下可以看到清晰的超导准粒子峰和 Bogliubov 准粒子色散现象, 超导能隙随着温度增大逐渐减小, 而在 73~79 K 闭合. 通过 BCS 拟合, 可得在 FeSe^B 中的 FeSe^{BU} 相中的 75 K 的库珀配对温度, 是铁基超导中库珀配对形成的最高温度纪录, 也是单原子层薄膜的配对最高温度纪录.

从能带结构角度来看, 拉伸应力会大大增加 α 能带的有效质量, 增强电子间的关联作用. 然而, 在关联性最弱、能带的有效质量最小的 FeSe^{BR} 中, 有着高达 70 K 的库珀配对温度. 在这里, 由于对于 FeSe^{BR} 的能隙测量并不是在混合相的 FeSe^B 中, 可以排除 FeSe^{BU} 的高温超导导致的近邻效应所引起的可能性. 另一方面, 当单层 FeSe 外延在 NBTO 表面时, 能带的有效质量比其外延在 NSTO 表面更小, 然而库珀配对的形成温度却更高. 这些与传统图像——在重度电子掺杂区域——增加电子间的关联作用可以增强超导是恰恰相反的. 因此, 在单层 FeSe 中, 除了拉伸应力和 FeSe 中电子关联作用之外, 存在着界面耦合作用, 它不仅影响着 FeSe 的电子结构, 而且对单层 FeSe 中的界面高温超导起着决定性的作用.

BTO 和 STO 的极化程度、屏蔽作用均不同, 而在 FeSe/Nb:BaTiO$_3$ 中看到了类似于 FeSe/STO 中的高温超导电性, 此外, 实验上并没有看到不同 Nb 掺杂对超导的作用, 这表明图 7.19(b) 应不是单层 FeSe 中超导配对的主要作用力. 另一方面, BaTiO$_3$ 和 SrTiO$_3$ 作为介电常数很大的电介质, 其中的离子位移极化会与 FeSe 中的电子发生相互作用, 从而引起超导配对 (图 7.28(c)). 的确在不同的 FeSe 薄膜中都看到了电声子耦合的证据, 在 FeSe/STO/KTO 和 FeSe^{BR} 中都看到了不同能量差的复制带 (图 7.28(a)), 如前文所述, 复制带和电声子耦合

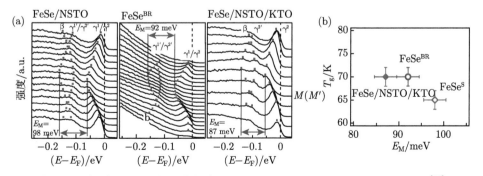

图 7.28　复制带在不同样品中的特征与界面增强超导的几种可能的相互作用 [17]

相关 [40], 那么这个结果表明在不同的界面下, 与电子发生相互作用的声子能量不同. 但超导配对温度与声子能量并没有直接相关性 (图 7.28(b)). 是否与电声子耦合强度相关是亟待解决的问题, 电声子耦合与非常规超导配对机制能否互相促进达到更高的 T_c, 将在 7.3.5 节具体介绍与电声子耦合强度相关的实验证据.

7.3.3   FeSe 厚膜的载流子掺杂调控

载流子掺杂是铜基超导、铁基超导等关联电子体系相图演化的一个重要参数. 重度电子掺杂的 FeSe 类材料 $K_xFe_2Se_2$ 相比于 FeSe, 超导转变温度从 8 K 提升到了 35 K, 而单层 FeSe/STO 界面体系的电子结构也显示出重度的电子掺杂. 这都说明大量的电子掺杂在 FeSe 类材料的超导提升中扮演着重要角色, 对其深入研究将有助于揭示铁基高温超导和界面超导提升的微观机理. 然而, 在重度电子掺杂的 FeSe 类块材体系中, 普遍存在介观尺度的相分离行为 [105], 阻碍高质量谱学数据的获得. 同时电子掺杂量趋向于一些分立值 [106], 无法实现对载流子掺杂的连续调控和深入研究. 真空原位表面 K 蒸镀是一种不依赖块材化学稳定性的电荷掺杂手段, 且与 ARPES 等谱学测量手段兼容, 可原位测量研究电子结构和超导性质随掺杂的演化. 2015 年, Y. Miyata 等通过表面 K 掺杂, 得到了重度电子掺杂的 FeSe 薄膜并测量了电子结构, 但他们发现 20 uc 厚的 FeSe 膜经电子掺杂后没有超导行为 [107], 这和我们课题组及后续的多个输运研究结果相矛盾 [53]. 本小节将系统介绍我们课题组的实验结果, 以及其对理解单层 FeSe 界面超导机理的启示.

30 uc 的 FeSe 厚膜的电子结构和 FeSe 块材单晶的类似 (图 7.29 (a)), 由 Γ 点的两个空穴型口袋和 M 点的两个正交的纺锤形谱重构成. Γ 点有两条空穴型能带穿越费米面 (图 7.29(b), (d)), 而 M 点的能带由劈裂的 d_{xz} 和 d_{yz} 轨道组分构成. 该能带劈裂是由 FeSe 中的轨道向列序导致. 蒸镀 K 后, 覆盖在 FeSe 表面的 K 原子提供电子掺杂, 费米面结构发生了改变. 如图 7.29(f), 费米面变为两套费米面结构共存. 其中的一套为 M 点出现的一个圆形的电子型口袋, 而另一套与未掺杂的 FeSe 相同. 这说明在蒸镀 K 以后, K 对一部分 FeSe 产生了电子掺杂效应, 而对另一部分 FeSe 的电子结构没有产生影响. 由于 ARPES 测量深度为约 1 nm, 包含了约两层 FeSe, 所以在蒸镀 K 以后, 同时测到了表面第一层和第二层 FeSe 的电子结构信号.

对于表面第一层 FeSe, 由于表面蒸镀的 K 原子提供了电子掺杂, 其 Γ 点的空穴型能带往深能级移动, 带宽变得狭窄 (图 7.29 (g), (i)), 并且没有穿越费米面; M 点的能带由原来的劈裂型多条能带变为简并的未劈裂的电子型能带, 这说明蒸镀 K 后的第一层 FeSe 的轨道向列序受到压制. 这种仅在 M 点形成电子型费米面的电子结构, 和其他的重度电子掺杂的 FeSe 有相似性. 而对于表面第二层 FeSe 的电子结构, 由于未受到 K 蒸镀的影响, 没有得到电子掺杂, 电子结构与未蒸镀时的

FeSe 的电子结构一致. K 引起的电子掺杂仅仅发生在 FeSe 厚膜的表面. 通过计算第一层费米面的面积和 Luttinger 定理, 可以得到表层 FeSe 的电子掺杂量为每个 Fe 原子上掺杂 0.098 个电子. 从电子掺杂后的 FeSe 的能量分布曲线 (EDC) 上可以看出, M 点穿越的能带在费米面附近形成典型的超导能隙, 大小约 10 meV. 图 7.29(k) 中还显示, 未掺杂的 FeSe 在 30 K 下没有打开超导能隙. 该结果表明, 电子掺杂后的 FeSe 超导转变温度由 FeSe 厚膜的 8 K 提升至 30 K 以上.

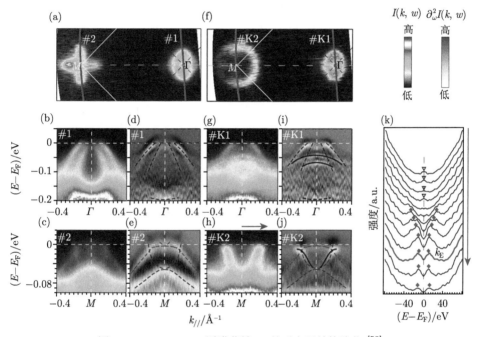

图 7.29 30uc FeSe 厚膜蒸镀 K 前后电子结构演化[53]

(a) 30uc FeSe 厚膜蒸镀 K 前的费米面结构; (b), (d) Γ 点能带结构谱和二次微分谱, 对应 (a) 中 #1 动量位置; (c), (e) M 点能带结构谱和二次微分谱, 对应 (a) 中 #2 动量位置; (f) 该厚膜蒸镀 K 后的费米面结构; (g), (i) Γ 点能带结构和二次微分谱, 对应 (f) 中 #K1 动量位置; (h), (j) M 点能带结构和二次微分谱, 对应 (f) 中 #K2 动量位置; (k) 蒸 K 后样品的超导能隙, 测量温度为 31K, 动量位置对应 (h) 中的红色箭头

通过 K 蒸镀对 FeSe 进行电子掺杂, 与其他方法, 如掺杂 K 的 $K_xFe_2Se_2$ 单晶、掺杂 Co 的 $Fe_{1-x}Co_xSe$ 薄膜, 在杂质散射率方面有很大的不同. 在 $K_xFe_2Se_2$ 中, K 和 FeSe 经过了化合反应, 形成了 $ThCr_2Si_2$ 型晶体结构, K 在 FeSe 层间, 改变了原有的 FeSe 层间距离, 并导致了一些复杂的情况, 如金属–绝缘体相分离[105]. 在 Co 掺杂的 $Fe_{1-x}Co_xSe$ 薄膜中, Co 替换 Fe 原子进入了 FeSe 面内, 具有很大的杂质散射效应[53,108]. 而 K 蒸镀发生在 FeSe 厚膜处于低温的情况下, 在 FeSe 表面的 K 原子难以扩散和发生化合反应, 而只是给表面第一层 FeSe 提供了

电子掺杂. 与 $K_xFe_2Se_2$、$Fe_{1-x}Co_xSe$ 相比较而言, K 蒸镀 FeSe 的方法能够最大程度地减少杂质引入, 能够允许更加独立地研究电子掺杂对 FeSe 的电子结构影响, 而不引起 FeSe 的其他变化 [53,108].

表面蒸镀 K 的厚层 FeSe 具有和单层 FeSe/STO 类似的费米面拓扑结构, 而且同样具有较大的超导能隙, 自然引出以下问题: 只靠电子掺杂能否解释单层 FeSe 界面的超导提升? 厚层 FeSe 表面蒸 K 后的超导是否与界面有关? 图 7.30 中比较了不同层厚的 FeSe/STO 厚膜以及 $FeSe_{0.93}S_{0.07}$ 单晶样品蒸镀 K 后的 M 点电子结构和超导能隙. 所有的样品在进行等量的 K 蒸镀后, 都在 M 点形成了相同的电子型能带, 从能带穿越大小可以计算出电子掺杂均为 0.09 e^-/Fe. 它们在 31 K 下 (10 uc 样品最低测量温度为 42 K) 都形成了典型的超导能隙, 能隙大小均为 10 meV. 由于 $FeSe_{1-x}S_x$ 单晶中不存在 FeSe/SrTiO$_3$ 界面, 所以测量到的 10 meV 超导能隙不可能来自 FeSe/STO 界面, 而只能来自表面蒸镀 K 后, 受到电子掺杂的 FeSe 层本身. 通过对超导能隙进行变温实验, 得到超导电子掺杂量为 0.09 e^-/Fe 的 FeSe 的能隙闭合温度为 46 K, 如图 7.30(i)~(k) 所示. 所以使用大于 4 uc 的 FeSe/SrTiO$_3$ 厚膜电子掺杂与电子掺杂的 $FeSe_{1-x}S_x$ 单晶, 在掺杂量均为 0.09 e^-/Fe 时, 超导能隙、电子结构均没有差别. 该结果证明了电子掺杂的 FeSe 超导的提升来自被蒸镀 K 的 FeSe 表面, 与 FeSe/STO 界面没有关系.

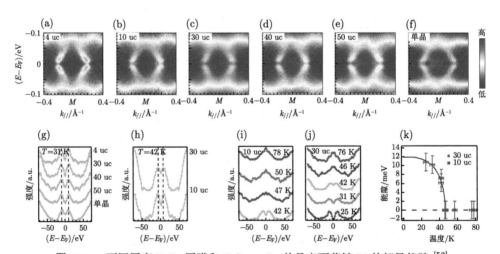

图 7.30　不同厚度 FeSe 厚膜和 $FeSe_{1-x}S_x$ 单晶表面蒸镀 K 的超导能隙 [53]

(a)~(f) 4 uc, 10 uc, 30 uc, 40 uc, 50 uc FeSe/SrTiO$_3$ 厚膜和 $FeSe_{1-x}S_x$ 单晶蒸镀 K 后 M 点对称化电子型能带, 10 uc 样品的测量温度为 42 K, 其余测量温度为 31 K; (g) 测量温度为 31 K 下 (a)~(f) 中对应的不同厚度样品能带穿越位置的对称化 EDC; (h) 测量温度 42 K 下 10 uc 和 30 uc 样品的能带穿越位置的对称化 EDC; (i), (j) 10 uc 和 30 uc 样品能带穿越位置对称化 EDC 的变温实验; (k) 10 uc 和 30 uc 样品的超导能隙变温数据, 实线为对数据的 BSC 方程拟合在排除界面对厚膜表面的影响后, 就可以细致研究电荷掺杂逐渐变化对 FeSe 层电子结构和超导电性的影响. 掺杂量为 0.033 e⁻/Fe 的样品, M 点的能带由两条穿越费米面的电子型能带构成, 带底分别在费米面以下 20 meV 和 60 meV (图 7.31(c), (d)). 这两条电子型能带分别对应 Fe 的 d_{xz} 和 d_{yz} 轨道电子. 两条电子型能带不简并, 这是由于 FeSe 中存在轨道向列序导致. 轨道向列序导致两条电子型能带发生劈裂, 在掺杂量为 0.033 e⁻/Fe 的样品中带底劈裂大小为约 40 meV. 随着电子掺杂的增加, 靠近费米面的电子型能带带底向深能级移动, 而 60 meV 处的电子型能带的位置没有发生变化. 在掺杂量为 0.054 e⁻/Fe 的样品中, 两条电子型能带带底的劈裂大小减小到 15 meV. 从图 7.31 中还可以得出, 不论是 Γ 点还

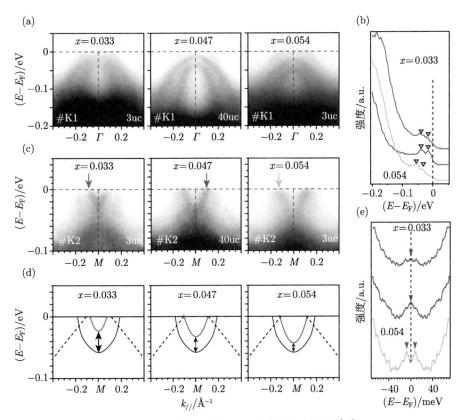

图 7.31 欠掺杂区域 FeSe 薄膜的电子结构 [53]

(a) Γ 点能带结构的电子掺杂演化; (b) Γ 点的 EDC 随电子掺杂的变化, 黑色三角标识出 Γ 点两个空穴型能带的带顶位置;(c) M 点能带结构的电子掺杂演化; (d) M 点能带色散关系, 红色和蓝色实线为根据 (c) 中的能带数据拟合得到色散, 虚线为第二层未掺杂 FeSe 的色散; (e) M 点能带穿越的对称化 EDC, 能带穿越位置如 (c) 中箭头标识处

是 M 点的能带, 掺入的电子并没有引起带宽的变化, 而只是使得特定的能带向深能级移动. 这表明, 对欠掺杂的 FeSe 进行电子掺杂, 主要引起的变化为减小 d_{xz} 和 d_{yz} 轨道电子能带的劈裂, 压制体系中的轨道向列序. 在 25 K 测量温度下, 0.033~0.047 e^-/Fe 掺杂样品没有测量到能隙打开, 而掺杂量 0.054 e^-/Fe 的样品, 打开了一个约 5 meV 的超导能隙 (图 7.31(e)). 说明在掺杂量为 0.054 e^-/Fe 情况下, 超导 T_c 高于 25 K, 且超导和轨道向列序共存. 无论是 Γ 点的空穴型能带, 还是 M 点的电子型能带, 随着电子掺杂, 能带的有效质量没有发生改变. 这表明欠掺杂 FeSe 的体系关联程度未发生明显改变.

当 FeSe 的电子掺杂量大于 0.08 e^-/Fe 时, 体系接近超导能隙闭合温度最高的区域, 也称为最佳掺杂区域. 最佳电子掺杂 FeSe 的费米面为近似圆形. 随着电子掺杂增加, Γ 点的两条空穴型能带继续向深能级移动, 但当掺杂量达到 0.137 e^-/Fe 后, Γ 点的空穴型能带变得模糊 (图 7.32 (a)), 能带依然有往深能级移动的趋势 (图 7.32(b)).

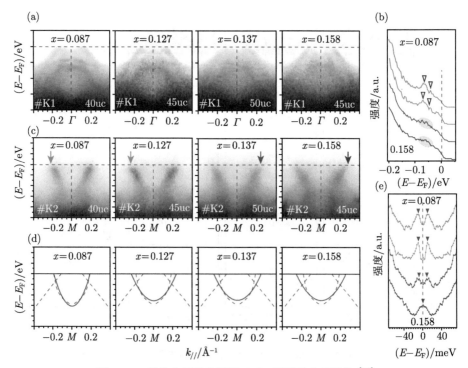

图 7.32   最佳电子掺杂附近 FeSe 薄膜的电子结构 [53]

(a) Γ 点能带结构的电子掺杂演化; (b) Γ 点的 EDC 随电子掺杂的变化, 黑色三角标识出 Γ 点两个空穴型能带的带顶位置; (c) M 点能带结构的电子掺杂演化; (d) M 点能带色散关系, 虚线为第二层未掺杂 FeSe 的色散;

(e) M 点能带穿越的对称化 EDCs, 能带穿越位置如 (c) 中箭头标识处

    M 点的两条电子型能带在最佳电子掺杂区近似简并 (图 7.32(d)), 电子型能带的带底随掺杂不发生移动, 都在费米面以下约 60 meV 处, 费米穿越随着电子掺杂的增加而增大. 这表明, 对于最佳电子掺杂的 FeSe, 体系的轨道向列序已经完全被压制, 并且随着掺杂量的增加, 电子型能带逐渐变得更加平坦, 能带的有效质量增加, 体系的关联逐渐增强. 这种关联增强效应是反常的, 因为在大多数铁基超导体中, 如 $NaFe_{2-x}Co_xAs$ 和 $LiFe_{2-x}Co_xAs$, 体系的关联随着掺杂的增加是减弱的 [109]. 掺杂量 0.087 e^-/Fe 和 0.127 e^-/Fe 样品的超导能隙大约为 10 meV, 超导的产生伴随着体系轨道向列序的压制. 当掺杂量达到 0.158 e^-/Fe 时, 在 30 K 下已无法测量到超导能隙, 其超导能隙闭合温度小于 30 K.

    当掺杂量为 0.189 e^-/Fe 和 0.218 e^-/Fe 时, 原本在 Γ 点的空穴型能带和 M 点的电子型能带从费米面中消失, 如图 7.33 所示, 体系进入绝缘态. 当电子掺杂达到 0.228 e^-/Fe, Γ 点出现一个带底在 30 meV 的电子型能带, 体系重新演变为金属态.

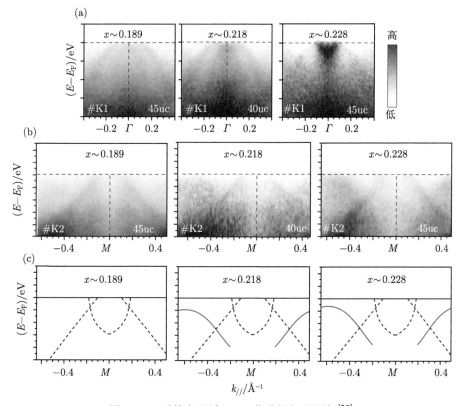

图 7.33 过掺杂区域 FeSe 薄膜的电子结构 [53]

(a) Γ 点能带结构的电子掺杂演化; (b) M 点能带结构的电子掺杂演化; (c) M 点能带色散关系, 红色和蓝色实线为根据 (b) 中的能带数据拟合得到的色散, 虚线为第二层未掺杂 FeSe 的色散

　　FeSe 电子掺杂相图总结在图 7.34. 在欠掺杂区域 ($0 < x < 0.054$), 随着电子掺杂增加, FeSe 的轨道向列序逐渐被压制, 同时超导温度在掺杂量 $x = 0.054$ 时提高至 25 K 以上, 与减弱的轨道向列序共存, 体系的关联不变. 在最佳掺杂区域 ($0.087 < x < 0.158$), 体系的轨道向列序完全压制, 超导提升至 $T_c = 46$ K, 随后超导降低, 超导温度随着掺杂呈现拱形, 体系的关联逐渐增强, 如图 7.34(a) 所示. 进一步掺杂 ($x > 0.189$), 体系经历一个绝缘相后演变为金属相.

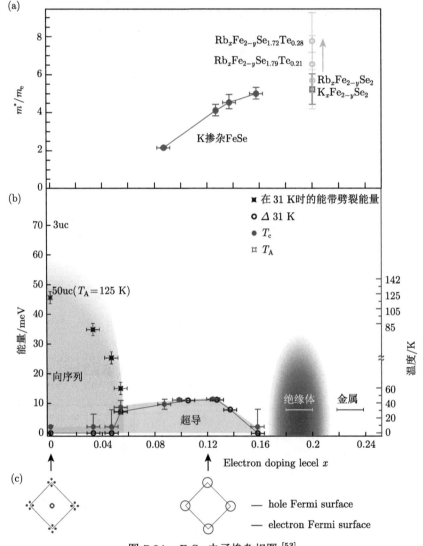

图 7.34　FeSe 电子掺杂相图 [53]

(a) M 点电子型能带的有效质量随电子掺杂的变化关系, 其中 m_e 为电子质量; (b) FeSe 电子掺杂相图, 轨道向列序的能带劈裂由 M 点能带带底劈裂大小决定; (c) 不掺杂 FeSe 和最佳电子掺杂 FeSe 的不同费米面结构从该相图, 可以获得以下几点结论.

(1) 通过对 FeSe 进行电子掺杂, T_c 由母体的 8 K 提升至最佳掺杂的 46 K. 考虑到其最佳掺杂的电子掺杂量和单层 FeSe/SrTiO$_3$ 类似都是 0.12 e$^-$/Fe 左右 [14,25], 但后者的超导转变温度超过 60 K, 甚至达到 109 K[29], 因此可以认为单层 FeSe 之所以有如此高的超导转变温度, 其中约 40 K 的 T_c 提升是由电子掺杂效应导致, 而另外 20~60 K 的 T_c 提升是由其他因素导致.

(2) 相图在既有空穴型费米面又有电子型费米面的第一类铁基超导和仅有电子型费米面的第二类铁基超导之间建立桥梁, 展示了它们电子结构上的演化. 向列序逐渐被压制, 超导提升.

(3) 在最佳电子掺杂到过掺杂的区间, FeSe 的体系关联显著增强, 这种电子掺杂导致的关联增强效应和其他铁基超导体电子掺杂相比较为反常. 比如, 在 NaFe$_{2-x}$Co$_x$As 和 LiFe$_{2-x}$Co$_x$As 中, 随着电子掺杂的增大, 体系关联减弱 [100], 由于半满的 d^5 轨道电子组态具有较大的关联强度, 所以对其进行电子掺杂后, 更加远离 d^5 电子组态, 体系的关联强度将会降低 [110-112]. 但是在电子掺杂的 FeSe 中, 随着电子掺杂, 体系的关联强度持续增大, 直到体系完全绝缘. 这个结果表明, 电子掺杂的 FeSe 存在反常关联作用.

(4) 在过掺杂区域, FeSe 的反常关联增强进而引发的超导-绝缘体相变. 许多实验表明, FeSe 层状化合物的确处在绝缘相附近, 例如, 化学配比失衡的 FeSe 结构 Fe$_4$Se$_5$ 会形成 $\sqrt{5} \times \sqrt{5}$ 的铁缺位有序进入莫特绝缘相 [113], 以及对 (Li,Fe)OHFeSe 进行离子门电压调控来继续增大电子掺杂, 会导致体系进入绝缘相 [114]. 这个相图给出了绝缘相的产生与电子关联作用的增强密不可分。

7.3.4 FeSe 薄膜表面 K 掺杂的厚度依赖研究

7.3.3 节讲述了 FeSe 厚膜通过表面 K 蒸镀引入电子掺杂可以有效提高超导转变温度, 但无法完全解释单层 FeSe/STO 界面的高温超导, 需要考虑氧化物界面的贡献. 为了进一步研究界面效应对超导的贡献, 我们对薄层 FeSe 进行原位表面 K 掺杂和 STM 研究. STO(001) 衬底 (Nb 0.5% 掺杂) 通过在真空中直接加热到 1250 K 清洁. 石墨化 SiC(0001) 衬底通过 1650 K 直接加热 SiC(0001) 制备, FeSe 薄膜通过 620 K 下共沉积高纯硒 (99.999%) 和铁 (99.995%) 进行制备, 之后再在 670 K 下进行退火. 生长 STO 上多层 FeSe 薄膜时, 先生长界面 FeSe 层, 再进行 800 K 退火处理, 剩下的层就生长在界面层上面. 这一过程确保界面 FeSe 层具有增强的 T_c. 样品表面的 K 原子沉积在低温 (~100 K) 下进行, 生长速率为 0.075 ML/min. 样品在生长后立即在真空中传样至 STM 系统. 在所有的测量中都使用了 PtIr 针尖; 微分电导 (dI/dV) 是由调制频率为 713 Hz 的锁相放大器收集的.

图 7.35(a) 显示了清洁过的 STO(001) 衬底的典型表面, 表面由原子级平整的台阶面组成. 图 7.35(b) 展示了这里使用的石墨化 SiC, 它主要由单层石墨烯覆盖. 下层的 SiC 的 6×6 重构也可以在图中观察到. 众所周知, SiC 上的外延石墨烯层与衬底紧密结合, 使其电子性质与游离状石墨烯十分不同 [13]. 图 7.35(c) 显示了 STO(001) 上双层 FeSe 膜的典型形貌, 其中可以看到不规则的畴界. 由于单层 FeSe 存在畴界, 这些结构可能是从界面 FeSe 层延伸而来. 我们还发现, 不同厚度的膜可以在一个样品中共存, 例如, 图 7.35(c) 中有 1 uc 区域. 这使我们能够测量在同一个样本中超导能隙的厚度依赖性. K 原子沉积在表面上, 覆盖率 (以下简称 KC) 从 0.01 ML 到 0.3 ML 不等. 此处单层 (ML) 根据单层 FeSe 中的铁原子面积密度 (约 $1.41 \times 10^{15} \mathrm{cm}^{-2}$) 定义. 我们发现, 在超过数十纳米的大范围内, K 的覆盖是均匀的 (不考虑膜厚), 但在几纳米的小范围内, K 原子通常是随机分布的 (图 7.35(e)). 我们注意到, 在某些覆盖率 (如 0.125 ML 和 0.16 ML) 下, K 原子可以局部形成有序结构, 例如 $\sqrt{5} \times \sqrt{5}$(相较于 FeSe 元胞, 图 7.35(f)), 或者 6 倍紧密堆积结构, 晶格常数为 0.76 nm(图 7.35(g)). 当 KC<0.2 ML 时, K 原子单独吸附, 此时我们通过计算 20 nm×20 nm 区域的原子数来计算 KC. 当覆盖率大于 0.2 ML 时, K 原子形成无序团簇, 单个原子不再能在 STM 扫描中被分辨出来 (图 7.35(h)). 这时我们根据生长速度和沉积时间来估计覆盖度.

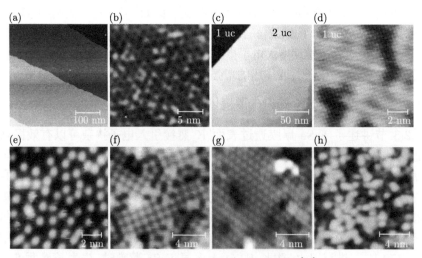

图 7.35　各个生长步骤中的表面形貌 [54]

(a) 清洁 STO 衬底; (b) 顶层为单层石墨烯的碳化 SiC; (c) STO 上的 2uc FeSe 薄膜; (d) 石墨烯上单层 FeSe 薄膜的原子晶格; (e)~(h) 2uc FeSe/STO 体系中表面掺 K 0.045 ML, 0.125 ML, 0.163 ML, 0.20 ML 的表面 STM 形貌

在没有 K 掺杂的情况下, STO(001) 上的多层 FeSe 薄膜没有表现出如在单

层 FeSe/STO 这样的界面体系中的增强的超导性. 在厚度大于 20 uc 的薄膜上, 可以观察到约 2 meV 的超导能隙, 这便是 FeSe 的体超导能隙. 在适当的表面 K 掺杂后, 多层膜的表面层会出现超导, 这可以通过费米能量 E_F 处的能隙打开证明. 图 7.36(a) 显示了随 K 原子覆盖度而改变的两层 FeSe/STO 薄膜的典型 dI/dV 电导谱. K 表面掺杂前, STS 谱呈半导体状. 从 KC~0.013 ML 开始, 超导能隙打开. 能隙大小由两个相干峰之间能量值的一半 (或能隙边缘的 Kink 状特征, 如图 7.36(a) 中的短条所示) 决定. 在 KC=0.15 ML 时达到最大值 14 meV, 继续增大 K 的覆盖量, 能隙减小呈现穹顶状掺杂依赖性. 图 7.36(b) 中的 dI/dV 谱显示了 K 表面掺杂对 FeSe 能带结构的影响. 每个 STS 谱中 E_F 以下的峰值可能来自空穴状能带的顶部 (在布里渊区 (BZ) 的 Γ 点), 随着 KC 的增加, 空穴带的顶部系统地转移到较低的能量. 从 KC=0 到 KC~0.15 ML 的总能量位移约为 30 meV, 如图 7.36(b) 的插图所示.

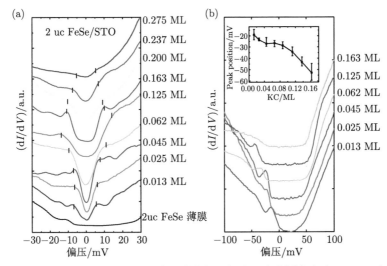

图 7.36　K 表面掺杂的 FeSe/STO 多层膜的超导能隙和大范围态密度 (DOS) 变化 [54]

图 7.37总结了不同薄膜厚度下超导能隙的掺杂依赖性. 超导能隙存在一些空间不均匀性, 能隙的不均匀性可能是由 K 原子/团簇的局部随机分布造成的, 因为它们可能引起掺杂的局部变化, 同时 FeSe 超导体的相干长度也很小 (1 uc FeSe/STO 为 2~3 nm). 因此, 我们通过在 20 nm×20 nm 区域内不同位置取 5~10 个 STS 谱线的平均值来确定每个 KC 的超导能隙大小. 我们可以看到, 对于所有的薄膜, 超导能隙大小都依赖于 KC, 而其在相图中的分布呈圆顶状, 即先增大后减小. 然而, 最大能隙值随着薄膜厚度的减小而增大. 2 uc 薄膜的超导能隙为 14 meV, 20 uc 薄膜的超导能隙迅速减小到 9 meV. 比较而言, 1 uc FeSe 膜具

有 15 meV 的超导能隙 (K 表面掺杂不能进一步增强 1 uc 膜的超导能隙, 却可以稍微抑制它). 目前的观测表明, 要达到高 T_c, 电子掺杂是必要的. 然而, 随着薄膜厚度的减小, 超导能隙进一步增强, 这对于普通超导系统来说是不可能的. 这种不寻常的行为意味着 STO 衬底或界面必定在体系中发挥着关键作用.

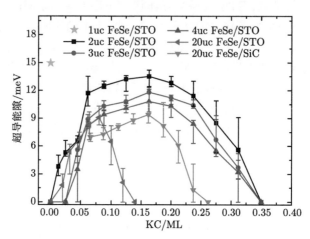

图 7.37　不同衬底和层厚的 FeSe 薄膜中超导能隙与表面 K 原子覆盖度之间的关系 [54]

为了进一步阐明衬底效应, 我们研究了石墨化 SiC 上生长的 FeSe 薄膜的 K 掺杂依赖性. 图 7.35(d) 显示了单层 FeSe 在单层石墨烯/SiC 上的形貌, 可以看到清晰的原子分辨. 我们发现, 只有在单层外延石墨烯/SiC 上才能实现 FeSe 薄膜的逐层生长, 而在多层石墨烯/SiC 上, FeSe 倾向于形成孤立的岛状生长. FeSe 薄膜在单层石墨烯/SiC 上更容易成核, 可能是由于下层的 SiC 界面的剩余弱极化. 从图 7.35(d) 中可以看出, 1 uc 膜测得的晶格常数为 0.37 nm, 非常接近体值. 因此, 与 STO 上的单层 FeSe(其外延晶格常数为 0.39 nm) 不同, 石墨化 SiC 上的单层 FeSe 没有明显的外延应力. 生长行为和晶格弛豫也表明, FeSe 薄膜与石墨化 SiC 的结合较弱. 根据之前的文献报道, 石墨化 SiC 上生长的 FeSe 厚膜具有与体 FeSe 相似的超导性 [13,115]. 特别是, 超导能隙随薄膜厚度的减小而减小. 这里我们发现在 K 表面掺杂下, 石墨化 SiC 上的所有 FeSe 薄膜都表现出增强的超导性 (相对于体态 FeSe 单晶). 图 7.38(b) 显示了在最佳掺杂水平 (KC~0.15 ML) 下 1 uc、4 uc 和 20 uc FeSe 薄膜的典型 dI/dV 谱. 在所有这些薄膜中都观察到约 9 meV 的超导能隙. 如图 7.38(a) 所示, 20 uc 薄膜的 K 掺杂依赖性也显示了一个穹顶状结构 (能隙尺寸与 KC 的关系如图 7.37所示). 这里值得注意的是, 1 uc 和 4 uc 薄膜的能隙底没有达到零电导, 这可能是由这些薄膜中的热涨落或量子涨落增强所导致.

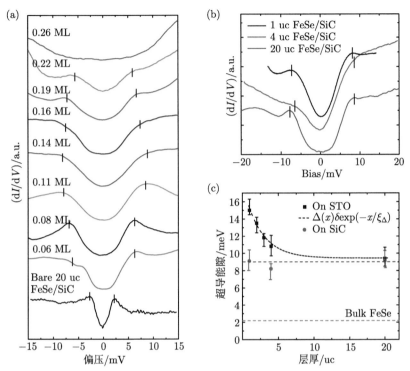

图 7.38　石墨化 SiC 表面生长的 FeSe 薄膜随着 K 掺杂和层厚的电子结构演化 [54]

(a) 20 层 FeSe/SiC 薄膜的超导能隙随表面 K 覆盖度的变化; (b) 不同层厚的 FeSe/SiC 薄膜的最优超导能隙;

(c) 不同层厚的 FeSe/STO 和 FeSe/SiC 上的最优超导能隙随层厚的变化

　　尽管石墨化 SiC 上的 K 表面掺杂 FeSe 薄膜相对于体 FeSe 单晶的超导性也有所增强, 但它们的配对能隙仍小于 STO 上单层/少层 FeSe 的配对能隙. 这与最近的 ARPES 和输运研究一致, 后者表明, 单层 FeSe/STO 的 T_c 为 65 K 或 109 K, 而 K 表面掺杂的 FeSe 薄膜的 T_c 约为 46 K[53]. 这进一步证实了 FeSe/STO 界面不仅仅是掺杂电子, 而是有其他进一步提升超导的界面机制. 如图 7.38(c) 所示, 随着厚度的增加, T_c 的额外增强迅速减小. 指数拟合 (黑色虚线, 见图 7.38(c)) 得出衰减长度 L_Δ=2.4 uc(~1.2 nm). 基于 ARPES 的面内晶格常数的厚度依赖行为 [14], 该应变弛豫的长度尺度大致为 L_Δ=16.5 uc, 远超过超导能隙的 2.4 uc 弛豫长度.

　　ARPES 的研究以及理论计算表明, 界面存在 FeSe 和 STO 的光学声子模的耦合 [40]. 随着薄膜厚度的增加, 光学声子产生的极性场会很快被屏蔽掉, 因此电子-声子耦合强度也会受到抑制. 因此, 我们推测在 STO 衬底上 FeSe 薄膜的能隙大小随薄膜厚度的指数衰减取决于界面电子-声子耦合效应的衰减. SiC 上的外延石墨烯层不太可能支持高频面外声子模式, 因此在 FeSe/SiC 系统中不会出现类似的界面增强. 利用电子能量损失谱测量不同厚度的 FeSe/STO, 可以发现 STO 的光学声子模信号是以 2.5 uc 为特征长度指数衰减 [49], 与我们观测到的超导能隙衰减行为类似, 是支持电子–声子耦合界面效应影响超导的有力证据.

最后, 超导近邻效应可能对 FeSe/STO 中的 T_c 增强起到一定作用. 界面 FeSe 的高 T_c 可以提高表面 FeSe 覆盖层的 T_c, 前提是表面 FeSe 被电子掺杂. 因此, 在 K 掺杂的 2 uc 薄膜中, 近邻效应是有效的. 然而, 正如最近的 ARPES 测量结果所显示的那样, 由于在这些情况下, 界面层和最上面的层之间存在未掺杂的 FeSe 层, 所以只有最上面的一层实际上被 K 原子掺杂 [53], 因此近邻效应不太可能对 3 uc 或 4 uc 膜仍然有效.

综上所述, 通过比较生长在 STO 和石墨化 SiC 上的表面 K 掺杂的 FeSe 薄膜的超导电性, 发现对于厚膜 (20 uc), 最佳超导能隙大小与衬底无关. 然而, 当厚度减至几层时, STO 衬底上的 FeSe 薄膜的最大超导能隙进一步增大, 而生长在碳化 SiC 表面上的薄膜则没有出现增强. STO 界面上 T_c 增强的距离尺度与晶格扩张的距离尺度并不一致, 同时可以认为界面层的超导近邻效应也不能解释观测到的能隙衰减现象. 剩下的因素中只有界面上的电子–声子耦合可能是 STO 衬底上异常 T_c 增强的唯一关键因素.

7.3.5　界面电声子耦合对超导的作用

在 8.2.1 节中, 我们讲述了单层 FeSe/STO 电子结构的一大特征是源于界面电声子相互作用的复制带. 根据一系列理论工作, 复制带相对于主带的强度应该是与无量纲电子–声子耦合常数 λ 成比例 [15,55-59]. 最理想的方案是直接研究超导 T_c 随复制带相对强度的演化关系, 从而揭示界面电声子耦合如何提升超导. 然而, ARPES 对能隙闭合温度的测量也有接近 10 K 的不确定性, 原位的电阻或抗磁性表征手段还没有发展完善. 在这样的背景下, 一种可行的手段是观测能隙大小的变化以给出超导电性的演化. 这样的实验需要对超导能隙的非常精确的测量, 以及高质量的样品和数据, 我们课题组在实验设备和样品生长上的进步让这个工作得以完成 [40]. 我们搭建了 ARPES-STM-OMBE 联合系统, 在这套系统上 ARPES 对薄膜样品的测量温度可以降到 6 K, 有利于我们获得高精度的数据. 另外, 我们优化生长条件获得了高质量的 FeSe/STO 样品, 它的复制带可以清晰地从原始谱重看清, 允许进行定量的分析.

图 7.39 展示了六块代表性的单层 FeSe/ST^{16}O 的样品, 以及一块表面 K 掺杂的 FeSe 厚膜样品. 可以看到, 它们的费米面大小非常接近, 费米面附近电子型的能带的色散也基本一致. 从几乎相同尺寸的费米面可以看出, 所有样品的载流子浓度在每个 Fe 约 0.11 e$^-$~0.12 e$^-$, 这是 T_c=60~65 K 的 FeSe/STO 的典型掺

杂[14,25], 以及 T_c=46K 的 FeSe 厚膜的最佳电子掺杂[53]. 复制带存在于单层 FeSe 膜中, 但不存在于用 K 掺杂表面的顶层不受界面 EPI 影响的厚 FeSe 膜中. 为了说明主带 γ 和复制带 γ′ 强度的差异, 图 7.39(c) 显示了靠近 M 的积分 EDC, 其中复制带从样品 #1 到 #6 变得越来越明显. 这在减去背景的 EDC 中更明显. 通过 γ 带的强度进行归一化后, γ′ 的相对强度变化反映了 FeSe 电子与 FK1 声子之间的界面电声子耦合常数 λ[15,55-59]. 这种电声子耦合在不同样品中的变化的来源有待进一步研究, 可能与界面成键的细节变化相关, 如 FeSe 和 STO 之间的各种成键无序程度[31].

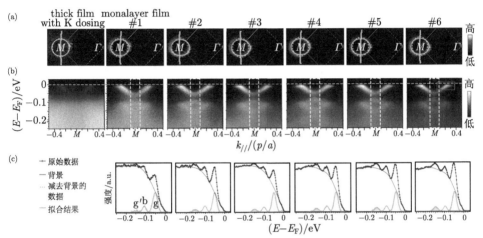

图 7.39　具有不同复制带强度的 FeSe 薄膜光电子能谱, 以及用复制带与主带相对强度表征电声子耦合强度[40]

对于一系列质量和掺杂类似的样品, 在高分辨的光电子能谱上可以看到, 它们的费米面由两条不完全简并的能带形成的两个椭圆形费米面组成, 在这两个能带上, 超导能隙大小不同, 这与之前讲述的超导能隙各向异性是一致的[16,90]. 我们分别比较两个能带的超导能隙, Δ_1 和 Δ_2, 它们在这 7 块样品上并不相同, 比较它们的 EDC 可以清晰地看到能隙有大有小的情况 (图 7.40).

排除了样品质量对超导能隙的影响后[40], 我们关注电声子相互作用与超导能隙大小相关性. 我们将大量拥有类似高质量、类似掺杂的样品的数据总结在图 7.41 中: 超导能隙 (Δ_1 和 Δ_2 分别对应各向异性的能隙大小的最大值和最小值) 随单层 FeSe 薄膜复制带相对强度 $\eta = I_1/I_0$ 呈现线性相关的演化, 其中 I_1 为复制带谱重, I_0 为对应主带谱重, 两者的相对值代表界面电声子耦合的强度. 电子掺杂的变化引起超导能隙的变化可以排除, 因为电子掺杂和超导能隙没有显示关联性 (图 7.41 的插图). 随着电声子耦合的增强, 超导能隙的大小也随之增加, 呈现线性关系, 与传统的 BCS 行为不同.

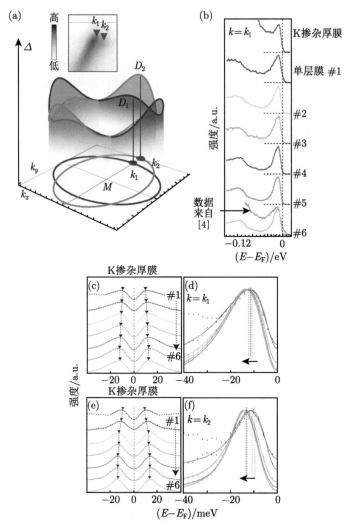

图 7.40　FeSe 薄膜超导能隙的各向异性, 以及不同样品中呈现不同大小的超导能隙 [40]

　　根据超导能隙和 η 的线性关系, 外延 Δ_1 和 Δ_2 与 η 的线性关系到 $\eta = 0$ 极限位置可以得到大约 9.5 meV 的截距 (图 7.41), 这与表面电子掺杂的 FeSe 厚膜的超导能隙相一致. 也就是说, 在没有界面电声子耦合作用的情况下, FeSe/STO 类似于表面 K 掺杂的 FeSe 薄膜. 尽管重度电子掺杂 FeSe 的内在的配对机制还需要进一步讨论, 我们的结果可以明确指出, 界面电声子相互作用进一步增强了超导, 而且这种增强呈线性关系. 因此, FeSe/STO 中的高 T_{c} 是由铁基超导的内在机制与界面电声子相互作用之间的共同影响导致的 [15,56,57].

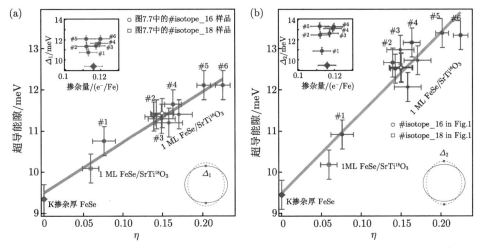

图 7.41　FeSe 薄膜超导能隙的大小与界面电子–声子相互作用的强度 η 的关系 [40]

除了揭示 1 ML FeSe/STO 中高 T_c 的机理之外, 我们的结果直接表明, 界面电子–声子相互作用, 特别是前向散射类型, 可以在强关联的超导体的高 T_c 中起关键作用. 理论也提出电声子前向散射可以与各种自旋和轨道波动协作以增强超导性, 无论是 s 波或 d 波配对 [56]. 这种电声子前向散射机制可能应用于更多的超导材料以提升 T_c. 由于在许多铜基和铁基超导体中有氧化物电荷储存层与超导层交替, 所以根据这里建立的框架寻找类似的界面效应是很有趣的. 总的来说, 我们的结果提出了一条发展界面增强型高 T_c 超导体的路线, 也可能用于加深对块材高 T_c 超导电性的理解.

7.4　本　章　小　结

单层 FeSe/氧化物界面呈现出新奇的超导增强行为. 本章概述了从 2012 年 FeSe/STO 界面超导发现到 2019 年初的实验研究进展, 重点介绍我们课题组在此过程中进行的一系列系统性工作, 包括利用 ARPES 和 STM 进行原位电子结构和超导行为测量、利用氧化物 MBE 对界面进行原子层级精度的人工调控, 全面研究各个自由度在界面超导中扮演的角色. 我们发现重度电子掺杂可以将 FeSe 层的超导 T_c 提升至 46 K 左右, 而氧化物界面的存在对于进一步提升 T_c 不可或缺. 通过界面调控优化晶格应力、氧化物阳离子元素等多种界面参数后, 我们将超导能隙闭合温度提高到了 75 K 的最高纪录. 在各个界面参数中, 我们发现界面电子–声子耦合对超导提升具有显著作用, 从而建立了界面电荷转移和界面前向电声子散射合作提高 FeSe 层超导的图像.

然而, 当前距离界面超导和高温超导完整微观图像的建立, 以及界面高温超导的实际应用, 还有很长的路要走. 下一阶段的研究可以包括以下几方面.

(1) 发展原位实验技术, 进行更全面的实验测量. 单层 FeSe 样品对空气的敏感性要求原位表征以获得本征性质, 任何分子吸附或覆盖层都有可能改变其超导性质. 这限制了电阻测量、磁化率测量等常用超导表征手段对 FeSe 薄膜的测量, 而需要开发兼容超高真空的原位测量装置. 这些原位测量装置可以为 FeSe 薄膜的 T_c 表征方面提供更为可靠的信息. 另一方面, 重度电子掺杂 FeSe 本身的非常规超导的微观机理依然不明确, 有磁涨落配对、轨道涨落配对等多种候选图像 [68,116-119]. 如果可以利用共振 X 射线衍射等实验技术的进步, 直接测量 FeSe 薄膜中磁性激发、轨道激发, 研究其在界面电声子耦合作用下的变化, 将帮助我们完善界面超导和非常规超导的微观图像.

(2) 获得在工作环境下稳定存在的界面高温超导电性. 当前单层 FeSe 界面只能在超高真空中维持其高温超导性质, 覆盖保护层会明显降低其超导 T_c[6]. 无论是为了实际应用还是机理研究, 设计新型界面结构或保护层, 以获得无需超高真空也可稳定存在的高温超导界面, 有重要意义.

(3) 基于 FeSe/STO 中的界面超导增强机制, 探索更高 T_c 的界面体系. FeSe/STO 的界面超导源于两方面相互作用的合作: FeSe 层内的电子–电子相互作用和界面电声子相互作用. 基于界面电声子增强超导的图像, 理论预言了很多进一步提高超导 T_c 的方式, 例如, 构建 FeSe/TiO$_2$ 或 FeSe/STO 的多层异质结构, 将 TiO$_2$ 层从 FeSe 的下表面拓展到 FeSe 的上下两个表面, 界面的增多会导致界面电声子耦合作用增强; 构筑的这种超晶格形式的三维材料也会导致二维尺度效应导致的超导相位涨落被压制, 这将使得输运上测量得到的超导转变温度得到提升 [57,120]. 这种多层结构也可以提高其高温超导电性在工作环境下的稳定性.

(4) 构建更多的界面超导体系. 单层 FeSe/STO 不应是一个特例, 而这种合作对超导配对的增强作为一种机制, 应该在更多的超导材料中存在. 理论预言, 电声子前向散射, 可以和不同的自旋涨落、轨道涨落合作 [15,56,57]. 无论是常规的 s 波超导体、s± 波超导体, 还是配对对称性为 d 波的非常规超导体, 都可能在前向电声子相互作用的共同作用下, 实现超导 T_c 的进一步提升. 目前已经成功通过实验构筑高质量薄膜, 并已确定超导配对温度高于 46 K(最佳电子掺杂的 FeSe) 的 FeSe/氧化物界面包括 FeSe/BaTiO$_3$(配对温度 75 K),FeSe/STO(配对温度 65 K) 和 FeSe/TiO$_2$(配对温度约 65 K), 该三类异质结的界面层均为 FeSe/TiO$_2$. 然而, 该类界面超导能否突破 FeSe/TiO$_2$ 的框架, 在更多界面实现 T_c 高于 46 K 的超导, 是该领域的前沿问题. 通过构筑更多不同体系的界面, 将是检验理论正确与否的关键点, 能更好地推动对于高温超导的共性及关键性条件等物理机理的理解.

(5) 近年来, 多个课题组报道了铁基超导中的拓扑性质, 包括 FeSe 薄膜中的狄拉克线性色散 [121] 和一维拓扑边缘态 [122]、$FeTe_{0.55}Se_{0.45}$ 和 $(Li_{0.84}Fe_{0.16})OHFeSe$ 中的马约拉纳零能模的观测 [123,124], 这在基础物理研究和量子计算应用中都有巨大的前景. 虽然 FeSe/氧化物本身可能不是拓扑超导 (Chen C, et al. Phy. Rev. Lett. 124, 097001(2020)), 但它作为具有很高超导 T_c 的过渡金属硫族化合物超导薄膜, 可能与多种二维拓扑材料兼容构筑异质结构, 如拓扑绝缘体 Bi_2Se_3、Bi_2Te_3[125,126], 拓扑外尔半金属材料 $Mo_{1-x}W_xTe_2$ 等 [127,128] 构建异质结构. 利用单层 FeSe/氧化物中的高温超导电性构建拓扑/超导异质结, 将可能促进在高温下获得马约拉纳零能模和量子计算的应用.

参 考 文 献

[1] Yoshimatsu K, et al. Dimensional-crossover-driven metal-insulator transition in $SrVO_3$ ultrathin films. Phys. Rev. Lett., 2010, 104: 147601.

[2] Yoshimatsu K, et al. Metallic quantum well states in artificial structures of strongly correlated oxide. Science, 2011, 333: 319-322.

[3] Kosterlitz J M, Thouless D J. Ordering, metastability and phase transitions in two-dimensional systems. Journal of Physics C: Solid State Physics, 1973, 6: 1181-1203.

[4] Reyren N, et al. Superconducting interfaces between insulating oxides. Science, 2007, 317: 1196-1199.

[5] Logvenov G, Gozar A, Bozovic I. High-temperature superconductivity in a single copper-oxygen plane. Science, 2009, 326: 699-702.

[6] Wang Q Y, et al. Interface-induced high-temperature superconductivity in single unit-cell FeSe films on $SrTiO_3$. Chinese Phys. Lett., 2012, 29: 037402.

[7] Hsu F C, et al. Superconductivity in the PbO-type structure a-FeSe. Proceedings of the National Academy of Sciences, 2008, 105: 14262-14264.

[8] Wang Q, et al. Strong interplay between stripe spin fluctuations, nematicity and superconductivity in FeSe. Nature Materials, 2015, 15: 159.

[9] Wang Q, et al. Magnetic ground state of FeSe. Nature Communications, 2016, 7: 12182.

[10] Guo J, et al. Superconductivity in the iron selenide $K_xFe_2Se_2$ ($0 \leqslant x \leqslant 1.0$). Phys. Rev. B, 2010, 82: 180520. 82. 180520.

[11] Wang A F, et al. Superconductivity at 32 K in single-crystalline $Rb_xRFe_{2-y}Se_2$. Phys. Rev. B, 2011, 83: 060512.

[12] Yan Y J, et al. Electronic and magnetic phase diagram in $K_xFe_{2-y}Se_2$ superconductors. Scientific Reports, 2012, 2: 212.

[13] Song C L, et al. Molecular-beam epitaxy and robust superconductivity of stoichiometric FeSe crystalline films on bilayer graphene. Phys. Rev. B, 2011, 84: 020503.

[14] Tan S Y, et al. Interface-induced superconductivity and strain-dependent spin density waves in FeSe/SrTiO₃ thin films. Nature Materials, 2013, 12: 634-340.

[15] Lee J J, et al. Interfacial mode coupling as the origin of the enhancement of T_c in FeSe films on SrTiO₃. Nature, 2013, 515: 245-248.

[16] Peng R, et al. Measurement of an enhanced superconducting phase and a pronounced anisotropy of the energy gap of a strained FeSe single layer in FeSe/Nb: SrTiO₃/KTaO₃ heterostructures using photoemission spectroscopy. Phys. Rev. Lett., 2014, 112: 107001.

[17] Peng R, et al. Tuning the band structure and superconductivity in single-layer FeSe by interface engineering. Nature Communications, 2014, 5: 5044.

[18] Zhang W H, et al. Direct observation of high-temperature superconductivity in one-unit-cell FeSe films. Chinese Physics Letters, 2014, 31: 017401.

[19] Huang D, et al. Revealing the empty-state electronic structure of single-unit-cell FeSe/SrTiO₃. Phys. Rev. Lett., 2015, 115: 017002.

[20] Koster G, Rijnders G, Blank D H, Rogalla H. Surface morphology determined by (001) single-crystal SrTiO₃ termination. Physica C: Superconductivity, 2000, 339: 215-230.

[21] Kawasaki M, et al. Atomic control of SrTiO₃ surface for perfect epitaxy of perovskite oxides. Applied Surface Science, 1996, 107: 102-106.

[22] Wang X, et al. Atomic force microscopy studies of SrTiO₃ (001) substrates treated by chemical etching and annealing in oxygen. Science in China Series G: Physics, Mechanics and Astronomy, 2005, 48: 459-468.

[23] Zhang W, et al. Interface charge doping effects on superconductivity of single-unit-cell FeSe films on SrTiO₃ substrates. Phys. Rev. B, 2014, 89: 060506.

[24] Liu D, et al. Electronic origin of high-temperature superconductivity in single-layer FeSe superconductor. Nat. Commun., 2012, 3: 931.

[25] He S L, et al. Phase diagram and electronic indication of high-temperature superconductivity at 65 K in single-layer FeSe films. Nature Materials, 2013, 12: 605-610.

[26] Zhang Z, et al. Onset of the meissner effect at 65K in FeSe thin film grown on Nb-doped SrTiO₃ substrate. Science Bulletin, 2015, 60: 1301-1304.

[27] Biswas P K, et al. Direct evidence of superconductivity and determination of the superfluid density in buried ultrathin FeSe grown on SrTiO₃. Phys. Rev. B, 2018, 97: 174509.

[28] Sun Y, et al. High temperature superconducting FeSe films on SrTiO₃ substrates. Scientific Reports, 2014, 4: 6040.

[29] Ge J F, et al. Superconductivity above 100 K in single-layer FeSe films on doped SrTiO₃. Nature Materials, 2014, 14: 285.

[30] Fan Q, et al. Plain s-wave superconductivity in single-layer FeSe on SrTiO₃ probed by scanning tunnelling microscopy. Nature Physics, 2015, 11: 946.

[31] Li Z, et al. Molecular beam epitaxy growth and post-growth annealing of FeSe films on SrTiO$_3$: A scanning tunneling microscopy study. Journal of Physics: Condensed Matter, 2014, 26: 265002.

[32] Bang J, et al. Atomic and electronic structures of single-layer FeSe on SrTiO$_3$ (001): The role of oxygen deficiency. Phys. Rev. B, 2013, 87: 220503.

[33] Li F, et al. Atomically resolved FeSe/SrTiO$_3$ (001) interface structure by scanning transmission electron microscopy. 2D Materials, 2016, 3: 024002.

[34] Zou K, et al. Role of double TiO$_2$ layers at the interface of fese/SrTiO$_3$ superconductors. Phys. Rev. B, 2016, 93: 180506.

[35] Nakayama K, et al. Reconstruction of band structure induced by electronic nematicity in an FeSe superconductor. Phys. Rev. Lett., 2014, 113: 237001.

[36] Maletz J, et al. Unusual band renormalization in the simplest iron-based superconductor FeSe$_{1-x}$. Phys. Rev. B, 2014, 89: 220506.

[37] Watson M D, et al. Emergence of the nematic electronic state in FeSe. Phys. Rev. B, 2015, 91: 155106.

[38] Zhang P, et al. Observation of two distinct d$_{xz}$/d$_{yz}$ band splittings in FeSe. Phys. Rev. B, 2015, 91: 214503.

[39] Peng R, et al. In-situspectroscopic studies and interfacial engineering on FeSe/oxide heterostructures: Insights on the interfacial superconductivity. Chinese Physics B, 2015, 24: 117902.

[40] Song Q, et al. Evidence of cooperative effect on the enhanced superconducting transition temperature at the FeSe/SrTiO$_3$ interface. Nature Communications, 2019, 10: 758.

[41] Zhang Y, et al. Nodeless superconducting gap in A$_x$Fe$_2$Se$_2$ (A = K, Cs) revealed by angle-resolved photoemission spectroscopy. Nature Materials, 2011, 10: 273.

[42] Ye Z R, et al. Extraordinary doping effects on quasiparticle scattering and band width in iron-based superconductors. Phys. Rev. X, 2014, 4: 031041.

[43] Zvanut M E, et al. An annealing study of an oxygen vacancy related defect in SrTiO$_3$ substrates. Journal of Applied Physics, 2008, 104: 064122.

[44] Szot K, et al. Localized metallic conductivity and self-healing during thermal reduction of SrTiO$_3$. Phys. Rev. Lett., 2002, 88: 075508.

[45] Zhang H, et al. Origin of charge transfer and enhanced electron-phonon coupling in single unit-cell FeSe films on SrTiO$_3$. Nat. Commun., 2017, 8: 214.

[46] Zhao W W, et al. Direct imaging of electron transfer and its influence on superconducting pairing at FeSe/SrTiO$_3$ interface. Science Advances, 2018, 4: eaao2682.

[47] Tresca C, et al. Strain effects in monolayer iron-chalcogenide superconductors. 2D Materials, 2014, 2: 015001.

[48] Rebec S N, et al. Coexistence of replica bands and superconductivity in FeSe monolayer films. Phys. Rev. Lett., 2017, 118: 067002.

[49] Zhang S, et al. Role of $SrTiO_3$ phonon penetrating into thin FeSe films in the enhancement of superconductivity. Phys. Rev. B, 2016, 94: 081116.

[50] Zhou Y, et al. Dipolar phonons and electronic screening in monolayer FeSe on $SrTiO_3$. Phys. Rev. B, 2017, 96: 054516.

[51] Nekrasov E, et al. Electronic structure of FeSe monolayer superconductors: Shallow bands and correlations. Journal of Experimental and Theoretical Physics, 2018, 126.

[52] Li F, Sawatzky G A. Electron phonon coupling versus photoelectron energy loss at the origin of replica bands in photoemission of FeSe on $SrTiO_3$. Phys. Rev. Lett., 2018, 120: 237001.

[53] Wen C H P, et al. Anomalous correlation effects and unique phase diagram of electron-doped FeSe revealed by photoemission spectroscopy. Nature Communications, 2016, 7: 10840.

[54] Zhang W H, et al. Effects of surface electron doping and substrate on the superconductivity of epitaxial FeSe films. Nano Letters, 2016, 16: 1969-1973.

[55] Rademaker L, et al. Enhanced superconductivity due to forward scattering in FeSe thin films on $SrTiO_3$ substrates. New Journal of Physics, 2016, 18: 022001.

[56] Li Z X, et al. What makes the T_c of monolayer FeSe on $SrTiO_3$ so high: A sign-problem-free quantum Monte Carlo study. Science Bulletin, 2016, 61: 925-930.

[57] Lee D H. What makes the T_c of FeSe/$SrTiO_3$ so high? Chinese Physics B, 2015, 24: 117405.

[58] Wang Y, et al. Ab initio study of cross-interface electron-phonon couplings in FeSe thin films on $SrTiO_3$ and $BaTiO_3$. Phys. Rev. B, 2016, 93: 134513.

[59] Wang Y, et al. Phonon linewidth due to electronq- phonon interactions with strong forward scattering in FeSe thin films on oxide substrates. Phys. Rev. B, 2017, 96: 054515.

[60] Zhang Y, et al. Distinctive orbital anisotropy observed in the nematic state of a fese thin film. Phys. Rev. B, 2016, 94: 115153.

[61] McQueen T M, et al. Tetragonal-to-orthorhombic structural phase transition at 90 K in the superconductor $Fe_{1.01}Se$. Phys. Rev. Lett., 2009, 103: 057002.

[62] Medvedev S, et al. Electronic and magnetic phase diagram of β-FeI. Olse with supercon- ductivity at 36.7 K under pressure. Nature Materials, 2009, 8: 630.

[63] Yeh K W, et al. Tellurium substitution effect on superconductivity of the a-phase iron selenide. EPL (Europhysics Letters), 2008, 84: 37002.

[64] Burrard-Lucas M, et al. Enhancement of the superconducting transition temperature of FeSe by intercalation of a molecular spacer layer. Nature Materials, 2012, 12: 15.

[65] Kasahara S, et al. Evolution from non-Fermi- to Fermi-liquid transport via isovalent doping in $BaFe_2 (As_{1-x}P_x)_2$ superconductors. Phys. Rev. B, 2010, 81: 184519.

[66] Rullier-Albenque F, et al. Hole and electron contributions to the transport properties of Ba $(Fe_{1-x}Ru_x)_2As_2$ single crystals. Phys. Rev. B, 2010, 81: 224503.

[67] Cao H Y, et al. Interfacial effects on the spin density wave in FeSe/SrTiO$_3$ thin films. Phys. Rev. B, 2014, 89: 014501.

[68] Hirschfeld P J, et al. Gap symmetry and structure of Fe-based superconductors. Reports on Progress in Physics, 2011, 74: 124508.

[69] Ding H, et al. Observation of Fermi-surface-dependent nodeless superconducting gaps in Ba$_{0.6}$K$_{0.4}$Fe$_2$As$_2$. EPL (Europhysics Letters), 2008, 83: 47001.

[70] Miao H, et al. Isotropic superconducting gaps with enhanced pairing on electron Fermi surfaces in FeTe$_{0.55}$Se$_{0.45}$. Phys. Rev. B, 2012, 85: 094506.

[71] Hanaguri T, et al. Unconventional s-wave superconductivity in Fe(Se, Te). Science, 2010, 328: 474-476.

[72] Zhang Y, et al. Out-of-plane momentum and symmetry-dependent energy gap of the pnictide Ba$_{0.6}$K$_{0.4}$Fe$_2$As$_2$ superconductor revealed by angle-resolved photoemission spectroscopy. Phys. Rev. Lett., 2010, 105: 117003.

[73] Terashima K, et al. Fermi surface nesting induced strong pairing in iron-based superconductors. Proceedings of the National Academy of Sciences, 2009, 106: 7330-7333.

[74] Zhang Y, et al. Nodal superconducting-gap structure in ferropnictide superconductor BaFe$_2$ (As$_{0.7}$P$_{0.3}$)$_2$. Nature Physics, 2012, 8: 371.

[75] Malaeb W, et al. Abrupt change in the energy gap of superconducting Ba$_{1-x}$K$_x$Fe$_2$As$_2$ single crystals with hole doping. Phys. Rev. B, 2012, 86: 165117.

[76] Xu M, et al. Evidence for an s-wave superconducting gap in K$_x$Fe$_{2-y}$Se$_2$ from angle-resolved photoemission. Phys. Rev. B, 2012, 85: 220504.

[77] Fang C, et al. Robustness of s-wave pairing in electron-overdoped A$_{1-y}$Fe$_{2-x}$Se$_2$ (A=K, Cs). Phys. Rev. X, 2011, 1: 011009.

[78] Hu J, et al. S$_4$ symmetric microscopic model for iron-based superconductors. Phys. Rev. X, 2012, 2: 021009.

[79] Yu R, et al. Superconductivity at the border of electron localization and itinerancy. Nature Communications, 2013, 4: 2783.

[80] Seo K, et al. Pairing symmetry in a two-orbital exchange coupling model of oxypnictides. Phys. Rev. Lett., 2008, 101: 206404.

[81] Maier T A, et al. d-wave pairing from spin fluctuations in the K$_x$Fe$_{2-y}$Se$_2$ superconductors. Phys. Rev. B, 2011, 83: 100515.

[82] Kreisel A, et al. Spin fluctuations and superconductivity in K$_x$Fe$_{2-y}$Se$_2$. Phys. Rev. B, 2013, 88: 094522.

[83] Mazin I I. Symmetry analysis of possible superconducting states in K$_x$Fe$_y$Se$_2$ superconductors. Phys. Rev. B, 2011, 84: 024529.

[84] Khodas M, et al. Interpocket pairing and gap symmetry in Fe-based superconductors with only electron pockets. Phys. Rev. Lett., 2012, 108: 247003.

[85] Lu X, et al. S-wave superconductivity with orbital- dependent sign change in checkerboard models of iron-based superconductors. Phys. Rev. B, 2012, 85: 054505.

[86] Yin Z P, et al. spin dynamics and orbital-antiphase pairing symmeq- try in iron-based superconductors. Nature Physics, 2014, 10: 845.

[87] Hao N, et al. Odd parity pairing and nodeless antiphase s′ in iron-based superconductors. Phys. Rev. B, 2014, 89: 045144.

[88] Hu J. Iron-based superconductors as odd-parity superconductors. Phys. Rev. X, 2013, 3: 031004.

[89] Niu X H, et al. Surface electronic structure and isotropic superconducting gap in $(Li_{0.8}Fe_{0.2})OHFeSe$. Phys. Rev. B, 2015, 92: 060504.

[90] Zhang Y, et al. Superconducting gap anisotropy in monolayer FeSe thin film. Phys. Rev. Lett., 2016, 117: 117001.

[91] Zhou Y, et al. Theory for superconductivity in $(Tl, K)Fe_xSe_2As$ a doped Mott insulator. EPL (Europhysics Letters), 2011, 95: 17003.

[92] Yang F, et al. Fermiology, orbital order, orbital fluctuations, and Cooper pairing in iron-based superconductors. Phys. Rev. B, 2013, 88: 100504.

[93] Hanaguri T, et al. A (checkerboard'electronic crystal state in lightly hole-doped $Ca_{2-x}Na_xCuO_2Cl_2$. Nature, 2004, 430: 1001-1005.

[94] Balatsky A V, et al. Impurity-induced states in conventional and unconventional superconductors. Rev. Mod. Phys., 2006, 78: 373-433.

[95] Pan S H, et al. Imaging the effects of individual zinc impurity atoms on superconductivity in $Bi_2Sr_2CaCu_2O_{8+\delta}$. Nature, 2000, 403: 746-750.

[96] Yang H, et al. In-gap quasiparticle excitations induced by non-magnetic Cu impurities in $Na(Fe_{0.96}Co_{0.03}Cu_{0.01})As$ revealed by scanning tunnelling spectroscopy. Nature Communications, 2013, 4: 2749.

[97] Yazdani A, et al. Probing the local effects of magnetic impurities on superconductivity. Science, 1997, 275: 1767-1770.

[98] Huang Z Z, et al. Electronic structure and superconductivity of single-layer FeSe on $Nb:SrTiO_3/LaAlO_3$ with varied tensile strain. 2D Materials, 2016, 3: 014005.

[99] Yin Z, et al. Kinetic frustration and the nature of the magnetic and paramagnetic states in iron pnictides and iron chalcogenides. Nature Materials, 2011, 10: 932-935.

[100] Jiang J, et al. Distinct in-plane resistivity anisotropy in a detwinned FeTe single crystal: Evidence for a hunt's Ts metal. Phys. Rev. B, 2013, 88: 115130.

[101] Little W A. Possibility of synthesizing an organic superconductor. Phys. Rev., 1964, 134: A1416-A1424.

[102] Ginzburg V. On surface superconductivity. Physics Letters, 1964, 13: 101-102.

[103] Berciu M, et al. Electronic polarons and bipolarons in iron-based superconductors: The role of anions. Phys. Rev. B, 2009, 79: 214507.

[104] Ou H W, et al. Novel electronic structure induced by a highly strained oxide interface with incommensurate crystal fields. Phys. Rev. Lett., 2009, 102: 026806.

[105] Chen F, et al. Electronic identification of the parental phases and mesoscopic phase separation of $K_xFe_{2-y}Se_2$ superconductors. Phys. Rev. X, 2011, 1: 021020.

[106] Ying T P, et al. Discrete superconducting phases in FeSe-derived superconductors. Phys. Rev. Lett., 2018, 121: 207003.

[107] Miyata Y, et al. High-temperature superconductivity in potassium-coated multilayer FeSe thin films. Nature Materials, 2015, 14: 775.

[108] Kyung W S, et al. Enhanced superconductivity in surface-electron-doped iron pnictide $Ba(Fe_{1.94}Co_{0.06})_2As_2$. Nature Materials, 2016, 15: 1233.

[109] Ye Z R, et al. Extraordinary doping effects on quasiparticle scattering and bandwidth in iron-based superconductors. Phys. Rev. X, 2014, 4: 031041.

[110] de'Medici L, et al. Selective Mott physics as a key to iron superconductors. Phys. Rev. Lett., 2014, 112: 177001.

[111] Georges A, et al. Strong Correlations from hund's coupling. Annual Review of Condensed Matter Physics, 2013, 4: 137-178.

[112] Nakajima M, et al. Strong electronic correlations in iron pnictides: Comparison of opti- cal spectra for $BaFe_2As_2$-related compounds. Journal of the Physical Society of Japan, 2014, 83: 104703.

[113] Chen T K, et al. Fe-vacancy order and superconductivity in tetragonal β-$Fe_{1-x}Se$. Proceedings of the National Academy of Sciences, 2014, 111: 63-68.

[114] Lei B, et al. Gate-tuned superconductor-insulator transition in (Li, Fe)OHFeSe. Phys. Rev. B, 2016, 93: 060501.

[115] Song C L, et al. Direct observation of nodes and twofold symmetry in FeSe superconductor. Science, 2011, 332: 1410-1413.

[116] Glasbrenner J K, et al. Effect of magnetic frustration on nematicity and superconductivity in iron chalcogenides. Nature Physics, 2015, 11: 953.

[117] Yu R, et al. Antiferroquadrupolar and ising-nematic orders of a frustrated bilinear-biquadratic Heisenberg model and implications for the magnetism of FeSe. Phys. Rev. Lett., 2015, 115: 116401.

[118] Wang F, et al. Nematicity and quantum paramagnetism in FeSe. Nature Physics, 2015, 11: 959.

[119] Kontani H, et al. Orbital-fluctuation-mediated superconductivity in iron pnictides: Analysis of the five-orbital Hubbard-Hoistein model. Phys. Rev. Lett., 2010, 104: 157001.

[120] Lee D H. Routes to high-temperature superconductivity: A lesson from $FeSe/SrTiO_3$. Annual Review of Condensed Motier Physics, 2018, 9: 261-282.

[121] Tan S Y, et al. Observation of Dirac cone band dispersions in FeSe thin films by photoemission spectroscopy. Phys. Rev. B, 2016, 93: 104513.

[122] Wang Z F, et al. Topological edge states in a high-temperature superconductor $FeSe/SrTiO_3$ (001) film. Nature Materials, 2016, 15: 968.

[123] Wang D, et al. Evidence for Majorana bound states in an iron-based superconductor. Science, 2018, 362: 333-335.

[124] Liu Q, et al. Robust and clean majorana zero mode in the vortex core of high-temperature superconductor $(Li_{0.84}Fe_{0.16})OHFeSe$. Phys. Rev. X, 2018, 8: 041056.

[125] Zhang H, et al. Topological insulators in Bi_2Se_3, Bi_2Te_3 and Sb_2Te_3 with a single Dirac cone on the surface. Nature Physics, 2009, 5: 438.

[126] Hsieh D, et al. A tunable topological insulator in the spin helical Dirac transport regime. Nature, 2009, 460: 1101.

[127] Soluyanov A A, et al. Type-i weyl semimetals. Nature, 2015, 527: 495.

[128] Chang T R, et al. Prediction of an arc-tunable Weyl fermion metallic state in $Mo_xW_{1-x}Te_2$. Nature Communications, 2016, 7: 10639.

第 8 章　铁基高温超导材料中的对称破缺态和能隙各向异性

张焱

北京大学

铁基高温超导材料是近期凝聚态物理研究的焦点. 不仅因为其超导转变温度高, 有非常大的应用潜力, 同时其相图和铜氧化物高温超导材料有很多相似之处. 研究铁基高温超导材料有可能帮助我们揭示高温超导配对的奥秘. 本章将介绍如何通过对铁基高温超导材料电子结构的精细测量来理解其对称破缺态的形成机理和超导的配对对称性.

8.1　铁基高温超导材料中的对称破缺态

8.1.1　铁基超导体中的磁有序和向列序

高温超导材料的相图具有很多共通的特征, 其中重要的一个就是在超导态的边缘存在着复杂的对称破缺态. 这些对称破缺态通常与高温超导在相图上有非常紧密的联系. 所以, 我们研究对称破缺态的形成机理, 不仅可以理解其中蕴藏的丰富物理, 同时对于理解高温超导的配对机理十分重要.

在铁基高温超导体的相图 (图 8.1(a)) 上, 存在着两个重要的对称破缺态, 即磁有序态和向列序态 [1-4]. 通过掺杂或者是压力等调控抑制磁有序态和向列序态, 产生了高温超导相. 通过 X 射线和中子散射等实验, 人们确认了这两个对称破缺态下晶格和磁有序结构. 从图 8.1(b) 上可以看出, 在高温时, 体系处于一个四方顺磁态. 随着温度降低, 当温度低于结构相变温度 (T_S) 的时候, 体系会破坏四度旋转对称性, 从四方相变成长方相, 面内晶格会沿着 a 轴方向拉伸, 并在 b 轴方向压缩, 进入向列序态. 然后随着温度继续降低, 当温度低于磁相变温度 (T_N) 时, 体系破坏了平移对称性, 出现了磁有序. 其磁有序结构为共线 (colinear) 的反铁磁态. 在晶格的长轴方向, 也就是 a 轴方向, 磁矩是反铁磁排列. 而在晶格的短轴方向, 也就是 b 轴方向, 磁矩呈铁磁排列. 在铁基高温超导材料中, 这两个对称破缺态共存共生, 通常向列序转变温度略高于或等于磁有序相转变温度. 但在一些材料中也存在特例, 例如, 对于 $Fe_{1+y}Se$ 材料来说, 其母体相中仅存在向列序态但并不存

在磁有序态 [5]; 而对于 $Fe_{1+y}Te$ 材料来说, 其磁结构与 FeAs 类化合物不同, 具有双共线 (bicolinner) 反铁磁结构 [6].

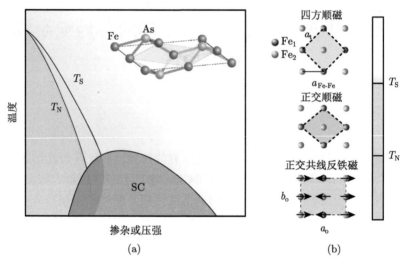

图 8.1　(a) 铁基高温超导材料的相图, 其中 T_S 指代结构相变温度, T_N 为磁相变温度, 而 SC
　　　　指代超导相; (b) 不同相下铁基高温超导材料的晶格和磁有序结构示意图 [1-4]

　　对于这两个奇特的对称破缺态的形成机理, 理论上有许多的解释, 但其具体形成机理仍然在争论中. 对于向列序和其破坏的旋转对称性来说, 一方面有理论认为其旋转对称破缺来源于轨道序的产生 [7-9]. 铁基高温超导材料具有多轨道特性的电子结构, 在费米能附近存在着 d_{xz}、d_{yz} 和 d_{xy} 多个轨道. 如果轨道之间的占据数发生了失衡, 例如, 部分电子从 d_{xz} 轨道转移到了 d_{yz} 轨道, 使得 d_{xz} 轨道上的电子数小于 d_{yz} 轨道的电子数, 从而破坏体系的旋转对称性. 另一方面, 有理论认为向列序中的旋转对称破缺来自于磁相互作用 [10,11]. 由于铁基高温超导的磁性相互作用处于一个不稳定的状态, 其可能自发发生对称性破缺使得 x 方向和 y 方向的磁相互作用不等, 而整体达到一个更稳定的状态. 从这个角度出发, 向列序相可以认为是磁有序相的衍生相, 属于磁相变过程中的一部分. 而对于磁有序和其破坏的平移对称性来说, 一方面可以基于巡游磁有序理论来解释磁有序的产生 [12]. 在铁基高温超导材料中, 费米面同时在布里渊区中心存在空穴型费米口袋和在布里渊区顶角存在电子型费米口袋. 由于这两个费米口袋大小相近, 所以根据费米面嵌套理论, 其费米面之间的散射可能产生磁有序结构. 另一方面, 我们可以从强耦合图像出发, 来理解磁有序下的平移对称性破缺 [13]. 铁基高温超导材料中的磁性相互作用可以用最近邻反铁磁交换相互作用 J_1 和次近邻的反铁磁交换相互作用 J_2 来描述. 当 $J_2 > J_1/2$ 的时候, 体系趋于形成共线的反铁磁态.

理解对称破缺态的形成机理非常重要, 有可能帮助我们揭示高温超导配对的奥秘. 当材料通过相变进入某种对称破缺态时, 其电子结构通常也会发生相应的转变, 具体体现出能带的移动和劈裂、能隙的产生、能带的折叠等. 角分辨光电子能谱可以对电子结构进行精密的测量. 下面将介绍对多个铁基高温超导材料中对称破缺态电子结构的精细测量的实验结果.

8.1.2　电子结构复杂性、孪晶、表面态

首先我们看一下理论计算所得到的铁基高温超导体的电子结构[14]. 从轨道分布上看, 在费米能量附近, 主要是 3 个轨道所形成的能带穿越费米能量, 分别是 d_{xz}、d_{yz}、d_{xy}. 其在布里渊区中心 (Γ 点) 形成了三条空穴型的能带, 在布里渊区的顶角 (M 点) 形成了两条电子型的能带和与其带底简并的两条空穴型能带 (图 8.2).

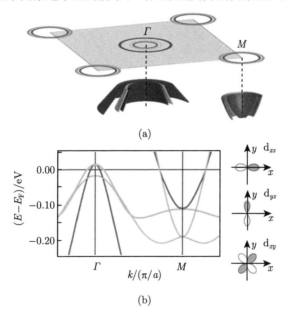

图 8.2　(a) 铁基高温超导材料的一般费米面和电子结构示意图; (b) 铁基高温超导材料沿着 Γ 到 M 方向的能带结构和其轨道分布示意图

早在 2008 年, 铁基高温超导单晶样品合成出后, 人们就对多个铁基高温超导母体材料进行了角分辨光电子能谱研究. 图 8.3 显示了 $BaFe_2As_2$ 样品在高温和低温下采集到的光电子能谱数据的对比图[15]. 可以看出, 当温度高于相变温度, 体系处于四方顺磁态的时候, 整个样品的电子结构和理论预言吻合得比较好. 在 Γ 点可以观察到多条空穴型能带, 其中一条能带沿着 Γ-M 方向延伸到了 M 点, 在 M 点形成了比较平坦的空穴型能带. 与高温简单的能带结构相对应, 在低温的对称破缺态下, 光电子能谱数据呈现出非常复杂的能谱结构, 其能带的数量大大

多于理论的期待值. 在铁基高温超导研究的早期, 低温复杂的能谱结构阻碍了我们了解对称破缺态下电子结构所发生的变化.

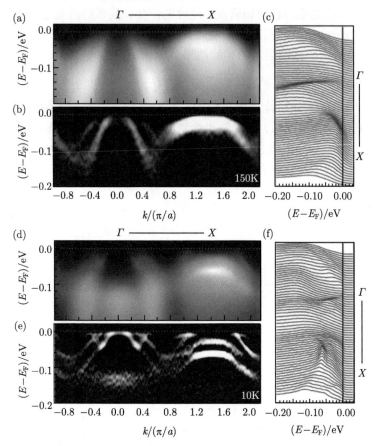

图 8.3　(a)、(d) BaFe$_2$As$_2$ 材料沿 Γ-M 方向测量得到的角分辨光电子能谱图; (b)、(e) 对原始谱沿能量方向做二次微分的结果图; (c)、(f) 原始谱沿能量方向的分布谱线 (EDCs).

(a)~(c) 为高温 150 K 的数据, (d)~(f) 为相对应的低温 10 K 的数据, BaFe$_2$As$_2$ 体心立方布里渊区的 X 点对应了通常铁基高温超导材料中布里渊区顶角的 M 点 [15]

　　通过长时间的研究和实验, 我们理解到这样复杂的能谱结果并不是样品本征的特性, 而是来源于晶体的表面态和在对称破缺态下存在的孪晶现象. 首先, 对于表面态, 在 ARPES 实验中, 我们需要对样品进行解离, 剥离出一个洁净的样品表面. 一般这样的解离发生在晶体结构中联系较弱的晶面之间. 而对于 BaFe$_2$As$_2$ 或 LaOFeAs 的晶格结构来说, 其结构中并不存在一个弱结合的上下对称的自然解理面. 拿 BaFe$_2$As$_2$ 举例来说, 在样品表面解离的时候, 就会有一半的 Ba 留在表面. 实验和计算发现, 这样的表面会使得 Ba 在样品的表面发生重构, 从而在表面产生区别于体的表面电子态[16]. 相较于体电子态, 表面电子态对样品表面的变化更为敏感, 我们可以通过表面碱金属掺杂来抑制表面态, 从而能找出真正代表体能带电子结构的能谱信息. 图 8.4 显示了在 LaOFeAs 中的碱金属掺杂角分辨光电子能谱实验结果[17]. 通过碱金属掺杂, 我们发现多条能带的强度很快被抑制, 而有数条能带对碱金属掺杂的实验并不敏感. 这些对表面碱金属掺杂不敏感的能带可以被认为是来源于体电子态. 这一实验证明了表面态的存在, 同时为研究体电子态提供了一条重要思路. 相较于 $BaFe_2As_2$ 或 LaOFeAs 中复杂的表面态来说, 在 NaFeAs 和 FeSe 等类似结构的材料中, 并没有观察到表面态的存在. 这是由于, 对这类结构的样品来说, 其晶体结构中存在着自然的解离面, 并不会发生表面重构. 所以, 为了避免表面态对电子结构测量造成影响, 后续对对称破缺态的多个研究工作都在 NaFeAs 和 FeSe 这两个体系中进行.

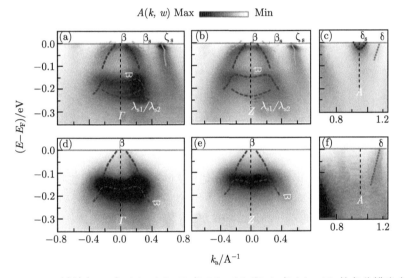

图 8.4 LaOFeAs 材料中 Γ 点 (a)、(d), Z 点 (b)、(e) 和 A 点 (c)、(f) 的角分辨光电子能谱测量结果[17]

虚线显示了观测到的能带色散关系; (a)～(c) 和 (d)～(f) 分别是碱金属蒸镀之前和之后测得的能带结构

另一方面, 由于在磁有序态和向列序态下材料中旋转对称的破缺, 材料会产生多个方向的孪晶. 简单来说, 由于体系从四方相进入了长方相, 其长方相的长轴可以选择水平或垂直的两个方向, 体系内就会存在着相互垂直的两个方向的孪晶, 其孪晶的大小在几微米的量级. 而对于角分辨光电子能谱实验来说, 由于其光斑大小一般在百微米或毫米量级, 其所探测的区域通常同时覆盖了两个方向的孪晶, 这就使得不同方向的能谱测量信号在实验中出现叠加, 从而展现出复杂的电子结构. 为了解决这一问题, 人们发现可以通过外加压力的方式对样品进行退孪晶的

调控 [18-20]. 也就是通过人为施加一个小的各向异性的外部压力或拉力, 使得长方相在形成的过程, 其长轴会固定形成在施加拉力的方向而短轴则会选择施加压力的方向. 这样在低温下整个样品会形成大面积的单一取向的区域. 实际实验发现, 施加很小的压力就可以使样品整体退孪晶, 从而获得大小约为百微米或毫米量级的单一取向区域, 从而满足光电子能谱实验的要求. 图 8.5 展示了通过压力对 NaFeAs 样品进行退孪晶, 并进行角分辨光电子能谱实验的结果 [20]. 可看出, 其通过退孪晶, 可以成功观察到具有很强各向异性的电子结构. 以 M 点附近的能带举例, 可以看出沿着长轴或者反铁磁方向, M 点附近出现了两条锐利的空穴型能带穿越费米能. 反之, 沿着短轴或者铁磁方向, M 点附近的能带并没有穿越费米能. 退孪晶的实验方法的发现, 对于后续利用角分辨光电子能谱来研究铁基高温超导的对称破缺态起到了非常重要的作用.

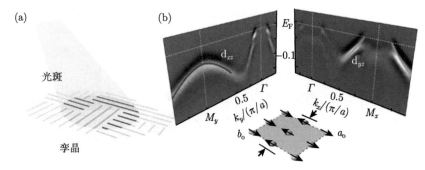

图 8.5　NaFeAs 中通过压力退孪晶所测量得到的各向异性的电子结构 [20]

(a) 孪晶和光斑大小的示意关系图; (b) 通过掺杂获得单一取向区域, 并测量得到的不同方向的电子结构. 可以看出不同方向的电子结构有很大区别, 呈现出很强的各向异性

8.1.3　向列序下的能带结构重构

在多数铁基高温超导材料中, 向列序和磁有序随温度降低同时产生, 向列序仅存在于磁有序转变温度上的一个狭小有限的温度区间内, 这大大限制了我们对其电子结构的探究. FeSe 超导材料的发现给这一问题带来了转机. FeSe 在 90 K 发生结构相变, 从四方相进入长方向列序相, 随后在低温 FeSe 并没有产生长程磁有序相 [5]. 这使得 FeSe 成为研究向列序相的一个重要突破口. 图 8.6 为 FeSe 多层膜和 NaFeAs 的光电子能谱测量结果对比图 [21]. 可以看出, 对 NaFeAs 来说, 低温下能谱在多个动量位置存在着断裂的现象, 这是由于, 磁有序相破坏了平移对称性, 使得能带发生折叠, 在能带交叠位置产生了能隙. 能隙的打开通常可以被认为是磁有序相发生的证据. 但是在 FeSe 多层膜当中, 我们可以看到, 在低温下, 能带十分连续, 并没有发生能隙打开的行为, 我们从能谱数据上直接证明了 FeSe 多层膜在低温下并没有进入磁有序相.

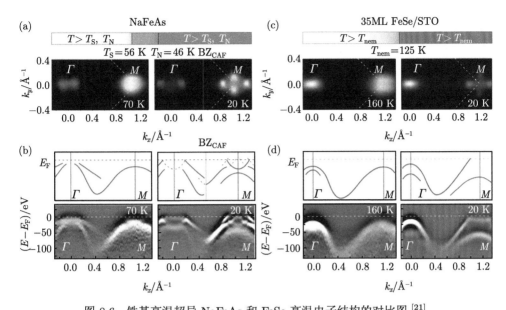

图 8.6　铁基高温超导 NaFeAs 和 FeSe 高温电子结构的对比图 [21]

(a) NaFeAs 分别在 70 K 和 20 K 的费米面测量结果; (b) NaFeAs 沿 Γ 到 M 的 70 K 和 20 K 的能带测量结果, 红实线展示了测量得到的能带色散结果; (c), (d) 与 (a), (b) 相类似, 是 FeSe 多层膜中的高温和低温的电子结构测量结果对比

　　接下来, 我们仔细对比一下 FeSe 多层膜高温和低温的能谱数据, 看看在进入向列序的过程中, 电子结构出现了什么样的变化. 从图 8.7 上可以看出, 当 FeSe 进入低温向列序的时候, 能带发生了强烈的移动. 同时这一移动具有很强的动量空间依赖的特性. 在布里渊区中心 Γ 点, 能带高低温相比变化不大, 反观布里渊区顶角的 M 点, 能带发生了很明显的平移, 或者说是劈裂. 通过追踪不同动量位置电子能带随温度变化的移动量, 我们可以发现, 在 Γ 点能带总共发生了 10 meV 左右的移动, 而在 M 点能带的移动则超过了 40 meV. 向列序相下的能带重构在 Γ 点和 M 点非常不同, 下面我们将分别介绍这两个动量位置能带发生的变化.

　　首先是 Γ 点附近的能带重构. 通过对 FeSe 单晶样品的布里渊区中心能带进行角分辨光电子能谱研究, 人们发现其能带可以解释为 d_{xz} 和 d_{yz} 轨道能带的劈裂. 图 8.8 展示了 FeSe 在高、低温的角分辨光电子能谱图 [22]. 通过改变测量方向和光的偏振方向, 同时对比理论模拟计算, 我们可以得到 Γ 点在高、低温下的能带变化及其轨道分布特性. 从图 8.8 可以看出, 在高温四方相时, 由于存在着四度旋转对称性, d_{xz} 能带旋转 90° 和 d_{yz} 能带在能量上简并. 在 Γ 点附近的 d_{xz} 和 d_{yz} 能带的色散在 x 方向和 y 方向对称, 具有相同的能量. 但进入向列序后, 由于体系破坏了四度旋转对称性, d_{yz} 的轨道向下移动, 而 d_{xz} 的轨道向上移动, d_{xz} 和

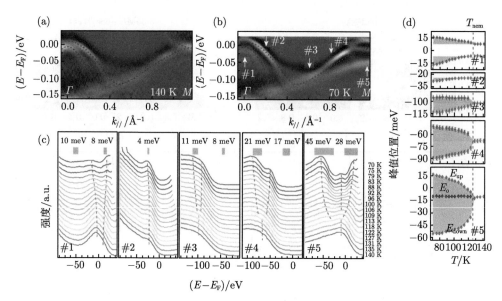

图 8.7　FeSe 多层膜材料中, 不同动量位置的能带随温度的变化图 [21]

(a) 和 (b) 分别为高温和低温的能带对比图, 虚线是高温的能带结构测量结果示意图; (c) 和 (d) 为五个不同动量
位置和能带能量位置随温度的变化图

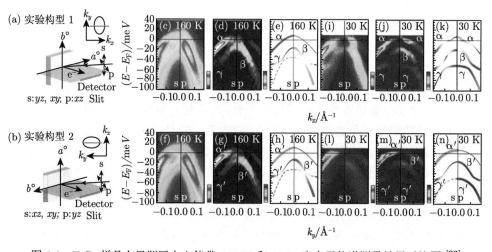

图 8.8　FeSe 样品布里渊区中心能带 160 K 和 30 K 光电子能谱测量结果对比图 [22]

(a)、(b) 实验测量条件的示意图; (c)~(e) 能带 160 K 光电子能谱测量结果, 其中图的左右两侧分别为 s 和 p 偏
振光的测量结果; (i)~(k) 与 (c)~(e) 相同, 只是在低温 30 K 测的结果. (f)~(n) 和 (c)~(k) 相似, 分别对应了
两个不同的测量动量方向

d_{yz} 在能量上不等价, 这使得电子结构产生了各向异性. 这一简单的能带平移图像或者说是 d_{xz} 和 d_{yz} 能带之间的不对等, 可以很好地解释角分辨光电子能谱在实验上所观察的能谱结构.

接下来我们看布里渊区顶角 M 点附近的能带变化, 图 8.9 展示了 M 点能带结构随温度的变化 [21]. 可以看出, M 点的能带结构变化主要显示为能量的劈裂. 在高温四方相中, 我们可以观察到一个简并的能级, 其由一个电子型能带的带底和一个空穴型能带的带顶共同构成. 随着温度的降低, 当温度低于结构相变温度后, 这一能级发生了劈裂, 演化成了多个分离的能级, 同时, 数据中呈现出多个分立的电子型和空穴型的能带. 进一步研究发现, 其能带劈裂的现象来源于能带色散在 k_x 方向和 k_y 方向出现的不对等的移动. 在高温四方相中, 能带在 k_x 方向的 M 点与 k_y 方向的 M 点分别由 d_{yz} 和 d_{xz} 轨道主要贡献, 其能量在 M_x 和 M_y 点相同, 具有四度旋转对称性. 当进入低温向列序态, 能带沿 k_x 方向明显向上平移并穿越费米能, 形成两条翘起的空穴型能带, 相反, 沿 k_y 方向, 能带并未穿越费米能而是下沉, 形成一条较平的能带. 能带在 M_y 点和 M_x 点沿相反的方向平移, 造成了我们在能谱数据中所观察到的能带劈裂现象. 同时需要指出的是, 在 M 点, 不仅其能量移动量的能量尺度远远大于 Γ 点的能量尺度, 同时其 d_{xz} 和 d_{yz} 轨道的移动方向与 Γ 点相反. 在 Γ 点, d_{yz} 能带下移而 d_{xz} 能带上移, 但在 M 点则相反, d_{xz} 能带剧烈下移, 而 d_{yz} 能带上移并穿越费米能.

对向列序下的电子结构的精细测量, 可以帮助我们理解向列序的形成机理. 理论上向列序的形成机理主要是轨道序驱动和自旋向列序驱动两种. 首先, 根据理论计算, 对于 d_{xz} 和 d_{yz} 的轨道序而言, d_{xz} 和 d_{yz} 轨道填充数的不对等, 会导致 d_{xz} 和 d_{yz} 电子能带出现不同方向的移动. 例如, d_{xz} 的填充数变多, 会导致能带向下远离费米能的方向移动, 而 d_{yz} 填充数变少, 会导致能带向上移动, 穿越费米能, 这一点与实验结果相符. 但是, 对于单一的铁磁轨道序而言, 由于其 d_{xz} 和 d_{yz} 填充数的不等在实空间也就是晶格上对于每个格点是均匀的, 其引起的能带变化不应该具有很强的动量依赖关系. 而实际的实验结果显示, 对比在布里渊区中心的 Γ 点和布里渊区顶角的 M 点, 两者不仅能带的位移能量尺度有很大的不同, 甚至其同一轨道的能量位移方向也是相反的. 这样具有显著动量依赖行为的能带重构并不能用简单单一的轨道序来解释. 除了简单的铁磁轨道序, 理论上也提出了其他更复杂的轨道序, 如 d 波轨道序或离键的轨道序 [23,24]. 这种复杂的轨道序或者多个轨道序的共同作用, 可以部分解释角分辨光电子能谱实验上所观察到的能带移动. 但单纯从轨道的角度来考虑能带重构, 很难解释实验中观察到的各种除了能带平移以外的其他效应, 如散射率变化以及谱重强度的变化等. 另一方面, 从自旋向列序驱动的角度来考虑, 由自旋向列序会导致自旋散射沿 x 方向和 y 方向明显不同 [10,11]. 铁基高温超导中自旋散射主要连接 Γ 点和 M 点之间的能带, 所以自旋散射的不同, 可以较好地解释实验中所观察到的 Γ 点与 M 点能带重构所具有的动量依赖的特性. 但基于自旋向列序的理论计算所预言的能带重构, 多体现在谱重变化或散射率变化上, 不能很好地解释能带的移动和其轨道依赖的特性. 综上所述, 目前单一考虑的轨道或自旋自由度的理论都不能很好解释实验上所观察的现象. 由于轨道序和自旋向列序具有同样的对称性, 两者之间可以存在较强的耦合. 实验上复杂的能带重构, 揭示了铁基高温超导材料中, 电子自旋和轨道两个自由度之间复杂的关联效应. 后续的实验和理论工作需要考虑两者之间的联系, 以及其共同驱动向列序发生的机理.

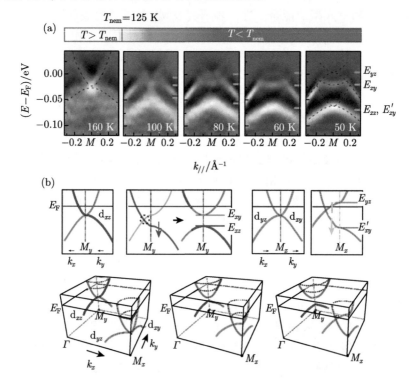

图 8.9　(a) FeSe 样品布里渊区顶角 M 点能带测量结果随温度的变化; (b) 能带结构和费米面的重构示意图 [21]

8.1.4　磁有序下的能隙与其轨道依赖性

磁有序的形成通常会破坏体系的平移对称性, 考虑磁矩排列后的晶胞一般几倍于原始晶格的晶胞大小. 平移周期的变化会导致布里渊区缩小, 从而产生能带的折叠. 一般在能带交叠处会产生能隙. 能带折叠与能隙打开一般是磁有序下电子结构变化的主要特征. 对于铁基高温超导而言, 磁有序是共线型的 (colinear), 沿着 Fe-Fe 方向, 一个方向为近邻反铁磁性, 而另一个垂直方向为铁磁性. 这样的

磁有序会将 M 点的电子型能带折叠到 Γ 点的空穴型能带上, 从而在费米能附近产生能隙. 根据费米面嵌套理论, 如果 Γ 点和 M 点的费米口袋大小相近, 能隙打开会导致费米面的消失, 从而降低能量并驱动磁有序的产生. 所以对磁有序态下电子能隙的研究, 可以帮助我们理解磁有序的形成原因.

在最开始对于 $BaFe_2As_2$ 的角分辨光电子能谱研究中 (图 8.10), 我们就可以看出, 当温度低于磁有序相变温度时, 电子结构发生剧烈的重构, 但费米面上的态密度并没有消失 [25]. 同时, 通过观察能带随温度的变化, 我们也可以看出费米能附近并没有能隙的产生, 在最低温的测量数据中, 仍然可以清晰观察到能带穿越费米能. 这样的结果似乎暗示着费米面嵌套理论的失效. 但后续的理论计算指出, 由于铁基高温超导中能带在各个高对称方向存在着不同的对称性, 所以在一些特殊位置, 能带之间的相交并不会产生能隙. 也就是说, 能隙的分布在动量空间并不是均匀的, 可能存在多个能隙节点.

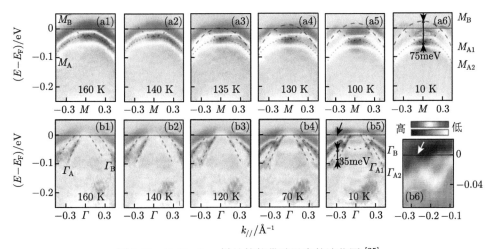

图 8.10 $BaFe_2As_2$ 样品的能带随温度的演化图 [25]

在右下角低温 10 K 的数据中, 可以清晰地看到能带穿越费米能

在后续我们对 NaFeAs 退孪晶样品的实验中, 可以很好地观察到这一效应. 图 8.11 显示了不同光偏振下, NaFeAs 低温费米面的测量结果. 可以发现 Γ 点和 M 点的费米面结构非常类似, 这说明了能带确实发生了折叠, 使得 Γ 点和 M 点呈现出相同的电子结构. 同时可以看出, 和高温完整的圆形费米口袋形状不同, 低温下费米面为分布在四个高对称方向的很小的费米口袋. 这个实验结果和理论计算所预言的相符, 也就是在四个水平和垂直的高对称方向, 没有能隙的打开, 所以保留了四个小的费米口袋 [19]. 但沿着非高对称方向, 费米面附近产生了能隙, 导致了低温费米面的消失. 费米面能隙产生和其节点的观察对我们理解磁有序的产

生非常重要. 这说明费米嵌套的图像在铁基高温超导中并不是完全失效.

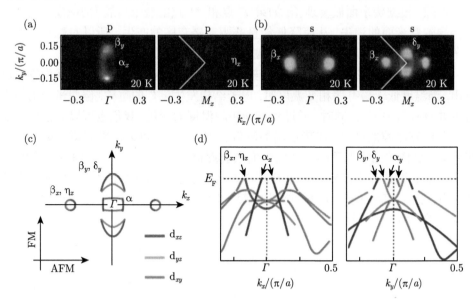

图 8.11　(a) 和 (b) 分别为 NaFeAs 在 p 和 s 光偏振下的低温费米面结构测量结果; (c) 费米面拓扑结构示意图; (d) 能带结构示意图 [19]

另外, 由于铁基高温超导的电子结构具有多轨道和多带的特征, 其能隙分布和大小很有可能具有轨道依赖特性. 图 8.12 展示 BaFe$_2$As$_2$ 退孪晶样品的角分辨光电子能谱实验结果 [20]. 由于磁有序下的磁矩排列为一个方向铁磁, 另一方向

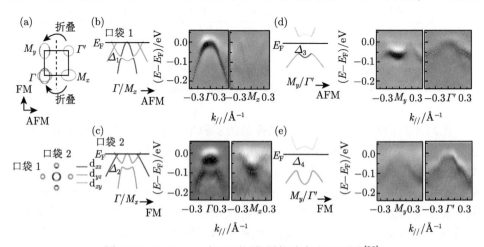

图 8.12　BaFe$_2$As$_2$ 低温不同位置能隙大小对比图 [20]

(a) 为布里渊区内能带折叠的示意图; (b)~(e) 为不同偏振下不同能带之间杂化能隙的测量结果

反铁磁, 磁性所导致的能带折叠可以认为只发生在反铁磁方向, 这样主要会导致两个能带折叠的渠道. 一是 Γ 点空穴型和 M_x 点上的电子型费米口袋之间的折叠, 二是 M_y 点上的电子型和 Γ' 点的空穴型费米口袋之间的折叠. 实验中, 我们利用光的偏振性选择性地激发了不同轨道的能带, 这样可以分别观察不同方向不同轨道之间的能隙情况. 两个能带折叠渠道所产生的能隙大小非常不同. 对于 Γ-M_x 的能带折叠, 我们可以观察到 Δ_1 和 Δ_2 两个微弱能隙的打开, 其大小较小, 小于 30 meV. 而对于 M_y-Γ' 的能带折叠, 我们可以观察到 Δ_3 和 Δ_4 两个显著能隙的打开, 其能隙大小大于 60 meV.

　　由于能隙打开可能是磁有序产生的原因, 能隙在动量空间上的分布和其轨道依赖关系, 可以帮助我们理解磁有序产生的可能机理. 一方面, 我们观察到 Δ_3 和 Δ_4 能隙在费米能附近打开, 这可以帮助电子体系节省能量, 从而导致磁有序的产生. 这和费米面嵌套磁有序理论相符合. 但另一方面, 能隙具有明显的轨道和动量依赖性. 例如, Γ 和 M_x 之间的能带折叠, 费米面形状大小虽然也符合费米面嵌套的要求, 但其能隙的大小却远小于 M_y-Γ' 费米面折叠所产生的能隙. 这说明了单纯考虑费米面之间的嵌套并不能很好地解释能隙的轨道和动量依赖关系. 有理论计算指出, 磁有序相中贡献磁矩的轨道可能来源于 d_{xz}、d_{yz} 和 d_{xy} 三个轨道, 但这三个轨道可能具有不同的贡献权重. 例如, d_{yz} 或 d_{xy} 轨道可能在磁有序和磁矩的形成过程中起关键的作用, 而 d_{xz} 轨道可能贡献较少. 通过观察实验数据可以看出, d_{xy} 轨道贡献的空穴型费米面上的能隙 Δ_3 和 Δ_4 较大, 而 d_{yz} 能带上的能隙 Δ_2 较小, d_{xz} 能带上的能隙 Δ_1 几乎观察不到. 这一定程度上符合理论计算所提出的轨道依赖关系. 在后续对磁有序态的理论和实验的研究中, 需要仔细考虑铁基高温超导的多轨道特性. 另外, 磁有序态下能隙的发现也不能排除磁性来源于强耦合的理论解释. 目前实验和理论研究普遍表明, 铁基高温超导体的磁性可能同时具有巡游和局域的特性 [13]. 费米能附近的不稳定性和高能电子之间的相互作用都在磁有序的形成中产生了重要作用.

8.2　铁基高温超导材料中的能隙各向异性

　　超导性的一个最基本的性质就是超导配对对称性, 也就是电子与电子之间的配对形式. 配对对称性可以直接反映在超导能隙在动量空间的分布上, 所以角分辨光电子能谱是用于研究超导配对对称性的最有效的实验手段. 在铜氧化物高温超导体的研究中, 角分辨光电子能谱在其布里渊区 45° 方向测量到了超导能隙为 0 的点, 也就是能隙的节点. 这一发现证明了铜氧化物高温超导体具有 d 波的配对对称性 [26]. 在本节中, 我们将首先介绍铁基高温超导体中费米面的拓扑结构分类和人们对于配对对称性的猜测, 其次再介绍角分辨光电子能谱对不同铁基高温

超导体系的超导能隙测量所获得的实验结果, 最后介绍其结果如何帮助我们理解
铁基高温超导材料中的配对对称性.

8.2.1　费米面拓扑与配对对称性

多数铁基高温超导体具有共通的费米面拓扑结构. 其由多个不连接的口袋组
成, 展现出半金属的性质. 如图 8.13 所示, 在布里渊区中心 Γ 点, 我们可以看到
圆形分布的谱重, 其为空穴型费米口袋所贡献. 而在布里渊区的顶角 M 点, 我们
也可以看到部分的谱重分布, 其为电子型费米口袋所贡献. 同时, 从 $BaFe_2As_2$ 和
LiFeAs 实验测量得到的费米面上可以看出, Γ 点的空穴型费米口袋和 M 点的电
子型费米口袋大小近似相等. 需要指出, 实验发现 LaOFeAs 在 Γ 点的空穴型口
袋要远大于在 M 点的电子型口袋. 这是由在 LaOFeAs 中, 表面的电子态与体内
的电子态不同所导致 [17,25,27-29]. 角分辨光电子能谱的实验结果基本确定了铁基
高温超导体母体的费米面拓扑结构. 其费米面在 Γ 点存在空穴型口袋, 在 M 点
存在电子型口袋. 这样的费米面与铜氧化物超导体单一的费米面截然不同, 呈现
出多带、多费米面的特性.

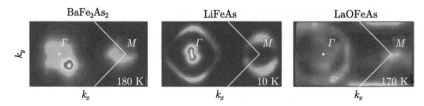

图 8.13　$BaFe_2As_2$、LiFeAs 和 LaOFeAs 的费米面角分辨光电子能谱测量结果图 [29]

同时, 由于铁基高温超导材料的能带结构具有半金属的特性, 其空穴型能带
的带顶和电子型能带的带底与费米能的距离很近, 费米面拓扑结构通过载流子掺
杂很容易被改变. 图 8.14 展示了铁基高温超导材料中目前比较有代表性的费米面
拓扑结构总结图. 可以看到, 在 KFe_2As_2 中, 通过高空穴掺杂, 布里渊区顶角的
电子型口袋消失并转变为了空穴型费米口袋, 费米面的拓扑结构变成了纯空穴型.
而在 $K_{1-x}Fe_{2+y}Se_2$ 和 FeSe 单层膜中, 通过重电子掺杂, 布里渊区中心的空穴型
口袋消失, 费米面的拓扑结构变成了纯电子型.

理解铁基高温超导多样的费米面拓扑结构, 对于研究铁基高温超导体中配对
对称性非常重要. 一方面, 多样的费米面拓扑结构会产生多样的能隙各向异性
甚至是能隙节点; 另一方面, 有理论指出, 多样的费米面拓扑结构有可能在铁基
高温超导中产生多种竞争的配对对称性, 其相互之间的权重在不同体系中根据
费米面拓扑结构进行着改变. 图 8.15 为目前理论预言的多种配对对称性示意
图 [30], 首先是 s_{++} 配对对称性, 其能隙在各个费米面上呈现各向同性的分布, 同

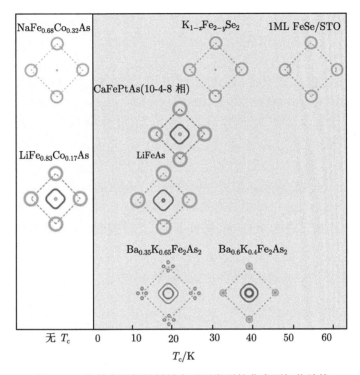

图 8.14　铁基高温超导材料中不同类型的费米面拓扑结构

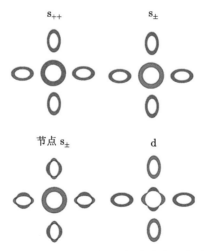

图 8.15　超导配对对称性和能隙分布示意图 [30]

时在布里渊区中心和顶角费米面上配对的符号不改变. 其次是 $s_\pm$ 配对对称性, 和 s_{++} 配对对称性类似, 其能隙在各个费米面上呈现各向同性的分布. 不同的是, $s_\pm$

配对对称性在布里渊区中心和顶角费米面上配对的符号相反. 同时, 还有后续理论所发展出来的反相位 s 波配对对称性, 这一配对对称性和 $s_\pm$ 和 s_{++} 相同, 其能隙在各个费米面上呈现各向同性的分布. 区别在于, 配对符号发生改变并不是在布里渊区中心和顶角, 而是在不同费米口袋之间. 除了能隙各向同性的 s 波的配对对称性, 还有 d 波的配对对称性. 铜氧化物中的 d 波配对对称性在费米面上产生了很强的能隙各向异性, 而对于铁基高温超导, 由于 d 波中节点线可以不与费米面有直接的相交, 所以在 d 波的配对对称性下, 其超导能隙也可以接近各向同性. 可以看出, 各种不同的配对对称性在费米面上都可能产生非常相似的各向同性的能隙分布, 这对于判断其配对对称性提出了很大的挑战. 我们需要对多个不同体系中的能隙分布进行非常精细的测量, 从而理解铁基高温超导中的配对对称性. 下面我们将根据费米面的拓扑结构不同, 介绍多个材料中超导能隙各向异性的测量结果.

8.2.2　空穴电子型铁基超导材料中的能隙结构和节点

在多个铁基高温超导材料中, $Ba_{1-x}K_xFe_2As_2$ 具有很强的代表性, 其高单晶质量和高的转变温度, 使其很适合作为研究能隙结构的实验材料. 目前有非常多的角分辨光电子能谱相关的实验研究. 早期的实验结果 (图 8.16) 显示, 其在布里渊区中心的 Γ 点附近存在两个大小差别很大的空穴型费米口袋, 能隙在同一费米面上基本各向同性, 但在不同费米面上大小很不相同 [31]. 能隙在布里渊区中心 Γ 点附近的小费米口袋上较大, 约为 10 meV. 而在 Γ 点附近大的费米口袋上, 能隙较小, 约为 3 meV. 在布里渊区的顶角 M 点存在着电子型费米口袋, 其能隙大小约

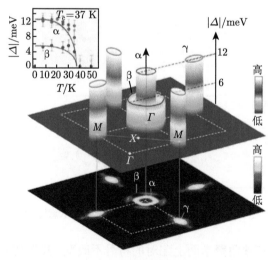

图 8.16　$Ba_{1-x}K_xFe_2As_2$ 能隙在费米面上的分布图 [31]

为 10 meV. 这一实验结果一方面表明了 $Ba_{1-x}K_xFe_2As_2$ 能隙在费米面上没有节点, 同时其能隙不具有很强的各向异性, 与输运实验结果相符合; 另一方面, 能隙在不同费米面大小不同, 显示了铁基高温超导中配对对称性并不是简单的 s 波配对对称性, 其能隙可能随轨道或动量有较强的依赖关系.

后续角分辨光电子能谱实验对布里渊区中心的空穴型费米口袋上的能隙进行了更精密的测量 (图 8.17). 一方面, 对于较大的空穴型费米口袋, 人们观察到了能隙随角度呈现四度对称的各向异性. 能隙在沿着 Fe-As-Fe 方向呈现出极大值, 而在 Fe-Fe 方向为极小值 [32]. 另一方面, 对于内圈的空穴型费米口袋, 人们发现其并不是单一的费米口袋, 而是由两个大小接近简并的空穴型费米口袋构成. 由于其能带的轨道特性不同, 可以通过改变光的偏振对其进行区分. 我们发现, 虽然其

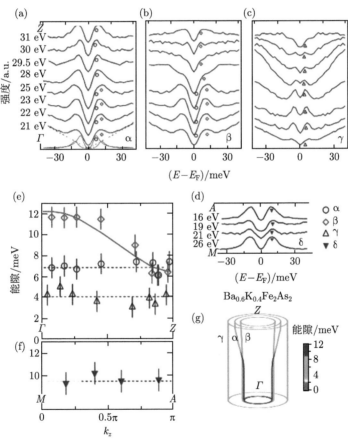

图 8.17 $Ba_{1-x}K_xFe_2As_2$ 空穴型费米面上的能隙总结图 [33]

(a) 内圈 α 能带能隙随光子能量的变化; (b), (c) 与 (a) 一样, 分别对应内圈 β 能带和外圈 γ 能带; (d) 布里渊区
顶角电子型能带能隙随光子能量的变化; (e), (f) 能隙随 k_z 变化的趋势图; (g) 能隙三维分布的示意图

两条能带的费米穿越大小接近, 但能隙大小并不相同, 分别为 7 meV 和 12 meV 左右 [33,34]. 同时, 通过改变光子能量, 我们可以测量能隙大小的三维特性. 实验发现, $Ba_{1-x}K_xFe_2As_2$ 的电子结构具有一定的三维特性, 随着 k_z 从 Γ 移动到 Z, 其费米面从小变大, 同时其超导能隙逐渐变小. 以上对于布里渊区中心空穴型费米面上能隙的精密测量, 可以提供很多重要的信息. 一方面, 外圈四度对称的能隙各向异性表面能隙具有随动量的依赖关系, 其和动量的关系可以用 $s_\pm$ 的能隙方程来进行拟合. 另一方面, 在内圈的空穴型费米口袋上, 费米穿越相近的两条能带具有不同的能隙大小, 这说明, 能隙不仅仅是动量的函数, 同时和费米面上的轨道特性有关. 而能隙的三维特性也反映了其配对相互作用具有一定的三维性, 在考虑用理论描述配对机制的时候, 需要考虑 k_z 方向的效应.

不同于 Γ 点的空穴费米口袋上比较清晰的能隙结构, 对 $Ba_{1-x}K_xFe_2As_2$ 布里渊区顶角上的电子型费米口袋上的能隙测量一直存在一定的争议. 有实验显示, 其由两个内外的电子型费米口袋构成, 同时和 Γ 点类似, 能隙在不同的电子型费米口袋上大小也不相同 [35]. 但也有实验指出, 其费米面的拓扑结构可能不是电子型, 而是由几个空穴型费米口袋构成 [36]. 对布里渊区顶角能隙分布的争议主要来源于其特殊的电子结构. 在布里渊区顶角 M 点, 有一条很平的能带与费米能非常接近, 对费米面拓扑结构的判断或能隙大小的测量有很大的影响. 后续的实验需要考虑利用偏振或其他实验手段抑制这条平带的强度, 从而实现更精确的能隙测量.

$Ba_{1-x}K_xFe_2As_2$ 中的能隙测量虽然提供了丰富的信息, 但其能隙沿着费米面基本为各向同性分布, 不能很好地帮助我们判断超导的配对对称性. 为了进一步判断配对对称性, 我们需要对一些能隙各向异性的材料进行精确的能隙测量. 那么 $BaFe_2As_{2-x}P_x$ 就是最佳的候选材料. 其不仅具有约 30 K 的超导转变温度, 同时输运实验明确显示 $BaFe_2As_{2-x}P_x$ 中存在能隙的节点, 也就是在某些动量位置其能隙大小为零 [37-40]. 节点位置的判断对于判断配对对称性十分重要, 例如, 在铜氧化物高温超导材料中, 能隙节点出现在 4 个 45° 方向, 符合 d 波的配对对称性 [26]. 我们对 $BaFe_2As_{2-x}P_x$ 的能隙结构进行了精密的测量 (图 8.18)[41], 实验结果显示, 其能隙在各个面内费米面上基本呈各向同性分布, 并不存在节点. 但当动量沿着面外也就是 k_z 方向移动到布里渊区顶面的 Z 点附近时, 空穴型费米面上的能隙迅速减小, 变为了零, 其节点呈现出节点环的形状. 关于 $BaFe_2As_{2-x}P_x$ 中节点形成的原因目前主要有两种解释. 一方面, 理论认为其节点形成和轨道成分在 Z 点附近的改变有关. 由于超导配对主要发生在 d_{xz}、d_{yz} 和 d_{xy} 轨道的电子上, 而在 Z 点附近, d_{z^2} 轨道会强烈地混入费米能附近, 造成能隙在 Z 点的剧烈变小. 另一方面, 理论计算指出, 如果配对对称性为 s_+, 则布里渊区中心到顶角的一半距离位置会存在节点线, 但一般费米口袋的大小较小, 并不会碰到节点线, 所以大部分铁基高温超导中并不存在能隙节点. 而对于 $BaFe_2As_{2-x}P_x$ 来说, 由于其能带结构具有很强的三维特性, 其节点线也呈现三维特性, 并在布里渊区顶部 Z 点附近与费米面存在相交, 从而产生环状的节点结构.

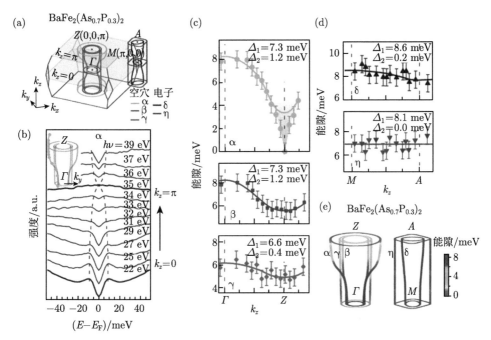

图 8.18　(a) $BaFe_2As_{2-x}P_x$ 费米面的三维结构; (b) α 能带上能隙随光子能量的变化图; (c), (d) 五条能带上能隙随 k_z 的变化趋势图; (e) $BaFe_2As_{2-x}P_x$ 中能隙三维结构的示意图 [41]

$BaFe_2As_{2-x}P_x$ 能隙节点位置的发现进一步说明了电子结构的多轨道特性以及三维特性在铁基高温超导配对中的作用. 同时, 由于其节点结构为各向同性的环形结构, 对于判断面内的配对对称性也不能给出决定性的结论. FeSe 是另一种具有能隙节点的铁基高温超导材料. 但由于其高质量单晶难以获得以及较低的超导转变温度, 其能隙节点结构一直没有很明确的研究. 后续的研究发现, 可以通过气象输运获得高质量 FeSe 单晶样品. 同时, 角分辨光电子能谱实验技术的进步, 使得我们可以在 1~2 K 的温度, 以很高的分辨率对能隙的结构进行测量. 图 8.19 显示 FeSe 中在空穴型费米口袋上的能隙测量结果 [42]. 可以看出能隙分布具有很强的二度旋转对称性. 能隙在水平方向达到最大值, 约为 3 meV, 而在竖直方向为 0 meV. 这一节点的结构不同于 $BaFe_2As_{2-x}P_x$ 中各向同性的节点结构, 其起源也不能很好地用现有的理论与配对对称性来解释, 其形成有可能与向列序和超导共存有关.

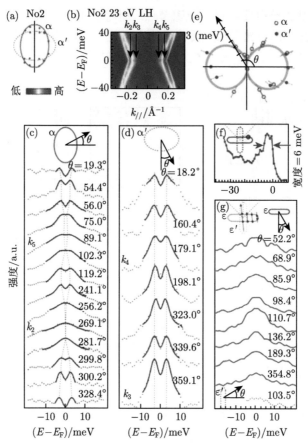

图 8.19　(a) $BaFe_2As_{2-x}P_x$ 费米面的三维结构; (b) α 能带上能隙随光子能量的变化图; (c), (d) 五条能带上能隙随 k_z 的变化趋势图; (e) $BaFe_2As_{2-x}P_x$ 中能隙三维结构的示意图 [41]

8.2.3　重电子掺杂型铁硒超导中的能隙各向异性

上文中我们重点描述了费米面拓扑结构中同时具有空穴型和电子型费米口袋的铁基高温超导材料中的能隙各向异性和节点的结构. 在铁基高温超导研究的早期, 人们普遍认为, 同时具有空穴型和电子型费米口袋是铁基超导一个普适且重要的特征. 多个理论和计算模型也是基于这一费米面拓扑结构而建立. 而在 2010 年, $K_xFe_{2-y}Se_2$ 的发现改变了人们对铁基高温超导费米面拓扑结构的认知 [43,44]. $K_xFe_{2-y}Se_2$ 具有很高的超导转变温度, 约为 30 K. 图 8.20 显示角分辨光电子能谱对其电子结构的测量 [45], 可以发现, 在 $K_xFe_{2-y}Se_2$ 中, 存在非常高的电子掺杂效应. 其布里渊区中心 Γ 点附近的空穴型能带, 由于电子掺杂下沉到了费米能以下. 同时, 在布里渊区顶角 M 点附近的电子型能带, 由于电子掺杂下沉, 形成了非常大的电子型费米口袋. 空穴型费米口袋的消失, 改变了费米面的拓扑结构, 也很有可能影响超导的配对对称性. 下文主要针对重电子掺杂的费米面拓扑结构, 介绍其超导能隙的各向异性的实验结果.

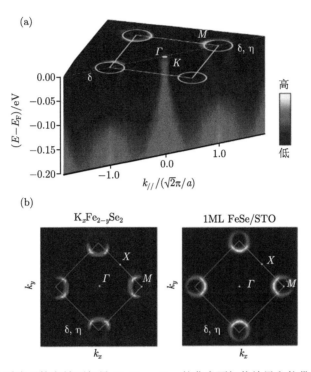

图 8.20　(a) 重电子掺杂铁硒超导 $K_xFe_{2-y}Se_2$ 的费米面拓扑结果和能带结构示意图;
(b) $K_xFe_{2-y}Se_2$ 和 1ML FeSe/STO 的费米面测量结果对比图 [45]

　　首先, 对于 $K_xFe_{2-y}Se_2$, 角分辨光电子能谱显示其能隙约为 10 meV (图 8.21), 在布里渊区顶角 M 点附近的费米面上各向同性地分布 [45]. 后续的进一步实验显示, 其费米面具有一定的三维性, 当动量沿着 k_z 方向, 移动到布里渊区顶面的 Z 点附近时, 会额外出现一个小的电子型费米口袋. 对于这一小电子型口袋的测量发现, 其能隙各向同性分布, 同时, 其大小略小于布里渊区顶角费米面上的能隙大小, 约为 7 meV[46].

　　由于 $K_xFe_{2-y}Se_2$ 费米面拓扑结构的特殊性, 理论上给出了多种可能的配对对称性, 如 s 波, $s_{\pm}$ 波和 d 波等 [47-49]. 这些配对对称性都可能在布里渊区顶角附近的电子型口袋上产生各向同性分布的能隙结构. 但需要指出的是, 对于 d 波, 由于其能隙节点一定会穿越布里渊区 Z 点附近的小电子型费米口袋, 其应该在费米面上产生四度对称的节点结构, 这与实验上所观察的各向同性的能隙结构并不吻合. 所以单一简单的 d 波配对对称性并不能解释 $K_xFe_{2-y}Se_2$ 费米面上各向同性的能隙结构.

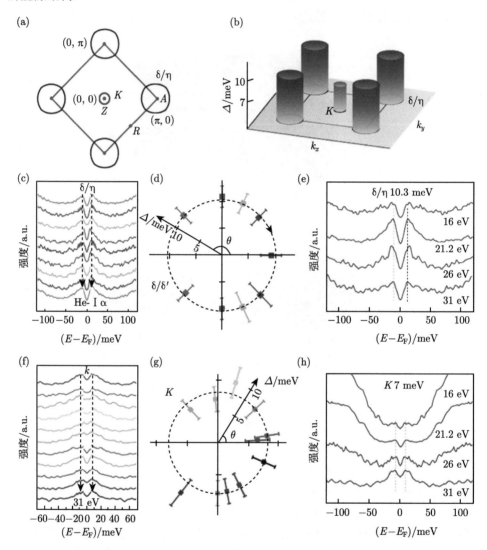

图 8.21　(a) $K_xFe_{2-y}Se_2$ 费米面示意图; (b) $K_xFe_{2-y}Se_2$ 能隙结构的示意图; (c), (d) 能隙在布里渊区顶角电子型口袋上的分布; (e) 能隙随光子能量的变化; (f)~(h) 与 (c)~(e) 相似, 是能隙在布里渊区中心 Z 点附近的电子型口袋上的分布 [45,46]

与 $K_xFe_{2-y}Se_2$ 费米面拓扑结构类似的还有生长在 $SrTiO_3$ 衬底上的 FeSe 单层膜材料. 这一材料的超导转变温度非常高, 实验发现可能大于 50 K[50]. 同时其中有着丰富的界面效应和尺寸效应, 是铁基高温超导材料中非常重要的一个体系.

对于其费米面能带结构的测量显示, 其电子结构与 $K_xFe_{2-y}Se_2$ 非常类似, 在布里渊区中心并不存在空穴型费米口袋, 其费米面只由布里渊区顶角的电子型费米口袋贡献 (图 8.20). 早期的测量显示, 其能隙结构也与 $KFe_{2-y}Se_2$ 类似, 为在费米面各向同性的分布 [51-53]. 后续实验发现, 如果将 FeSe 单层膜生长到非 $SrTiO_3$ 衬底上, 其费米面会呈现出椭圆形的形状, 同时其能隙也体现出二度对称的各向异性结构 [54]. 我们对高质量的 FeSe 单层膜进行了精细角分辨光电子能谱研究, 发现其布里渊区顶角的费米面是由两个椭圆的电子型费米口袋共同构成. 通过改变光的偏振, 我们可以选择性地激发其中部分的费米面, 这样我们可以精细地测量其费米面上的能隙分布 [55].

图 8.22 显示了 FeSe 单层膜费米面上的能隙分布, 由于其费米面具有四度旋转对称性, 所以, 我们只展示了其中一个椭圆形费米面上的能隙分布情况. 可以看出其能隙分布在椭圆形费米口袋上复杂的能隙各向异性. 其在 90° 竖直方向达到最大值, 在 0° 水平方向下较小, 而在 45° 方向上呈现极小值. 我们可以用简单的函数对这一能隙分布进行拟合, 同时将数据和能隙方程中描述的各向异性相对比. 可以发现, 能隙不能用任何简单的能隙方程来描述. 这说明, 配对并不是简单的

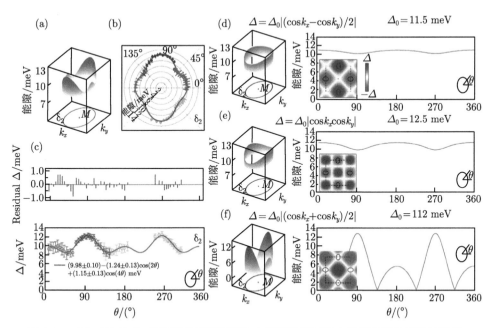

图 8.22 (a), (b) FeSe 单层膜布里渊区顶角电子型费米口袋上的能隙各向异性示意图; (c) 用简单三角函数对能隙分布的拟合结果; (d)~(f) 根据费米形状分别利用 d 波、$s_\pm$ 波和扩展 s 波对能隙分布的模拟结果, 计算模拟的结果并不能很好地解释实验中观察的能隙各向同性 [55]

动量依赖函数, 同时费米面的多轨道特性也在配对强度上起了很重要的作用.

8.3　本 章 小 结

首先, 通过对铁基高温材料的电子结构的精细测量, 人们揭示了向列序和磁有序两个对称破缺态下电子结构的重构, 向列序下电子结构破坏了四度旋转对称, 能带移动具有很强的各向异性、动量依赖关系和轨道依赖关系. 其并不能用简单的磁扰动或轨道序来解释, 而需要考虑磁和轨道两个自由度的共同作用. 在磁有序态下, 能隙发生的部分费米面上, 其能隙大小同时具有很强的轨道依赖和动量依赖关系. 这表明磁有序可能部分来自于费米面的不稳定性, 但同时局域电子之间的相互作用和多轨道效应也在磁有序的形成中起非常重要的作用. 而对于超导的配对对称性, 通过对多个材料超导能隙的精细测量, 我们发现铁基高温超导材料能隙结构具有多轨道、三维性和多费米面拓扑结构的特点. 这些特点使其能隙结构比较复杂, 其能隙各向异性或节点结构通常不能用简单的能隙方程来进行解释. 铁基高温超导材料中, 可能同时存在多个能量接近的配对通道, 从而产生随体系和费米面拓扑结构改变的复杂能隙结构. 综上所述, 电子结构的精细测量给未来对铁基高温超导的研究提供了重要的思路. 在理论和实验的研究上, 我们需要考虑铁基高温超导材料的几个非常重要的特性: 轨道和自旋的关系、局域电子与巡游电子的关系、电子结构三维性、多轨道效应和多样的费米面拓扑结构. 这样将有助于我们揭示铁基高温超导中普适而且完整的超导配对图像.

参 考 文 献

[1] Paglione J, Greene R L. High-temperature superconductivity in iron-based materials. Nat. Phys., 2010, 6(9): 645-658.

[2] Stewart G R. Superconductivity in iron compounds. Rev. Mod. Phys., 2011, 83(4): 1589-1652.

[3] Huang Q, Qiu Y, Bao W, et al. Neutron-diffraction measurements of magnetic order and a structural transition in the parent $BaFe_2As_2$ compound of FeAs-based high-temperature superconductors. Phys. Rev. Lett., 2008, 101(25): 257003.

[4] de la Cruz C, Huang Q, Lynn J W, et al. Magnetic order close to superconductivity in the iron-based layered $LaO_{1-x}F_xFeAs$ systems. Nature, 2008, 453(7197): 899-902.

[5] Hsu F C, Luo J Y, Yeh K W, et al. Superconductivity in the PbO-type structure α-FeSe. Proceedings of the National Academy of Sciences, 2008, 105(38): 14262-14264.

[6] Li S, de la Cruz C, Huang Q, et al. First-order magnetic and structural phase transitions in $Fe_{1+y}Se_xTe_{1-x}$. Phys. Rev. B., 2009, 79(5): 054503.

[7] Lv W, Krüger F, Phillips P. Orbital ordering and unfrustrated $(\pi, 0)$ magnetism from degenerate double exchange in the iron pnictides. Phys. Rev. B, 2010, 82(4): 045125.

[8] Lee C C, Yin W G, Ku W. Ferro-orbital order and strong magnetic anisotropy in the parent compounds of iron-pnictide superconductors. Phys. Rev. Lett., 2009, 103(26): 267001.

[9] Chen C C, Maciejko J, Sorini A P, et al. Orbital order and spontaneous orthorhombicity in iron pnictides. Phys. Rev. B, 2010, 82(10): 100504.

[10] Fang C, Yao H, Tsai W F, et al. Theory of electron nematic order in LaFeAsO. Phys. Rev. B, 2008, 77(22): 224509.

[11] Fernandes R M, Chubukov A V, Knolle J, et al. Preemptive nematic order, pseudogap, and orbital order in the iron pnictides. Phys. Rev. B, 2012, 85(2): 024534.

[12] Johannes M D, Mazin I I. Microscopic origin of magnetism and magnetic interactions in ferropnictides. Phys. Rev. B, 2009, 79(22): 220510.

[13] Dai P, Hu J, Dagotto E. Magnetism and its microscopic origin in iron-based high-temperature superconductors. Nat. Phys., 2012, 8(10): 709-718.

[14] Graser S, Maier T A, Hirschfeld P J, et al. Near-degeneracy of several pairing channels in multiorbital models for the Fe pnictides. New J. Phys., 2009, 11(2): 025016.

[15] Yi M, Lu D H, Analytis J G, et al. Unconventional electronic reconstruction in undoped (Ba, Sr) Fe_2As_2 across the spin density wave transition. Phys. Rev. B, 2009, 80(17): 174510.

[16] Gao M, Ma F, Lu Z Y, et al. Surface structures of ternary iron arsenides AFe_2As_2 (A=Ba, Sr, or Ca). Phys. Rev. B, 2010, 81(19): 193409.

[17] Yang L X, Xie B P, Zhang Y, et al. Surface and bulk electronic structures of LaFeAsO studied by angle-resolved photoemission spectroscopy. Phys. Rev. B, 2010, 82(10): 104519.

[18] Yi M, Lu D H, Chu J H, et al. Symmetry breaking orbital anisotropy on detwinned $Ba(Fe_{1-x}Co_x)_2As_2$ above the spin density wave transition. Proceedings of the National Academy of Sciences, 2011, 108: 6878.

[19] Zhang Y, He C, Ye Z R, et al. Symmetry breaking via orbital-dependent reconstruction of electronic structure in detwinned NaFeAs. Phys. Rev. B, 2012, 85(8): 085121.

[20] Yi M, Zhang Y, Shen Z X, et al. Role of the orbital degree of freedom in iron-based superconductors. NPJ Quantum Materials, 2017, 2(1): 57.

[21] Zhang Y, Liu Z K, Li W, et al. Distinctive orbital anisotropy observed in the nematic state of a FeSe thin film. Phys. Rev. B, 2016, 94(11): 115153.

[22] Suzuki Y, Shimojima T, Sonobe T, et al. Momentum-dependent sign inversion of orbital order in superconducting FeSe. Phys. Rev. B, 2015, 92(20): 205117.

[23] Su Y H, Liao H J, Li T. The form and origin of orbital ordering in the electronic nematic phase of iron-based superconductors. Journal of Physics: Condensed Matter, 2015, 27(10): 105702.

[24] Zhang P, Qian T, Richard P, et al. Observation of two distinct d_{xz}/d_{yz} band splittings in FeSe. Phys. Rev. B, 2015, 91(21): 214503.

[25] Yang L X, Zhang Y, Ou H W, et al. Electronic structure and unusual exchange

splitting in the spin-density-wave state of the BaFe$_2$As$_2$ parent compound of iron-based superconductors. Phys. Rev. Lett., 2009, 102(10): 107002.

[26] Damascelli A, Hussain Z, Shen Z X. Angle-resolved photoemission studies of the cuprate superconductors. Rev. Mod. Phys., 2003, 75(2): 473-541.

[27] Umezawa K, Li Y, Miao H, et al. Unconventional anisotropic s-wave superconducting gaps of the LiFeAs iron-pnictide superconductor. Phys. Rev. Lett., 2012, 108(3): 037002.

[28] Borisenko S V, Zabolotnyy V B, Evtushinsky D V, et al. Superconductivity without nesting in LiFeAs. Phys. Rev. Lett., 2010, 105(6): 067002.

[29] Ye Z R, Zhang Y, Xie B P, et al. Angle-resolved photoemission spectroscopy study on iron-based superconductors. Chinese Physics B, 2013, 22(8): 087407.

[30] Hirschfeld P J, Korshunov M M, Mazin I I. Gap symmetry and structure of Fe-based superconductors. Rep. Prog. Phys., 2011, 74(12): 124508.

[31] Ding H, Richard P, Nakayama K, et al. Observation of Fermi-surfacedependent nodeless superconducting gaps in Ba$_{0.6}$K$_{0.4}$Fe$_2$ As$_2$. Euro Phys. Lett., 2008, 83(4): 47001.

[32] Evtushinsky D V, Zabolotnyy V B, Harnagea L, et al. Electronic band structure and momentum dependence of the superconducting gap in Ca$_{1-x}$Na$_x$Fe$_2$As$_2$ from angle-resolved photoemission spectroscopy. Phys. Rev. B, 2013, 87(9): 094501.

[33] Zhang Y, Yang L X, Chen F, et al. Out-of-plane momentum and symmetry-dependent energy gap of the pnictide Ba$_{0.6}$K$_{0.4}$Fe$_2$As$_2$ superconductor revealed by angle-resolved photoemission spectroscopy. Phys. Rev. Lett., 2010, 105(11): 117003.

[34] Xu Y M, Huang Y B, Cui X Y, et al. Observation of a ubiquitous three-dimensional superconducting gap function in optimally doped Ba$_{0.6}$K$_{0.4}$Fe$_2$As$_2$. Nat. Phys., 2011, 7: 198-202.

[35] Nakayama K, Sato T, Richard P, et al. Superconducting gap symmetry of Ba$_{0.6}$K$_{0.4}$Fe$_2$ As$_2$ studied by angle-resolved photoemission spectroscopy. Euro. Phys. Lett., 2009, 85(6): 67002.

[36] Zabolotnyy V B, Inosov D S, Evtushinsky D V, et al. (π, π) electronic order in iron arsenide superconductors. Nature, 2009, 457(7229): 569-572.

[37] Kasahara S, Shibauchi T, Hashimoto K, et al. Evolution from non-Fermi- to Fermi-liquid transport via isovalent doping in BaFe$_2$(As$_{1-x}$P$_x$)$_2$ superconductors. Phys. Rev. B, 2010, 81(18): 184519.

[38] Fletcher J D, Serafin A, Malone L, et al. Evidence for a nodal-line superconducting state in LaFePO. Phys. Rev. Lett., 2009, 102(14):147001.

[39] Hashimoto K, Yamashita M, Kasahara S, et al. Line nodes in the energy gap of superconducting BaFe$_2$(As$_{1-x}$P$_x$)$_2$ single crystals as seen via penetration depth and thermal conductivity. Phys. Rev. B, 2010, 81(22): 220501.

[40] Kim J S, Stewart G R, Kasahara S, et al. Specific heat discontinuity, ΔC, at T_c in BaFe$_2$(As$_{0.7}$P$_{0.3}$)$_2$—consistent with unconventional superconductivity. Journal of Physics: Condensed Matter, 2011, 23(22): 222201.

[41] Zhang Y, Ye Z R, Ge Q Q, et al. Nodal superconducting-gap structure in ferropnictide superconductor $BaFe_2(As_{0.7}P_{0.3})_2$. Nat. Phys., 2012, 8(5): 371-375.

[42] Xu H C, Niu X H, Xu D F, et al. Highly anisotropic and twofold symmetric superconducting gap in nematically ordered $FeSe_{0.93}S_{0.07}$. Phys. Rev. Lett., 2016, 117(15): 157003.

[43] Guo J, Jin S, Wang G, et al. Superconductivity in the iron selenide $K_xFe_2Se_2$ ($0 \leqslant x \leqslant 1.0$). Phys. Rev. B, 2010, 82(18): 180520.

[44] Yan Y J, Zhang M, Wang A F, et al. Electronic and magnetic phase diagram in $K_xFe_{2-y}Se_2$ superconductors. Scientific Reports, 2012, 2: 212.

[45] Zhang Y, Yang L X, Xu M, et al. Nodeless superconducting gap in $A_xFe_2Se_2$ (A=K, Cs) revealed by angle-resolved photoemission spectroscopy. Nat. Mater., 2011, 10(4): 273-277.

[46] Xu M, Ge Q Q, Peng R, et al. Evidence for an s-wave superconducting gap in $K_xFe_{2-y}Se_2$ from angle-resolved photoemission. Phys. Rev. B, 2012, 85(22): 220504.

[47] Fa W, Fan Y, Miao G, et al. The electron pairing of $K_xFe_{2-y}Se_2$. Euro Phys. Lett., 2011, 93(5): 57003.

[48] Maier T A, Graser S, Hirschfeld P J, et al. d-wave pairing from spin fluctuations in the $K_xFe_{2-y}Se_2$ superconductors. Phys. Rev. B, 2011, 83(10): 100515.

[49] Mazin I I. Symmetry analysis of possible superconducting states in $K_xFe_ySe_2$ superconductors. Phys. Rev. B, 2011, 84(2): 024529.

[50] Wang Q Y, Li Z, Zhang W H, et al. Interface-induced high-temperature superconductivity in single unit-cell FeSe films on $SrTiO_3$. Chin. Phys. Lett., 2012, 29(3): 37402.

[51] Tan S, Zhang Y, Xia M, et al. Interface-induced superconductivity and strain-dependent spin density waves in $FeSe/SrTiO_3$ thin films. Nat. Mater., 2013, 12(7): 634-640.

[52] He S, He J, Zhang W, et al. Phase diagram and electronic indication of high-temperature superconductivity at 65 K in single-layer FeSe films. Nat. Mater., 2013, 12(7): 605-610.

[53] Lee J J, Schmitt F T, Moore R G, et al. Interfacial mode coupling as the origin of the enhancement of T_c in FeSe films on $SrTiO_3$. Nature, 2014, 515(7526): 245-248.

[54] Peng R, Shen X P, Xie X, et al. Measurement of an enhanced superconducting phase and a pronounced anisotropy of the energy gap of a strained FeSe single layer in $FeSe/Nb:SrTiO_3/KTaO_3$ heterostructures using photoemission spectroscopy. Phys. Rev. Lett., 2014, 112(10): 107001.

[55] Zhang Y, Lee J J, Moore R G, et al. Superconducting gap anisotropy in monolayer FeSe thin film. Phys. Rev. Lett., 2016, 117(11): 117001.

第 9 章　FeSe 类超导体的中子散射研究

王奇思, 沈瑶, 赵俊

复旦大学物理系

9.1　中子散射实验技术与原理

9.1.1　中子散射技术背景

散射技术是基于粒子和材料之间的相互作用, 根据粒子被散射前后的状态变化来获得材料相关性质信息的技术手段. 用于探测的粒子性质决定了该探测手段的应用范围. 中子散射技术是研究材料结构、晶格动力学和磁激发的重要手段, 在凝聚态物理领域应用广泛, 尤其是在磁性测量方面, 有着其他手段无法替代的优势. 这一技术的应用主要基于中子的以下特性.

(1) 不带电荷. 这意味着中子不受长程的库仑作用力影响, 与材料的相互作用比较弱. 因此, 中子具有极强的穿透性, 可以深入样品内部探测样品的体性质. 中子甚全可以穿透磁体、压力腔等设备, 测量不同样品环境 (高压、磁场、低温等) 下的样品性质. 与此同时, 中子和原子核之间存在短程的强相互作用力 (作用距离 $\sim 10^{-15}$ m) , 能被原子核散射, 因此可以测量材料的晶体结构.

(2) 具有磁矩. 中子带有 $S = 1/2$ 的自旋, 磁矩 $\mu_{\mathrm{n}} = -1.913\ \mu_{\mathrm{N}}$ (μ_{N} 为核磁子), 可以和材料中的磁矩产生偶极子–偶极子相互作用, 是理想的磁性微观探测手段.

(3) 理想的波长和能量. 中子散射所用中子的波长和能量可以同时与固体材料的晶格常数和元激发能量相匹配. 根据能量不同, 中子散射所用中子主要分为冷中子 (cold neutrons, 0.1~10 meV)、热中子 (thermal neutrons, 5~100 meV) 和超热中子 (epithermal neutrons, 100~500 meV). 对于大部分固体材料, 元激发 (晶格振动、磁激发等) 能量尺度在 1~500 meV, 处在这一能量范围的中子波长和材料的晶格尺度相接近. 因此, 中子散射在研究固体材料的结构和元激发时能覆盖很大的动量、能量范围, 同时具有很好的分辨率.

(4) 对轻元素敏感, 且有很强的同位素分辨能力. X 射线和原子的核外电子之间存在电磁相互作用, 散射截面随原子序数增加而变大, 但 X 射线对轻元素不敏感, 而中子的散射截面并不依赖于原子序数, 对轻元素有较大的散射截面, 且具有分辨同位素的能力, 借助这一能力, 中子可以测量轻元素, 以及区分原子序数接近的不同元素.

9.1.2 中子微分散射截面

中子散射过程遵循基本的动量和能量守恒原理, 即

$$\boldsymbol{Q} = \boldsymbol{k}_\text{f} - \boldsymbol{k}_\text{i} \tag{9.1}$$

$$\hbar\omega = E_\text{f} - E_\text{i} = \hbar^2/2m_\text{n}(k_\text{f}^2 - k_\text{i}^2) \tag{9.2}$$

其中, 中子的波矢大小 $k = 2\pi/\lambda$, λ 为中子的波长; m_n 为中子的质量. 此过程中中子转移给样品的动量和能量分别是 $\hbar\boldsymbol{Q}$ 和 $\hbar\omega$, 波矢 $\boldsymbol{k}_\text{i}$, $\boldsymbol{k}_\text{f}$ 和 $\boldsymbol{Q}$ 构成散射三角形, 如图 9.1 所示. 根据散射前后中子的能量是否变化, 中子散射分为弹性中子散射和非弹性中子散射. 弹性中子散射用来确定材料中的有序态, 如晶体结构和磁有序. 非弹性散射主要用来进行动力学测量, 包括晶格振动和磁激发.

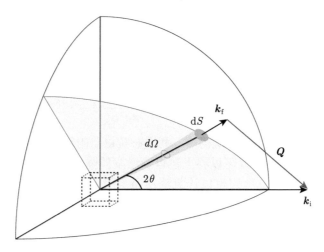

图 9.1 中子微分散射截面和散射三角形

中子散射实验直接探测的物理量是微分散射截面 $\text{d}\sigma/\text{d}\Omega$, 即单位时间内中子被散射到固定方向 ($\boldsymbol{k}_\text{f}$) 单位立体角内的概率 (图 9.1). 如果对出射中子进一步作能量分析, 得到特定出射能量 E_f 的中子概率可以用偏微分散射截面 $\text{d}^2\sigma/\text{d}\Omega\text{d}E_\text{f}$ 来描述.

散射前后粒子的状态变化取决于粒子和样品中的相互作用. 由于中子和材料之间的相互作用很弱, 并不破坏样品的本征性质, 因此应用费米黄金定律和玻恩近似可以得到中子的原子核散射截面满足

$$\frac{\text{d}^2\sigma}{\text{d}\Omega_\text{f}\text{d}E_\text{f}} \propto S(\boldsymbol{Q},\omega) \tag{9.3}$$

其中, $S(\boldsymbol{Q},\omega)$ 为原子核散射函数, 满足

$$S(\boldsymbol{Q},\omega) = \frac{1}{2\pi\hbar N} \sum_{ll'} \int_{-\infty}^{\infty} \mathrm{d}t \langle e^{-i\boldsymbol{Q}\cdot\boldsymbol{r}_{l'}(0)} e^{-i\boldsymbol{Q}\cdot\boldsymbol{r}_l(t)} \rangle e^{-i\omega t} \tag{9.4}$$

它依赖于散射过程中样品的动量和能量变化. 事实上, 散射函数和样品中原子位置矢量的傅里叶变化相关, 包含样品的结构及其涨落等信息, 因此又被称作动态结构因子.

对于磁性中子散射, 则有

$$\frac{\mathrm{d}^2\sigma}{\mathrm{d}\Omega_{\mathrm{f}}\mathrm{d}E_{\mathrm{f}}} \propto \sum_{\alpha,\beta} (\delta_{\alpha,\beta} - \hat{\boldsymbol{Q}}_\alpha \hat{\boldsymbol{Q}}_\beta) S_{\alpha\beta}(\boldsymbol{Q},\omega) \tag{9.5}$$

其中, $\hat{\boldsymbol{Q}}_\alpha$, $\hat{\boldsymbol{Q}}_\beta$ 为单位波矢 $\hat{\boldsymbol{Q}}$ 在笛卡尔坐标系上的投影. 自旋–自旋关联函数为

$$S_{\alpha\beta}(\boldsymbol{Q},\omega) = \frac{1}{2\pi} \int_{-\infty}^{\infty} \mathrm{d}t e^{-i\omega t} \sum_l \langle S_0^\alpha(0) S_l^\beta(t) \rangle \tag{9.6}$$

式中, α, β 代表笛卡尔坐标系下的不同方向. 自旋关联函数与动态磁化率虚部 $\chi''_{\alpha\beta}(\boldsymbol{Q},\omega)$ 满足涨落耗散定律, 即

$$S_{\alpha\beta}(\boldsymbol{Q},\omega) = \frac{\hbar}{\pi g^2\mu_{\mathrm{B}}^2}[1+n(\omega)]\chi_{\alpha\beta}(\boldsymbol{Q},\omega) = \frac{\hbar}{\pi g^2\mu_{\mathrm{B}}^2}[1-e^{-\hbar\omega/k_{\mathrm{B}}T}]\chi''_{\alpha\beta}(\boldsymbol{Q},\omega) \tag{9.7}$$

其中, k_{B} 是玻尔兹曼常量; T 是温度. 利用布拉格点附近的声学支声子的强度或者标准样品的非相干散射就可以将上述自旋激发的强度归一化, 从而得到绝对单位下的 $\chi''_{\alpha\beta}(\boldsymbol{Q},\omega)$. 由此我们可以计算涨落磁矩的大小. 沿着一个方向的涨落磁矩为

$$M_x^2 = g^2\mu_{\mathrm{B}}^2 \int_{BZ} \mathrm{d}\boldsymbol{Q} \int_{-\infty}^{\infty} S_{xx}(\boldsymbol{Q},\omega)\mathrm{d}\omega \tag{9.8}$$

总的局域涨落磁矩的大小为

$$\langle M^2 \rangle = \langle M_x^2 + M_y^2 + M_z^2 \rangle \tag{9.9}$$

各向同性的情况下

$$\langle M^2 \rangle = 3\langle M_z^2 \rangle = \frac{3\hbar}{\pi} \int_{BZ} \int_{-\infty}^{\infty} \mathrm{d}\boldsymbol{Q} \frac{\chi''_{\alpha\beta}(\boldsymbol{Q},\omega)\mathrm{d}\omega}{1-e^{\hbar\omega/k_{\mathrm{B}}T}} \tag{9.10}$$

总磁矩满足求和定则

$$M_{\mathrm{total}}^2 = m^2 + \langle M^2 \rangle = g^2\mu_{\mathrm{B}}^2 S(S+1) \tag{9.11}$$

其中, m 为体系的静态磁矩. 这样我们就得到了体系的有效自旋 S. 事实上, 对于存在磁有序的体系, 低能自旋激发一般不满足各向同性的条件. 如果各向异性的激发只占谱重的很小一部分的话, 上述方法仍然可以用来估算有效自旋 S 的大小.

9.1.3 中子源与中子散射谱仪

目前应用于中子散射实验的中子源包括反应堆和散裂源两种. 反应堆中子源利用 U^{235} 裂变产生中子, 能够持续提供较为稳定的中子束, 是最初中子散射实验获得中子的方式, 现在仍然被广泛应用. 中子散裂源利用高速质子轰击重金属靶 (汞、铅等) 产生中子, 由于需要回旋加速器加速质子, 因此产生的是脉冲式的中子束. 散裂源相较于反应堆中子源具有更加广阔的发展前景, 目前正在新建的中子源多是散裂中子源.

中子散射谱仪种类很多, 包括粉末衍射仪、单晶四圆衍射仪、小角散射谱仪 (SANS)、三轴 (triple-axis) 谱仪和时间飞行 (time-of-flight) 谱仪等. 其中三轴谱仪和时间飞行谱仪是非弹性中子散射测量的主要设备.

三轴谱仪一般基于反应堆中子源, 其基本结构如图 9.2 所示, 其中单色器、样品台以及分析器分别可以旋转, 构成所谓"三轴". 围绕这三者有其他一系列的组件, 从中子源开始依次有减速剂、导管、速度选择器、准直器、单色器、监测器、狭缝、样品台、过滤器、分析器和探测器. 单色器是一块单晶 (热解石墨或单晶硅等), 基于布拉格定律, 改变其转角就可以选择特定动量和能量的入射中子. 样品台的转角可以改变样品的方向, 经样品散射后, 在散射平面内方向偏转特定角度的出射中子进入分析器. 分析器也是一块单晶, 其转角决定了出射中子的能量. 分析器筛选出的出射中子由探测器计数. 最常用的中子探测器以氦 3(^{3}He) 气体为工作介质, 探测过程基于核反应: $n + {}^3He \longrightarrow {}^3H + {}^1H(p) + 0.764$ MeV. 三轴谱仪经过数十年的发展已经非常成熟, 随着新技术的应用, 其中子通量和探测效率也在不断提高.

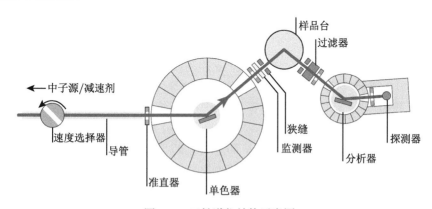

图 9.2 三轴谱仪结构示意图

时间飞行谱仪是近二十年逐渐发展起来的中子散射谱仪, 通常依靠散裂源提供脉冲式中子束, 根据中子的飞行时间确定其动量和能量. 图 9.3 为时间飞行谱仪的示意图. 散裂源产生的白光中子脉冲首先由费米斩波器 (Fermi chopper) 单色化. 费米斩波器是一组旋转着的中子狭缝, 它的转动频率是中子脉冲频率的整数倍, 因此只有特定速度的中子可以通过狭缝, 这样就获得了特定能量 (E_i) 的入射中子脉冲, 其能量由费米斩波器的初始相位决定. 中子经样品散射后被固定的面探测器 (PSD) 阵列接收, 并且每个中子抵达探测器的时间都会被记录下来. 已知出射中子从样品到探测器的飞行距离和时间, 我们就可以计算出它的能量 (E_f). 波矢 (k_f) 的方向则取决于该探测器单元的位置. 时间飞行谱仪的探测器阵列由大量探测器单元组成, 可以在中子出射的各方向覆盖很大的散射角度, 因此能够同时探测大范围的倒空间. 同时, 不同时间到达探测器的中子从样品到探测器的飞行时间不同, 因而能量也不同, 可以进行分别计数, 从而实现同时测量不同能量的中子, 大幅提升了测量效率. 这些是时间飞行谱仪最为突出的优点.

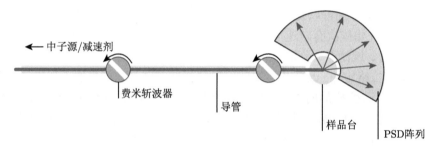

图 9.3　时间飞行谱仪结构示意图

9.2　铁基超导体基本结构与磁性介绍

9.2.1　晶体结构和磁结构

在铁基超导体中, 铁离子与 As 族/Se 族阴离子组成了铁基超导体的层状结构单元, 并与间隙层交替堆叠. 类似于铜氧化物超导体中的 CuO_2 层, 铁基超导体中的 FeAs/FeSe 层被认为对超导起着主要作用, 根据这一层阴离子的不同, 我们粗略地将铁基超导体分为铁砷 (FeAs) 和铁硒 (FeSe) 类.

由于样品尺寸及质量的限制, 早期对铁基超导的研究主要集中在铁砷类, 尤其是铁砷 122 类材料. 近年来, 对铁硒类超导体的深入研究让我们对铁基高温超导机理有了许多新的认识. 本章将对铁基超导体基本结构、磁性及其与超导关系进行简单介绍. 以此为背景, 着重介绍铁硒类超导体的中子散射研究工作.

图 9.4 给出了主要几种铁硒类超导体块材的晶体结构. Fe 原子位于同一平面内, Se 族 (S, Se, Te) 原子则分布在 Fe 原子平面的上下两侧, 每个 Fe 原子与最近邻的 4 个 Se 原子构成四面体结构单元. 11 类的 FeSe 不含其他原子, 是结构上

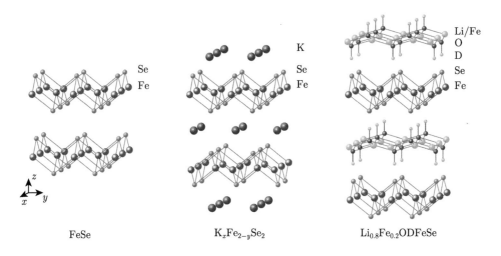

图 9.4　主要几种铁硒类铁基超导体的晶体结构

最为简单的铁基超导体. $K_x Fe_{2-y} Se_2$ 122 相的晶体结构和铁砷 122 类 (XFe_2As_2, X = Ba, Sr, Ca) 一样. 另外, 插层的 11111 类铁硒超导体 $Li_{0.8}Fe_{0.2}OHFeSe$ 和 $K_x Fe_{2-y} Se_2$ 都可以实现对 FeSe 的重电子掺杂.

　　母体 FeSe 和铁砷类的母体材料一样, 高温时, 晶体为四方 (tetragonal) 结构. 随着温度降低, 会经历一个结构相变, 到相变温度 T_s 以下变为正交 (orthorhombic) 结构, 晶体沿着正交相的 a 轴方向伸长, 沿着 b 轴方向收缩 (图 9.5). 越来

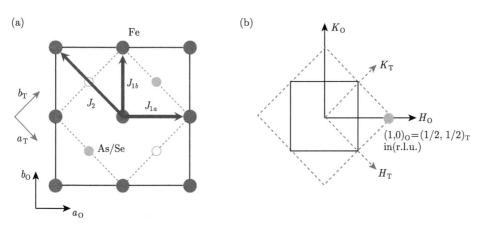

图 9.5　(a) 四方 (蓝色虚线) 和正交 (黑色实线) 结构下的铁基超导体结构单胞示意图, 图中红色实心圆点代表 Fe 原子, 绿色实心和空心圆点分别代表位于 Fe 原子上方和下方的 As/Se 原子, 紫色箭头表示最近邻 (J_{1a}, J_{1b}) 和次近邻 (J_2) 磁交换相互作用; (b) 四方 (蓝色虚线) 和正交 (黑色实线) 结构对应的第一布里渊区

越多的研究表明, 这个结构相变源于电子态四度对称性的破缺, 伴随着材料的电子结构、磁性、轨道等诸多性质上各向异性的出现 [1-5]. 我们称这一旋转对称性破缺的电子态为向列相 (nematic phase)[2]. 研究向列相的意义, 一方面在于向列性涨落有可能帮助超导配对, 另一方面在于驱动向列相的相互作用 (磁、轨道或晶格等自由度) 也可能是超导配对的媒介. 因此确定向列相的产生机制对理解铁基超导体的超导机理有着重要意义. 对于这一问题, 本章将以 FeSe 的中子散射研究工作为基础作进一步介绍.

　　所有铁砷类超导体的母体化合物均表现出条纹状 (stripe) 反铁磁有序, 反铁磁相变温度 T_N 和正交结构相变温度 T_s 相一致, 说明两者之间存在密切联系. 这种条纹状反铁磁结构如图 9.6 所示, 自旋沿着正交相的 b 方向平行排列, 沿着 a 方向反平行排列, 沿着 c 方向反平行排列, 因此磁波矢在铁砷 122 体系中是 $(1, 0, 1)_O$, 在 111 和 1111 体系中是 $(1, 0, 0.5)_O$. 下标 O 是正交相化学单胞下的表示法. 由于结构相变和磁相变的存在, 在过去的研究中, 人们使用了不同的化学单胞和磁单胞来描述铁基超导体, 这些单胞之间的关系由图 9.6 给出.

　　另外, 在结构相变温度之下, 体系对称性的变化使晶体中同时出现两个在面内方向垂直的孪晶. 在没有进行去孪晶的情况下, 两个孪晶的晶域可以认为在晶体内均匀分布. 因此在四方相和有孪晶的正交相中, 等效的信号也在 $Q = (0, 1)$ 出现 (图 9.6(b) 中橙色空心圆).

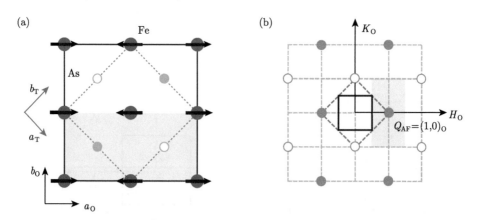

图 9.6　(a) 铁砷超导体母体的条纹反铁磁面内结构, 蓝色虚线和黑色实线表示四方和正交结构化学单胞, 绿色阴影区域表示磁单胞, Fe 上的黑色箭头示意自旋方向; (b) 倒空间中磁布拉格峰位置 (橙色实心圆圈), 虚线表示晶格布里渊区, 与 (a) 中相对应, 绿色阴影区域表示磁布里渊区, 空心圆圈表示考虑另一个孪晶产生的信号在此坐标中的位置

　　与铁砷类相比, 铁硒类超导体的磁性要复杂得多. 铁硒 11 类的母体 FeSe 在常压下只表现出向列序 ($T_s \sim 90$ K) 而没有磁有序, 这和大部分铁砷类超导体有

明显的区别, 铁砷类超导体的条纹反铁磁序和向列序通常在相同或相近的温度发生. 关于向列性 FeSe 的磁性基态也存在多种理论假设. FeSe 反常的磁性很可能与这一体系奇异的超导电性有着密切关系. 本章将系统介绍关于 FeSe 及其衍生物的磁性相关的中子散射工作, 基于这些研究结果建立起铁硒和铁砷类超导体乃至铁基和铜氧化物高温超导体磁性之间的联系.

9.2.2 局域与巡游磁性

在研究初期, 人们对铁基超导体中磁性的起源有着不同的解释. 有理论认为磁性源于铁离子局域磁矩间的交换相互作用, 从海森伯模型出发可以得到这种条纹反铁磁结构. 然而另一方面, 铁基超导体的母体是金属, 有多个能带穿越费米面. 条纹反铁磁序的波矢刚好连接着布里渊区中心 (Γ 点) 的空穴型费米面和布里渊区边缘 (M 点) 的电子型费米面, 因此有理论认为巡游电子在费米面之间的散射导致了磁性的产生.

利用中子散射可以对铁基超导体中的自旋激发进行完整测量. 研究发现, 铁砷类母体中的自旋波一直到接近布里渊区边界都保持了清晰的色散, 符合局域磁矩的行为 (图 9.7)[6]. 测量发现, 自旋激发谱的能带顶端出现在 $Q = (1, 1)$, 这一特征无法由面内各向同性的 J_1-J_2 海森伯模型给出, 更加符合面内最近邻交换相互作用存在各向异性的情况. 利用各向异性的海森伯模型对自旋波拟合得到有效交换相互作用在 a 方向和次近邻方向为反铁磁 ($J_{1a} > 0$, $J_2 > 0$), 在 b 方向为较弱的铁磁 ($J_{1b} < 0$). 尽管局域磁矩模型可以对体系的磁激发进行很好的描述, 但是无法解释磁相互作用的面内各向异性. 同时, 测量得到静态磁矩大小也比局域模型下的计算结果要小得多, 而考虑关联效应的密度泛函结合动力学平均场理论 (DFT+DMFT) 的计算则给出了和实验测量值更加接近的计算结果 [7]. 另一方面, 纯巡游模型下的随机相位近似 (RPA) 计算则严重低估了 $BaFe_2As_2$ 中的局域磁化率大小 [8]. 这些结果表明, 完全局域或者完全巡游的图像都无法描述铁基超导体中的磁性. 事实上, 越来越多的研究表明, 由于铁基超导体的多带特性, 洪德耦合对电子关联产生了很大影响, 局域和巡游磁性因此同时存在 [9]. 同时, 不同体系铁基超导体中巡游性和局域磁矩相互作用的强弱也不相同, 这正是铁基超导体磁性的复杂之处.

通过研究自旋激发随掺杂的演化可以进一步理解其磁性本质. 中子散射测量发现, 在 $BaFe_2As_2$ 中, 随着电子或空穴的掺杂, 低能自旋激发的谱重和面内形状发生了显著变化 [10], 在超导态下可以观察到自旋共振峰的出现. 而高能自旋激发在电子或空穴掺杂的体系有所不同. 在电子掺杂的 $BaFe_{2-x}Ni_xAs_2$ 中, 直到 $x = 0.3$, 自旋激发的带宽和高能部分的整体积分强度几乎都不随掺杂改变. 而在 $Ba_{1-x}K_xFe_2As_2$ 中, 空穴掺杂让铁离子更加接近半满 $3d^5$ 状态, 体系关联性随之增强, 表现为更多自旋激发的谱重转移到低能, 带宽变窄 (图 9.8)[11]. 这些结果被解释为, 低能自旋激发更多来自费米面嵌套产生的巡游磁性, 而高能自旋激发则主要由局域磁矩的短程关联贡献.

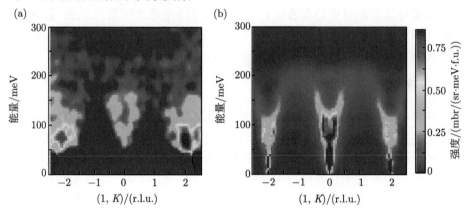

图 9.7　铁砷类超导体母体 $CaFe_2As_2$ 中的自旋激发色散关系[6]

(a) 中子散射测量结果; (b) J_{1a}-J_{1b}-J_2 海森伯模型计算结果

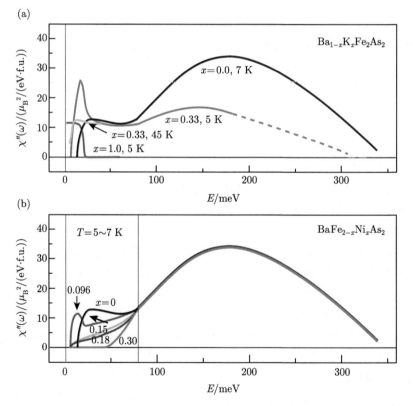

图 9.8　$BaFe_2As_2$ 中局域磁化率随 (a) 空穴和 (b) 电子掺杂的演化关系[10]

9.2.3 超导自旋共振态

前面我们提到, 在铁基超导体中, 低能自旋激发的一个重要特征是超导自旋共振峰. 表现为进入超导态时, 特定波矢/能量附近自旋激发急剧增强, 出现超导序参量式的响应, 其绝对强度和共振能量也都与超导转变温度相关, 因此是磁性和超导之间存在耦合的重要证据.

对自旋共振峰的理论解释主要有以下两种: 第一种观点认为自旋共振峰是由费米面上超导能隙异号部分之间的散射而产生的自旋激子, 是库珀对从自旋单态激发到自旋三重态的一种束缚态, 出现在费米面嵌套波矢附近, 能量在超导能隙 (2Δ) 之下. 这一过程可以用 BCS 磁化率中的相干因子 $[1 - (\varepsilon_{\mathbf{q}}\varepsilon_{\mathbf{q}+\mathbf{Q}} + \Delta_{\mathbf{q}}\Delta_{\mathbf{q}+\mathbf{Q}})/E_{\mathbf{q}}E_{\mathbf{q}+\mathbf{Q}}]$ 来描述 [12]. 其中, $\Delta_{\mathbf{q}}$ 是超导能隙, $\varepsilon_{\mathbf{q}}$ 是单粒子色散, $E_{\mathbf{q}}$ 是准粒子能量. 如果超导能隙在粒子–空穴对产生的动量位置处符号相同, 即 $\Delta_{\mathbf{q}}\Delta_{\mathbf{q}+\mathbf{Q}} > 0$, 则相干因子相消; 如果符号相反, $\Delta_{\mathbf{q}}\Delta_{\mathbf{q}+\mathbf{Q}} < 0$, 那么相干因子为有限值, 这使得超导态下动态磁化率 $\chi''(\mathbf{Q}, \omega)$ 在特征能量 ω_{res}, 动量 $\mathbf{Q}$ 处急剧增强. 因此, 在超导态下观察到自旋共振模式被认为是具有反相超导序参量的有力证据.

另一方面, 有研究指出, 对于具有同相位序参量的超导体, 在 T_{c} 以下, 超导能隙的打开会使磁子受到的阻尼变弱, 因此会在 2Δ 之上出现一个很宽的峰, 它是自旋激发谱重在超导能隙之上的堆叠效应, 与超导共振峰的本质完全不同 [13-15]. 因此, 基于上述两种理论, 通过考察超导态时自旋激发谱上出现的峰是处在 2Δ 之下还是之上, 可以判断超导序参量是同相还是反相. 例如, 铜氧化物超导体中电子配对普遍具有 d 波对称性, 而中子散射实验观察到的尖锐的磁共振峰是支持这一结论的重要证据 [16-18]. 在铁基超导体中, 尽管还没有确定一个普适的配对对称性, 在很多体系中仍然观察到了类似的自旋共振模式 (图 9.9).

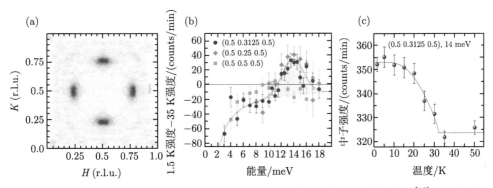

图 9.9 铁硒类超导体 $\mathrm{Rb}_x\mathrm{Fe}_{2-y}\mathrm{Se}_2$ 中的自旋共振态, 表现为在 (a) 特定波矢 [19], (b) 特定能量的磁激发在超导态下的增强, 并且表现出 (c) 超导序参量式的行为 [20]

在本章中, 我们也将介绍利用中子散射的相位敏感特性对 FeSe 类超导体中配对对称性的研究工作.

9.3　FeSe 的磁性基态及其与向列序和超导的耦合

9.3.1　FeSe 中的超导自旋共振态

对 FeSe 的输运和磁化率测量结果显示, 其电阻和磁化率在 $T_s \approx 90$ K 处出现异常 [22], 此行为与存在反铁磁有序和向列序的铁砷类超导体类似. 确定 FeSe 中这一异常是否对应晶格结构或磁相变, 首先需要进行弹性中子散射测量.

从前面的介绍中我们知道, 铁砷类材料的单晶在结构相变之下会出现垂直方向的孪晶, 一个孪晶的 (h, k, l) 布拉格峰和另一个孪晶的 (k, h, l) 布拉格峰互相重合. 在 T_s 以下, 正交相晶格常数 a_O 和 b_O 出现略微差距, 原本重合的布拉格峰发生劈裂. 对 FeSe 单晶的弹性中子散射测量显示, 沿纵向方向的扫描可以清晰地分辨出 $(4, 0, 0)/(0, 4, 0)$ 布拉格峰在 $T_s \approx 90$ K 以下发生了劈裂 (图 9.10) , 这说明与铁砷超导体的母体类似, FeSe 在 T_s 也发生了四方到正交对称性的结构相变. 通过拟合布拉格峰的位置, 可以得到结构相变的序参量正交化度 (orthorhombicity) $\delta = (a_O - b_O)/(a_O + b_O)$. FeSe 在低温下 $(T = 1.7 \text{ K})$ $\delta = 2.5 \times 10^{-4}$, 与 122 类母体材料 $BaFe_2As_2$ 中的正交化度相接近 [21]. 但是与铁砷类母体材料截然不同的是, 常压下对 FeSe 的中子散射测量并没有发现静态磁有序出现的迹象 [22,23].

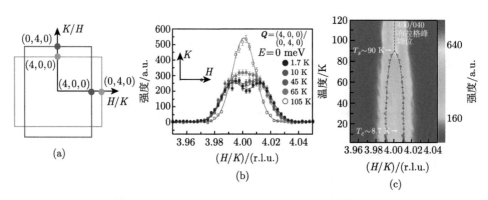

图 9.10　FeSe 中的四方–正交结构相变 [22]

(a) 结构相变下孪晶的产生及晶格布拉格峰劈裂的示意; (b) 不同温度下经过 $(4, 0, 0)/(0, 4, 0)$ 布拉格峰的纵向弹性 $\boldsymbol{Q}$-扫描, 可以看到高温时的单个衍射峰在低温下发生了劈裂; (c) 由更多温度下 (b) 中 $\boldsymbol{Q}$-扫描构成的等值线图, 可以清楚看到 $(4, 0, 0)/(0, 4, 0)$ 布拉格峰的劈裂发生在 $T_s \sim 90$ K

利用三轴谱仪对 FeSe 单晶中的低能自旋激发进行测量发现, 尽管 FeSe 中不存在静态磁有序, 非弹性中子散射测量在条纹状反铁磁波矢 $\boldsymbol{Q} = (1, 0, 0)$ 附近观测到了公度的自旋涨落 (图 9.11)[22]. 进一步测量发现, 该自旋激发和超导表现出了很强的耦合关系: 4 meV 附近的自旋涨落强度在 T_c 以下显著增强 (图 9.11 (a), (b)), 这与其他铁基超导体中观察到的超导自旋共振峰的行为一致. 与此相反, 由于超导自旋隙的打开, 2.5 meV 的信号强度在超导态下被抑制 (图 9.11 (c)). 图 9.11(e) 给出了不同温度下 $\boldsymbol{Q} = (1, 0, 0)$ 处动态自旋关联函数 $S(\boldsymbol{Q}, \omega)$ 和能量的关系. 从图中可以清楚地看到, 进入超导态时超导自旋隙 (< 3 meV) 损失的谱重转移给了 4 meV 附近尖锐的自旋共振峰. 进一步的温度关系测量显示, 共振能量 $E_r = 4$ meV 处的散射强度在 T_c 以下迅速增强, 表现出了类似序参量的温度依赖关系, 说明它的产生和超导的出现强烈耦合在一起 (图 9.11 (d)).

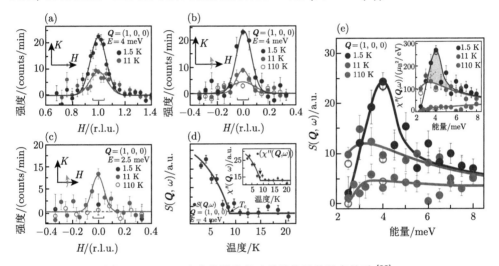

图 9.11 FeSe 中自旋激发的动量结构及其温度关系 [22]

(a)~(c) 不同温度和能量下 (1, 0, 0) 附近的 $\boldsymbol{Q}$-扫描, 通过拟合减去了线性的背景, 插图中的箭头示意了动量空间进行扫描的方向, 水平方向的横线给出了仪器的分辨率; (d) $E = 4$ meV 时 $S(\boldsymbol{Q}, \omega)$ 的温度关系, 插图给出了 $\chi''(\boldsymbol{Q}, \omega)$ 随温度的演化, 二者都在 T_c 以下明显增强; (e) 不同温度下的低能自旋激发谱, 插图为动态磁化率虚部 $\chi''(\boldsymbol{Q}, \omega)$ 的能量依赖关系

此前我们提到过, 对于自旋共振峰的理论解释有两种: 一种是由费米面上超导能隙异号部分之间的散射而产生的自旋激子; 另一种是超导态下磁子受到的阻尼变弱而造成自旋激发的增强, 它出现在配对波函数没有变号的 s_{++} 波超导态中. 对比以上实验数据和这两种理论, 不难发现, FeSe 中的自旋激发模式和自旋激子的模型是相吻合的. 首先, 这一自旋激发模式的能量 (~ 4 meV) 低于超导能隙的大小 (STM 测量结果给出 $2\Delta \sim 5$ meV[24]). 另外, 激发模式在能量上的半高宽 (~ 1.2 meV) 比其他铁基超导体要小很多 [10,16,25-29], 几乎达到了实验所用热三轴谱仪的分辨率极限. 最后, 共振能量和扫描隧道显微镜 (STM) 在超导转变温度与

单晶非常接近的 FeSe 薄膜 ($T_c \sim 9.3$ K) 中测到的电子–玻色子耦合模式能量 ($\sim$ 3.8 meV) 相吻合 [30], 说明电子和自旋激发之间存在很强的耦合关系. 上述这些结果与自旋涨落驱动产生有变号的超导配对的机制相一致.

为了比较 FeSe 和 FeAs 类超导体中自旋共振模式的谱重, 可以将 $S(\boldsymbol{Q}, \omega)$ 进行归一化得到绝对单位下动态磁化率的虚部 $\chi''(\boldsymbol{Q}, \omega)$ (图 9.11(e) 中的插图). 计算得到 FeSe 中自旋共振模式的积分谱重 ($\sim 0.00212\mu_B^2/\mathrm{Fe}$) 约为 $\mathrm{BaFe_{1.85}Co_{0.15}As_2}$ ($T_c = 25$ K, $E_r = 9.5$ meV) 的 30%[28], 鉴于 FeSe 的 T_c(8.7 K) 大约也是 $\mathrm{BaFe_{1.85}Co_{0.15}As_2}$ 的三分之一, 说明两个体系中超导转变温度和自旋共振峰的谱重有着相接近的比例关系.

9.3.2　FeSe 的磁性基态及其与向列序的耦合

在铁砷超导体中, C_4 对称性破缺的向列序总是伴随着条纹反铁磁序出现. 显然, 这种反铁磁有序在自旋自由度上也破坏了四次旋转对称, 因此有理论认为电子态对称性的破缺是由自旋涨落所驱动 [2,31,32], 并且得到了相应实验上的支持 [33-36]. 同时还有理论认为, 电子态对称性的破缺来源于铁基超导体的多轨道特性, 在磁相变温度以上可能存在轨道序, 轨道涨落驱动了电子态对称性的破缺 [37-40]. 然而与铁砷类超导体不同, FeSe 在向列序中并没有形成条纹磁有序, 这种反常的磁性进一步加剧了人们关于向列序起源的争论.

虽然一些理论工作表明向列序可以在不存在磁有序的情况下由自旋涨落驱动产生 [22,41-43], 并且中子散射在 FeSe 单晶中观察到条纹反铁磁波矢 $\boldsymbol{Q} = (1, 0)$ 处存在低能自旋涨落, 但是明确向列序的起源仍需要从实验上进一步建立磁性和向列序之间的相互作用. 另外, 对于 FeSe 中为何没有形成长程磁有序这一问题的微观解释一直没有定论. 有理论研究认为阻挫的存在导致了 FeSe 中没有形成条纹磁有序 [41-45], 并且给出了 FeSe 基态的各种可能, 包括奈尔 (Néel) 序 [41], 交错二聚体/三聚体/四聚体 (staggered dimer/trimer/tetramer) 序 [42], 双棋盘状 (pair-checkerboard) 序 [45], 自旋反铁磁四极矩 (spin antiferroquadrupolar) 序 [43], 以及电荷流密度波 (charge current-density wave) 序 [44]. 为了从实验上确定其磁性基态, 进而理解向列序和磁性的相互作用, 我们需要进一步对 FeSe 完整的自旋激发谱及其随温度的演化进行测量.

该测量利用时间飞行谱仪完成. 入射中子方向和样品 c 方向平行, 在这种测量模式下, 动量转移沿 c 方向 (也即 L 方向) 的分量和能量转移 E 相耦合, 也即同一能量下 (H, K) 平面不同位置对应 L 大小不同. 这样的测量方式一般适用于磁性具有二维性或者准二维性的体系. 事实上, 对 FeSe 的测量结果显示其自旋激发没有随着 L 的调制, 这说明了其磁性的二维性本质.

图 9.12 给出了 FeSe 中不同能量自旋涨落在 (H, K) 面内的动量分布. 可以看

到, 在高温四方相时 (110 K) , 低能的自旋响应在条纹反铁磁波矢 $Q = (1, 0)$ 处最强. 随着能量升高, 自旋涨落表现出各向异性的色散, 并且色散主要沿着 K 方向. 这种行为与铁砷 122 类超导体及 $FeTe_{1-x}Se_x$ 中的条纹自旋涨落相类似 [8,10,46]. 最引人注意的是, 除了 $Q = (1, 0)$ 附近的条纹自旋涨落外, 在 $Q = (1, 1)$ 附近也出现了相对较弱的散射信号 (图 9.12(b) 中虚线圆圈) , 这说明体系中存在着 Néel 磁性响应的自旋涨落. 与条纹自旋涨落表现出各向异性色散不同, Néel 自旋涨落在横向和纵向几乎是各向同性的. 当降温至向列相以内 ($T = 4$ K) 时, Néel 自旋激发的低能信号明显减弱, 并且在 35 meV 以下几乎探测不到 (图 9.12(k) 中虚线圆圈). 另一方面, 条纹自旋涨落的动量结构在 T_s 上下几乎没有变化.

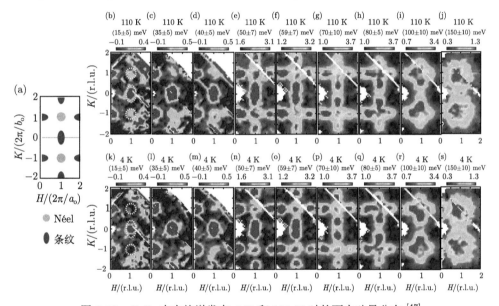

图 9.12　FeSe 中自旋激发在 4 K 和 110 K 时的面内动量分布 [47]

(a) 条纹和 Néel 自旋涨落在 (H, K) 面内结构的示意图; (b)~(j) 110 K 时和 (k)~(s) 4 K 时, 不同能量下的等能 (H, K) 面, 虚线椭圆和圆圈分别标示出了条纹和 Néel 波矢的位置

图 9.13 给出了两种自旋涨落的色散关系. 在 110 K 时 (图 9.13(a)) , 条纹自旋涨落从 $Q = (1, 0)$ 产生, 在 ~ 35 meV 劈裂成了两支并一直延伸到超过 ~ 150 meV. 图中同样可以看到色散陡峭的 Néel 自旋涨落 (绿色箭头所示). 当温度降低至 4 K 时, Néel 自旋涨落打开了 ~ 30 meV 的能隙, 与此同时, 70 meV 以下的条纹自旋涨落明显增强 (图 9.13(b)).

不论是铁砷类超导体中常用的二近邻 J_{1a}-J_{1b}-J_2 模型, 还是包含了更次近邻相互作用的 J_{1a}-J_{1b}-J_2-J_3 海森伯模型, 都无法同时拟合 FeSe 中的两种类型的自旋激发谱, 主要原因是这个理论无法解释在 $Q = (1, 0)$ 和 $Q = (1, 1)$ 处都很强的低能自旋激发.

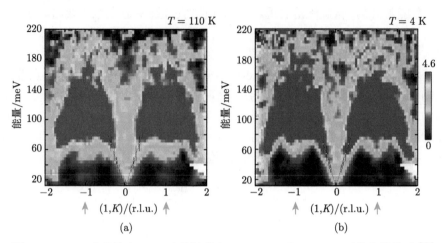

图 9.13　FeSe 中条纹和 Néel 自旋涨落在 (a) 110 K 和 (b) 4 K 时的色散关系 [47]

两组数据都用各向同性的 Fe^{2+} 的磁形状因子进行了修正

　　为了对 FeSe 中自旋涨落的强度进行定量描述, 可以将自旋激发强度进行标准化, 得到绝对单位表示的动态磁化率 $\chi''(\boldsymbol{Q}, \omega)$. 通过将 $\chi''(\boldsymbol{Q}, \omega)$ 在动量空间积分, 就得到了动态磁化率的能量关系 $\chi''(\omega)$(参考 9.1 节中的介绍). 对比 T_s 上下的结果可以清楚发现磁性与向列性之间的相互作用. 如图 9.14 (a), (b) 所示, $T = 110$ K 时, 在两种自旋涨落信号可以被清楚区分开的能量范围 ($E < 52$ meV) 内, Néel 自旋涨落的谱重大约是条纹自旋涨落的 26%, 条纹自旋激发的谱重在四方相即占据主导. 随着温度降至 $T = 4$ K, Néel 自旋涨落在此过程中损失的谱重近似和条纹自旋涨落增加的谱重相抵, 因此总的局域磁化率 $\chi''(\omega)$ 在 T_s 上下并没有明显变化 (图 9.14 (c)). 详细的温度依赖关系显示, 无论是条纹状磁激发还是 Néel 磁激发, 其强度在跨越向列序相变温度时都出现了一个转变, 两种磁激发都与向列序有着强烈的耦合关系 (图 9.14 (d)).

　　如果我们观察整个能量范围内的局域磁化率分布, 可以看到两个温度下的局域磁化率在高能部分没有明显区别, 其最大值出现在 105 meV 左右, 往高能一直延续到了 220 meV 左右. FeSe 的这一带宽相比具有条纹磁有序的 $BaFe_2As_2$ 的带宽 (~ 340 meV) 明显小了很多 [8], 这可能是由 Néel 和条纹磁不稳态之间存在的竞争所造成. 很明显, 这种竞争也导致了 FeSe 中没有长程磁有序出现. 将整个带宽内的自旋涨落的谱重积分, 我们得到了 4 K 和 110 K 时总的涨落磁矩分别为 $\langle m^2 \rangle = (g\mu_g)^2 S(S+1) = (5.19 \pm 0.32)\ \mu_B/Fe$ 和 $(5.12 \pm 0.27)\mu_B/Fe$, 这比超导 $BaFe_{1.9}Ni_{0.1}As_2$ ($\langle m^2 \rangle = 3.2\mu_B^2/Fe$) 和条纹磁有序的 $BaFe_2As_2$ ($\langle m^2 \rangle = 3.17\mu_B^2/Fe$) 中的要大 [8]. 上述结果给出 FeSe 中的有效自旋为 $S \approx 0.74$, 考虑到巡游电子的存在, 可能对应于 $S = 1$ 的基态.

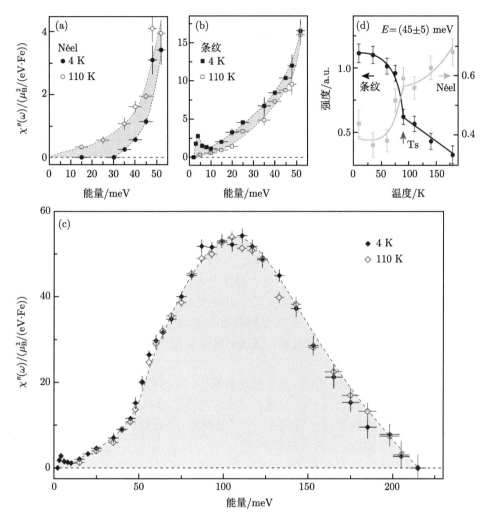

图 9.14 (a)∼(c) FeSe 中局域动态磁化率 $\chi''(\omega)$ 在 4 K 和 110 K 的能量依赖关系, 分别计算了 (a) Néel 自旋涨落, (b) 条纹自旋涨落, 以及 (c) 两者之和; (d) 条纹和 Néel 自旋涨落强度的温度依赖关系 [47]

此前的中子散射测量发现, 在 Mn 掺杂的非超导铁砷化合物 $BaFe_{2-x}Mn_xAs_2$ 中也存在 Néel 和条纹自旋激发 [48], 但是 $BaFe_{2-x}Mn_xAs_2$ 中的 Néel 和条纹反铁磁关联分别产生于 Mn 和 Fe 的磁矩, 而 FeSe 中只包含一种磁性原子却产生了两种强的自旋激发, 其物理机制是完全不同的. 由于密度泛函理论 (DFT) 和动力学平均场理论 (LDA+DMFT) 都无法很好描述实验测定的 FeSe 的能带结构 [49], 另外考虑到 FeSe 具有相对较小的自旋涨落带宽、较大的涨落磁矩, 这些共同说明了

FeSe 中的磁矩比铁砷类中的更加局域.

在局域磁矩构成的正方格子中, 最近邻相互作用 J_1 和次近邻相互作用 J_2 之间的竞争可以导致阻挫. FeSe 中 Néel 和条纹磁不稳态之间的竞争可以用这种阻挫的 J_1-J_2 模型来理解. 根据这种模型, 对于 $S = 1$ 的体系, Néel 序在 $J_2/J_1 \lesssim 0.525$ 时稳定, 而满足 $0.555 \lesssim J_2/J_1$ 时, 条纹序成为稳定的基态 [50,51]. 当关联常数介于两者之间时, 有理论研究认为, 系统会进入一个量子顺磁态 [41,51]. 在这种新奇的磁基态下, 同时存在有能隙的条纹和 Néel 磁激发. 这种理论图像和 FeSe 的中子散射测量数据基本吻合. 这样的理论图像也可以解释即使在有巡游电子的情况下, 大部分谱重仍然集中在相对较高能量 (~ 100 meV) 的测量结果.

根据中子散射测量结果, 条纹自旋涨落的谱重比 Néel 自旋涨落要大很多, 说明体系整体上更加接近条纹反铁磁有序. 条纹磁有序会破坏晶格的 C_4 对称性. 在 FeSe 中, 由于最近邻和次近邻相互作用的阻挫, 条纹状反铁磁有序被量子涨落所压制, 但是其动力学上仍然体现二重对称性, 对 C_4 对称性的破缺依然存在, 从而驱动轨道序的产生, 并进一步与晶格耦合. 因此这里的向列序可以认为是条纹状反铁磁有序的残余 [41]. 另一方面, Néel 有序不会破坏晶格的 C_4 对称性. 当系统进入向列相时, 体系的磁阻挫可能会在一定程度上降低, 从而更加趋向于条纹磁有序相. 因此, 进入向列相时, 条纹自旋涨落会被增强, 在低能获得更多谱重, 而 Néel 自旋涨落则被压制并打开能隙. 这就解释了实验观察到的两种磁激发和向列序的耦合.

上述向列性量子顺磁态可以很自然地解释 FeSe 中同时出现的条纹磁激发和 Néel 磁激发, 也能解释这两种磁激发在不同温度下的谱重转移. 同时也解释了为什么 FeSe 中存在向列序却没有磁有序, 以及向列序和材料中的磁性存在非常强的耦合作用的原因.

另外, FeSe 虽然在常压下不存在磁有序, 但是 μ 子自旋共振 (μSR)[52]、核磁共振 (NMR)[53] 及输运 [54] 等测量在加压下发现了 FeSe 中出现磁有序的迹象, 说明通过压力可以对 FeSe 中的关联进行调控, 但是该磁有序的具体结构还有待中子散射测量确定. 进一步的硬 X 射线 (HXRD) 和 Mössbauer 谱研究表明, 压力下向列序和磁有序表现出了很强的耦合关系, 支持向列序由磁性驱动产生的微观机制[55].

9.4　$K_x Fe_{2-y} Se_2$ 母体的磁结构与磁激发

9.4.1　$K_x Fe_{2-y} Se_2$ 母体的磁结构

除了 FeSe 以外, 碱金属插层的 122 类的 FeSe 超导体 $A_x Fe_{2-y} Se_2$ ($T_c \sim 32$ K) 也表现出了与铁砷类超导体截然不同的性质, 因此吸引了广泛研究. $A_x Fe_{2-y} Se_2$ 超导体具有和铁砷 122 类超导体一样的晶体结构, 然而其磁性却更加复杂. 早期的中子散射工作表明, 这一体系中存在具有 $\sqrt{5} \times \sqrt{5}$ 铁空位的反铁磁有序 (图 9.15(a)) 的 $K_{0.8}Fe_{1.6}Se_2$ 相 (245 相, 磁转变温度 $T_N \sim 559$ K) 和超导共存 [56], 此后的研究表明, block 反铁磁相和超导相实际上处于相分离的状态. 进一步的中子散射工作发现, 在半导体 $K_{0.85}Fe_{1.54}Se_2$ 中存在具有菱形 Fe 空位的 $KFe_{1.5}Se_2$ 相 (122 结构, 图 9.15(b)), 其表现出类似于铁砷类母体的条纹反铁磁序 (磁矩 $\sim 2.8\mu_B$, $T_N \sim 280$ K)[57]. 中子衍射精修结果表明, 在超导的 $K_{0.88}Fe_{1.63}Se_2$ 中, block 反铁磁相的磁矩约为 3.3 μ_B, 与纯相的 245 样品中的磁矩非常接近, 而 122 相的条纹反铁磁序和菱形铁空位有序则被完全压制 [57]. 这些结果共同说明, 条纹磁有序的 $KFe_{1.5}Se_2$ 可能是超导相的母体, 电子掺杂压制了条纹磁有序从而产生超导. 另外, 与铁砷 122 类母体相比, $KFe_{1.5}Se_2$ 具有更大的磁矩和更高的反铁磁转变温度, 说明这一体系具有更强的电子关联.

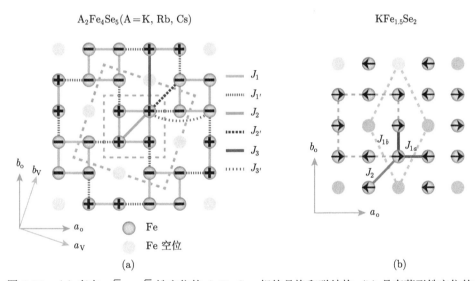

图 9.15 (a) 存在 $\sqrt{5} \times \sqrt{5}$ 铁空位的 $A_2Fe_4Se_5$ 相的晶格和磁结构; (b) 具有菱形铁空位的 122 相 $KFe_{1.5}Se_2$ 的晶格结构和条纹反铁磁结构 [10]

9.4.2 $K_xFe_{2-y}Se_2$ 母体的磁激发

$K_xFe_{2-y}Se_2$ 的半导体母体和铁砷类的半金属母体 (如 122 体系的 XFe_2As_2, X=Ca, Sr, Ba) 都具有条纹反铁磁有序, 但是两者的电子结构却大不相同. 和 XFe_2As_2 中空穴和电子型费米面具有良好的嵌套结构不同, 在 $K_xFe_{2-y}Se_2$ 的半导体中, 空穴型能带的顶端 (Γ 点) 比电子型能带的低端 (M 点) 要低数十毫电子伏. 那么, 在电子结构如此不同的体系中, 导致条纹状反铁磁有序的基本磁性相互作用是否也不相同? 或者说, 是否存在统一的模型描述所有铁基超导体母体中的条纹反铁磁基态?

用非弹性中子散射研究条纹反铁磁有序的半导体 $K_{0.85}Fe_{1.54}Se_2$ 中的自旋激发能帮助理解 $K_xFe_{2-y}Se_2$ 体系母体的磁性, 从而回答这些重要问题. 测量结果表明, 与铁砷类母体类似, 低能自旋激发也是从条纹反铁磁有序的波矢 $Q_{AFM} = (1,0)$ 出现 (图 9.16(a))[58], 在更高能量表现出各向异性的环状色散 (图 9.16(b)~(d)), 沿着 K 方向拉长, 这和 XFe_2As_2 中的结果相类似. 自旋波在 c 方向的色散关系可以从沿着 L 方向的等能扫描获得 (图 9.16(e)~(g)). 在非常低的能量 (约 10 meV), 自旋激发就已经是一对峰, 说明沿着 c 方向的关联非常弱. 布里渊区中心位置磁激发随能量的变化关系显示, 存在一个单离子各向异性自旋能隙, 大小约为 8 meV, 和 XFe_2As_2 中的自旋能隙相类似 (图 9.17(a)).

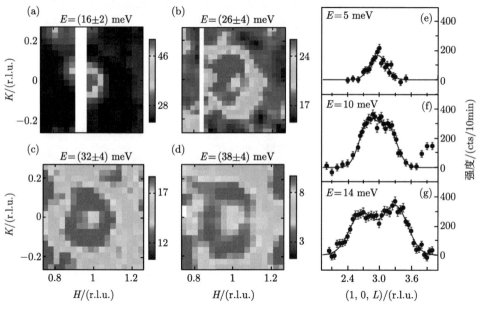

图 9.16　温度为 5 K 时, 半导体 $K_{0.85}Fe_{1.54}Se_2$ 中自旋激发在 HK 面内的动量结构 [58]

图 9.17(b) 给出了自旋激发沿着 K 方向的能量–动量关系. 磁激发的强度和色散关系都可以被具有高度各向异性相互作用的海森伯 J_{1a}-J_{1b}-J_c-J_2 模型进行描述 (图 9.17(c)). 由于有菱形铁缺位, 在一个磁性晶胞中有六个铁离子和两个铁缺位 (图 9.17(b)), 所以对应条纹状反铁磁有序的自旋波应该有三支, 每一支都有双重简并, 一支是色散非常陡峭的声学支, 另外两支是色散程度很弱的有能隙的光学支 (强度很弱). 通过对较强的自旋波声学支进行拟合, 得到了交换相互作用常数为: $SJ_{1a} = (37.9 \pm 7.3)$ meV, $SJ_{1b} = (-11.2 \pm 4.8)$ meV, $SJ_2 = (19.0 \pm 2.4)$ meV, $SJ_c = (0.29 \pm 0.06)$ meV. 这种高度各向异性的交换相互作用常数 ($J_{1a} > 0 > J_{1b}$) 和 XFe_2As_2 中报道的值十分接近 [10].

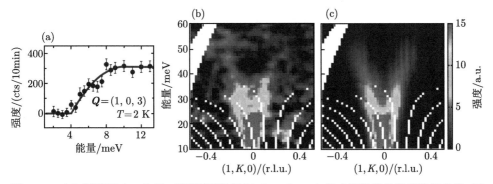

图 9.17　(a) 低温下 (2 K) 时, 反铁磁等效波矢 $Q = (1,0,3)$ 处自旋激发的能量依赖关系, 可以看到 8 meV 下存在一个能隙; (b) 反铁磁波矢 $Q_{AFM} = (1,0)$ 附近自旋激发沿着 K 方向的色散关系; (c) 利用各向异性的海森伯模型计算得到的自旋波激发 [58]

磁信号随温度的变化关系显示, 和 $T \ll T_N$ 下清晰的自旋波不同, 到了 300 K, 自旋激发变得非常宽 (图 9.18). 从沿着 H 和 K 两个方向的等能切线图中可

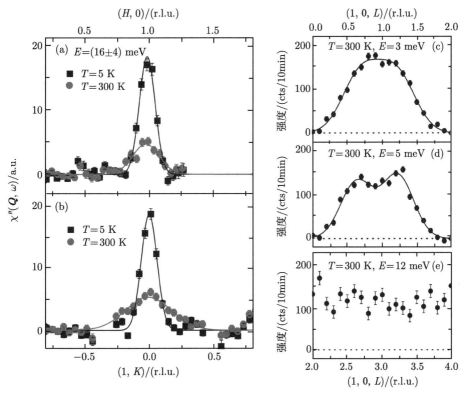

图 9.18　$K_{0.85}Fe_{1.54}Se_2$ 中低能自旋激发沿着 (a) H 和 (b) K 方向等能扫描在 5 K 和 300 K 时的对比; (c)~(e) 反铁磁相变温度之上 (300 K) 不同能量自旋激发沿着 L 方向的扫描结果 [58]

以发现, 自旋激发在 ab 面内表现出各向异性, 沿着 H 方向的自旋关联长度比沿着 K 方向要宽很多, 这和条纹状反铁磁结构相吻合 (图 9.18(a), (b)). 在面外, 沿着 L 方向的扫描在 3 meV 出现一个峰, 说明在 300 K 没有能隙 (图 9.18(c)). 另外, 在更高能量, 5 meV, 磁激发变成了一对峰, 最终在 12 meV 变成了二维的柱状色散 (图 9.18(d), (e)) , 这说明沿着 c 方向的有效交换相互作用在升温到 T_N 以上之后被减弱. 这些结果和铁砷 122 体系的母体化合物 XFe_2As_2 中准二维的顺磁激发相类似 [59].

我们注意到, $K_{0.85}Fe_{1.54}Se_2$ 中的自旋波速度比 XFe_2As_2 中要低, 这可能是由于存在铁缺位的影响. 另外, 与铁砷 122 母体相比, $K_{0.85}Fe_{1.54}Se_2$ 中的磁激发非常尖锐, 在所有的观测能量范围内都接近仪器分辨率极限. 这一行为和其半导体基态也相吻合, 在半导体态中, 由巡游电子导致的自旋波展宽可以忽略不计. 除此之外, 尽管两者的费米面拓扑性质完全不同, 其磁性行为却非常接近. 这些结果表明, 磁耦合的面内各向异性是铁基超导体中条纹状反铁磁有序的基础性质, 无须费米面嵌套, 进一步说明它们的磁有序都可能来自强电子关联导致的局域磁矩之间的超交换相互作用.

9.5　重电子掺杂 FeSe 超导体的自旋共振峰与超导配对对称性

9.5.1　重电子掺杂 FeSe 超导体的配对对称性

虽然 FeSe 块材样品的超导转变温度只有 9 K 左右, 但是电子掺杂可以显著增强其超导电性, 在碱金属插层的 $A_xFe_{2-y}Se_2(A = K, Rb, Cs, Tl)^{[61-64]}$, $Li_{0.8}Fe_{0.2}$OHFeSe 块体 [65,66], 以及碱金属蒸镀的 FeSe 等材料 [67,68] 中, T_c 可以达到 $30 \sim 40$ K, 单层 FeSe 薄膜中甚至可以高达 $65 \sim 109$ $K^{[69-71]}$, 远远超过了铁砷类超导体.

我们知道, 对于 FeSe 块材和大部分铁砷类铁基超导体, 费米面由位于布里渊区中心的空穴型费米面和布里渊区边缘的电子型费米面构成. 费米面嵌套的配对理论指出, 不同费米面上的电子通过交换反铁磁相互作用而产生配对, 其超导能隙函数是在电子型和空穴型费米面之间存在变号的 s 波 ($s_\pm$). 此前我们介绍了磁性中子散射是测量超导序参量相对相位的有效手段, 在两倍超导能隙之下观测到尖锐的自旋共振峰, 是超导序参量存在变号的重要证据. 对于 FeSe 块材和大部分铁砷类铁基超导体, 自旋共振峰出现在空穴型费米面和电子型费米面之间的嵌套波矢 $(\pi, 0)$ 处, 支持 $s_\pm$ 波配对的理论.

然而在重电子掺杂 FeSe 超导体中, 布里渊区中心并没有空穴型费米面, 只存在位于布里渊区边缘的电子型费米面, 因此, 此前在铁砷类超导体中建立起来的空穴和电子费米面之间嵌套的配对理论不再适用. 近年来, 重电子掺杂 FeSe 超导配对对称性和配对机制吸引了广泛关注和讨论 [19,72-75].

对 $A_x Fe_{2-y} Se_2$ 的中子散射测量发现, 自旋共振模式出现在与相邻电子型费米面之间嵌套波矢 $(\pi, 0.5\pi)$ 相一致的位置 (图 9.19)[76]. 对于 $K_x Fe_{2-y} Se_2$ $(T_c = 31.2\ K)$, 自旋共振模式的能量 (13 meV) 小于超导能隙 $(2\Delta = 20.6\ meV$[61]). 另外, 共振模式 (E_r) 和超导能隙 2Δ 几乎都不随温度的升高而变小, 并且同时在 T_c 处经历一个突变而消失 (图 9.19). 这一行为不同于传统弱耦合 BCS 超导能隙的温度关系, 进一步说明 $K_x Fe_{2-y} Se_2$ 具有非常规超导电性 [76].

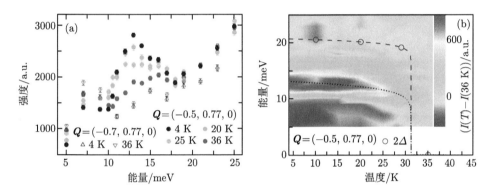

图 9.19　$K_x Fe_{2-y} Se_2$ 中自旋激发的能量和温度依赖关系 [76]

(a) 费米面嵌套波矢附近 $\boldsymbol{Q} = (-0.5, 0.77, 0)$ 和远离嵌套波矢位置 $\boldsymbol{Q} = (-0.7, 0.77, 0)$ 处 T_c 上下的散射信号, $\boldsymbol{Q} = (-0.5, 0.77, 0)$ 处可看到清楚的共振峰在进入超导态时产生, 而 $\boldsymbol{Q} = (-0.7, 0.77, 0)$ 处的散射在 T_c 上下几乎不随温度变化; (b) 减去背景 $(T = 36\ K$ 时的散射) 的自旋激发随温度和能量依赖关系图, 空心圆表示角分辨光电子能谱实验测定的 2Δ 位置

在没有相分离的 $Li_{0.8} Fe_{0.2} ODFeSe (T_c = 41\ K)$ 中也观察到了类似的结果 (图 9.20)[75]. 自旋共振峰 $(E \sim 21\ meV)$ 出现于两倍超导能隙 $(2\Delta \sim 28\ meV$[65,66]) 之下. $Li_{0.8} Fe_{0.2} ODFeSe$ 中的自旋共振能量和超导能隙都相应比 $K_x Fe_{2-y} Se_2$ 中要大, 这也符合两者 T_c 的相对差异. 在动量空间, 自旋共振模式出现在 $(\pi, 0.62\pi)$ 以及等效波矢位置, 以 (π, π) 为中心的四个椭圆形的信号形成了一个近似的环形 (图 9.20(b)). 我们注意到, $Li_{0.8} Fe_{0.2} ODFeSe$ 中自旋共振模式的非公度性 (incommensurability) $\delta = 0.19$ 比 $A_x Fe_{2-y} Se_2$ 中的 $(\delta = 0.25)$ 要小, 这可能是因为 $Li_{0.8} Fe_{0.2} ODFeSe$ 中的电子掺杂浓度 (约 0.08~0.1 e^-/Fe) 比 $A_x Fe_{2-y} Se_2$ (约 0.18 e^-/Fe) 中的要低 [65], 因而其电子型费米口袋更小 (图 9.20(d)). 这些实验结果说明了重电子掺杂 FeSe 中巡游磁性和超导之间的耦合关系, 支持自旋涨落作为媒介的配对理论.

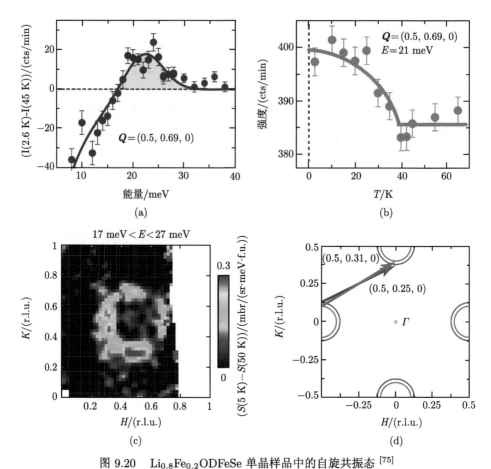

图 9.20　Li$_{0.8}$Fe$_{0.2}$ODFeSe 单晶样品中的自旋共振态 [75]

(a) Q = (0.5, 0.69, 0) 位置超导态 (2.6 K) 和正常态 (45 K) 下磁激发随能量的变化关系; (b) 超导态和
正常态磁激发强度差在动量空间的分布; (c) 低能磁激发随温度的变化关系; (d) Li$_{0.8}$Fe$_{0.2}$ODFeSe(红色) 和
(Tl, Rb)$_x$Fe$_{2-y}$Se$_2$(蓝色 [65]) 的费米面示意图

9.5.2　S 掺杂 K$_x$Fe$_{1-y}$Se$_2$ 超导体中超导配对对称性的演化

通过化学掺杂调控超导电性是研究超导机制的有效途径. 在 A$_x$Fe$_{2-y}$Se$_2$ 体系中, 铁位掺杂少量过渡金属 (Co, Ni 和 Cr) 就会导致 T_c 被快速压制至消失 [77], 而 Se 位掺杂 S 或者 Te 可以实现对 T_c 的连续调控. 因此, K$_x$Fe$_{2-y}$(Se$_{1-z}$S$_z$)$_2$ 成为研究重电子掺杂 FeSe 超导电性的一个重要体系. 中子散射对一系列 K$_x$Fe$_{2-y}$(Se$_{1-z}$S$_z$)$_2$($z = 0$, $T_c = 31.2$ K; $z = 0.25$, $T_c = 32.0$ K; $z = 0.5$, $T_c = 28.4$ K; $z = 0.5$, $T_c = 25.4$ K) 单晶测量发现, 随着 S 掺杂增加到 50%, 磁激发波矢几乎都没有改变 (图 9.21), 这与角分辨光电子能谱 (ARPES) 测得的费米面结构在 K$_x$Fe$_{2-y}$(Se$_{1-z}$S$_z$)$_2$ 中直到 80% S 掺杂都基本不变的现象是一致的 [78]. 在所有四

个样品中, 磁激发在降温至 T_c 以下时都得到增强. 尽管 S 掺杂压制 T_c 的速度十分缓慢, 高掺杂样品中磁信号在超导态的增长明显变弱.

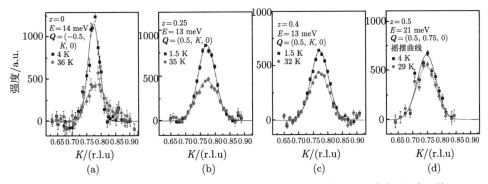

图 9.21　$K_x Fe_{2-y}(Se_{1-z}S_z)_2$ 中自旋激发在超导态 (黑色) 和正常态 (红色) 的动量依赖关系 [76]

　　图 9.22 阐明了自旋共振模式随 S 掺杂的演化 [76]. 在未掺杂样品 ($z = 0$) 的自旋激发谱上可以看到尖锐的自旋共振模式, 在更低能量还可以观察到由于超导能隙打开而产生的自旋隙 (图 9.22(a)). 由于共振模式的存在, 自旋隙的大小 ($\Delta_s \approx 10.2$ meV) 比超导能隙小了很多. 有意思的是, 在 $z = 0.25$ 和 $z = 0.4$ 样品的自旋激发谱中可以同时清楚地观察到两个组成部分, 即 2Δ 以下的尖锐自旋共振模式和 2Δ 以上的宽峰结构 (图 9.22(b), (c)). 在这些样品中, 超导引起的磁峰能量 (E_p) 和 2Δ 的比值 $E_p/2\Delta$ 十分接近磁性超导体普遍满足的经验比值 ~ 0.64[79], 这也满足了共振模式作为束缚态出现在超导能隙之下的要求. 而在 $z = 0.5$ 的样品中, 自旋共振峰完全被 2Δ 之上一个很宽的鼓包取代 (图 9.22(d)). 此时 $E_p/2\Delta$ 突然增加到了 2.03, 显然不再满足自旋共振模式的首要判据. 同时, 自旋隙的大小十分接近 2Δ, 表明超导能隙之下的散射已经消失. 2Δ 之下磁共振模式的消失以及 2Δ 之上出现堆叠的激发态说明, 在此掺杂浓度下两个相邻电子型费米面上的超导序参量不再具有相反的符号. 详细的温度关系测量显示, 不同掺杂的样品中 2Δ 上下谱重的重新分配都和超导能隙的打开相耦合 (图 9.22(e)~(k)).

　　有意思的是, S 的掺杂虽然改变了配对对称性, 但是并没有对 T_c 产生显著影响. 与此同时, 角分辨光电子能谱和输运测量显示, S 掺杂显著增加了带宽, 减弱了电子关联, 但并没有改变载流子浓度或费米面结构, 超导能隙仍然保持基本上各向同性 [78,80,81]. 基于以上现象我们讨论 S 掺杂改变超导波函数对称性的可能机制. 有理论认为非磁性杂质可能会引发 $s_\pm$ 配对到 s_{++} 配对的转变 [82,83]. 如果 $K_x Fe_{2-y}(Se_{1-z}S_z)_2$ 是这种情况, 对称性发生转变之后相变温度应该会趋向一个稳定值, 而输运和角分辨光电子能谱实验并没有观察到这一现象 [78,81]. 另外,角分辨光电子能谱测量发现 S 掺杂并没有对动量空间中能带的谱重分布产生显著影响, 说明杂质散射效应几乎可以忽略 [78]. 这些结果说明, 杂质效应不太可能是对称性发生相变的首要原因.

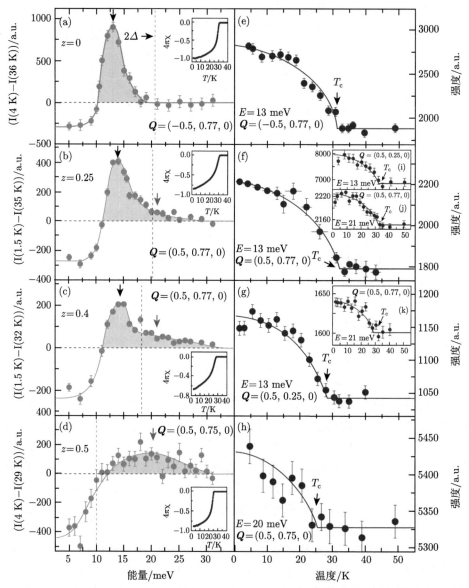

图 9.22　(a)～(d) $K_xFe_{2-y}(Se_{1-z}S_z)_2$ 中 $\boldsymbol{Q} = (0.5, 0.77, 0)$ 或等效波矢附近超导态和正常态自旋激发谱之间的强度差, 虚线表示角分辨光电子能谱测量得到的 2Δ 位置; (e)～(k) 自旋激发在超导态下增强的详细温度依赖关系 [79]

另一方面, 有理论指出, 在存在轨道涨落和自旋涨落竞争, 并且轨道涨落起主导作用的情况下, 可以出现传统的没有变号的 s 波配对 [14,84]. 因此, 我们可以简单地猜测, 在 S 掺杂量低的时候, 自旋涨落占据主导, 而当 S 掺杂量更高的时候, 轨道涨落则变得更加重要. 但对于这种情况, 当体系处于中间区域时, 由于自旋涨落被轨道涨落抵消, T_c 应该出现下降. 恰恰相反, $K_x Fe_{2-y}(Se_{1-z}S_z)_2$ 在 $z = 0.25$ 时出现了最高的 T_c. 因此, 应该考虑一个更加复杂的机制, 需要涉及强的带内相互作用和轨道自由度. 可能性之一是一种新奇的具有轨道选择性的配对状态, 它具有传统 s 波的形状因子和 d 波 (B_{1g}) 的配对对称性 [85,86]. 理论上, 在这种图像下, 纯的 s 波或者 d 波配对都可以通过改变配对相互作用的轨道选择性来实现. 而在 S 掺杂的 $Rb_x Fe_{2-y} Se_2$ 中也的确发现了 d 轨道间具有明显不同的关联性 [80], 但是目前仍不清楚 S 掺杂如何改变体系中交换耦合的轨道选择性.

这一研究结果揭示了超导配对对称性具有可调节性, 存在多个配对通道, 这也许可以为此前关于重电子掺杂 FeSe 超导体的配对对称性研究结果提供一种统一解释 [19,72-75]. 另外, 在铁砷类超导体 $Ba_{1-x}K_x Fe_2 As_2$ 中也发现了化学掺杂引起配对对称性发生变化的实验证据 [87], 进一步说明考虑多个配对通道对理解铁基超导配对机制具有普遍意义.

9.6 重电子掺杂铁硒类超导体中的磁激发

9.6.1 $Li_{0.8}Fe_{0.2}ODFeSe$ 超导体的磁激发色散关系

9.5 节我们介绍了利用中子散射对重电子掺杂铁硒类超导体的低能自旋共振峰和超导配对对称性的研究, 而完整自旋激发谱的测量将帮助我们确定其磁性本质, 进一步理解为何其具有较高的超导转变温度.

$A_x Fe_{2-y} Se_2$ 超导样品中存在 $\sqrt{5} \times \sqrt{5}$ 铁缺位的反铁磁有序绝缘相, 因此纯相的 $Li_{0.8}Fe_{0.2}OHFeSe$ 超导体成了研究重电子掺杂铁硒类超导体本征自旋激发的理想体系. 由于 ^1H 对中子的非相干散射截面很大, 为减小背景散射对本征磁信号的测量, 非弹性中子散射测量所用到的样品需要在生长时将 ^1H 进行 ^2D 的同位素取代.

图 9.23 展示了不同能量下 $Li_{0.8}Fe_{0.2}ODFeSe$ 单晶中自旋激发的面内动量结构 [75]. 在低能部分, 自旋激发的动量空间结构和共振模相似 (图 9.23(a)); 随着能量的增加, 磁激发逐渐变成了菱形, 并且向外发生色散. 与此同时, 59~66 meV 能量附近的椭圆形峰的长轴相比较更低能的信号发生了 90° 的翻转 (图 9.23(a),(d) 中的虚线). 当能量超过 66 meV, 散射信号转而向内色散, 在 100 meV 左右形成了一个近似环形的图样. 最终在 130 meV 左右, 信号在 $Q = (0.5, 0.5)$(即 (π, π)) 附近聚成了一大团.

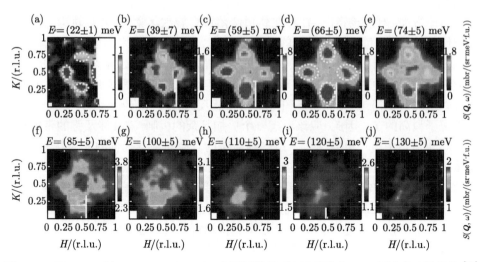

图 9.23　$T = 5$ K 时, $Li_{0.8}Fe_{0.2}ODFeSe$ 中不同能量下自旋激发在 HK 面内的动量结构 [75]

　　完整的 $Li_{0.8}Fe_{0.2}ODFeSe$ 自旋激发色散关系在能量–动量空间可以看得更加清楚. 可以看到自旋激发并没有明显随着 L 的调制, 说明这一体系的磁性也具有二维性特点. 随着能量的增加, 磁激发先向外色散随后再向内色散 (图 9.24). 在空穴掺杂的铜基超导体中, 自旋激发也展现出弯曲的色散关系, 以及在鞍点上下散射图样的旋转, 这和 $Li_{0.8}Fe_{0.2}ODFeSe$ 的观测结果非常类似 [88-91]. 这和绝大部分铁砷类超导体中, 其自旋激发整体上只是简单地从 $(\pi, 0)$ 向外色散到 $(\pi, \pm\pi)$ 这种行为截然不同.

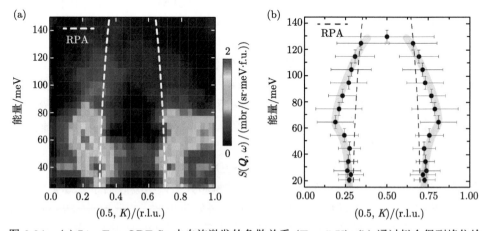

图 9.24　(a) $Li_{0.8}Fe_{0.2}ODFeSe$ 中自旋激发的色散关系 $(T = 5$ K); (b) 通过拟合得到峰位给出的色散关系, 虚线给出了 RPA 计算的结果 [75]

　　在存在相分离的 $A_xFe_{2-y}Se_2$ 系统中, 无法计算自旋激发的绝对强度, 而纯相

的 $Li_{0.8}Fe_{0.2}ODFeSe$ 单晶中自旋激发的强度则可以用绝对单位表示. 图 9.25 展示了 $Li_{0.8}Fe_{0.2}ODFeSe$ 中绝对单位下局域动态磁化率的能量关系, 从图中可以看到两个峰, 这与铁砷类超导体和 FeSe 母体相类似 [8,10,11,47], 虽然后两者的自旋激发动量结构和 $Li_{0.8}Fe_{0.2}ODFeSe$ 相去较远. 图中, 低能的峰对应共振模, 而高能的峰拥有更大的谱重, 在 60~110 meV 达到最大值. 值得一提的是, $Li_{0.8}Fe_{0.2}ODFeSe$ 的共振模积分谱重 ($\chi''_{5K} - \chi''_{50K} = 0.029(7)\mu_B^2/Fe$) 比 FeSe 母体 (超导转变温度 $\sim$ 9 K) 大了至少一个数量级, 但谱重的高能部分却比 FeSe 弱了不少 [22,47]. 电子掺杂的效果似乎是压制了高能激发, 加强了低能激发, 这种行为与空穴掺杂的铜基超导体和空穴掺杂的铁砷类超导体相类似 [11,90], 但与电子掺杂的铁砷类超导体不一样, 在电子掺杂的铁砷类超导体中, 高能自旋激发与掺杂没有显著关系, 而超导在电子过掺杂的区域被完全压制 [11]. 另外, $Li_{0.8}Fe_{0.2}ODFeSe$ 和 FeSe 的自旋激发能带宽度比大部分铁砷类超导体窄, 说明铁硒类超导体有着更强的电子关联 [9].

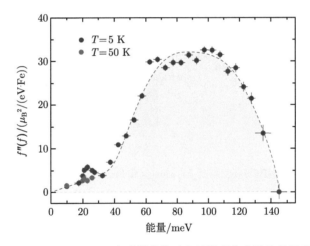

图 9.25　$Li_{0.8}Fe_{0.2}ODFeSe$ 中磁激发的动态局域磁化率随能量的分布 [75]

　　铁基超导体材料中的磁性可能来自于局域磁矩的交换相互作用, 或者是巡游电子的费米面嵌套, 或者二者兼有 [10]. 而 $Li_{0.8}Fe_{0.2}ODFeSe$ 中扭曲的自旋激发结构尚未被任何已知的理论计算在重型电子掺杂铁硒类超导体中预言过, 无论是局域模型还是巡游模型. 通过 BCS/RPA 方法可以计算基于二维紧束缚五带哈伯德–洪德 (Hubbard-Hund) 模型的磁化率, 这个模型一般用来描述只有电子型口袋的 FeSe 系统的电子结构 [92]. 计算中选择唯象的 $d_{x^2-y^2}$ 能隙 $\Delta_0(\cos k_x - \cos k_y)$ 作为超导能隙, 这种能隙在单个电子型口袋上近乎各向同性, 而在不同的电子型口袋之间则发生变号. 之前的计算表明, 这种能隙结构会在变号的电子型口袋之间发生散射, 在 $q \sim (\pi, 0.6\pi)$ 的位置产生一个中子上的共振模 [20,92]. RPA 计算中用到的轨道空间的关联矩阵包含一系列本地的矩阵元, 有轨道内和轨道间的库仑排斥力 U 和 U', 洪德规则耦合参数和成对跃迁项 J 和 J'. 这里的计算采用了自旋旋转不变量 $J = J' = U/4$ 以及 $U' = U/2$, U=0.96 eV. 图 9.26(a) 展示了计算得到的自旋激发色散关系, 图 9.26(b)~(e) 展示了不同能量的动量空间结构. 可以看到, 40 meV 以下的磁激发在动量空间的位置和实验大致吻合 (图 9.24, 图 9.26). 然而, BCS/RPA 计算无法解释图 9.24 中更高能量向外的色散, 以及扭曲的磁激发结构. 除此之外也尝试了用 DFT+DMFT 来计算体系的电子结构和磁激发 [75], 和 BCS/RPA 计算结构相类似, DFT+DMFT 计算得到的自旋激发谱也只显示出向内的色散, 而没有扭曲的磁激发结构 [75].

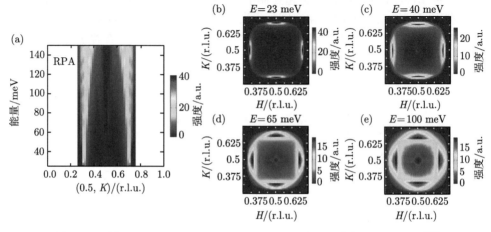

图 9.26   利用 BCS/RPA 对 $Li_{0.8}Fe_{0.2}ODFeSe$ 中自旋激发的计算结果 [75]

60 meV 上下不同的自旋激发色散关系表明这些激发可能有不同的起源; 低能自旋激发可能来自于费米面嵌套, 因为共振模的波矢位置以及随着掺杂的演化和 BCS/RPA 的计算相吻合 [19,65,92]; 而占据了更多谱重的高能自旋激发可能是残余的短程磁交换相互作用, 这也在空穴掺杂的铜基超导体被观测到 [90,91]. 无论它们的起源是什么, 围绕 (π, π) 点的自旋激发和用 (π, π) 连接起来的电子型费米口袋可能会共同作用从而加强超导电性. 这样的自旋激发结构与空穴掺杂的铜基超导体有诸多相似之处, 说明这种自旋激发很可能是这些体系能有较高超导转变温度的重要原因.

参 考 文 献

[1] Lu X, Park J T, Zhang R, et al. Nematic spin correlations in the tetragonal state of uniaxial-strained $BaFe_{2-x}Ni_xAs_2$. Science, 2014, 345(6197): 657-660.

[2] Fernandes R M, Chubukov A V, Schmalian J. What drives nematic order in iron-based superconductors. Nature Physics, 2014, 10(2): 97-104.

[3] Chu J H, Kuo H H, Analytis J G, et al. Divergent nematic susceptibility in an iron arsenide superconductor. Science, 2012, 337(6095): 710-712.

[4] Yi M, Lu D, Chu J H, et al. Symmetry-breaking orbital anisotropy observed for de-twinned $Ba(Fe_{1-x}Co_x)_2As_2$ above the spin density wave transition. Proceedings of the National Academy of Sciences, 2011, 108(17): 6878-6883.

[5] Chuang T M, Allan M P, Lee J, et al. Nematic electronic structure in the "parent" state of the iron-based superconductor $Ca(Fe_{1-x}Co_x)_2As_2$. Science, 2010, 327(5962): 181-184.

[6] Zhao J, Adroja D T, Yao D X, et al. Spin waves and magnetic exchange interactions in $CaFe_2As_2$. Nature Physics, 2008, 5(8): 555-560.

[7] Yin Z P, Haule K, Kotliar G. Kinetic frustration and the nature of the magnetic and paramagnetic states in iron pnictides and iron chalcogenides. Nature Materials, 2011, 10(12): 932-935.

[8] Liu M, Harriger L W, Luo H, et al. Nature of magnetic excitations in superconducting $BaFe_{1.9}Ni_{0.1}As_2$. Nature Physics, 2012, 8(5): 376-381.

[9] Yin Z P, Haule K, Kotliar G. Spin dynamics and orbital-antiphase pairing symmetry in iron-based superconductors. Nature Physics, 2014, 10(11): 845-850.

[10] Dai P. Antiferromagnetic order and spin dynamics in iron-based superconductors. Reviews of Modern Physics, 2015, 87(3): 855-896.

[11] Wang M, Zhang C, Lu X, et al. Doping dependence of spin excitations and its corre-lations with high-temperature superconductivity in iron pnictides. Nature Communi-cations, 2013, 4: 2874.

[12] Schrieffer J R. Theory of Superconductivity. MA: Benjamin, 1964.

[13] Onari S, Kontani H, Sato M. Structure of neutron-scattering peaks in both s_{++}-wave and $s_{\pm}$-wave states of an iron pnictide superconductor. Physical Review B, 2010, 81(6): 060504.

[14] Onari S, Kontani H. Self-consistent vertex correction analysis for iron-based super-conductors: Mechanism of Coulomb interaction-driven orbital fluctuations. Physical Review Letters, 2012, 109(13): 137001.

[15] Zhang C, Li H F, Song Y, et al. Distinguishing $s_{\pm}$ and s_{++} electron pairing symmetries by neutron spin resonance in superconducting $NaFe_{0.935}Co_{0.045}As$. Physical Review B, 2013, 88(6): 064504.

[16] Scalapino D J. A common thread: The pairing interaction for unconventional super-conductors. Reviews of Modern Physics, 2012, 84(4): 1383-1417.

[17] Eschrig M. The effect of collective spin-1 excitations on electronic spectra in high-T_c superconductors. Advances in Physics, 2006, 55(1/2): 47-183.

[18] Lee P A, Nagaosa N, Wen X G. Doping a Mott insulator: Physics of high-temperature superconductivity. Reviews of Modern Physics, 2006, 78(1): 17-85.

[19]　Park J T, Friemel G, Li Y, et al. Magnetic resonant mode in the low-energy spin-excitation spectrum of superconducting $Rb_2Fe_4Se_5$ single crystals. Physical Review Letters, 2011, 107(17): 177005.

[20]　Friemel G, Park J T, Maier T A, et al. Reciprocal-space structure and dispersion of the magnetic resonant mode in the superconducting phase of $Rb_xFe_{2-y}Se_2$ single crystals. Physical Review B, 2012, 85(14): 140511.

[21]　Kim M G, Fernandes R M, Kreyssig A, et al. Character of the structural and magnetic phase transitions in the parent and electron-doped $BaFe_2As_2$ compounds. Physical Review B, 2011, 83(13): 134522.

[22]　Wang Q, Shen Y, Pan B, et al. Strong interplay between stripe spin fluctuations, nematicity and superconductivity in FeSe. Nature Materials, 2016, 15(2): 159-163.

[23]　Mcqueen T M, Williams A J, Stephens P W, et al. Tetragonal-to-orthorhombic structural phase transition at 90 K in the superconductor $Fe_{1.01}Se$. Physical Review Letters, 2009, 103(5): 057002.

[24]　Kasahara S, Watashige T, Hanaguri T, et al. Field-induced superconducting phase of FeSe in the BCS-BEC cross-over. Proceedings of the National Academy of Sciences, 2014, 111(46): 16309-16313.

[25]　Dai P, Hu J, Dagotto E. Magnetism and its microscopic origin in iron-based high-temperature superconductors. Nature Physics, 2012, 8(10): 709-718.

[26]　Xu Z, Wen J, Xu G, et al. Local-moment magnetism in superconducting $FeTe_{0.35}Se_{0.65}$ as seen via inelastic neutron scattering. Physical Review B, 2011, 84(5): 052506.

[27]　Qiu Y, Bao W, Zhao Y, et al. Spin gap and resonance at the nesting wave vector in superconducting $FeSe_{0.4}Te_{0.6}$. Physical Review Letters, 2009, 103(6): 067008.

[28]　Inosov D S, Park J T, Bourges P, et al. Normal-state spin dynamics and temperature-dependent spin-resonance energy in optimally doped $BaFe_{1.85}Co_{0.15}As_2$. Nature Physics, 2010, 6(3): 178-181.

[29]　Zhao J, Rotundu C R, Marty K, et al. Effect of electron correlations on magnetic excitations in the isovalently doped iron-based superconductor $Ba(Fe_{1-x}Ru_x)_2As_2$. Physical Review Letters, 2013, 110(14): 147003.

[30]　Song C L, Wang Y L, Jiang Y P, et al. Imaging the electron-boson coupling in superconducting FeSe films using a scanning tunneling microscope. Physical Review Letters, 2014, 112(5): 057002.

[31]　Fang C, Yao H, Tsai W F, et al. Theory of electron nematic order in LaFeAsO. Physical Review B, 2008, 77(22): 224509.

[32]　Xu C, Muller M, Sachdev S. Ising and spin orders in the iron-based superconductors. Physical Review B, 2008, 78(2): 020501.

[33]　Fernandes R M, Bohmer A E, Meigast C, et al. Scaling between magnetic and lattice fluctuations in iron pnictide superconductors. Physical Review Letters, 2013, 111(13): 137001.

[34] Bohmer A E, Burger P, Hardy F, et al. Nematic susceptibility of hole-doped and electron-doped $BaFe_2As_2$ iron-based superconductors from shear modulus measurements. Physical Review Letters, 2014, 112(4): 047001.

[35] Nandi S, Kim M G, Kreyssig A, et al. Anomalous suppression of the orthorhombic lattice distortion in superconducting $Ba(Fe_{1-x}Co_x)_2As_2$ single crystals. Physical Review Letters, 2010, 104(5): 057006.

[36] Zhang Q, Fernandes R M, Lamsal J, et al. Neutron-scattering measurements of spin excitations in LaFeAsO and $Ba(Fe_{0.953}Co_{0.047})_2As_2$: Evidence for a sharp enhancement of spin fluctuations by nematic order. Physical Review Letters, 2015, 114(5): 057001.

[37] Lee C C, Yin W G, Ku W. Ferro-orbital order and strong magnetic anisotropy in the parent compounds of iron-pnictide superconductors. Physical Review Letters, 2009, 103(26): 267001.

[38] Kruger F, Kumar S, Zaanen J, et al. Spin-orbital frustrations and anomalous metallic state in iron-pnictide superconductors. Physical Review B, 2009, 79(5): 054504.

[39] Lv W, Wu J, Phillips P. Orbital ordering induces structural phase transition and the resistivity anomaly in iron pnictides. Physical Review B, 2009, 80(22): 224506.

[40] Chen C C, Maciejko J, Sorini A P, et al. Orbital order and spontaneous orthorhombicity in iron pnictides. Physical Review B, 2010, 82(10): 100504.

[41] Wang F, Kivelson S A, Lee D H. Nematicity and quantum paramagnetism in FeSe. Nature Physics, 2015, 11(11): 959-963.

[42] Glasbrenner J K, Mazin I I, Jeschke H O, et al. Effect of magnetic frustration on nematicity and superconductivity in iron chalcogenides. Nature Physics, 2015, 11(11): 953-958.

[43] Yu R, Si Q. Antiferroquadrupolar and Ising-nematic orders of a frustrated bilinear-biquadratic Heisenberg model and implications for the magnetism of FeSe. Physical Review Letters, 2015, 115(11): 116401.

[44] Chubukov A V, Fernandes R M, Schmalian J. Origin of nematic order in FeSe. Physical Review B, 2015, 91(20): 201105.

[45] Cao H Y, Chen S, Xiang H, et al. Antiferromagnetic ground state with pair-checkerboard order in FeSe. Physical Review B, 2015, 91(2): 020504.

[46] Lumsden M D, Christianson A D, Goremychkin E A, et al. Evolution of spin excitations into the superconducting state in $FeTe_{1-x}Se_x$. Nature Physics, 2010, 6(3): 182-186.

[47] Wang Q, Shen Y, Pan B, et al. Magnetic ground state of FeSe. Nature Communications, 2016, 7: 12182.

[48] Tucker G S, Pratt D K, Kim M G, et al. Competition between stripe and checkerboard magnetic instabilities in Mn-doped $BaFe_2As_2$. Physical Review B, 2012, 86(2): 020503.

[49] Coldea A I, Watson M D. The key ingredients of the electronic structure of FeSe. Annual Review of Condensed Matter Physics, 2018, 9(1): 125-146.

[50] Sushkov O P, Oitmaa J, Zheng W. Quantum phase transitions in the two-dimensional J_1-J_2 model. Physical Review B, 2001, 63(10): 104420.

[51] Jiang H C, Kruger F, Moore J E, et al. Phase diagram of the frustrated spatially-anisotropic $S=1$ antiferromagnet on a square lattice. Physical Review B, 2009, 79(17): 174409.

[52] Khasanov R, Guguchia Z, Amato A, et al. Pressure-induced magnetic order in FeSe: A muon spin rotation study. Physical Review B, 2017, 95(18): 180504.

[53] Wang P S, Sun S S, Cui Y, et al. Pressure induced stripe-order antiferromagnetism and first-order phase transition in FeSe. Physical Review Letters, 2016, 117(23): 237001.

[54] Sun J P, Matsuura K, Ye G Z, et al. Dome-shaped magnetic order competing with high-temperature superconductivity at high pressures in FeSe. Nature Communications, 2016, 7: 12146.

[55] Kothapalli K, Bohmer A E, Jayasekara W T, et al. Strong cooperative coupling of pressure-induced magnetic order and nematicity in FeSe. Nature Communications, 2016, 7: 12728.

[56] Bao W, Huang Q Z, Chen G F, et al. A novel large moment antiferromagnetic order in $K_{0.8}Fe_{1.6}Se_2$ Superconductor. Chinese Physics Letters, 2011, 28(8): 086104.

[57] Zhao J, Cao H, Bourret-Courchesne E, et al. Neutron-diffraction measurements of an antiferromagnetic semiconducting phase in the vicinity of the high-temperature superconducting state of $K_xFe_{2-y}Se_2$. Physical Review Letters, 2012, 109(26): 267003.

[58] Zhao J, Shen Y, Birgeneau R J, et al. Neutron scattering measurements of spatially anisotropic magnetic exchange interactions in semiconducting $K_{0.85}Fe_{1.54}Se_2$ ($T_N = 280$ K). Physical Review Letters, 2014, 112(17): 177002.

[59] Harriger L W, Luo H Q, Liu M S, et al. Nematic spin fluid in the tetragonal phase of $BaFe_2As_2$. Physical Review B, 2011, 84(5): 054544.

[60] Chen C C, Moritz B, Van Den Brink J, et al. Finite-temperature spin dynamics and phase transitions in spin-orbital models. Physical Review B, 2009, 80(18): 180418.

[61] Zhang Y, Yang L X, Xu M, et al. Nodeless superconducting gap in $A_xFe_2Se_2$ (A=K,Cs) revealed by angle-resolved photoemission spectroscopy. Nature Materials, 2011, 10(4): 273-277.

[62] Xu M, Ge Q Q, Peng R, et al. Evidence for an s-wave superconducting gap in $K_xFe_{2-y}Se_2$ from angle-resolved photoemission. Physical Review B, 2012, 85(22): 220504.

[63] Ying T P, Chen X L, Wang G, et al. Observation of superconductivity at 30~46 K in $A_xFe_2Se_2$ (A = Li, Na, Ba, Sr, Ca, Yb, and Eu). Scientific Reports, 2012, 2: 426.

[64] Guo J, Jin S, Wang G, et al. Superconductivity in the iron selenide $K_xFe_2Se_2$ ($0 \leqslant x \leqslant 1$). Physical Review B, 2010, 82(18): 180520.

[65] Zhao L, Liang A, Yuan D, et al. Common electronic origin of superconductivity in (Li, Fe)OHFeSe bulk superconductor and single-layer $FeSe/SrTiO_3$ films. Nature Communications, 2016, 7: 10608.

[66] Niu X H, Peng R, Xu H C, et al. Surface electronic structure and isotropic superconducting gap in $Li_{0.8}Fe_{0.2}OHFeSe$. Physical Review B, 2015, 92(6): 060504.

[67] Miyata Y, Nakayama K, Sugawara K, et al. High-temperature superconductivity in potassium-coated multilayer FeSe thin films. Nature Materials, 2015, 14(8): 775-779.

[68] Wen C H P, Xu H C, Chen C, et al. Anomalous correlation effects and unique phase diagram of electron-doped FeSe revealed by photoemission spectroscopy. Nature Communications, 2016, 7: 10840.

[69] Ge J F, Liu Z L, Liu C, et al. Superconductivity above 100 K in single-layer FeSe films on doped $SrTiO_3$. Nature Materials, 2015, 14(3): 285-289.

[70] Tan S, Zhang Y, Xia M, et al. Interface-induced superconductivity and strain-dependent spin density waves in $FeSe/SrTiO_3$ thin films. Nature Materials, 2013, 12(7): 634-640.

[71] He S, He J, Zhang W, et al. Phase diagram and electronic indication of high-temperature superconductivity at 65 K in single-layer FeSe films. Nature Materials, 2013, 12(7): 605-610.

[72] Du Z, Yang X, Altenfeld D, et al. Sign reversal of the order parameter in $(Li_{1-x}Fe_x)OHFe_{1-y}Zn_ySe$. Nature Physics, 2017, 14(2): 134-139.

[73] Yan Y J, Zhang W H, Ren M Q, et al. Surface electronic structure and evidence of plain s-wave superconductivity in $Li_{0.8}Fe_{0.2}OHFeSe$. Physical Review B, 2016, 94(13): 134502.

[74] Fan Q, Zhang W H, Liu X, et al. Plain s-wave superconductivity in single-layer FeSe on $SrTiO_3$ probed by scanning tunnelling microscopy. Nature Physics, 2015, 11(11): 946-952.

[75] Pan B, Shen Y, Hu D, et al. Structure of spin excitations in heavily electron-doped $Li_{0.8}Fe_{0.2}ODFeSe$ superconductors. Nature Communications, 2017, 8: 123.

[76] Wang Q, Park J T, Feng Y, et al. Transition from sign-reversed to sign-preserved Cooper-pairing symmetry in sulfur-doped Iron selenide superconductors. Physical Review Letters, 2016, 116(19): 197004.

[77] Sun Z A, Wang Z, Cai Y, et al. Fe-site substitution effects on superconductivity and microstructure of phase-separated $K_{0.8}Fe_{1.75}Se_2$ superconductor. EPL (Europhysics Letters), 2014, 105(5): 57002.

[78] Niu X H, Chen S D, Jiang J, et al. A unifying phase diagram with correlation-driven superconductor-to-insulator transition for the 122* series of iron chalcogenides. Physical Review B, 2016, 93(5): 054516.

[79] Yu G, Li Y, Motoyama E M, et al. A universal relationship between magnetic resonance and superconducting gap in unconventional superconductors. Nature Physics, 2009, 5(12): 873-875.

[80] Yi M, Wang M, Kemper A F, et al. Bandwidth and electron correlation-tuned superconductivity in $Rb_{0.8}Fe_2(Se_{1-z}S_z)_2$. Physical Review Letters, 2015, 115(25): 256403.

[81] Wang K, Lei H, Petrovic C. Evolution of correlation strength in $K_xFe_{2-y}Se_2$ superconductor doped with S. Physical Review B, 2011, 84(5): 054526.

[82] Efremov D V, Golubov A A, Dolgov O V. Manifestations of impurity-induced $s_\pm \Rightarrow$ s_{++} transition: multiband model for dynamical response functions. New Journal of Physics, 2013, 15(1): 013002.

[83] Kontani H, Onari S. Orbital-fluctuation-mediated superconductivity in iron pnictides: Analysis of the five-orbital Hubbard-Holstein model. Physical Review Letters, 2010, 104(15): 157001.

[84] Saito T, Onari S, Kontani H. Emergence of fully gapped s_{++}-wave and nodal d-wave states mediated by orbital and spin fluctuations in a ten-orbital model of KFe_2Se_2. Physical Review B, 2011, 83(14): 140512.

[85] Nica E M, Yu R, Si Q. Orbital-selective pairing and superconductivity in iron selenides. NPJ Quantum Materials, 2017, 2(1): 24.

[86] Ong T, Coleman P, Schmalian J. Concealed *d*-wave pairs in the $s_\pm$ condensate of iron-based superconductors. Proceedings of the National Academy of Sciences, 2016, 113(20): 5486-5491.

[87] Lee C H, Kihou K, Park J T, et al. Suppression of spin-exciton state in hole overdoped iron-based superconductors. Scientific Reports, 2016, 6: 23424.

[88] Hayden S M, Mook H A, Dai P, et al. The structure of the high-energy spin excitations in a high-transition-temperature superconductor. Nature, 2004, 429(6991): 531-534.

[89] Tranquada J M, Woo H, Perring T G, et al. Quantum magnetic excitations from stripes in copper oxide superconductors. Nature, 2004, 429(6991): 534-538.

[90] Vignolle B, Hayden S M, Mcmorrow D F, et al. Two energy scales in the spin excitations of the high-temperature superconductor $La_{2-x}Sr_xCuO_4$. Nature Physics, 2007, 3(3): 163-167.

[91] Lipscombe O J, Hayden S M, Vignolle B, et al. Persistence of high-frequency spin fluctuations in overdoped superconducting $La_{2-x}Sr_xCuO_4(x = 0.22)$. Physical Review Letters, 2007, 99(6): 067002.

[92] Maier T A, Graser S, Hirschfeld P J, et al. *d*-wave pairing from spin fluctuations in the $K_xFe_{2-y}Se_2$ superconductors. Physical Review B, 2011, 83(10): 100515.

第 10 章　铁基超导材料的核磁共振研究

崔祎, 马龙, 王朋帅, 于伟强

中国人民大学物理系

随着研究的不断深入, 我们对整个铁基体系的物理性质的认识也越来越全面. 虽然铁基体系中的电子关联作用比铜基体系更弱, 但是其电子结构的多轨道特性却导致了一系列不亚于铜基的复杂而又新奇的性质: 多样的磁构型 (虽然铁砷基材料典型的磁基态为条纹相反铁磁态, 但是也有 FeTe 和 $A_yFe_{2-x}Se_2$ 等体系中特殊的磁构型)、结构相变/向列相、轨道序、自旋涨落、量子临界现象等. 实际上, 这些特性都直接或间接地强调着铁基超导中的一个重要问题: 铁基体系的磁性起源是什么? 磁性作为铁基体系中的一项重要研究内容, 同其他各种序之间或多或少地存在着关联. 因此, 对磁性的深入研究, 无论是对理解磁性本源, 还是对研究磁性与其他相序之间的关联, 甚至是铁基超导的配对对称性/起源等都是至关重要的. 考虑到凝聚态核磁共振作为一种局域的探测手段, 无论是在磁性、结构, 还是材料的超导电性方面的研究, 都具有非常大的优势. 原子核通过自旋和电偶极矩等与晶格中的电场和磁场耦合, 实现对关联电子材料的结构、电性和磁性的物性探索和研究. 尤其是, 利用核磁共振的位置选择性和低能等特色, 并结合高压等调制技术, 可以研究超导材料的以上各种强关联电子性质. 本章通过以凝聚态核磁共振手段为主的研究方式, 对铁基超导领域里的某些困惑性的问题做出一些探索. 重点关注铁基超导材料的超导配对对称性、磁有序、向列序、电荷序, 以及这些序及其涨落和超导的关系.

10.1　凝聚态核磁共振

凝聚态物质中的原子核体系, 可以被认为是通过超精细耦合作用处在电子热库中. 由于核磁共振的特征频率 100 MHz 对应能量为 0.4 μeV, 比电子体系元激发的特征能量小三个数量级, 因此, 核磁共振是探测凝聚态电子体系中磁性与磁性低能元激发的有效手段, 就形成了专门的凝聚态核磁共振. 凝聚态核磁共振的优点主要体现在以下几个方面. 第一, 凝聚态核磁共振的工作频段非常宽, 可以从几兆赫兹至 1 GHz. 这使得凝聚态核磁共振能够测量在不同磁场及磁性环境下的各种原子核的共振信号及弛豫行为, 研究范围非常广. 第二, 凝聚态核磁共振具有位置选择性的优点, 是典型的局域探测手段. 凝聚态核磁共振可以测量晶体中的不同原子核, 能够选择性地获得样品的局域性质. 第三, 凝聚态核磁共振观测到的均是晶体的低能激发性质, 而这些低能激发性质正是凝聚态物理中最关心的性质. 第四, 凝聚态核磁共振对样品中的杂质不敏感, 方便获取样品的本征信息. 另外, 凝聚态核磁共振的缺点主要表现在下列几个方面. 首先, 凝聚态核磁共振不具有 q 分辨率, 不利于研究磁性涨落的 q 依赖; 其次, 凝聚态核磁共振每次观测仅能测量一定频率范围内的信号, 这使得信号的收集与分析非常耗时耗力.

凝聚态核磁共振与中子散射均为测量样品磁性的有力手段, 两者的作用相辅相成. 下面对两者进行对比. 第一, 凝聚态核磁共振设备简单, 在普通实验室即可进行实验; 而中子散射需要依赖大型的核反应堆, 仅能在大型的国家实验室进行. 第二, 凝聚态核磁共振所需样品量较少, 在毫克量级; 而中子散射所需样品量较大, 在克量级. 第三, 凝聚态核磁共振不具有 q 分辨率和能量分辨率, 测得的激发行为是对各个 q 模式的低能自旋涨落的求和; 而中子散射具有良好的能量和动量分辨率, 能够测量激发行为的色散. 第四, 凝聚态核磁共振是局域探测手段; 而中子散射是典型的体测量手段, 对实空间没有分辨率. 第五, 中子散射不方便测量 $q = 0$ 的激发模式, 而凝聚态核磁共振能够很好地弥补这一点.

在本节中, 我们首先从原子核体系的哈密顿量出发, 介绍凝聚态核磁共振的谱学分析和弛豫分析方法, 以及对超导性质的研究方法 [1-5].

10.1.1 　原子核体系的哈密顿量

处在外加磁场中的原子核体系的哈密顿量可以写为

$$H = H_{\text{Zeeman}} + H_{\text{e-n}} + H_{eQ} + H_{\text{dip}} \tag{10.1}$$

当原子核体系处于外加磁场 $\boldsymbol{H}_0$ 中时, 根据塞曼 (Zeeman) 效应, 原子核能级会发生劈裂. 哈密顿量右边的第一项即描述这一相互作用, 具体形式可以表示为

$$H_{\text{Zeeman}} = \gamma \hbar \boldsymbol{H}_0 \cdot \hat{\boldsymbol{I}} \tag{10.2}$$

其中, $\hat{\boldsymbol{I}}$ 是原子核的自旋算符.

哈密顿量的第二项表示原子核与电子的超精细相互作用, 其具体形式为

$$H_{\text{e-n}} = \gamma \hbar \hat{\boldsymbol{I}} \cdot \sum_i (2\mu_{\text{B}}) \left(\frac{\boldsymbol{l}_i}{r_i^3} - \frac{\boldsymbol{S}_i}{r_i^3} + 3\frac{\boldsymbol{r}_i(\boldsymbol{S}_i \cdot \boldsymbol{r}_i)}{r_i^5} + \frac{8}{3}\pi \boldsymbol{S}_i \delta(r_i) \right) \tag{10.3}$$

其中, 等式右侧第一项表示原子核与电子的轨道角动量的耦合, 会贡献共振谱峰的化学位移; 第二项与第三项描述原子核自旋与电子自旋间的偶极相互作用; 第四项是来源于原子核波函数和电子波函数相互交叠的费米接触的相互作用, 是凝聚态核磁共振分析中主要考虑的相互作用项.

对于 $I > 1/2$ 的原子核, 其非零的电四极矩会与晶体的电场梯度 (EFG) 发生耦合作用. 其耦合能量即哈密顿量第三项 H_{eQ}, 具体可以表示为

$$H_{eQ} = \frac{eQV_{zz}}{4I(2I-1)}[(3\hat{I}_z^2 - \hat{I}^2) + \eta(\hat{I}_x^2 - \hat{I}_y^2)] \tag{10.4}$$

其中, Q 是原子核的电四极矩; $V_{\alpha\beta}$ 是晶体中 EFG 张量的分量; η 是 EFG 的非对称参量, 定义为 $\eta = |V_{xx} - V_{yy}|/V_{zz}$. 通过原子核的四极相互作用, 我们能够探测晶体的 EFG, 进而能够分析晶体中与结构相关的对称性等. 在零场下, 利用此相互作用, 可以进行核四极共振 (NQR), 研究晶体的结构特征与电荷涨落性质. 在有限外加磁场中, 四极相互作用会对原子核的能级进行修正, 一级修正的结果会导致核磁共振信号中卫星峰的出现.

哈密顿量的第四项描述了具有磁矩 $\boldsymbol{\mu}$, 间距为 $\boldsymbol{r}_{jk}$ 的原子核之间的偶极作用, 其具体形式为

$$H_{\text{dip}} = \frac{1}{2} \sum_{j,k=1}^{N} \left(\frac{\boldsymbol{\mu}_j \cdot \boldsymbol{\mu}_k}{r_{jk}^3} - \frac{3(\boldsymbol{\mu}_j \cdot \boldsymbol{r}_{jk})(\boldsymbol{\mu}_k \cdot \boldsymbol{r}_{jk})}{r_{jk}^5} \right) \tag{10.5}$$

这种偶极相互作用是原子核体系中自旋弥散 (spin diffusing) 机制的主要贡献, 是原子核自旋–自旋弛豫 (特征时间即 T_2) 和谱线的均匀展宽的原因. 在非常规超导研究中, T_2 能够给出超导体中涡旋态动力学的信息.

10.1.2 谱学分析

考虑以上原子核与电子体系的相互作用, 我们能够给出核磁共振谱的定量分析. 核磁共振谱的共振频率、线型及线宽能够给出所研究样品的晶体结构、磁结构等信息. 首先, 我们以简单金属为例, 分析哈密顿量中的超精细耦合项对谱线的频移的贡献. 奈特 (Knight) 第一次对立方结构的 sp 带金属中的 NMR 频移进行了分析[6]. 在立方结构的 sp 带的金属中, p 电子与原子核体系的耦合非常微弱, 在分析材料的奈特位移 (Knight shift) 和自旋–晶格弛豫率时可以忽略不计. 因此, 我们只需要考虑金属中的 s 电子与原子核体系的费米接触相互作用, 即式 (10.3) 右侧的最后一项, 并可以将其进一步写成

$$H_{\text{hf}} = A\boldsymbol{I} \cdot \boldsymbol{S} = AI_z S_z + \frac{1}{2}A(I_+ S_- + I_- S_+) \tag{10.6}$$

其中, A 是超精细耦合常数, 一般情况下是一个张量. 在这里, 我们把它作为一个标量处理. 上式中的第一个对角元项会导致其谱线的频移, 这种频移被称为奈特位移, 定义为

$$K = \frac{\nu - \nu_{\text{L}}}{\nu_{\text{L}}} \tag{10.7}$$

其中, ν 和 ν_L 分别表示实际观测到的共振频率和拉莫尔频率. 立方结构的 sp 带金属的奈特位移 K_S 正比于电子体系中准粒子自旋极化 $\langle S_z \rangle$ 在核磁共振特征时间尺度 (μs) 上的时间平均值

$$K_S = A\langle S_z \rangle / \gamma_n \hbar H_0 = A\chi_S / \gamma_n \hbar \mu_B N_A \equiv A_{hf} \chi_S / \mu_B N_A \tag{10.8}$$

其中, χ_S 是电子体系的自旋磁化率.

在立方结构的 sp 带金属中, 自旋磁化率也就是其泡利磁化率, 正比于体系费米面附近电子态密度 $N(E_F)$, 即 $\chi_S = \mu_B^2 N(E_F) N_A$. 所以, 其中原子核的奈特位移可以写为 $K_S = A_{hf} \mu_B N(E_F)$. 式中的非对角元项将贡献电子体系的自旋–晶格弛豫率, 我们将在 10.1.3 节中集中讨论.

值得注意的是, 上述结果仅适用于不考虑电子–电子相互作用的具有立方结构的 sp 带金属. 电子–电子相互作用势能将会增大电子体系的自旋磁化率, 从而进一步对这类材料的奈特位移产生修正. 在金属是 d 带金属的情况下, 原子核与电子体系的超精细耦合所带来的奈特位移分析会变得更加复杂. 首先, 由于 d 电子相比于 s 电子更加局域, d 电子形成的能带带宽较窄, 具有更加复杂的精细结构且在费米面上贡献的电子态密度更大. 其次, d 电子由于具有的对称性较低, 更容易受到晶体场的影响. 第三, d 电子间的电子关联性质更强.

由于 d 电子的波函数在原子核处为零, 在 d 带金属中右侧最后一项表示的费米接触相互作用不再存在. 此时, 右侧的原子核体系与电子轨道运动的耦合及与电子的偶极作用成为主要的考虑因素. 电子的轨道运动不仅会贡献电子体系的 van Vleck 磁化率和 van Vleck 奈特位移, 还会明显贡献自旋–晶格弛豫过程. 在铁基超导材料研究中, 我们往往将轨道运动带来的奈特位移称为化学位移并记为 K_C, 该项随温度不变. 电子与原子核的偶极作用往往强度较弱, 在立方对称性下会发生抵消, 因此该项相互作用可以忽略不计. 另外, 在 d 带金属中, d 电子与内壳层的 s 电子的泡利不相容性会对原子核产生所谓 "芯–极化" 的奈特位移贡献, 该贡献一般为负值, 且随温度没有变化. 因此, 对 d 带金属, 我们能够将其磁化率写为 $\chi_{tot} = \chi_{dia} + \chi_s + \chi_d(T) + \chi_{orb}$, 等式右侧四项分别为芯–抗磁磁化率、s 电子的自旋磁化率、d 电子的自旋磁化率及 d 电子的轨道磁化率 [7]. 其中, 仅有 $\chi_d(T)$ 随温度变化, 其余随温度皆不变. 然后, 考虑各种磁化率对奈特位移的贡献大小, 我们能够将奈特位移写为 $K = K_s + K_d(T) + K_{orb}$[7].

通过以上的分析, 我们可以将由 H_{e-n} 项对谱线频率的修正并入塞曼项, 等价为原子核体系处于外加磁场及样品在磁场中磁化产生的内场的叠加场 H_{eff} 中. 于是, 原子核体系的塞曼能级可以表示为

$$E_m^{(0)} = -\gamma \hbar H_{eff} m = -h\nu m \tag{10.9}$$

如果原子核的自旋 $I > 1/2$, 并且处于非零 EFG 的晶体中, 则哈密顿量中原子核电四极矩会与 EFG 发生电性耦合作用, 对原子核能级产生修正 (下面的讨论以 $I = 3/2$, $\eta = 0$ 为例). 对于处于强场极限下的原子核体系, 可以利用微扰理论来分析, 并将其一级修正记为 $E_m^{(1)}$, 二级修正记为 $E_m^{(2)}$. 于是, 我们可以将核能级写成

$$E_m = E_m^{(0)} + E_m^{(1)} + E_m^{(2)} \tag{10.10}$$

微扰能量为

$$E_m^{(1)} = \frac{1}{4}h\nu_Q(3\mu^2 - 1)\left(m^2 - \frac{1}{3}a\right) \tag{10.11}$$

$$E_m^{(2)} = -h\left(\frac{\nu_Q^2}{12\nu_L}\right)m\left[\frac{3}{2}\mu^2\left(1-\mu^2\right)\left(8m^2-4a+1\right)+\frac{3}{8}(1-\mu^2)^2(-2m^2+2a-1)\right] \tag{10.12}$$

其中, $a = I(I+1)$; $\nu_Q = \dfrac{3e^2qQ}{h2I(2I-1)}$; $\mu = \cos\theta$; $\nu_L = \dfrac{\gamma H_{\text{eff}}}{2\pi}$.

图 10.1 给出了原子核能级的示意图. 塞曼效应将核能级劈裂为四条间距相等的子能级, 给出单一的核磁共振谱线, 频率为 ν_0. 一级修正会导致原子核能级间距不再相等, 于是单一的核磁共振谱线被劈裂为三条, 包括一个中心峰 (频率仍为 $\nu_0 = \gamma H_{\text{eff}}/2\pi$) 和两个卫星峰 (频率记为 $\nu_1 = \nu_0 + \nu_{-1/2}^{(1)}$ 和 $\nu_1 = \nu_0 + \nu_{3/2}^{(1)}$), 其中,

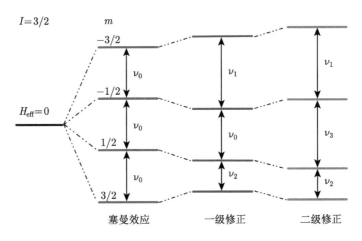

图 10.1 自旋 $I = 3/2$ 的原子核处于磁场和 EFG 中核能级的示意图

$$\nu_0 = \frac{E_{(m-1)}^{(0)} - E_m^{(0)}}{h} = \gamma H_{\text{eff}}/2\pi \tag{10.13}$$

$$\nu_{-1/2}^{(1)} = \frac{E_{-3/2}^{(1)} - E_{-1/2}^{(1)}}{h} = \nu_Q \frac{3\mu^2 - 1}{2} \tag{10.14}$$

$$\nu_{3/2}^{(1)} = \frac{E_{1/2}^{(1)} - E_{3/2}^{(1)}}{h} = -\nu_Q \frac{3\mu^2 - 1}{2} \tag{10.15}$$

二级修正对 $m = -3/2$ 和 $m = -1/2$ 子能级以及 $m = 1/2$ 和 $m = 3/2$ 子能级的能量修正相等, 导致二级修正对卫星峰的频率没有影响. 对于中心峰, 其频率在二级修正的作用下, 移至 $\nu_3 = \nu_0 + \nu_{1/2}^{(2)}$, 其中,

$$\nu_{1/2}^{(2)} = \frac{E_{-1/2}^{(1)} - E_{1/2}^{(1)}}{h} = \frac{-3\nu_Q^2}{16\nu_{\text{L}}}(1 - \mu^2)(9\mu^2 - 1) \tag{10.16}$$

下面我们讨论核磁共振谱线的线宽和线型. 所有的核磁共振谱线宽的来源均可以分为两类, 一类是由自旋–自旋弛豫和自旋–晶格弛豫所导致的均匀展宽, 另外一类是由原子核体系所处的有效磁场或者电场梯度的非均一性所导致的非均匀展宽. 我们首先讨论在凝聚态体系中导致谱线展宽和特殊线型的非均匀展宽. 在晶体中, 奈特位移的非均匀性、EFG 的非均匀性、磁性长程序的特殊构型或者多晶样品中 EFG 的作用等, 都可以导致谱线的展宽与特殊线型的出现. 下面我们举三个例子.

第一个例子是第二类超导体中涡旋态的出现导致的谱线展宽和形状改变. 图 10.2 中, 我们给出了第二类超导体中一个孤立的磁通涡旋的结构以及磁通涡旋态下的特征核磁共振谱线. 对于极端的第二类超导体, 我们能够通过求解金兹堡–朗道方程求得其涡旋态下局域磁场的分布为

$$H_{\text{loc}}(\boldsymbol{r}) = H_0 \sum_{\boldsymbol{q}} \mathrm{e}^{-\mathrm{i}\boldsymbol{q}\cdot\boldsymbol{r}} \frac{\exp(-\xi_{ab}^2\boldsymbol{q}^2/2)}{1 + \boldsymbol{q}^2\lambda_{ab}^2} \tag{10.17}$$

其中, $\boldsymbol{q}$, ξ_{ab}, λ_{ab} 分别是材料中涡旋格子的倒格矢、超导相干长度、磁穿透深度. 由于核磁共振信号的频率由原子核所处的外加磁场和环境中的内场叠加决定, 所以我们可以得到涡旋态下核磁共振谱的特征谱线 (图 10.2). 特征谱线的线宽 (或者说二次矩) 与内场的变化有关. 通过上式, 我们求得内场变化[8]

$$\Delta H_{\text{int}} \approx 0.0609\phi_0/\lambda_{ab}^2 \tag{10.18}$$

于是, 测量核磁共振谱的线宽可以给出超导样品的穿透深度, 是超导物性研究中的一个非常重要的物理量.

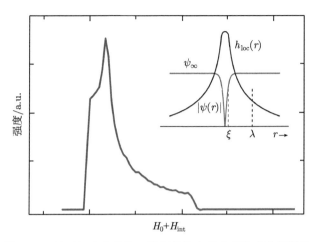

图 10.2　处于混合态的第二类超导体中的典型核磁共振谱线

插图: 在 $\kappa = 8$ 的材料中, 一个孤立的 Abrikosov 磁通涡旋的结构

第二个例子是自旋 $I = 3/2$ 的原子核在 EFG 非零的多晶样品中的核磁共振谱线. 由之前我们对谱线共振频率的分析能够得到, 原子核的电四极矩与 EFG 的耦合对频率的修正作用强烈地依赖于有效磁场与 EFG 主轴 z 轴的夹角 θ. 于是, 对于 EFG 主轴方向随机分布的多晶样品, 通过模拟, 我们能够得到粉末多晶样品中, 在存在 EFG 的情况下, 自旋 $I = 3/2$ 的原子核体系的共振谱线, 如图 10.3 所示. 这样的特征谱线对多晶样品的结构及局域电荷分布的分析非常有利.

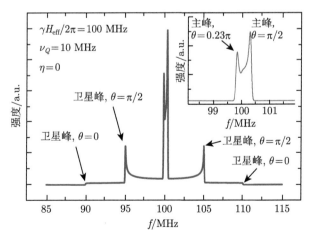

图 10.3　粉末多晶样品中自旋 $I = 3/2$ 的原子核体系的特征核磁共振谱线

图中取 $\gamma H_{\mathrm{eff}}/2\pi = 100$ MHz, $\nu_Q = 10$ MHz, 以及面内各向异性参数 $\eta = 0$

除此之外, 核磁共振谱线的线型是区分样品中磁长程序的公度性质的常规方法. 由于核磁共振是一种具有位置选择性的局域探测手段, 其探测到的内场的分布能够直接区分磁长程序的类型. 我们在图 10.4中给出了对应磁波矢 $q = (0.5, 0)$ 和 $q = \left(\dfrac{1}{\sqrt{5}}, 0\right)$ 的单晶样品的特征谱线. 对于 $q = (0.5, 0)$ 的公度反铁磁结构, 原子核体系感受到的内场的变化 $H_{\text{int}} = AM$ 仅有 0.1 T 和 −0.1 T, 于是核磁共振谱线与顺磁态相比会产生劈裂, 裂距为 2 MHz, 于是产生图 10.4(a) 所示的两个高斯峰. 两个高斯峰之间的谱权重为零. 对于 $q = \left(\dfrac{1}{\sqrt{5}}, 0\right)$ 的非公度磁结构, 处在晶格周期调制中的原子核位置上所感受到的内场会取遍 −0.1 ∼ 0.1 T 的所有值, 并且在每个内场上的谱权重受周期调制. 通过模拟, 我们得到该非公度磁结构对应的核磁共振谱线, 如图 10.4(b) 所示. 谱线在对应 $H_{\text{int}} = \pm 0.1 T$ 处出现极大值, 在极大值中间的频率范围皆有有限的谱权重. 由此, 我们能够通过核磁共振谱线线型的分析给出样品中磁长程序的公度性质. 另外, 通过改变外加磁场的方向, 我们能够进一步获知关于晶体磁结构的更多信息.

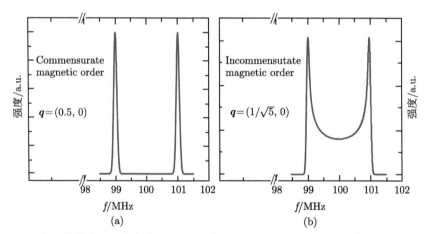

图 10.4   单晶样品中 (a) 公度磁结构 (磁波矢 $q = (0.5, 0)$) 和 (b) 非公度磁结构 (磁波矢 $q = \left(\dfrac{1}{\sqrt{5}}, 0\right)$) 对应的核磁共振谱线

图中取 $\gamma = 2\pi \times 10^7$ rad·T/s, $H_0 = 10$ T, 磁矩 $M = \cos(q \cdot r)\mu_{\text{B}}$, 超精细耦合常数 $A = 1$ T/μ_{B}

10.1.3   原子核弛豫分析

当原子核体系磁矩 M_0 在外加射频场 H_1 的激励下被扳转到 θ 角度后, M_0 将会通过弛豫过程回到平衡态, $M_z = M_0$, $M_{x,y} = 0$. M_z 回复到 M_0 的弛豫过程称为纵向弛豫, 其特征时间记为 T_1; $M_{x,y}$ 回复到零的弛豫过程称为横向弛豫, 其特

征时间记为 T_2. 原子核体系的弛豫过程可以在实验室坐标系中被描述为

$$
\begin{aligned}
\frac{\mathrm{d}M_x(t)}{\mathrm{d}t} &= -\frac{M_x(t)}{T_2} \\
\frac{\mathrm{d}M_y(t)}{\mathrm{d}t} &= -\frac{M_y(t)}{T_2} \\
\frac{\mathrm{d}M_z(t)}{\mathrm{d}t} &= \frac{M_0 - M_z(t)}{T_1}
\end{aligned}
\tag{10.19}
$$

纵向弛豫过程是原子核体系的非绝热弛豫过程, 描述了体系在核能级上的布居数恢复到平衡态的过程. 在固体中, 这种非绝热过程往往通过原子核体系与晶体的相互作用交换能量完成, 因此也被称为自旋–晶格弛豫过程. 横向弛豫过程是原子核体系相位退相干的过程, 因此是绝热过程, 可以通过原子核之间的相互作用 (贡献谱线的均匀展宽)、外加磁场的非均匀性、电子体系产生的非均匀内场等效应进行. 因此, 横向弛豫过程又称为自旋–自旋弛豫. 我们再将 $\mathrm{d}\boldsymbol{M}_0/\mathrm{d}t = \boldsymbol{M}_0 \times \gamma\boldsymbol{H}_0$ 描述的拉莫尔进动结合式 (10.19) 得到

$$
\begin{aligned}
\frac{\mathrm{d}M_x(t)}{\mathrm{d}t} &= \gamma(\boldsymbol{M}_0(t) \times \boldsymbol{H}_0)_x - \frac{M_x(t)}{T_2} \\
\frac{\mathrm{d}M_y(t)}{\mathrm{d}t} &= \gamma(\boldsymbol{M}_0(t) \times \boldsymbol{H}_0)_y - \frac{M_y(t)}{T_2} \\
\frac{\mathrm{d}M_z(t)}{\mathrm{d}t} &= \gamma(\boldsymbol{M}_0(t) \times \boldsymbol{H}_0)_z + \frac{M_0 - M_z(t)}{T_1}
\end{aligned}
\tag{10.20}
$$

这就是描述原子核体系在外加磁场中运动规律的布洛赫 (Bloch) 方程 [9]. 下面我们分别分析自旋–晶格弛豫、自旋–自旋弛豫的机理.

10.1.4 自旋–晶格弛豫

我们首先以立方结构的 sp 带金属为例介绍自旋–晶格弛豫过程, 在计算中, 我们不考虑电子–电子相互作用. 式 (10.6) 给出了 sp 带金属中原子核与电子主要的费米接触相互作用. 如前所述, 等式右侧第一个对角元项会导致核磁共振谱线的移动, 贡献奈特位移; 第二个非对角元项描述原子核与电子的自旋扳转散射过程, 不会导致谱线的频移, 但是会贡献原子核向热平衡态的弛豫过程, 即自旋–晶格弛豫 $(1/T_1)$. 利用费米黄金规则, 通过含时微扰论, 我们能够得到

$$
\frac{1}{T_1} = \gamma^2 A^2 \int_0^\infty \langle S_+(t)S_-(0)\rangle \mathrm{e}^{\mathrm{i}\omega_L t}\mathrm{d}t
\tag{10.21}
$$

原子核塞曼能级劈裂的能量相比电子体系的特征能量低三个数量级, 因此 $1/T_1$ 测量的完全是简单金属中费米面附近的低能激发. 而在凝聚态体系中, 这种低能激发

对于其基本物理性质的决定起着至关重要的作用. 进一步利用涨落耗散定理, 我们能够将式 (10.21) 写成对动态磁化率 $\chi(\boldsymbol{q}, \omega_{\mathrm{L}})$ 求和的形式:

$$\frac{1}{T_1} = \frac{\gamma_n^2 k_{\mathrm{B}} T}{\mu_{\mathrm{B}}^2} \sum_{\boldsymbol{q}} A(\boldsymbol{q})^2 \frac{\chi''(\boldsymbol{q}, \omega_{\mathrm{L}})}{\omega_{\mathrm{L}}} \tag{10.22}$$

这是 $1/T_1$ 的更一般的表示形式, 对于分析研究关联电子系统的低能元激发性质非常有用.

sp 带金属满足费米液体行为, 其中贡献 $\dfrac{1}{T_1}$ 的主要是费米面附近的粒子–空穴对激发, 于是我们能够得到在简单金属中的自旋–晶格弛豫率的表达形式:

$$\frac{1}{T_1} = \frac{\gamma_n^2 A_{\mathrm{hf}}^2}{2} \int_0^{\infty} N(E_{\mathrm{i}}) N(E_{\mathrm{f}}) f(E_{\mathrm{i}})(1 - f(E_{\mathrm{f}})) \mathrm{d}E_{\mathrm{i}} \tag{10.23}$$

其中, E_{i} 和 E_{f} 分别是准粒子初态和末态的能量. 在原子核弛豫过程中, 电子的初态和末态都处于费米面附近, 因此 E_{i} 和 E_{f} 都能用费米能 E_{F} 来代替, 于是我们能够进一步得到

$$\frac{1}{T_1(T)} = \pi \hbar \gamma_n^2 A_{\mathrm{hf}}^2 N(E_{\mathrm{F}})^2 k_{\mathrm{B}} T \tag{10.24}$$

从上式中我们能够发现, $\dfrac{1}{T_1(T)}$ 在简单金属中与费米面附近的准粒子态密度的平方成正比, $\dfrac{1}{T_1(T)} \propto N(E_{\mathrm{F}})^2$. 同时, 简单金属的奈特位移的自旋部分与温度不存在依赖关系, 仅仅正比于费米面附近的准粒子态密度, $K_{\mathrm{S}} \propto N(E_{\mathrm{F}})$. 所以我们能够得到对于费米液体具有普适性的等式:

$$T_1 T K^2 = \frac{\mu_{\mathrm{B}}^2}{\pi k_{\mathrm{B}} \hbar \gamma_n^2} \equiv S_0 \tag{10.25}$$

这就是著名的 Korringa 关系 [10]. S_0 被称为 Korringa 常数, 是一个与具体材料无关的物理学常量. 于是, 通过将所研究对象的 $T_1 T K^2$ 与 Korringa 关系相比对, 我们就能够判断其是否符合费米液体行为, 分析其中电子关联性质的强弱. 当进一步考虑 sp 带金属中电子间的相互作用时, Moriya 利用随机相近似的方法得到了修正后的 Korringa 关系 [11], $T_1 T K^2 = \dfrac{\mu_{\mathrm{B}}^2}{\pi k_{\mathrm{B}} \hbar \gamma_n^2} \kappa(\alpha)$, 其中 $\kappa(\alpha)$ 为仅与具体材料有关的介于 0~1 间的常数.

10.1.5 自旋–自旋弛豫

在固体中, 由 FID 信号中观测到的约化的自旋–自旋弛豫时间 (T_2^*) 往往要短于利用自旋回波所测量出的自旋–自旋弛豫时间 (T_2). 这是由于, $1/T_2^*$ 由两部分组成: 一部分是由原子核之间的相互作用和由 Redfield 机制导致的弛豫, 称为均匀过程; 另一部分是由原子核体系所处的环境的不均匀性导致的弛豫, 这种不均匀性可以是外加磁场的非均匀性、电子体系产生内场的非均匀性, 或是晶格 EFG 的非均匀性等, 这种贡献称为非均匀过程, 即

$$\frac{1}{T_2^*} = \frac{1}{T_2} + \frac{1}{T_2^{\text{inhomo}}} = \frac{1}{T_2^{\text{dir}}} + \frac{1}{T_2^{\text{indir}}} + \frac{1}{T_2^{\text{Redfield}}} + \frac{1}{T_2^{\text{inhomo}}} \tag{10.26}$$

其中, 等式右侧第一项为原子核间直接偶极作用的贡献; 第二项为原子核间间接相互作用的贡献; 第三项为自旋–晶格弛豫通过 Redfield 机制对 $1/T_2^*$ 的贡献. 在 10.1.2 节中, 我们已经讨论了非均匀过程对谱线线宽和线型的影响, 下面我们简单介绍均匀过程.

10.1.2 节中我们已经给出了原子核间直接偶极作用的哈密顿量, 如式 (12.5). 在晶体中, 一个原子核所感受到的局域场一般是由其最近邻的格点上的原子核产生的, 会导致核磁共振谱线的展宽. 但这种展宽效果往往只有几高斯, 并且随外加磁场没有变化. 原子核间间接相互作用的哈密顿量可以写成

$$H_{\text{indir}} = \sum_{j,k=1}^{N} \boldsymbol{\mu}_j a_{jk} \boldsymbol{\mu}_k \tag{10.27}$$

其中, a_{jk} 是原子核间的间接耦合张量. 固体中的间接耦合作用是两个原子核通过超精细相互作用以电子作为媒介发生的. 在金属性质的固体中, 原子核之间通过传导电子传递相互作用 (这被称为 RKKY(Ruderman-Kittel-Kasuya-Yosida) 作用). 在这种情况下,

$$a_{\alpha\alpha}(\boldsymbol{r}_{jk}) = \frac{1}{(\hbar\gamma_e)^2} \sum_{\boldsymbol{q}} \chi_{\alpha}'(\boldsymbol{q})|A_{\alpha\alpha}(\boldsymbol{q})|^2 \exp(-\mathrm{i}\boldsymbol{q}\cdot\boldsymbol{r}_{jk}) \tag{10.28}$$

其中, α 为 x, y, z. 原子核体系通过超精细耦合 $A_{\alpha\alpha}(\boldsymbol{q})$ 与电子体系的动态磁化率的实部 $\chi_{\alpha}'(\boldsymbol{q})$ 发生耦合作用. 原子核之间的这种间接作用在铜氧化物中非常重要, 提供了一种与自旋–晶格弛豫互补的测量动态磁化率的方法. 自旋–晶格弛豫通过 Redfield 机制对 $1/T_2^*$ 的贡献为

$$\frac{1}{T_2^{\text{Redfield}}} = \frac{1}{T_2'} + \frac{1}{2T_1} \tag{10.29}$$

其中, 等式右侧第一项为沿着外加磁场方向上涨落的超精细场对自旋退相干产生的作用; 第二项是产生于核能级有限寿命的超精细场的横向涨落. 原子核之间的相互作用会将核磁共振谱线展宽成高斯型, 其对应的自旋–自旋弛豫曲线为 $M_{x,y}(t) = M_0 \exp(-t^2/T_{2G}^2)$; Redfield 机制展宽后的谱线仍为洛伦兹型, 其对应的弛豫曲线为 $M_{x,y}(t) = M_0 \exp(-t/T_2^{\mathrm{Redfield}})$. 在晶体中, 往往只有一项对均匀弛豫过程起主要作用, 所以, 我们可以选择不同的弛豫曲线对实验数据进行拟合. 在本章中, 我们没有涉及铁基超导体中 T_2 的机理, 对 T_2 的考虑也仅是在设计脉冲序列时.

10.1.6　超导配对对称性和核磁共振

当高温超导体进入超导态后, 电子由于相互吸引作用形成库珀对并出现相位相干, 凝聚到同一个超导基态上. 处于同一超导基态的库珀对能够被同一个超导波函数所描述, 这个波函数的对称性称为超导配对对称性. 库珀对的波函数分为自旋波函数和轨道波函数. 其中自旋波函数的对称性分为自旋单态和自旋三态; 轨道波函数的对称性则反映在超导能隙对称性中, 按照群理论可以分为 s 波、p 波、d 波等. 由于全同费米子体系的波函数需要满足交换反对称, 于是在具有中心反演对称性的超导体中, 自旋配对对称性和超导能隙对称性必须满足表 10.1 所示的组合.

表 10.1　超导体中库珀对的自旋配对对称性与超导能隙对称性的对应关系

	自旋单态	自旋三态
自旋波函数	$(\uparrow\downarrow - \downarrow\uparrow)/\sqrt{2}$	$\uparrow\uparrow, \downarrow\downarrow, (\uparrow\downarrow - \downarrow\uparrow)/\sqrt{2}$
超导能隙对称性	s 波, d 波 $\cdots\cdots$	p 波, f 波 $\cdots\cdots$

超导配对对称性是超导配对机理的直接反应, 因此其研究对理解高温超导机理非常重要. 核磁共振是能够直接探测库珀对自旋配对对称性的重要手段, 并且能够测量超导态下的低能元激发性质, 也是研究超导能隙对称性的有力手段. 本节将分别介绍核磁共振对超导配对对称性的研究方法 [12,13] 和我们通过核磁共振手段对铁基超导体配对对称性的研究结果.

10.1.7　超导态下的奈特位移: 自旋配对性质

当超导体处于正常态时, 每个电子携带自旋 $S = \dfrac{1}{2}$, 对外贡献自旋磁化率; 当进入超导态后, 电子两两配对, 形成库珀对, 其自旋组态可以分为自旋单态 $(S = 0)$ 和自旋三态 $(S = 1)$. 对于任意外加磁场方向, 处于自旋单态的库珀对对外不贡献自旋磁化率; 对于某些外加磁场方向, 处于自旋三态的库珀对仍然贡献与两个单电子相等的自旋磁化率. 因此, 测量超导体的自旋磁化率是测量超导态中库珀对的自旋组态的有效手段. 体磁化率的测量结果仅是超导体迈斯纳效应的直接反映,无法用于测量超导体的本征自旋磁化率. 由于铁基高温超导体是极端的第二类超导体 (金兹堡–朗道参数 $\kappa \gg 1$), 其磁穿透深度 $\lambda(T)$ 远大于其超导电子的相干长度 $\xi(T)$, 因此, 在核磁共振中利用奈特位移能够直接观测超导态下电子体系的自旋磁化率, 进而区分库珀对的自旋配对对称性.

处于自旋单态 ($S = 0$) 的库珀对与原子核自旋不能发生有效的超精细作用, 因此其贡献的奈特位移的自旋部分在零温极限下为零. 在有限温度下, 未配对电子的存在仍然会贡献非零的自旋磁化率 [12]:

$$\chi_S^{\mathrm{SC}} = -4\mu_B^2 \int_0^\infty N_{\mathrm{SC}}(E) \frac{\partial f(E)}{\partial E} \mathrm{d}E \tag{10.30}$$

其中, $N_{\mathrm{SC}}(E)$ 和 $f(E)$ 分别表示超导态下电子态密度和费米–狄拉克分布函数. 由于奈特位移的自旋部分与自旋磁化率成正比, 于是, 如果我们将该体系超导态的自旋磁化率与正常态的泡利顺磁磁化率相比, 就能够得到其超导态与正常态下的奈特位移的自旋部分的比值为

$$\frac{K_S^{\mathrm{SC}}}{K_S^{\mathrm{N}}} = -2 \int_0^\infty \frac{N_{\mathrm{SC}}(E)}{N_n(E)} \frac{\partial f(E)}{\partial E} \mathrm{d}E \tag{10.31}$$

其中, $N_n(E)$ 是正常态下电子的态密度. 对于常规的 BCS 超导体, 超导态下电子的态密度为以下形式:

$$\frac{N_{\mathrm{SC}}(E)}{N_n(E)} = \begin{cases} \dfrac{E}{\sqrt{E^2 - \Delta^2}} & (E > \Delta) \\ 0 & (E < \Delta) \end{cases} \tag{10.32}$$

其中, Δ 为超导能隙的大小. 将式 (10.32) 代入式 (10.31) 中即可得到描述 BCS 超导体中奈特位移的自旋部分的 Yosida 方程 [14]. 当温度降低到临界温度 T_c 之下时, 体系的奈特位移开始下降, 表示库珀对的自旋单态配对行为. 当温度远小于 T_c 时, 由于超导能隙大小接近于定值, K_S^{SC} 的温度依赖接近指数行为. 在零温极限下, K_S^{SC} 为零, 表明体系中的所有电子均完成自旋单态配对.

自旋三态 ($S = 1$) 配对的库珀对会与原子核的自旋发生超精细耦合作用, 贡献净的 K_S^{SC}. 在自旋三态下, 我们用 $\boldsymbol{d}$ 矢量来描述库珀对的自旋指向, 并规定在垂直于 $\boldsymbol{d}$ 矢量的平面上其自旋的期望值仍为有限值. 在超导体中, 由于自旋–轨道耦合效应, $\boldsymbol{d}$ 矢量往往被钉扎在晶体的某个晶轴上. 如果外加磁场垂直于 $\boldsymbol{d}$ 矢量, 当温度由高温降至 T_c 之下时, 我们不会观测到 K_S^{SC} 的降低, 如 $\mathrm{Sr_2RuO_4}$ 就是一个很好的例子 [15,16]; 而如果外加磁场平行于 $\boldsymbol{d}$ 矢量, 原则上我们能够观测到 K_S^{SC} 表现出类似于自旋单态配对的超导体中的 Yosida 方程描述的温度依赖行为.

在实际测量中, 即使在自旋单态配对的超导体中, K^{SC} 在零温极限下趋向于一个非零的有限值 [17], 这是由于奈特位移来自于多种贡献. 在超导态下, 我们能够将奈特位移分为以下三部分:

$$K(T) = K_S^{SC}(T) + K_C + K_{Dia}(T) \tag{10.33}$$

其中, K_C 是电子的轨道运动对原子核奈特位移的贡献, 即化学位移, 随温度不变; $K_{Dia}(T)$ 是由超导体的退磁效应导致的磁场强度变化 ΔH 引起的奈特位移的变化, 对温度具有依赖关系. 在实验中, 我们能够利用与电子体系具有不同的超精细耦合常数的原子核的奈特位移随温度的变化来分离 K_S 和 $K_{Dia}(T)$.

10.1.8　超导态下的自旋晶格弛豫率: 超导能隙对称性

在实际材料中, 超导能隙对称性结合具体的费米面拓扑结构, 形成了多样的超导能隙结构. 超导能隙结构决定了材料在超导态下的低能元激发性质. 因此, 作为一种探测固体中低能元激发的体测量手段, 核磁共振能够给出固体超导能隙对称性的相关信息. 对于具有圆筒状费米面的超导材料, 其超导能隙的角度分布在 s 波对称性下可以写为 $\Delta = \Delta_0$, 在二维 d 波对称性下可以写为 $\Delta = \Delta_0 \cos(2\phi)$(图 10.5). 下面以此类超导材料中的超导能隙结构为例, 介绍超导态下的自旋晶格弛豫行为.

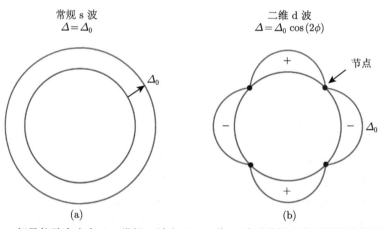

图 10.5　超导能隙大小在 (a) 常规 s 波和 (b) 二维 d 波对称性下在圆筒状费米面上的分布

图中蓝色圆圈表示费米面, 红色曲线与费米面之间的距离表示能隙大小; (b) 图中的 "+""−" 符号表示超导能隙的相对相位, 黑色圆点表示费米面上能隙大小为零的节点

在简单金属的正常态下, 粒子–空穴对激发是其主要的激发形式. 与简单金属中不同, BCS 态下的主要激发形式为未配对的准粒子与库珀对间的交换激发. 所以, 我们能够将超导态下的 $1/T_1$ 表示为

$$\left(\frac{1}{T_1}\right)_{\mathrm{SC}} \propto A^2 \int_0^\infty \int_0^\infty N_{\mathrm{SC}}(E) N_{\mathrm{SC}}(E') C_+(E,E') f(E)(1-f(E'))\delta(E-E')\mathrm{d}E\mathrm{d}E'$$

$$(10.34)$$

其中, $C_+(E,E')$ 为超导相干因子. 考虑超导体中准粒子 $\boldsymbol{k}\uparrow$ 与 $\boldsymbol{k}'\downarrow$ 的自旋翻转散射过程, $\boldsymbol{k}\uparrow + (\boldsymbol{k}'\uparrow, -\boldsymbol{k}'\downarrow)_{\mathrm{occupied}} \Leftrightarrow \boldsymbol{k}'\downarrow + (\boldsymbol{k}\uparrow, -\boldsymbol{k}\downarrow)_{\mathrm{occupied}}$, 以及 $\boldsymbol{k}\uparrow + (\boldsymbol{k}'\uparrow, -\boldsymbol{k}'\downarrow)_{\mathrm{unoccupied}} \Leftrightarrow \boldsymbol{k}'\downarrow + (\boldsymbol{k}\uparrow, -\boldsymbol{k}\downarrow)_{\mathrm{unoccupied}}$, 我们能够得到相干因子 $C_+(E,E')$ 为

$$C_+(E,E') = \frac{1}{2} + \frac{\Delta^2}{2EE'}$$

$$(10.35)$$

所以, 式 (10.34) 可以改写为

$$\left(\frac{1}{T_1}\right)_{\mathrm{SC}} \propto A^2 \int_0^\infty N_{\mathrm{SC}}^2 \left(1 + \frac{\Delta^2}{E^2}\right) f(E)(1-f(E))\mathrm{d}E$$

$$(10.36)$$

对于 BCS 超导体, 其态密度在 $E = \Delta$ 处发散 (图 10.6 给出了态密度随能量的变化关系图). 当温度刚刚降至 T_{c} 之下时, 由于超导能隙 $\Delta(T)$ 尚小, 积分中 $f(E)(1-f(E))$ 给出了一个有限的数值. 所以, 态密度在 $E = \Delta$ 的发散在加之超导相干因子, 会使得 $1/T_1$ 在稍低于 T_{c} 时, 形成相干峰 (Hebel-Slichter 相干峰)[18,19]. 当温度进一步降低时, Δ 增大, $f(E)(1-f(E))$ 在 $E > \Delta$ 处很小, 于是 $1/T_1$ 将会随温度迅速下降. 当温度降至 $T_{\mathrm{c}}/3$ 之下时, 可以近似认为 Δ 大小随温度不变, $1/T_1$ 的温度依赖行为直接决定于超导能隙结构. 对于 BCS 超导体, 能够得到 $1/T_1$ 满足热激发行为, $1/T_1 \propto \exp(-\Delta/k_{\mathrm{B}}T)$.

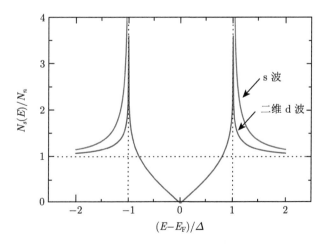

图 10.6 常规超导体与 d 波超导体在超导态下的准粒子态密度分布

为了方便分析非常规超导态下的弛豫行为, 我们可以进一步将上式写为

$$\left(\frac{1}{T_1}\right)_{\mathrm{SC}} \propto A^2 \int_0^\infty (N_{\mathrm{SC}}^2 + M_{\mathrm{SC}}^2) f(E)(1 - f(E)) \mathrm{d}E \tag{10.37}$$

其中, M_{SC} 称为由超导相干性形成的 "反常" 态密度, 由下式给出:

$$M_{\mathrm{SC}} = \int_{\Omega = \mathrm{F.S.}} N_n \frac{\Delta}{\sqrt{E^2 - \Delta^2}} \mathrm{d}\Omega \tag{10.38}$$

我们下面分析二维 d 波超导态下的弛豫行为. 能隙 $\Delta = \Delta_0 \cos(2\phi)$ 在圆筒状费米面上存在正负相位, 导致在费米面上的积分 $\int_{\Omega = \mathrm{F.S.}} N_n \frac{\Delta}{\sqrt{E^2 - \Delta^2}} \mathrm{d}\Omega$ 为零, 因此在 d 波超导态下, $1/T_1$ 曲线上不会出现相干峰. 于是, 一旦 d 波超导体进入超导态, 其 $1/T_1$ 会由于超导能隙打开导致的费米面处的电子态密度的减少而迅速降低. 当 $T < T_c/3$ 时, 利用公式 $\lim\limits_{x \to 0} \mathrm{K}(x) = \pi/2$(K 表示第一类椭圆函数), 能够得到 $1/T_1 \propto T^3$. 最后我们对温度远低于 T_c 的超导体中 $1/T_1$ 的温度依赖行为总结如下:

$$\frac{1}{T_1} \propto \begin{cases} \exp(-\Delta/k_{\mathrm{B}}T), & \text{for finite gap} \\ T^3, & \text{for line} - \text{node gap} \\ T^5, & \text{for point} - \text{node gap} \end{cases} \tag{10.39}$$

10.2　KFe$_2$Se$_2$ 中非常规的自旋单态配对

2010 年新发现的插层铁硒超导体, A$_y$Fe$_{2-x}$Se$_2$(A=K, Tl, Rb, ···)[20], 在晶体结构、电子结构及磁结构上具有很多不同的特点. 那么 122* 体系超导材料仍然是自旋单态配对的超导体吗? 这需要我们进行细致的研究.

10.2.1　自旋单态配对

图 10.7(a) 给出了我们核磁共振实验中所用 K$_{0.82}$Fe$_{1.63}$Se$_2$ 单晶样品的直流磁化率和原位测量的交流磁化率结果 [21]. 在超导相变温度之上, 直流磁化率的零场冷 (ZFC) 和场冷 (FC) 曲线接近水平, 显示出其与温度几乎没有依赖关系. 当样品温度降至 T_c 之下时, ZFC 和 FC 下的直流磁化率均急剧地降至负值, 并明显地分开. 这一行为符合第二类超导体的特征, 并显示样品中的超导相的均匀度很高. 值得注意的是, 由于样品外观呈片状, 当外加磁场沿晶体 c 轴方向时, 退磁因子的效果非常明显, 所以我们不能够从直流磁化率估算样品中超导相的体积分数. 样品的超导电性也被我们原位的交流磁化率测量的结果 (图 10.7(a) 插图) 所

支持. 在核磁共振磁场下, 样品的超导相变温度较零场下低, 并对于不同方向的磁场略有差别, 表明样品的上临界磁场 H_{c2} 具有各向异性.

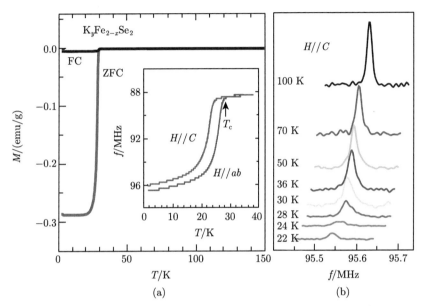

图 10.7 (a)$K_{0.82}Fe_{1.63}Se_2$ 单晶样品在场冷 (FC) 和零场冷 (ZFC) 条件下的直流磁化率的温度依赖, 外加磁场沿晶体 c 轴方向, 场强为 10 Oe, 插图为原位测量的装载有单晶样品的核磁共振线圈的谐振频率随温度的变化, 外加核磁共振磁场的强度为 11.764 T; (b) 样品中不同温度条件下 ^{77}Se 核磁共振谱线 [21]

我们通过核磁共振确认了所观测到的实验现象均来自样品中的超导相 [21]. 图 10.7 (b) 给出了不同温度下 $K_{0.82}Fe_{1.63}Se_2$ 单晶样品中 ^{77}Se 的核磁共振峰. 当样品温度高于 T_c 时, 谱峰具有较窄的半高宽 ∼17 kHz, 并具有定义良好的洛伦兹线型. 随着温度降低, 谱峰没有发生明显展宽, 其谱权重在所研究的温度区间内守恒. 当温度降至 T_c 之下, 谱峰发生明显展宽, 并向低频方向移动, 其奈特位移被表示在图 10.8 中.

^{77}Se 奈特位移测量结果显示, $K_yFe_{2-x}Se_2$ 超导相具有自旋单态配对的超导电性 [184]. 图 10.8给出了 $K_{0.82}Fe_{1.63}Se_2$ 单晶样品及粉碎的 $K_{0.86}Fe_{1.62}Se_2$ 单晶样品的奈特位移随温度的演化. 在 $T = 60$ K 和 T_c 之间, 在两个磁场方向下, 单晶样品中 ^{77}Se 的奈特位移给出了几乎相同的数值, 并且随温度下降而缓慢降低. 当温度降低至 T_c 之下时, ^{77}Se 在外加 c 轴方向磁场下的奈特位移发生了显著的降低. 粉碎样品的奈特位移在 T_c 之上, 给出了与单晶样品几乎相同的奈特位移数值, 并表现出相似的温度依赖关系. 当温度降至 T_c 之下时, 该样品的奈特位移发生了显著的降低. 在 $T = T_c/2$ 之下, 奈特位移不再随温度降低, 这与一般的自旋单态超

导体不同, 可能来源于强磁场引入的磁通涡旋芯中的正常态电子的贡献. 在超导态下, 样品中 ^{77}Se 奈特位移在两个磁场方向下随温度的显著下降, 直接说明了样品中超导相电子的自旋单态配对性质. 在这里, 超导退磁因子对奈特位移的贡献很小 (从下面可以看出), 可以忽略.

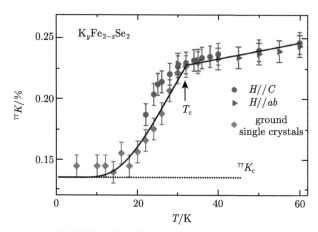

图 10.8　$K_{0.82}Fe_{1.63}Se_2$ 单晶样品及粉碎的 $K_{0.86}Fe_{1.62}Se_2$ 单晶样品处在 11.764 T 磁场中的奈特位移随温度的变化 [21]

图中 T_c 温度之下的黑色实线表示 BCS 超导体中奈特位移随温度变化的 Yosida 方程

利用同属于 122* 体系的 $Tl_{0.47}Rb_{0.34}Fe_{1.63}Se_2$ 超导样品中 ^{87}Rb 和 ^{77}Se 原子核与电子体系不同的超精细耦合常数, 我们能够估算超导退磁效应对超导态下奈特位移的贡献, 并确认样品中发生的自旋单态超导 [22]. 图 10.9 给出了 $Tl_{0.47}Rb_{0.34}Fe_{1.63}Se_2$ 超导样品中 ^{87}Rb 和 ^{77}Se 奈特位移数据. 我们首先选取 $T = 16$ K 的奈特位移作分析. 与 $T = T_c$ 相比, $T = 16$ K 的 ^{87}K 降低了 $(0.028 \pm 0.004)\%$, 这将超导退磁效应引起的奈特位移的变化限定在 $-0.028\% < \Delta^{87}K_{Dia} = \Delta^{77}K_{Dia} < 0$. 如果我们按照 $|\Delta^{77}K_{Dia}|$ 的上限 0.028% 将 ^{77}K 上移, 得到 $T = 16$ K 时, $^{77}K_S +$ $^{77}K_C$ 的最大值为 $(0.043 \pm 0.008)\%$, 仍然明显小于正常态时的 ^{77}K. 另外, 通过对 $T_c < T < 300$ K 的温度区间内 ^{87}K 和 ^{77}K 变化量的比较, 我们能够得到 $^{87}K_S/^{77}K_S \approx 0.4$ (这一比值仅与原子核和电子体系的超精细耦合常数有关, 在该样品中可以认为随温度不变). 利用这一关系, 我们得出每一温度下的 $^{77}K_S + ^{77}K_C$, 并将其用实心菱形符号表示在图 10.9 中. 在消除超导退磁因子对奈特位移的影响后, ^{77}K 在 T_c 之下的显著降低, 进一步确认了 122* 体系超导材料中自旋单态超导配对对称性.

到目前为止, 通过对铁基超导材料的各个体系奈特位移的测量发现 [21-33], 所有材料中的超导电性均具有奇宇称的自旋单态配对对称性. 由于铁基超导体是具有中心反演对称性的材料, 所以其自旋单态配对性质将其超导能隙对称性限定在奇宇称的 s 波或 d 波.

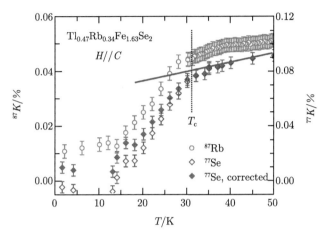

图 10.9 在外加 c 方向 11.62 T 磁场条件下, Tl$_{0.47}$Rb$_{0.34}$Fe$_{1.63}$Se$_2$ 超导样品中 ^{87}Rb 和 ^{77}Se 奈特位移在 T_c 附近的变化 [22]

图中实心菱形符号代表进行退磁效应修正后的奈特位移 (见正文)

10.2.2 非常规轨道配对对称性

作为典型的多带超导体, 铁基超导材料超导态下的 $1/T_1$ 分析变得非常复杂. 在实验上, 到目前为止还没有在铁基超导材料中观测到 Hebel-Slichter 相干峰, 并且 $1/T_1$ 在低温区的温度依赖往往显示出幂率行 [25,26,28,30-32,34-39]. 按照 10.2.1 节中的讨论, $1/T_1$ 显示出的行为往往预示着材料的超导能隙存在能隙节点 (即 $\Delta = 0$ 点). 确实, 在早期的 NMR 工作中, 人们也是这样认为的. 但之后越来越多实验证据表明, 绝大多数铁基超导材料的超导能隙满足 s$^\pm$ 对称性[40-63]. 于是, 多带效应对 $1/T_1$ 所带来的物理后果也逐渐被意识到 [64-68]. 首先, 超导能隙在空穴型费米面和电子型费米面上的符号相反, 导致式 (10.38) 右侧对全费米面的积分接近或等于零, 能够解释 Hebel-Slichter 相干峰的消失. 同时, 我们知道, 对于常规超导体而言, 非磁性杂质散射的拆对效应会在超导能隙间引入大量的准粒子态密度, 能够有效地展宽或抹除 Hebel-Slichter 相干峰. 所以, 铁基超导体中的带间散射效果也可能是相干峰的消失原因. 其次, 具有完全能隙的洁净铁基超导体的 $1/T_1$ 在低温下也应该表现出指数的温度依赖. 铁基超导体中杂质散射的拆对效果能够将指数的 $1/T_1$ 温度依赖改变为幂率依赖. 在实验中 $1/T_1$ 表现出的幂率依赖的指数变化可能正是这种杂质散射效果在不同质量样品中的具体体现.

在电子结构上, 122* 体系的布里渊区的中心缺失了空穴型费米面[69-74], 从本

质上使得 s$^\pm$ 的能隙对称性在该类材料中不再适用. 那么该类材料在超导态下会不会显示出与其他材料不同的低能激发性质? 于是, 对 K$_{0.86}$Fe$_{1.62}$Se$_2$ 样品超导态下的 $1/T_1$ 进行了测量, 测量结果被表示在图 10.10 中 [21]. 如 10.2.1 节所述, 粉末样品测量的 $1/T_1$ 应与单晶样品在 $H||ab$ 的外加磁场下的测量结果相似. 当温度略高于 T_c 时, $1/T_1$ 与温度呈线性依赖关系. 当样品进入超导态后直到 $T_c/2$, $1/T_1$ 直接发生了迅速下降, 并与温度呈 T^6 的依赖. 我们没有观测到 Hebel-Slichter 相干峰的出现. 当温度降至 $T_c/2$ 之下时, $1/T_1$ 的变化减缓, 成为 $1/T_1 \propto T^2$ 的关系. 随后的 NMR 实验结果与我们的数据相符. 在正常态的低温段, $1/T_1 \propto T$ 的行为表明, 样品中低能自旋涨落非常弱, 接近费米液体行为, 这与其费米面嵌套条件的缺失 [69-74] 相吻合.

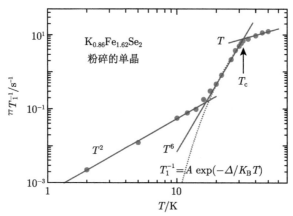

图 10.10　在外加 11.764 T 磁场条件下, 粉碎的 K$_{0.86}$Fe$_{1.62}$Se$_2$ 超导单晶样品中 ^{77}Se 自旋晶格弛豫率在低温下的变化 [21]

蓝色实线表示对温度的幂率关系 ($T_1^{-1} \propto T^n$) 依赖, 红色虚线表示热激发行为, $T_1^{-1} \propto \exp(-\Delta/k_B T)$

　　下面集中讨论数据所反映的 K$_{0.86}$Fe$_{1.62}$Se$_2$ 的超导性质 [21]. 首先, 在 K$_{0.86}$Fe$_{1.62}$Se$_2$ 中, 我们没有在超导态下观测到 Hebel-Slichter 相干峰. 由于外加磁场可能会压制样品中 Hebel-Slichter 相干峰的出现 [75], 所以我们测量了低场下 Tl$_{0.47}$Rb$_{0.34}$Fe$_{1.63}$Se$_2$ 样品超导态下的 $1/T_1$, 确认了 122* 体系中 Hebel-Slichter 相干峰的缺失不是外加磁场的后果 [22]. 我们的实验结果支持 122* 体系中具有非常规超导电性, 而非简单的常规超导体. 其次, 在 $T_c/2 < T < T_c$ 温度区间内, $1/T_1 \propto \exp(-\Delta/k_B T)$($\Delta$ 取 AREPS 测得的 10.3 meV) 能够很好地拟合 $1/T_1$ 数据, 因此, 我们的数据很好地支持 122* 超导样品中的完全能隙超导. 在 $T_c/2$ 之下, $1/T_1 \propto T^2$ 的行为可能是由外加磁场引入的磁通涡旋芯中局域的准粒子激发导致的. 122* 体系超导态下 Hebel-Slichter 相干峰的缺失可能是电子型费米面贡

献的带内散射的结果. 122* 材料与其他铁基超导材料不同, 在其布里渊区的 Γ 点缺失了空穴型费米面, 仅在 Z 点具有一片很小的电子型费米面 [69-72,74]. 因此, 122* 体系超导序参量的对称性不会是类似于铁砷超导体的 $s^\pm$ 波, 并且其中的带间散射通道不存在. 基于局域交换作用的理论计算表明, s 波的能隙对称性能够解释实验现象 [76,77]. 然而, 基于带内散射引发超导配对的理论计算表明, 122* 体系电子的 d 波配对在能量上占据优势 [78-82]. 但 ARPES 在所有电子型费米面上观测到的各向同性的超导能隙大小否认了 d 波超导, 支持 s 波超导能隙对称性 [69,71,74]. 因此, 122* 体系超导态下 Hebel-Slichter 相干峰的缺失不会是由于超导能隙节点的出现或带间散射的结果. 同时, 我们注意到, 近期的非弹性中子散射实验在 $K_y Fe_{2-x} Se_2$ 样品的超导态下观测到了自旋共振现象 [83], 可能来源于处于布里渊区 M 点的电子型费米面贡献的带内散射. 据此, 我们推测超导相干峰的缺失可能与电子型费米面贡献的带内散射有关.

以上主要介绍了我们利用核磁共振手段对铁基超导体自旋配对对称性和超导能隙对称性的研究结果.

(1) 铁基超导材料是自旋单态配对的超导体. 核磁共振奈特位移的测量是判断超导材料的库珀对自旋配对性质的重要手段.

(2) 铁基超导材料的超导能隙对称性不是常规 s 波, 这表明该类材料是典型的非常规超导体. 自旋–晶格弛豫率的测量是对固体中的低能元激发性质的有力研究手段. 而超导能隙结构往往就反映在超导态下的低能元激发性质中. 通过能隙结构, 我们能够推断超导能隙对称. 对于常规 s 波超导体, 超导相干效应会使超导体的自旋–晶格弛豫率在略低于 T_c 处出现 Hebel-Slichter 相干峰 [18,19]. 在低温下, 自旋–晶格弛豫率对温度的依赖满足热激发行为. 而在铁砷基超导材料的核磁共振研究中, 没有在自旋–晶格弛豫率上观测到 Hebel-Slichter 相干峰的存在, 并在多数样品中低温段的 $1/T_1$ 对温度表现出幂率依赖行为 [21,22,25,26,28,30,31,34-39,84,85]. 这种现象表明铁砷基超导材料是典型的非常规超导体.

10.3 FeSe 中的向列序和高压磁结构

FeSe 虽然是整个铁基体系中结构最为简单的材料, 而且早在 2008 年就已经开始研究, 但是真正成为研究热点始于 2015 年. 在常压下, FeSe 具有高达 90 K 的四方–正交的结构相变, 并在 8 K 附近发生了超导转变, 但是并没有出现任何磁相变 [86,87]. 同时, 伴随着结构相变, 存在着破缺了 C_4 对称性的电子向列相 (nematicity) 以及轨道序 (orbital ordering) [88-90], 而且仅在结构相变以下, NMR 才观测到了明显的自旋涨落增强行为, 这被认为是轨道驱动的向列相的强有力证据 [91,92]. 进一步的高压下输运以及 μSR 等测量, 则发现在 0.8 GPa 以上材料中又出现了磁序, 而且该磁转变温度 T_N 随着压强逐渐增高, 但是该磁有序的结构却还是未知的 [93-96]. 该材料的超导转变温度也明显受到压强的调制, 并在更高压下出现了将近 40 K 的超导转变, 而结构相变温度 T_s 则单调减小 [93,96,97]. T_N 与 T_s 之间截然相反的行为, 更是对磁驱动的向列相图像的极大挑战. 为了能够理解 FeSe 中多种序之间的关联, 并探索其磁性基态, 理论方面也提出了一些重要的模型 [98-101]. FeSe 方面的研究, 无论是对理解其自身性质, 还是对整个铁基超导体系甚至是其他高温超导的机理都是非常有益的.

看似简单的 FeSe 材料中, 却涉及磁性、结构相变、超导、向列相等铁基超导领域的研究重点, 而正如之前已经介绍过的核磁共振手段在凝聚态研究中的优势, 可以发现这是一种非常好的研究手段. 因此, 我们选择凝聚态核磁共振手段并在加压环境下对 FeSe 材料进行研究, 希望对其高压下的磁结构、向列相的起源、低能自旋涨落、超导以及各种序之间的关联进行探索.

10.3.1　FeSe 的高压磁结构

图 10.12 展示了 $H \parallel a\&b$ 时各个压强下的自旋–晶格弛豫率的变化. 可以看到, 在结构相变以下, 顺磁峰劈裂出的两峰之间的 $1/T_1T$ 的行为与之前已有的报道 [91,92] 是一致的. 虽然高频峰的弛豫率比低频的更大, 两者对温度的依赖行为还是相同的. 当压强高于 1.34 GPa 时, $1/T_1T$ 在超导转变温度之上就出现了明显的峰型特征, 该峰对应的温度与之前报道的磁相变温度 T_N 一致, 说明材料中发生了反铁磁相变. $1/T_1T$ 中出现的磁相变峰随着压强的增大逐渐向高频移动, 表明压强对反铁磁态的促进作用. 根据 μSR 的结果可知, FeSe 在加压条件下出现的磁性, 随着压强的增大经历了从非公度到公度的变化 [94], 更高的压强促进了某种特定的公度的磁性态的稳定. 从图 10.12 和图 10.14 的数据可知, 当压强大于 2 GPa 时, 在磁相变之上已经没有明显的结构相变的迹象, 这也是与之前的电阻测量结构一致的 [93,96]. 为此, 我们选择在活塞圆筒所能达到的最高压 2.4 GPa 进行高压磁结构的研究. 这样, 我们既可以避免非公度磁结构导致的核磁共振谱的复杂化, 又可以避开结构相变的影响.

最高压 2.4 GPa 下的面内 ($H \parallel a\&b$) 和垂直于面 ($H \parallel c$) 的磁场作用下的核磁共振谱随温度的演化如图 10.11所示. 由于 ^{77}Se 原子核的自旋为 1/2, 没有电四极效应的修正, 在高温顺磁相 ($T > T_N \sim 30$ K), 核磁共振谱仅有一个非常窄的共振峰. 可以看到, 当温度低于 30 K 时, $H \parallel a\&b$ 的信号频率开始略向高频移动, 而且半高宽从 30 K 的 10 kHz 展宽到 26 K 的 300 kHz, 同样表明材料中出现了磁相变. 在图 10.11(c) 中, 我们展示了 2.4 GPa 压强下谱权重随温度的变化. $H \parallel a\&b$ 的谱权重在从 30 K 降到 26 K 的磁相变过程中丢失了 50%, 并在 26 ~18 K 基本维持不变; 当温度进一步降低到超导转变温度 (10.3 T 磁场下的转变温度) 以下时, 出现的谱权重的进一步减少则来自于超导电性对射频电磁波的屏蔽效应.

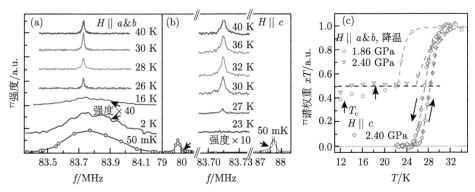

图 10.11 (a), (b) 分别为最高压 2.4 GPa 下, 10.3 T 磁场沿 ab 面内和 c 方向的核磁共振谱随温度的变化; (c) 高压下的谱强度随温度的变化

取 $1/T_1T$ 出现突降的温度 (2.4 GPa 时约为 28 K) 作为磁相变温度 T_N, 而这一温度正好对应着磁相变导致的谱丢失的中点. 对于 $H \parallel c$ 的情况, 顺磁峰的谱宽一直非常窄, 但是在从 30 K 到 26 K 的磁相变过程中, 该顺磁峰信号迅速消失 (谱权重变为零). 而在低至 50 mK 的稀释制冷试验中, 又出现了两个明显分离的谱宽将近 300 kHz 的峰 ($H \parallel c$), 相应的内场 $H_{in}^c \approx \pm 0.48$ T; 对于 $H \parallel a\&b$ 的情况, 直到最低温 50 mK, 谱宽和频率都没有明显的变化.

2.4 GPa 高压下磁相变过程中核磁共振谱的典型变化表明, 材料中形成了一种特殊的条纹相反铁磁结构. 具体分析过程如下所述.

下面以铁基材料中的 FeSe 面为例, 结合该结构的对称性, 对 Fe 位的磁矩通过转移超精细耦合作用在 Se 位产生的磁场进行分析. Se 原子并非严格分布于 Fe 平面内, 而是在 Fe 平面的上、下两面交替排布, 这样的三维特性决定了该超精细耦合常数必须用三维张量表示. 此处, 我们仅需考虑 Se 位最近邻的四个 Fe 的贡献, 从正上方看, Se 原子核正好位于 Fe 原子形成的四方格子的中心, 具有的对称性相对较高. 这样 Se 位的超精细耦合场可以表示为

$$\boldsymbol{B}_{\mathrm{hf}} = \sum_{i=1}^{4} A_i \boldsymbol{m}_i \tag{10.40}$$

其中, A_i 和 $\boldsymbol{m}_i$ 分别表示第 i 个 Fe 原子的超精细耦合常数和磁矩. 假设第一个铁原子的超精细耦合常数为

$$A_1 = \begin{bmatrix} A_{aa} & A_{ab} & A_{ac} \\ A_{ba} & A_{bb} & A_{bc} \\ A_{ca} & A_{cb} & A_{cc} \end{bmatrix} \tag{10.41}$$

结合对称性分析, 可以得到其他三个铁原子与 Se 间的超精细耦合常数可以依次表示为

$$A_2 = \begin{bmatrix} A_{aa} & -A_{ab} & -A_{ac} \\ -A_{ba} & A_{bb} & A_{bc} \\ -A_{ca} & A_{cb} & A_{cc} \end{bmatrix}, \quad A_3 = \begin{bmatrix} A_{aa} & -A_{ab} & A_{ac} \\ -A_{ba} & A_{bb} & -A_{bc} \\ A_{ca} & -A_{cb} & A_{cc} \end{bmatrix}$$

$$A_4 = \begin{bmatrix} A_{aa} & A_{ab} & -A_{ac} \\ A_{ba} & A_{bb} & -A_{bc} \\ -A_{ca} & -A_{cb} & A_{cc} \end{bmatrix} \tag{10.42}$$

可以看到, 虽然我们无法得到超精细耦合常数的准确值, 却可以通过该方法结合 Fe 位上的磁矩排布对 As 位的磁场取向作出一些分析. 例如, 对于条纹相的反铁磁构型 ($\boldsymbol{Q} = (\pi, 0)$), 有 $\boldsymbol{m}_1 = -\boldsymbol{m}_2 = \boldsymbol{m}_3 = -\boldsymbol{m}_4 = \boldsymbol{m} = (m_a, m_b, m_c)^{\mathrm{T}}$, 代入式 (10.40), 可得超精细耦合场为

$$\boldsymbol{B}_{\mathrm{hf}} = 4A_{ac} \begin{bmatrix} m_c \\ 0 \\ m_a \end{bmatrix} \tag{10.43}$$

即沿 a 方向的 Fe 位的反铁磁排布, 在 Se 位产生了沿 b 方向反向交替排列的耦合场, 且没有 b 方向分量. 再考虑棋盘格结构的反铁磁构型 ($\boldsymbol{Q} = (\pi, \pi)$), 有 $\boldsymbol{m}_1 = -\boldsymbol{m}_2 = -\boldsymbol{m}_3 = \boldsymbol{m}_4 = \boldsymbol{m} = (m_a, m_b, m_c)^{\mathrm{T}}$, 可得超精细耦合场为

$$\boldsymbol{B}_{\mathrm{hf}} = 4A_{ac} \begin{bmatrix} m_b \\ m_a \\ 0 \end{bmatrix} \tag{10.44}$$

该耦合场与条纹相反铁磁明显不同. 这样, 我们就可以利用外磁场引入的方向性来对该超精细耦合场的分布进行分析, 进而判断相应的磁结构.

如果 FeSe 四方格子中 Fe1 位上的磁矩表示为 $\boldsymbol{m}_{\mathrm{Fe}} = (\pm m_{\mathrm{Fe}}^a, \pm m_{\mathrm{Fe}}^b, \pm m_{\mathrm{Fe}}^c)$ (a、b、c 为正交相的主轴方向, $\pm$ 表示反铁磁态中磁矩的两种取向), 则对于条纹型反铁磁, Se 位的超精细耦合场应该为 $(H_{\mathrm{in}}^a, H_{\mathrm{in}}^b, H_{\mathrm{in}}^c) = A_{\mathrm{hf}}^{ac}(m_{\mathrm{Fe}}^c, 0, m_{\mathrm{Fe}}^a)$ (参见式 (10.43)). 如果 Fe 位的磁矩沿 a 方向的分量不为零, 即 $m_{\mathrm{Fe}}^a \neq 0$, 其在 Se 位

产生的内场必然有有限的 c 方向分量 $(\pm H_{\text{in}}^c)$. 对于 $H \parallel c$, Se 位的有效场近似为 $H_{\text{eff}} \approx H_0 \pm H_{\text{in}}^c$; 对于 $H \parallel b$, 则有 $H_{\text{eff}} \approx \sqrt{H_0^2 + (H_{\text{in}}^c)^2}$. 这必然导致 $H \parallel c$ 的谱的劈裂, 而 $H \parallel b$ 的谱则没有劈裂, 仅是向高频的微小移动. 而这也正好与我们观测到的磁有序态下的谱一致: 对于 $H \parallel c$, 在离顺磁峰位置约 3.9 MHz 的地方出现了对称分布的两个磁性峰; 而 $H \parallel b$ 时, 磁性态的谱仍然保留在顺磁峰频率附近, 在与 $H \parallel c$ 相同的频率窗口内没有其他共振峰的迹象.

从 $H \parallel c$ 时顺磁峰信号在磁相变后的完全丢失, 可以确定样品完全进入了磁性态. 而 $H \parallel a\&b$ 中出现的 50% 的信号丢失, 则有可能来自 Fe 位的非单一的磁矩分布导致的宽谱 (在原子核数目一定的情况下, 核磁共振谱的面积保持不变. 谱越宽, 则相应的峰强越低. 当峰强低于谱仪的分辨极限后, 核磁共振信号将无法测量), 或者由不均匀性导致的部分 Se 原子核的 T_2 特别短, 相应的信号无法通过自旋回波测量. 从图 10.11(c) 中可以看到, 50% 的信号丢失在 1.86 GPa 下也是存在的, 似乎说明这一现象应该是本征的. 为此, 我们对 50% 的信号丢失提出了一种更为合理的解释: 在条纹型反铁磁态中, 存在着两种不同的磁畴, 其中一种磁畴对应的信号超出了我们的核磁共振测量频率窗口. 作为特例, 如果铁位的磁矩还存在有限的 c 方向分量, 即 $m_{\text{Fe}}^c \neq 0$, 相应地在 Se 位产生的内场有 a 方向的分量 $(\pm H_{\text{in}}^a)$. 根据前面的分析, 这种情况必然导致 $H \parallel a$ 时出现劈裂的两个远离顺磁峰相应频率的共振峰 (同 $m_{\text{Fe}}^a \neq 0$ 时, 对 $H \parallel c$ 的谱的影响), 可能超出观测范围, 而对 $H \parallel b$ 谱的影响则非常小. 然而, 这种图像仅是一种假设, 还需要更多的实验方面的证据和理论方面的解释.

根据上面对核磁共振谱的分析, 已经可以排除一些之前建议的局域磁构型, 如具有 (π, π) 模式的棋盘格型的反铁磁序. 根据之前的讨论 (式 (10.44)), 这种构型导致 Se 位内场的 c 方向分量为零, 相应的 $H \parallel c$ 方向的核磁共振谱必然会保留在顺磁峰的频率附近, 而不会出现劈裂. 事实上, 理论方面认为, 常压下 FeSe 中磁性态的缺失应该是最近邻和次紧邻的超交换作用常数 J_1 和 J_2 之间的强的磁阻挫效应的结果 [98-101]. 我们得到的加压下的结果必将对这些描述磁竞争的理论提供有力的约束条件: 我们这里观测到的条纹型反铁磁序表明, 随着压强的增大, 超交换作用常数的比值 J_2/J_1 在逐渐增大. 实际上, 我们的结果同第一性原理 DFT 计算是一致的. DFT 结果表明, 在高压下条纹型反铁磁态具有比其他态更低的能量, 是最为稳定的状态 [100].

10.3.2 FeSe 中的低能自旋涨落

由 Moriya 等提出的自旋涨落理论对理解巡游电子的磁性起到了至关重要的作用 [102]. 在该理论中, 作者结合自洽的重整化理论 (SCR) 对巡游电子的磁不稳定性进行了研究, 得出了在磁不稳定点附近低能自旋涨落导致的动态磁化率行为.

根据涨落–耗散理论, 自旋–晶格弛豫率可以表示为

$$1/T_1 = \frac{\gamma_N^2 k_{\mathrm{B}} T}{\mu_{\mathrm{B}}^2} \lim_{\omega \to 0} \sum_{\boldsymbol{q}} A(\boldsymbol{q})^2 \frac{\chi''(\boldsymbol{q}, \omega)}{\omega} \tag{10.45}$$

由此, 可以得出巡游磁性材料的自旋–晶格弛豫率的温度依赖, 见表 10.2. 可见, 核磁共振的自旋–晶格弛豫率是一种研究低能自旋涨落的有效手段.

表 10.2　根据 SCR 理论得出自旋涨落导致的自旋–晶格弛豫率在磁不稳定点附近的温度依赖 [102]

涨落类型	二维铁磁	三维铁磁	二维反铁磁	三维反铁磁
$1/T_1 \propto$	$T/(T - T_c)^{\frac{3}{2}}$	$T/(T - T_c)$	$T/(T - T_{\mathrm{N}})$	$T/(T - T_{\mathrm{N}})^{\frac{1}{2}}$

由式 (10.45) 可知, 自旋–晶格弛豫率是对整个 $\boldsymbol{q}$ 空间的求和, 不具有 $\boldsymbol{q}$ 分辨. 但是, Kitagawa 等提出利用正常态下自旋–晶格弛豫率的各向异性对系统的磁涨落谱的 $\boldsymbol{q}$ 依赖进行研究的方法 [103]. 这里简要作一下介绍.

通常情况下, 自旋–晶格弛豫率测量的是垂直于磁场的方向上的超精细耦合场的涨落, 即

$$\begin{aligned}
\left(\frac{1}{T_1}\right)_z &= \frac{\gamma_N^2 \mu_0^2}{2} \int_{-\infty}^{\infty} \mathrm{d}t e^{i\omega_{\mathrm{L}} t}(\langle B_{\mathrm{hf}}^x(t), B_{\mathrm{hf}}^x(0)\rangle + \langle B_{\mathrm{hf}}^y(t), B_{\mathrm{hf}}^y(0)\rangle) \\
&= \gamma_N^2 \mu_0^2(|B_{\mathrm{hf}}^x(\omega_{\mathrm{L}})|^2 + |B_{\mathrm{hf}}^y(\omega_{\mathrm{L}})|^2)
\end{aligned} \tag{10.46}$$

同样地, 有

$$\left(\frac{1}{T_1}\right)_x = \gamma_N^2 \mu_0^2(|B_{\mathrm{hf}}^y(\omega_{\mathrm{L}})|^2 + |B_{\mathrm{hf}}^z(\omega_{\mathrm{L}})|^2) \tag{10.47}$$

$$\left(\frac{1}{T_1}\right)_y = \gamma_N^2 \mu_0^2(|B_{\mathrm{hf}}^x(\omega_{\mathrm{L}})|^2 + |B_{\mathrm{hf}}^z(\omega_{\mathrm{L}})|^2) \tag{10.48}$$

这样, 对于 2.4.2 节中提到的 FeAs 类四方格子, 我们可以对不同磁关联下的自旋涨落进行讨论. 根据式 (10.43) 可知, 对于 $(\pi, 0)$ 条纹相构型的磁关联有

$$\begin{bmatrix} \left(\dfrac{1}{T_1}\right)_a \\[2mm] \left(\dfrac{1}{T_1}\right)_b \\[2mm] \left(\dfrac{1}{T_1}\right)_c \end{bmatrix} \propto \begin{bmatrix} |A_{\mathrm{hf}}^{ac} S_a(\omega_{\mathrm{L}})|^2 \\[1mm] |A_{\mathrm{hf}}^{ac} S_a(\omega_{\mathrm{L}})|^2 + |A_{\mathrm{hf}}^{ac} S_c(\omega_{\mathrm{L}})|^2 \\[1mm] |A_{\mathrm{hf}}^{ac} S_c(\omega_{\mathrm{L}})|^2 \end{bmatrix} \tag{10.49}$$

根据 (10.44) 式知, 对于 (π, π) 棋盘格构型的磁关联有

$$
\begin{bmatrix}
\left(\dfrac{1}{T_1}\right)_a \\[2mm]
\left(\dfrac{1}{T_1}\right)_b \\[2mm]
\left(\dfrac{1}{T_1}\right)_c
\end{bmatrix}
\propto
\begin{bmatrix}
|A_{\mathrm{hf}}^{ab} S_a(\omega_{\mathrm{L}})|^2 \\[2mm]
|A_{\mathrm{hf}}^{ab} S_b(\omega_{\mathrm{L}})|^2 \\[2mm]
|A_{\mathrm{hf}}^{ab} S_a(\omega_{\mathrm{L}})|^2 + |A_{\mathrm{hf}}^{ab} S_b(\omega_{\mathrm{L}})|^2
\end{bmatrix}
\tag{10.50}
$$

定义自旋–晶格弛豫率的各向异性系数为

$$
R = \frac{\left(\dfrac{1}{T_1}\right)_{H\|ab}}{\left(\dfrac{1}{T_1}\right)_{H\|c}}
\tag{10.51}
$$

其中, $(1/T_1)_{H\|ab} = ((1/T_1)_a + (1/T_1)_b)/2$. 考虑到在进入对称破缺的相变之前的高温区域, 磁性原子上的自旋涨落应该是各向同性的, 即 $|S_a(\omega_{\mathrm{L}})|^2 = |S_b(\omega_{\mathrm{L}})|^2 = |S_c(\omega_{\mathrm{L}})|^2$, 可得

$$
R = \begin{cases} 1.5 & (\pi, 0) \\ 0.5 & (\pi, \pi) \end{cases}
\tag{10.52}
$$

可见, 通过对该各向异性的分析, 可以对某些对称性较高的磁性材料的涨落谱的 q 依赖关系作出一些讨论.

利用磁相变温度 T_{N} 之上的自旋–晶格弛豫率, 可以对体系的低能自旋涨落进行研究. 图 10.13 给出了 1.34 GPa 和 2.4 GPa 的 200 K 以下 $H \parallel a\&b$ 和 $H \parallel c$ 的自旋–晶格弛豫率. 在内嵌图中, 我们给出了两个压强下的各向异性因子 $R = (1/^{77}T_1)_{H\|a\&b}/(1/^{77}T_1)_{H\|c}$. 可以看到, 从 100 K 降到 40 K (磁相变温度之上), R 都维持在 1.5 附近. 这一数值正好表明, 体系在远离磁相变温度 T_{N} 的高温端存在着条纹型, 即 $(\pi, 0)$ 关联的自旋涨落. 而且 $R \approx 1.5$ 这一关系一直维持到最高压, 这也是和我们在最高压下确定的条纹型的反铁磁基态相吻合的. 而之前报道的常压下与条纹型反铁磁涨落共存的 $(\pi, 0)$ 型的棋盘格反铁磁涨落[128] 对应的 $R \approx 0.5$, 明显与这里观测的结果不同, 排除了该种涨落在高压下的存在.

值得关注的是, 图 10.12 中展示的各个压强下的 $1/T_1T$, 在温度低于 200 K 时开始缓慢减小, 随后又随着温度的进一步降低出现上翘. 这里, 我们定义一个特征温度 T^* 来指明 $1/T_1T$ 开始出现上翘的位置, 低于 T^* 时体系的低能自旋涨落开始增强. 我们发现, 这一特征温度 T^* 在我们的分辨能力范围内, 几乎不随压强变

化, 这一特征会在 FeSe 的电子向列相部分进一步讨论. 我们发现, 除了随温度的变化, 随着压强也有显著变化. 如图 10.12(f) 所示, 100 K 的 $1/T_1T$ 随着压强的增大而单调增大, 与早期的多晶样品的核磁共振结果一致 [105]. 因此, 尽管常压下 FeSe 具有不同于 FeAs 基的性质, 我们的高压数据却将两者联系在一起, 两者所具有的条纹相磁序和 $(\pi,0)$ 型的涨落是普遍存在的.

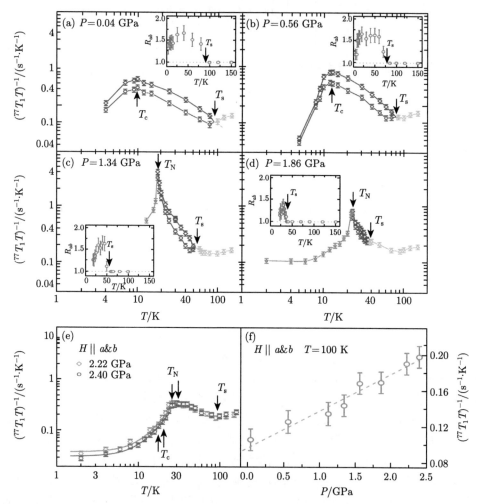

图 10.12　(a)~(e) 各个压强下, $H \parallel a\&b$ 的自旋–晶格弛豫率经温度约化得到的 $1/T_1T$ 随温度的变化, 其中 (a)~(d) 的插图表示的是自旋–晶格弛豫率的面内各向异性; (f)100 K 的 $1/T_1T$ 随压强的变化

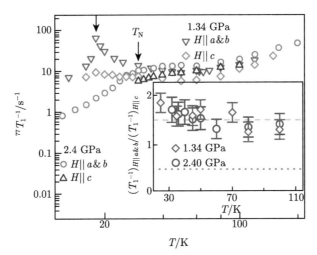

图 10.13　在 1.34 GPa 和 2.4 GPa 条件下, $H \parallel a\&b$ 和 $H \parallel c$ 的磁场下测得的自旋–晶格弛豫率 $1/T_1$ 的变化

插图为磁/结构相变温度之上, 两个压强下的自旋–晶格弛豫率的各向异性随温度的变化; 对于 1.34 GPa, $H \parallel a\&b$ 的 T_1^{-1} 是结构相变以下劈裂出的两个峰的自旋–晶格弛豫率的平均值

10.3.3　FeSe 的电子向列相随压强的变化

破缺了四重旋转对称性的电子向列相 (electronic nematicity) 是整个铁基超导体系里重要的研究课题. 目前的研究普遍认为, 向列相的起源对理解超导机理至关重要. 晶格的结构相变、轨道序以及条纹型的反铁磁, 都破坏了体系的 C_4 对称性, 但是通常情况下, 三者总是耦合在一起. 一种序的出现, 很容易诱导其他序的形成. 因此, 很难区分哪个因素提供了最根本的驱动力 [106]. 然而, 计算表明, 伴随着结构相变的晶格畸变, 只能提供 1 % 的电子态的变化, 并不能解释向列相的形成. 目前, 对向列相的理解主要集中在两种图像: 磁性/自旋驱动和轨道/电荷驱动 [107].

FeSe 的出现, 为我们提供了研究这一问题的良好机会. 常压下, 电阻测量表明, 该材料在 90 K 以下形成电子向列相. 而且, 该材料在 90 K 出现了四方到正交的结构对称性相变, 以及布里渊区 M 点出现的 d_{xz} 和 d_{yz} 轨道之间将近 50 meV 的轨道序 [89,108]. 虽然中子散射和核磁共振都报道了常压下存在的强的自旋涨落 [91,92,109], 但是却没有任何磁有序的迹象, 而且核磁共振中观测到的自旋涨落增强现象仅在结构相变温度以下才出现. 这些特殊的行为, 被认为是支持 FeSe 中向列相轨道起源的强有力证据 [91,92]. 而且, 进一步的高压实验发现, 随着压强的增大, 磁相变从无到有, 转变温度逐渐升高, 而结构相变的温度却单调减小, 直到在 2 GPa 以上无法分辨. 两者之间完全相反的演化趋势, 更被认为是向列相的轨道起源的进一步证明.

在图 10.14(a)~(e) 中, 我们展示了 Se 在不同压强下的核磁共振谱. 高质量的样品保证了 Se 的谱足够窄, 使得我们能够准确地对向列相引起的各向异性进行分析. 以 0.04 GPa 的数据为例, 可以看到, 在 90 K 以上, Se 的谱还是非常好的单峰结构, 但是当温度低于 90 K 时, 谱线明显劈裂为两个峰. 这一劈裂应该是电子向列相破缺的四重旋转对称性导致了奈特位移在面内的各向异性, 见图 10.14(f)~(j). 由于外加磁场的方向平行于四方相的 [110] 方向, 当样品从四方相经结构相变进入正交相时, 必然会存在两种不同取向的孪晶, 一种满足 $H \parallel a$, 另一种则满足 $H \parallel b$. 我们这里在结构相变以下观察到的两种不同的奈特位移, 应该就是对应着两种不同取向的 K_a 和 K_b. 因此, 我们可以利用两个峰相应的奈特位移的差值 $\Delta^{77}K = |^{77}K_a - {}^{77}K_b|$ 来探测结构相变的变化[92]. $\Delta^{77}K$ 的变化如图 10.15 所示, 可以看到, 随着压强的增加, 这种各向异性出现的温度逐渐降低, 表明结构相变温度 T_s 明显被压制. 实际上, 压强的这一压制效果也可以从图 10.15 所示的谱宽的变化中得出: 发生结构相变时, 核磁共振谱的半高宽出现了陡降. 由于破缺了四重旋转对称性的电子向列相必然伴随着四方到正交的结构相变, 这些数据表明, 电子向列相的温度同样受到了压强的明显压制.

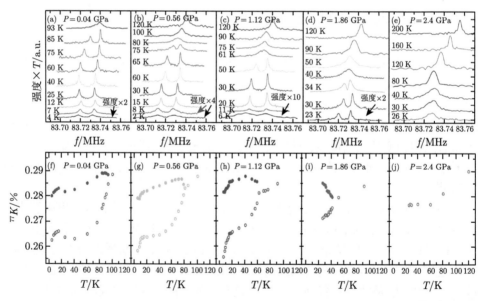

图 10.14　(a)~(e) 不同压强下的谱随温度的变化; (f)~(j) 不同压强下奈特位移随温度的变化

可以看到, 通过奈特位移确定的结构相变的演化与之前的电阻测量结果是一致的[93,96]. 但是, 需要注意的是, 无论是电阻测量还是这里的奈特位移, 都无法给出比结构相变与磁相变温度重合更高的压强 (> 2 GPa) 下结构相变的变化: 电阻测量仅能得到一条曲线, 无法区分两个温度相近的相变; 而磁相变导致核磁共振谱的展宽到约 300 kHz (图 10.11(a)), 已经无法分辨小于 20 kHz 的谱劈裂. 这并不意味着我们无法确定 2 GPa 之上的晶体对称性. 根据我们得到的 FeSe 的高压磁性的结果, 在高压下出现的条纹型的反铁磁构型, 其 Fe 位磁矩的有限的 a 方向的分量 m_{Fe}^a 必然意味着磁性自由度的四重旋转对称性 (C_4) 的破缺, 因为晶体的 a 方向可以有两种选择. 实际上, 通过下文的分析可以看到, 在磁相变的过程中涉及强的自旋–晶格耦合. 如图 10.12(a)~(f) 所示, 我们对比了不同压强下的 $1/T_1T$ 在磁相变过程中的变化. 可以看到, 从 1.34 GPa 到 1.86 GPa, $1/T_1T$ 具有非常明显的在 T_N 处的发散行为, 表明该范围内的磁相变是二级相变. 令人惊讶的是, 当压强高于 2 GPa 时, T_N 处的发散行为完全消失, 表现出了明显的没有临界涨落的一级相变迹象 [110]. 实际上, 在图 10.12(c) 中展示的 $H \parallel c$ 的谱权重在磁相变过程中的热回滞现象同样表明, 该磁相变应该是一级相变 (当以 0.1 K/min 的速率控温时, 升温和降温曲线之间有约 1.5 K 的温度差). 这强烈表明, 由于强的自旋–晶格耦合的存在 [111,112], 磁相变和四方相到正交相的结构相变耦合在了一起. 最近高压下的 X 射线衍射结果同样表明磁性和结构相变同步发生 [113,114].

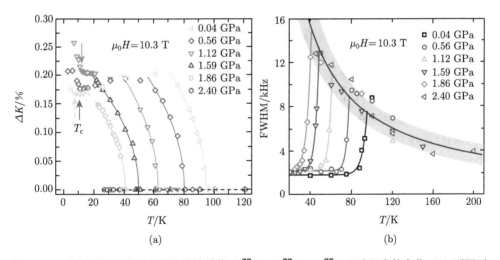

图 10.15 (a) 不同压强下奈特位移的差值 $\Delta^{77}K = |^{77}K_a - {}^{77}K_b|$ 随温度的变化; (b) 不同压强下的核磁共振谱的半宽随温度的变化 (结构相变以下仅显示高频峰的半宽, 低频峰半宽行为类似)

综上, FeSe 中的结构相变, 也即电子向列相发生的温度, 随着压强的增大先单调地降低, 当压强高于 2 GPa 时, 又以一级相变的形式和磁相变同时发生, 而且相变温度又开始升高 (图 10.16). 那么这背后到底是由什么驱动的呢? 下面我们将对其进行一些讨论.

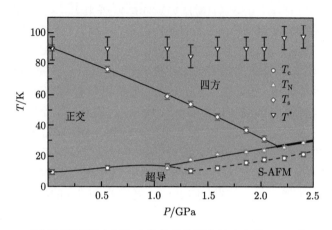

图 10.16　利用活塞圆筒高压包中的核磁共振实验确定的 FeSe 的 P-T 相图

常压下核磁共振的自旋–晶格弛豫率的结果被解释为磁性涨落是电子向列相的结果而并非驱动力 [92]. 然而, 我们这里得到的高压下的结果却可以为理解电子向列相起源提供新的重要证据.

首先, 在整个压强范围内我们都在特征温度 T^* 以下观察到了自旋涨落的增强行为, 而且该特征温度基本不随压强变化 (图 10.16). 可见, T^* 仅仅在常压时非常偶然地与结构相变温度 T_s 重合, 而在高压下则明显高于 T_s. 基于轨道序驱动向列相的图像 [92], 我们将很难理解高温 ($T_s < T < T^*$) 下出现的条纹型的自旋涨落, 但是根据磁驱动的图像却可以把这一现象解释为 Ising 型的向列相相变温度之上的自旋涨落增强 [115]. 其次, 2 GPa 以上伴随着一级磁相变发生的结构相变, 不仅说明这一结构相变是具有磁性起源的 Ising 向列相相变 [116,117], 而且表明在加压条件下磁性和电子向列相之间存在着强的耦合, 其他存在磁性和电子向列相相变耦合的 FeAs 体系的物理本质也适合于 FeSe[118], 甚至预示着整个铁基超导体系都符合一种统一的磁驱动的电子向列相图像 [106]. 更为重要的是, 有理论计算结果认为, 低压下存在阻挫的磁交换作用可能也支持其他类型的磁性序 [100], 比如 AFO 序 [99] 或者交错排列的二聚体/三聚体型的磁性序 [100,101]. 这些新奇的磁性态 (包括条纹相磁序) 可能支持同一种电子向列相 (即我们在 FeSe 中观测到的破缺 $x \leftrightarrow y$ 对称性的向列相), 但是却和条纹型的反铁磁序之间存在竞争, 这样就看到了常压下没有磁性态相伴的高达 90 K 的电子向列相. 随着压强的增加, 与条纹型磁序相互竞争的其他磁序被逐渐压制, 这样就很好地解释了结构相变温度和磁相变温度随着加压不同的变化趋势. 在 2GPa 之上, 结构相变温度的再次升高, 应该是来自于压强对条纹相反铁磁的促进作用.

如图 10.15所示, 0.04~2.4 GPa 的整个压强范围内, 结构相变之上的半高宽 (FWHM) 都近似符合同一条温度曲线, 几乎不随压强变化, 这是非常特殊的. 可以看到, 同一条居里–外斯曲线 $a/(T + \theta)$(青色粗实线, 其中 $a = (800 \pm 50)$ kHz, $\theta = (12 \pm 2)$ K) 基本可以拟合所有压强的半高宽. 结构相变温度之上的谱的展宽很可能来自于电子向列相的涨落或准静态的向列相序. 高温端的向列序涨落基本随压强不变, 但是结构相变温度却受到了明显的压制, 这非常令人吃惊. 实际上, 常压下通过剪切模量 (C_{66}) 和面内弹性电阻 (m_{66}) 测量的向列序的极化率, 同样在结构相变温度之上表现出明显的居里–外斯型温度依赖 [91,108]. 而基于飞秒激光的泵浦探测技术同样在结构相变之上就观测到了仅满足二重对称性的动态行为 [119]. 这些数据都同我们观察到的高温的向列序涨落吻合. 高温的向列序涨落的存在, 再次将 FeSe 同其他 FeAs 基超导材料统一到一起.

可以看到, 无论是高温下通过自旋–晶格弛豫率确定的特征温度 T^*, 还是这里的向列相涨落, 都表明 FeSe 中在结构相变温度 T_s 以下出现的向列相序, 不可能简单地利用布里渊区 M 点在 T_s 时出现的轨道序去解释. 虽然最近的 APRES 实验报道了结构相变之上, 在布里渊区 Γ 点处的轨道劈裂行为, 然而该劈裂的能级差随温度的变化非常弱, 并不能认为是更高温的 Ferro 型轨道序 [120]. 考虑了次近邻铁之间库仑相互作用的理论结果表明, 不仅通过引入自旋–轨道耦合作用很好地重现了 Γ 点处的能带劈裂, 还指出 FeSe 中的向列相应该不是由 FeAs 基中的轨道序 (Ferro-orbital order) 驱动的, 而很可能来自于一种 d 波形式的向列相价键序的作用 [121]. 该理论得到的结构相变温度 T_s 之下的能带劈裂与实验结果符合得非常好: 仅在 M 点出现了 d_{xz} 和 d_{yz} 间的轨道劈裂.

我们的高压核磁共振结果对 FeSe 中的向列相的研究提供了多项有用的线索, 这无论是对理论方面的探索, 还是对超导配对对称性的研究都具有重要的意义.

10.3.4 总结与讨论

通过以上几个方面的分析, 我们对 FeSe 在压强下的行为有了更为深入的理解, 并将向列序、磁性、超导结果总结在同一幅相图中 (图 10.16). 根据 ^{77}Se 的核磁共振谱的劈裂, 我们确定了结构相变温度 T_s 随压强的变化; 通过核磁共振的 LC 共振线路频率随温度的变化, 我们获得了样品的超导转变温度随压强的变化; 当压强高于 1 GPa 时, 核磁共振谱强度在超导相变之上就明显减弱, 而且与 $1/T_1T$ 出现临界变慢行为 (critical slowing down) 的温度一致, 这就是磁相变的温度; 同时, 根据高压 $(P > 2\,\text{GPa})$ 下的外磁场沿两个不同方向的谱的分析, 我们确定了材料在低温下出现的磁性为条纹型的反铁磁, 与 FeAs 基材料不同的是, Fe 的磁矩可能存在 c 方向的分量; 对自旋–晶格弛豫率的研究, 我们发现, 高压下当温度低于温度 T^* 时, $1/T_1T$ 开始增强, 而且 T^* 对压强的响应非常弱, 同时半宽高出现了几乎不随压强变化的居里–外斯行为, 说明向列序的轨道序起源并不成立; 我们还发现, $1/T_1T$ 在超导转变温度附近, 并没有出现明显异常, 我们认为该超导并不是体超导; 通过对外磁场沿两个不同方向得到的自旋–晶格弛豫率的分析, 我们确定了高温下的低能自旋涨落也是条纹型的.

通过高压下的核磁共振研究, 我们首次给出了压强对轨道序/结构相变压制的谱学方面的证据, 并揭示了 FeSe 块材在 2GPa 以上存在的条纹相反铁磁结构. 而且, 该磁相变是破缺了四重旋转对称性的一级相变. 这些结果对于 FeSe 的磁性理论提出了重要的约束条件. 尽管 2GPa 以上的核磁共振结果并未直接给出结构相变/电子向列相的证据, 电子向列相及其涨落必然与高压下的条纹相反铁磁序, 以及在大的温度和压强范围内存在的 $(\pi, 0)$ 型的反铁磁涨落存在着强的耦合. 这些结果表明, 在 FeSe 中晶格、磁性、电子向列相甚至是超导之间都存在着强烈的耦合, 对于理解 FeSe 甚至是整个铁基体系超导材料的超导电性、磁性等具有重要的意义.

10.4　KFe_2As_2 中可能的电荷序

KFe_2As_2 作为 $BaFe_2As_2$ 母体材料过空穴掺杂的产物, 无论是在常压下还是高压下都表现出了非常特殊的性质. 首先, KFe_2As_2 中空穴掺杂浓度为 $x = 1$, 这么高的掺杂浓度导致动量空间 M 点 (π, π) 处的电子型费米面被四个小的空穴型费米面所取代, 电子–空穴费米面嵌套机制已经不再满足 [122,123], 但是其仍然保有将近 4 K 的超导转变温度 [124,125]. 对于该材料在超导态下的能隙对称性到底是 s 波还是 d 波, 不同的实验手段也给出了不同的结果 [126,127]. 核磁共振观测到的强的低能自旋涨落 [128,129] 以及比热测量中观测到的 $Ba_{1-x}K_xFe_2As_2$ 中电子有效质量在掺杂作用下的显著增强, 都表明了 KFe_2As_2 中的电子关联效应对于超导至关重要.

正如 10.1 节中介绍的, 核磁共振作为一种局域的测量手段, 无论是在超导材料的超导配对对称性方面还是在低能自旋涨落方面都有非常大的研究优势. 而结合高压手段的核磁共振则更适合对 KFe_2As_2 在高压下的奇异性质展开研究. 因此, 我们采用高质量的材料在活塞圆筒高压包中进行了高压核磁共振的研究.

10.4.1　KFe_2As_2 中 As 的核磁共振谱

作为 3/2 的 As 原子核, 其周围的电荷分布并不满足立方对称性. 因此, 在外磁场中, 我们除了考虑塞曼效应, 还必须考虑与电场梯度有关的核四极相互作用. 在高达 10.6 T 的磁场下, 其核磁共振谱应该包含一个中心峰和两个卫星峰, 如图 10.17(a) 所示. 而零场下的核四极共振仅有一个共振峰 (图 10.17(b)). 随着压强的增加, 晶格参数必然发生变化, 进而导致 As 位感受到的电场梯度的变化, 反映到核四极共振谱上为 ν_Q 随压强的变化. 从图 10.17(c) 可以看到, NQR 谱对应的中心频率 ν_Q 随着压强的增强单调连续增大, 这也是和 X 射线观测到的晶格参数随压强的增大而减小的趋势 [130] 相一致的. 但是并没有任何突变的迹象, 表明材料中并没有结构相变的迹象.

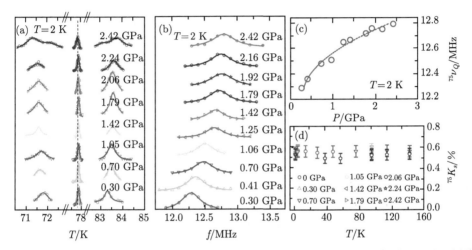

图 10.17　(a) 当外磁场为 10.6 T 时, 各个压强下 2 K 时 As 的核磁共振谱 (为了突出卫星峰的谱形, 峰强均作了放大处理); (b) 各个压强下 2 K 时 As 的零场核四极共振谱; (c) 由核四极共振谱确定的 As 的 ν_Q 在 2 K 时随压强的变化; (d) 各个压强下 As 原子核的奈特位移随温度的变化

　　正常情况下, KFe₂As₂ 在顺磁态应该是四方相结构, 即 FeAs 面满足四重旋转对称性, 这样对原子核的能级考虑二级修正, 可以得出 As 原子核的共振峰出现的频率为

$$\nu_{-\frac{3}{2}\leftrightarrow-\frac{1}{2}} = \gamma_N B_{\text{eff}} + \frac{\nu_Q}{2}(3\cos^2\theta - 1) \tag{10.53}$$

$$\nu_{-\frac{1}{2}\leftrightarrow\frac{1}{2}} = \gamma_N B_{\text{eff}} - \frac{3\nu_Q^2}{16\gamma_N B_{\text{eff}}}(1-\cos^2\theta)(9\cos^2\theta - 1) \tag{10.54}$$

$$\nu_{\frac{1}{2}\leftrightarrow\frac{3}{2}} = \gamma_N B_{\text{eff}} - \frac{\nu_Q}{2}(3\cos^2\theta - 1) \tag{10.55}$$

其中, $B_{\text{eff}} = (1+K)B_0$, θ 为外加磁场与 c 方向 (也即电场梯度的惯量主轴方向) 之间的夹角. 根据以上三式及我们测得的核磁共振谱可以得出相应的奈特位移, 数据已经展示在图 10.17(d) 中. 可以看到, 奈特位移无论是随温度 [128] 还是压强都几乎不变, 表明材料的费米面及 $q=0$ 的自旋涨落并没有显著变化.

10.4.2   最高压下的对称性破缺——可能的电荷序

根据 10.4.1 节的讨论, 满足四重旋转对称性的 FeAs 面对应的 As 的核磁共振谱应该有一个中心峰和两个卫星峰. 对比图 10.17(a) 中各个压强下 2 K 的谱可以发现, 当压强低于 2.24 GPa 时, 核磁共振谱都是有一个中心峰和两个非常对称的卫星峰; 但是, 在最高压 2.42 GPa 时, 可以看到每个卫星峰都已经明显变宽, 并表现出两个强度不同的峰叠加的迹象, 而且不仅峰形, 就连峰的中心频率都发生了明显变化, 两个强度较低的峰明显向中心峰移动, 而强度较高的两个峰则在远离中心峰的方向出现更大的偏移. 从图 10.17(b) 可知, $P = 2.42$ GPa 且 $T = 2$ K 时, 样品的 NQR 信号还是非常对称的单峰结构, 且谱宽相对于低压并没有明显变化, 说明整个样品仍然具有单一的 ν_Q. 那么, 根据式 (10.53) 和式 (10.55) 可知, 卫星峰的频率除了取决于 ν_Q, 还受到外磁场的方向影响. 这一异常现象的出现可能意味着样品中包含有两个不同的部分, 它们与外磁场具有不同的夹角.

2.42 GPa 压强下核磁共振谱的卫星峰随温度的变化结果如图 10.18(a) 所示. 可以看到, 在 40 K 之上, 卫星峰还具有非常好的单峰结构, 且谱宽相对于低压的谱并没有明显不同; 但是当温度低于 40 K 时, 卫星峰开始明显变宽, 在 30 K 时谱已经不再对称, 更低的温度下则明显劈裂为两个峰. 说明卫星峰的劈裂行为是有明显的温度依赖的, 从图 10.18(b) 中谱宽的变化, 可以确认该劈裂现象应该是在 40 K 附近发生的.

不同的卫星峰频率说明样品中存在着两种不同的 As 原子核, 它们感受到了不同的电场梯度分布, 这一变化意味着该相变应该是与电荷分布相关的. 结合图 10.17(b) 和图 10.18(c), 零场的 NQR 谱都是非常好的单峰结构, 表明所有 As 原子核感受到的电场梯度的强度都是一样的. 然而, 当引入外磁场之后, 卫星峰就发生了劈裂. 外磁场除了引入与磁场强度成正比的塞曼项之外, 其与原子核感受到的电场梯度之间可能存在的夹角同样能够影响原子核的能级分布. 卫星峰频率的不同, 应该来自于电场梯度与外磁场夹角的不同. 这里, 我们引入卫星峰的更基本的频率公式

$$\nu_{m \leftrightarrow m-1} = {}^{75}\gamma_N B_{\text{eff}} + \frac{1}{2}\nu_Q \left(m - \frac{1}{2}\right)\left(3\cos^2\theta - 1 + \frac{V_{xx} - V_{yy}}{V_{zz}}\sin^2\theta\cos(2\phi)\right)$$

$$(10.56)$$

其中, V_{xx}、V_{yy} 和 V_{zz} 分别是沿电场梯度惯量主轴三个方向的电场梯度大小; ϕ 为外磁场在 FeAs 面内与 V_{xx} 的夹角. 可以看到, 对于施加于整块样品的面内磁场, 共振频率的不同只能来自于含有面内夹角 ϕ 项的调制, 而该项的存在意味着 $V_{xx} - V_{yy} \neq 0$, 即 As 位感受到的面内两个相互垂直方向的电场梯度不再等价. 当温度低于 40 K 时, 高温端 FeAs 面内所具有的四重旋转对称性, 在电荷自由度上已经不再成立.

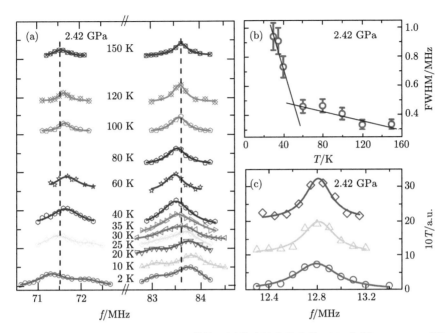

图 10.18 (a)2.42 GPa 压强下, NMR 谱的卫星峰随温度的变化; (b) 高频 83.5 MHz 附近的
卫星峰在 30 K 之上的半宽随着温度的变化; (c)2.42 GPa 压强下, NQR 谱在低温端的变化

如前所述, 2 K 的 NQR 共振频率 ν_Q 随着压强的变化单调连续可以完全排除结构相变的可能. 因此, 面内的这种电场梯度对称性破缺行为, 最有可能来自于面内电荷分布的对称性破缺——某种电荷序的形成.

这里, 我们对这种对称性破缺行为给出了一种简单直观的电荷序图像的解释. KFe$_2$As$_2$ 是由母体 BaFe$_2$As$_2$ 中掺杂 50% 的空穴得到的, 每个 Fe 原子平均含 0.5 个空穴. 这样的电荷分配通常是不稳定的, 常常伴随着电荷配比的涨落. 这种 "混合价态" 的涨落现象经常出现在具有 CE 相的锰氧化物中, 同时伴随着电荷、轨道甚至自旋有序态[131], 甚至在铁基相关的二能带模型中也有提及[132]. 在 KFe$_2$As$_2$ 中, 高达 2.42 GPa 的高压下, 当温度低于 40 K 时, 这种电荷涨落被钉扎下来, 并形成了电荷欠缺和电荷富余这样一种交替排列的棋盘格电荷分布构型 (图 10.19(b)). 在 FeAs 面中, 有上下两层 As 原子, 在满足四重旋转对称性的情况下, 它们完全等价; 但是, 在如图所示的棋盘格电荷序下, As 原子核周围的电荷分布不再满足四重对称性, 上下两层 As 感受到的电荷富余 (或电荷欠缺) 的方向相互垂直, 相应的电场梯度的方向也相互垂直, 即 As1 和 As2 所对应的面内角度差值 $\Delta\phi = \pi/2$. 这一角度差别, 不但可以定性地解释卫星峰的劈裂行为, 而且由于 $\cos 2(\phi + \pi/2) = -\cos(2\phi)$, 劈裂后的每个卫星峰的移动方向也得到了很好的理解.

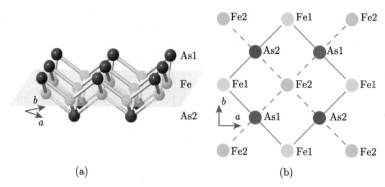

图 10.19　(a)FeAs 面示意图, 其中 As1 和 As2 分别表示位于 Fe 面上层和下层的 As 原子; (b) 破缺四重旋转对称性的电荷序示意图, Fe1 和 Fe2 分别表示占据 5 个和 6 个 d 电子的位置

10.4.3　讨论和总结

由于铁基材料是复杂的多体系统, 涉及的洪德耦合、库仑排斥、轨道选择、费米面嵌套等效应之间的竞争, 很容易形成多种有序态 [133,134]. 我们在最高压 2.42 GPa 下发现了一种新奇的局域的电荷分布的对称性破缺相变. 我们所建议的棋盘格的电荷序态是多种可能存在的破缺了四重旋转对称性的电荷或轨道有序态中非常简单的一种. 次近邻的库仑相互作用对于图 10.19 中的电荷序图像的形成应该有非常重要的作用. 需要注意的是, 我们这里提到的电荷序图像虽然是破缺了面内的四重旋转对称性 (C_{4v}), 但并不同于其他铁基材料中涉及的伴随着四方–正交结构相变的电子向列相序, 在 KFe_2As_2 中并没有任何与向列相相关的各向异性的迹象.

值得注意的是, 我们仅仅是在核磁共振的时间尺度上看到了明显的对称性破缺的迹象. 除了谱的卫星峰劈裂之外, 并没有任何其他可观测的实验结果, 因此我们并不能排除这是一种局域的准静态的序. 无论何种情况, 最高压下的电荷序的出现有助于自旋涨落的增强. 虽然在其他压强下并没有观测到电荷序的存在, 但是这样一种特殊的电荷配置 (0.5 hole/Fe) 必然伴随着强的临界电荷涨落, 并且可能对于 KFe_2As_2 中所表现出的重费米子特性和强的临界自旋涨落行为都有重要作用.

10.5　铁基超导材料中超导电性与反铁磁序的共存与竞争

对铁基超导母体材料进行化学掺杂, 能够压制反铁磁长程序, 并诱使超导电性出现. 理论计算表明, 在自旋涨落导致超导配对的机制下, 铁基超导材料的超导能隙对称性应为 $s^\pm$ 波 [65]; 而超导配对的轨道涨落机制则会导致 s^{++} 波的超导能隙对称性 [135]. 与此同时, $s^\pm$ 波超导允许反铁磁性在很大范围内发生微观共存; 而

s^{++} 波超导则非常难以与反铁磁长程序共存 [136]. 因此, 通过确定共存的尺度, 能够区分铁基超导体的配对对称性, 并进而研究铁基超导体中的超导配对机制.

但在欠掺杂区域确定超导电性与反铁磁序能否微观共存是很困难的. 首先, 在欠掺杂区域, 两种序的强度对掺杂浓度非常敏感, 样品中微小的掺杂非均匀性就会导致判断的失误. 其次, 在实际材料中, 超导电性与反铁磁序的共存关系是非常复杂的. 然而, 只有少数几种局域测量手段能够对各种共存关系进行区分. 因此, 到目前为止, 多种样品中超导与反铁磁序的共存关系尚存在很大的争议.

核磁共振是一种对超导电性与磁性都非常敏感的局域测量手段, 对研究两种序的微观共存及相互作用具有显著的优势. 本节主要介绍我们对欠掺杂的 Ba$(Fe_{1-x}Ru_x)_2As_2$ 中超导电性与反铁磁序共存的研究结果.

10.5.1 Ba$(Fe_{0.77}Ru_{0.23})_2As_2$ 中超导电性与反铁磁序的微观共存

相比于其他样品, Ba$(Fe_{0.77}Ru_{0.23})_2As_2$ 对于超导电性与反铁磁序的共存研究具有独特的优势. 首先, Ru 掺杂对 BaFe$_2$As$_2$ 中的反铁磁长程序压制较为缓慢 (图 10.20(a) 中所示的相图)[137]. 对 Ba$(Fe_{1-x}Ru_x)_2As_2$ 的输运测量显示, 在很大的掺杂区间 $(0.15 \leqslant x \leqslant 0.3)$ 内样品中存在两种长程序的共存 [137]. 这就从样品角度最大程度地减弱了由掺杂不均匀导致的实验困难. 其次, Ru 作为 Fe 的同族元素, 其等价态掺杂作用对样品的能带结构影响较小 [138-140]. 因此, 我们选取了 Ba$(Fe_{0.77}Ru_{0.23})_2As_2$ 样品对其中的共存性质进行研究.

首先对 NMR 样品进行了基本物性的表征 [62]. 图 10.20(b) 给出了样品的面内电阻对温度的依赖. 当温度由室温降低至 60 K 时, 电阻随温度线性降低, 表明了样品的金属性质, 并说明样品中具有较强的磁性关联, 不满足费米液体行为 $(\rho \propto T^2)$, 与其他铁基超导材料相似. 当温度降低至 60 K 之下时, $\rho(T)$ 随温度开始上升, 并在 60 K 形成拐点, 表明样品中同时发生了高温四方相到低温正交相的结构相变及反铁磁相变. 当温度进一步降低时, $\rho(T)$ 在 $T_c \sim 15$ K 左右急剧下降至零, 表明样品进入了超导相. 电阻数据说明样品确实处于欠掺杂区域, 具有 $T_N \sim 60$ K 的反铁磁相变及 $T_c \sim 15$ K 的超导相变. 在 T_c 之下, 样品具有明显的抗磁性, 并且 FC 与 ZFC 分开, 表明样品进入超导态并具有第二类超导体的明显特征. 图 10.20(d) 是装载样品后核磁共振线圈共振频率随温度的变化. 在 $T_c \sim 12$ K 之下, 共振频率随温度降低明显升高, 确认了样品的体超导性质, 并确定了 10 T 核磁共振磁场下样品的超导相变温度.

下面讨论核磁共振结果. 图 10.21 给出了样品处于两个不同磁场方向下的 ^{75}As 中心峰. 当 $H||c$ 时, ^{75}As 中心峰在 $T = 80$ K 时具有 40 kHz 的半高宽. 在样品冷至 $T_N \sim 60$ K 之下后, 该峰明显展宽, 并等频率间隔地劈裂为两个峰. 当 $H||ab$ 时, ^{75}As 中心峰在 $T = 80$ K 时具有 42 kHz 的半高宽. 在样品冷至 $T_N \sim 60$ K

之下后, 该峰也被展宽, 并向高频端移动.

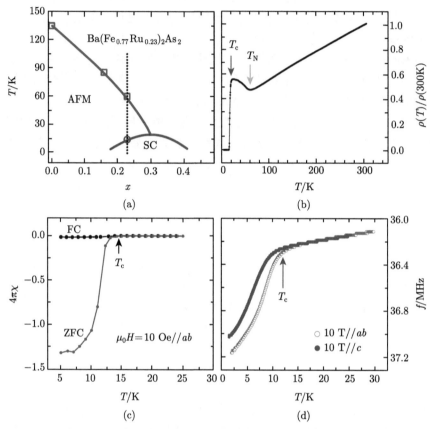

图 10.20　　(a)Ba(Fe$_{1-x}$Ru$_x$)$_2$As$_2$ 相图草图, 图中虚线标出了 NMR 实验样品的掺杂浓度; (b) 零场下 Ba(Fe$_{0.77}$Ru$_{0.23}$)$_2$As$_2$ 的面内电阻随温度的变化; (c) 外加面内 10 Oe 磁场下, 样品直流磁化率的温度依赖, FC 和 ZFC 分别代表场冷和零场冷测量条件; (d) 处于外加 10 T NMR 磁场中, 共振线圈频率随温度的变化 [62]

在 T_N 之下, $H||c$ 方向上峰的等间距劈裂及 $H||c$ 方向上峰向高频端移动的行为说明样品进入共线反铁磁有序态. 在 $H||c$ 磁场方向下, 顺磁频率处的谱权重在 T_N 之下迅速降低, 并在 30 K 之下全部消失. 这个现象说明两个问题. 首先, 当温度远低于 T_N 时, 核磁共振信号均来源于样品的磁性部分, 没有顺磁相残留. 同样地, 在 $H||ab$ 情况下, 当样品温度低于 T_N 时, 我们也没有观测到任何残留的顺磁信号, 与 $H||c$ 下的现象自洽. 其次, 样品的反铁磁有序是公度结构的, 不受任何非公度调制作用.

基于共线反铁磁构型, 我们能够由 ^{75}As 中心峰在 T_N 下的劈裂与移动得到

^{75}As 所感受到的超精细内场 H_{int}, 如图 10.21(a) 插图所示. 当样品温度降到 T_{N} 之下时, H_{int} 随着温度的降低而增加, 并在 $T = 2$ K 达到 0.7 T. 如果我们采用 $BaFe_2As_2$ 中 ^{75}As 与 Fe 磁矩的超精细耦合常数 $A_{ac} = 0.43$ T/μ_B, 那么我们得到在 $T = 2$ K, $Ba(Fe_{0.77}Ru_{0.23})_2As_2$ 样品中 Fe 的磁矩大小为 0.4 μ_B/Fe. 这与之前的弹性中子散射的结果一致. 对于 $H||ab$ 情况下 ^{75}As 中心峰在磁有序态下的展宽, 我们能够用 Ru 的掺杂在 Fe 平面内引入的非均匀性来解释. 如图 10.21 (b) 插图所示, 如果 ^{75}As 最近邻的四个 Fe 位置有一个位置被掺杂的 Ru 所替代, 则 ^{75}As 原子核感受到的内场不仅具有 c 轴分量还具有 ab 面内的分量. 造成上述现象的原因在于, Ru 与 Fe 相比具有不同的磁矩大小. 于是, 在 Ru 对 Fe 平面进行随机掺杂的情况下, 我们能够利用统计学对 $H||ab$ 情况下的谱形进行模拟. 图 10.21(b) 中实线即是基于这种模拟对数据所进行的拟合. 通过拟合, 我们能够估算 Ru 原子在 $T = 2$ K 时磁矩大小的下限为 0.25 μ_B/Ru. 上述分析进一步说明我们核磁共振实验中所观测到的信号均来源于样品的磁性部分. 于是, 只要我们能够在反铁磁态的样品中观测到超导能隙的打开, 即能证明在该样品中存在超导电性与反铁磁性的微观共存.

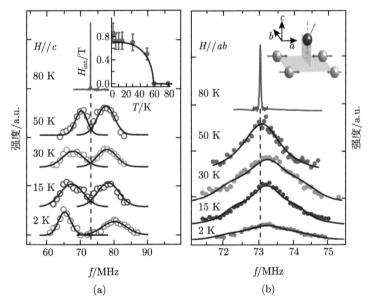

图 10.21 当外加磁场为 10 T, 方向沿样品 (a) c 轴方向和 (b) ab 平面内时, 不同温度下 ^{75}As 的核磁共振中心峰 [62]

(a) 中插图为 ^{75}As 原子核感受到的超精细内场随温度的变化; (b) 中插图为在四个 Fe 中有一个被 Ru 替代后, ^{75}As 原子核所感受到的内场的示意图

　　自旋–晶格弛豫率的测量显示, 处于反铁磁态的样品在 T_c 之下发生了超导相变 [62]. 图 10.22(a) 给出了样品在 $H\|ab$ 磁场下 $1/^{75}T_1T$ 随温度的变化. 图中同时给出了 $BaFe_2As_2$ 母体材料的数据以进行对比. 当样品由室温冷至 T_N 时, $1/^{75}T_1T$ 显现出明显的居里–外斯型上升, 表明样品中存在很强的低能自旋涨落. 一旦样品温度降至 T_N 之下, $1/^{75}T_1T$ 随温度迅速降低, 在 $T = T_N$ 处形成一个峰. 这与磁有序相变对磁涨落的压制效应相符, 表明样品进入了反铁磁态, 与谱学分析的结果自洽. 当温度远离 T_N 时, $1/^{75}T_1T$ 逐渐趋向于常数 $\sim 0.2\ s^{-1}\cdot K^{-1}$, 相比 $BaFe_2As_2$ 母体材料高近一个数量级, 之后我们将对这种行为进行讨论. 当样品冷至 T_c 之下

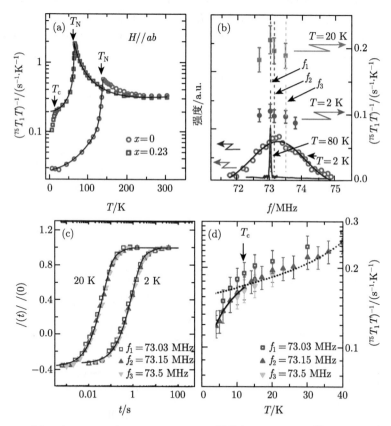

图 10.22　(a)$Ba(Fe_{1-x}Ru_x)_2As_2(x = 0, 0.23)$ 样品在 $H\|ab$ 下 $1/^{75}T_1T$ 随温度的变化; (b) $Ba(Fe_{0.77}Ru_{0.23})_2As_2$ 样品在 $T = 80\ K$ 和 $T = 2\ K$ 下 ^{75}As 的核磁共振谱线及对应不同频率的 $T = 20\ K$ 和 $T = 2\ K$ 时的 $1/^{75}T_1T$; (c) 在三个不同频率下, $T = 20\ K$ 和 $T = 2\ K$ 时 ^{75}As 原子核的弛豫曲线, 其中实线是方程 $I(t)/I_0 = 1 - 0.1\exp(-\tau/T_1) - 0.9\exp(-6\tau/T_1)$ 对数据的拟合曲线; (d) 温度在 T_c 附近时, $1/^{75}T_1T$ 对温度的依赖关系, 图中虚线是引导线, 实线是方程 $1/^{75}T_1T \propto T^n$ 对数据的拟合曲线, 拟合所得 $n \sim 1.6$[62]

时, $1/^{75}T_1T$ 出现突然的降低, 同时 ^{75}As 的信号强度突然减小. 这种现象说明具有反铁磁序的样品在 T_c 之下再次进入了超导态. 同时, 我们还测量了 ^{75}As 谱上不同频率处的 $1/^{75}T_1T$ 在超导相变前后的数值, 并表示在图 10.22(b) 中. 在全谱上的 $1/^{75}T_1T$ 在 $T = 2$ K 时给出了几乎相等的数值且均小于 $T = 20$ K 的值, 这表明样品的磁性区域在 T_c 之下打开了均一的超导能隙. 为了进一步确认我们的结果, 我们测量了三个不同频率 f_1, f_2, f_3 处的 $1/^{75}T_1T$ 随温度的变化. 在所有测量温度下, ^{75}As 原子核的弛豫曲线均满足单一 T_1 拟合方程, 其中没有任何拉伸行为 (stretch behavior)(图 10.22(c)), 排除了样品中可能出现的任何相分离情况. 在图 10.22(d) 中我们给出了三个频率下 $1/^{75}T_1T$ 在 T_c 附近随温度的演化, 三个频率下的 $1/^{75}T_1T$ 在 T_c 之下均显示出一致的降低行为. 由于 f_2 和 f_3 处的信号在 T_N 之上的强度为零, 所以均对应样品的磁有序区域. 因此, 上述 $1/^{75}T_1$ 的降低行为进一步说明样品磁性区域的超导电性非常均匀.

　　基于上述讨论, 我们的核磁共振实验表明, 样品磁性区域在 T_c 之下打开了超导能隙, 为 $Ba(Fe_{1-x}Ru_x)_2As_2$ 欠掺杂样品中超导电性与反铁磁长程序的微观共存提供了直接的局域证据.

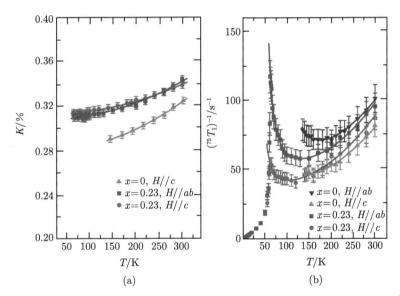

图 10.23　(a) 处在不同磁场方向下的 $Ba(Fe_{1-x}Ru_x)_2As_2(x=0, 0.23)$ 样品所给出的 ^{75}As 的奈特位移随温度的变化, 实线是方程 $K = a + bT^2$ 对数据的拟合曲线; (b) 不同磁场方向下, $Ba(Fe_{1-x}Ru_x)_2As_2(x=0, 0.23)$ 样品中 $1/^{75}T_1$ 对温度的依赖, 实线是方程 $1/^{75}T_1 = AT/(T - \theta) + BT$ 对数据的拟合曲线 [62]

　　由 ^{75}As 核磁共振谱学分析, 我们已经看到了 Ru 掺杂的磁稀释作用 [138,139].

接下来, 我们从奈特位移和自旋–晶格弛豫率上来进一步分析 Ru 的掺杂效果[62]. 图 10.22 给出了样品处于两个不同磁场方向下的 ^{75}As 奈特位移及自旋–晶格弛豫率对温度的依赖. 为了对比 Ru 掺杂的效果, 我们也将 BaFe$_2$As$_2$ 母体材料的数据画在了图中. 当温度高于 T_N 时, 奈特位移和自旋–晶格弛豫率均显示出样品中自旋涨落的存在. 首先, 我们掺杂的样品中, $1/^{75}T_1$ 在低温下随温度降低而上升, 满足方程 $1/^{75}T_1 = AT/(T - \theta) + BT$, 通过拟合数据, 我们得到 $\theta \approx 46$ K, 表明掺杂样品中存在很强的低能反铁磁涨落. 在 T_N 之上, BaFe$_2$As$_2$ 母体材料的 $1/^{75}T_1$ 也表现了非常相似的行为, 且在高温端的具体数值与掺杂样品也非常接近. 其次, 奈特位移仅测量 $q = 0$ 模式的自旋涨落, 在低温下没有显示出居里–外斯型上升, 与反铁磁涨落的性质相符. 但奈特位移在顺磁相随温度降低而降低, 满足对温度的平方依赖关系, 表明局域自旋涨落[141]的存在. BaFe$_2$As$_2$ 母体材料也给出了非常相似的结果. 由于自旋涨落性质与费米面的拓扑结构及准粒子态密度直接相关, 因此, 上述现象说明 Ru 对 BaFe$_2$As$_2$ 的电荷掺杂效果非常微弱, 接近等价态掺杂.

由 $T < T_N$ 温度下的 $1/^{75}T_1T$ 随温度的变化 (图 10.22(a)), 我们能够发现, Ru 的掺杂使体系中很多电子变成非磁性或弱磁性的巡游电子, 这些电子在 T_c 之下发生相位相干, 凝聚到超导态. 如前所述, 当温度远离 T_N 时, $1/^{75}T_1T$ 逐渐趋向于常数 ~ 0.2 s^{-1}·K^{-1}, 相比 BaFe$_2$As$_2$ 母体材料高近一个数量级. 这表明 T_N 之下, 数量上约 3~4 倍于 BaFe$_2$As$_2$ 母体材料的巡游电子没有参与形成反铁磁长程序. 局域磁矩起源的磁性相互作用导致了母体材料中反铁磁长程序的建立. Ru 与 Fe 相比, 具有波函数在空间上更加扩展的 4d 电子, 因此, Ru 掺杂使得原来具有磁性的价电子被转移至费米面上, 并不参与磁长程序的发生. 这些非磁性或弱磁性的巡游电子在 T_c 之下进入了超导态, 为反铁磁性与超导电性的微观共存提供了可能. 因此, 我们的实验结果支持 Ru 掺杂的磁稀释效果. 另外, Ru 的掺杂可能在材料中引入了很强的化学压力作用, 也可能对 Ru 掺杂压制反铁磁性引入超导起了重要作用.

综上所述, 我们对欠掺杂 Ba(Fe$_{0.77}$Ru$_{0.23}$)$_2$As$_2$ 高质量单晶样品进行了核磁共振研究. 首先, 我们在核磁共振谱和自旋–晶格弛豫率上观测到样品在 T_N 之下全部进入了磁有序态[62]. 并且谱学分析表明, 该磁序为公度的共线反铁磁序, 有序磁矩大小为 $\sim 0.4\mu_B$, 明显小于母体材料的磁矩大小, 表明 Ru 掺杂对样品的反铁磁序具有明显的压制作用. 当温度降低至 T_c 之下时, 样品磁有序区域的 $1/^{75}T_1T$ 发生了第二次陡降, 这就为该欠掺杂样品中反铁磁序与超导电性的微观共存提供了确凿的局域证据. 这种反铁磁序与超导电性的微观共存是对铁砷基超导材料中 s$^{\pm}$ 的能隙对称性[65]的有力支持[136], 并进一步说明其中的高温超导电性具有自旋涨落的起源.

参 考 文 献

[1] Slichter C P. Principles of Magnetic Resonance. 3rd enlarged and update edition. Berlin: Springer-Verlag, 1996.

[2] Fukushima E, Roeder S B W. Experimental Pulse NMR: A Nuts and Bolts Approach. Cambridge: Cambridge Press, 2008.

[3] Abragam A. The Principles of Nuclear Magnetism. Oxford: Oxford University Press, 1978.

[4] Walstedt R E. The NMR Probe of High-T_C Materials. Berlin: Springer, 2008.

[5] Ma L, Yu WQ. Chin. Phys. B, 2013, 22: 087414.

[6] Knight W D. Phys. Rev., 1949, 76: 1259. Yownes C H, Herring C, Knight W D. Phys. Rev., 1950, 77: 852.

[7] Clogston A M, Jaccarino V, Yafet Y. Phys. Rev., 1964, 134: A650.

[8] Brandt E H. Phys. Rev. B, 1988, 37: 2349.

[9] Bloch F. Phys. Rev., 1946, 70, 460.

[10] Korringa J. Physica, 1950, 16: 601.

[11] Moriya T. Phys J. Soc. Jpn., 1963, 18: 516.

[12] MacLaughlin D E. Magnetic Resonance in the Superconducting State. Solid State Physics, Vol. 31. New York, San Francisco, London: Academic Press, 1976.

[13] Tinkham M. Introduction to Superconductivity. 2nd ed. New York: Dover Publications, Inc, 2004.

[14] Yosida K. Phys. Rev., 1958, 110: 769.

[15] Ishida K, Mukuda H, Kitaoka Y, Asayama K, Mao Z Q, Mori Y, Maeno Y. Nature, 1998, 396: 658.

[16] Ishida K, Mukuda H, Kitaoka Y, Mao Z Q, Fukazawa H, Maeno Y. Phys. Rev. B, 2001, 63: 060507 (R).

[17] Reif F. Phys. Rev., 1957, 106: 208.

[18] Hebel L C, Slichter C P. Phys. Rev., 1957, 107: 901.

[19] Hebel L C, Slichter C P. Phys. Rev., 1959. 113: 1504.

[20] Guo J, Jin S, Shunchong G W, Zhu W K, Zhou T T, He M, Chen X L. Wang G. Phys. Rev. B, 2010, 82: 180520(R).

[21] Yu W Q, Ma L, He J B, Wang D M, Xia T L, Chen G F, Bao W. Phys. Rev. Lett., 2011, 106: 197001.

[22] Ma L, Ji G F, Zhang J, He J B, Wang D M, Chen G F, Bao W, Yu W Q. Phys. Rev. B, 2011, 83: 174510.

[23] Kawabata A, Lee S C, Moyoshi T, Kobayashi Y, Sato M. Phys J. Soc. Jpn., 2008, 77: 103704.

[24] Terasaki N, Mukuda H, Yashima M, Kitaoka Y, Miyazawa K, Shirage P M, Kito H, Eisaki H, Iyo A. Phys J. Soc. Jpn., 2009, 78: 013701.

[25] Grafe H J. Paar D, Lang G, Curro N J, Behr G, Werner J, Hamann-Borrero J, Hess C, Leps N, Klingeler R, Büchner B. Phys. Rev. Lett., 2008, 101: 047003.

[26] Matano K, Ren Z A, Dong X L, Sun L L, Zhao Z X, Zheng G Q. EPL, 2008, 83: 57001.

[27] Matano K, Li Z, Sun G L, Sun D L, Lin C T, Ichioka M, Zheng G Q. EPL, 2009, 87: 27012.

[28] Yashima M, Nishimura H, Mukuda H, Kitaoka Y, Miyazawa K, Shirage P M, Kiho K, Kito H, Eisaki H, Iyo A. J. Phys. Soc. Jpn., 2009, 78: 103702.

[29] Ning F, Ahilan K, Imai T, Sefat A F, Jin R, McGuire M A, Sales B C, Mandrus D. J. Phys. Soc. Jpn., 2008, 77: 103705.

[30] Jeglic P, Potocnik A, Klanjsek M, Bobnar M, Jagodic M, Koch K, Rosner H, Margadonna S, Lv B, Guloy A M, Arcon D. Phys. Rev. B, 2010, 81: 140511(R).

[31] Li Z, Ooe Y, Wang X C, et al. J. Phys. Soc. Jpn., 2010, 79: 083702.

[32] Nakai Y, Iye T, Kitagawa S, et al. Phys. Rev. B, 2010, 81: 020503(R).

[33] Ma L, Zhang J, Wang D M, He J B, Xia T L, Chen G F, Yu WQ. Chin. Phys. Lett., 2008, 29: 4402.

[34] Nakai Y, Ishida K, Kamihara Y, Hirano M, Hosono H. J. Phys. Soc. Jpn., 2008, 77: 073701.

[35] Nakai Y, Kitagawa S, Ishida K, Kamihara Y, Hirano M, Hosono H. Phys. Rev. B, 2009, 79: 212506.

[36] Mukuda H. et al. J. Phys. Soc. Jpn., 2008, 77: 093704.

[37] Fukazawa H, et al. J. Phys. Soc. Jpn., 2009b, 78: 033704.

[38] Fukazawa H, et al. J. Phys. Soc. Jpn., 2009b, 78, 083712.

[39] Michioka C, Ohta H, Matsui M, Yang J, Yoshimura K, Fang M. Phys. Rev. B, 2010, 82: 064506.

[40] Kondo T, Santander-Syro A F, Copie O, Liu C, Tillman M E, Mun E D, Schmalian J, Bud'ko S L, Tanatar M A, Canfield P C, Kaminski A. Phys. Rev. Lett., 2010, 101: 147003.

[41] Liu Z H, Richard P, Nakayama K, Chen G F, Dong S, He J B, Wang D M, Xia T L, Umezawa K, Kawahara T, Souma S, Sato T, Takahashi T, Qian T, Huang Y B, Xu N, Shi Y, Ding H, Wang S C. Phys. Rev. B, 2011, 84: 064519.

[42] Ding H, Richard P, Nakayama K, Sugawara K, Arakane T, Sekiba Y, Takayama A, Souma S, Sato T, Takahashi T, Wang Z, Dai X, Fang Z, Chen G F, Luo J L, Wang N L. EPL, 2008, 83: 47001.

[43] Zhao L, et al. Chin. Phys. Lett., 2008, 25: 4402.

[44] Terashima K, Sekiba Y, Bowen J H. Nakayama K, Kawahara T, Sato T, Richard P, Xu Y M, Li L J, Cao G H, Xu Z A, Ding H, Takahashi T. PNAS, 2009, 106: 7330.

[45] Nakayama K, Sato T, Richard P, Xu Y M, Kawahara T, Umezawa K, Qian T, Neupane M, Chen G F, Ding H, Takahashi T. Phys. Rev. B, 2011, 83: 020501(R).

[46] Nakayama K, Sato T, Richard P, Xu Y M, Sekiba Y, Souma S. Chen G F, Luo J L, Wang N L, Ding H, Takahashi T. EPL, 2009, 85: 67002.

[47] Miao H, Richard P, Tanaka Y, Nakayama K, Qian T, Umezawa K, Sato T, Xu Y M, Shi Y B, Xu N, Wang X P, Zhang P, Yang H B, Xu Z J, Wen J S, Gu G D, Dai X, Hu J P, Takahashi T, Ding H. Phys. Rev. B, 2012, 85: 094506.

[48] Lumsden M D, Christianson A D, Parshall D, Stone M B, Nagler S E, MacDougall G J, Mook H A, Lokshin K, Egami T, Abernathy D L, Goremychkin E A, Osborn R, McGuire M A, Sefat A S, Jin R, Sales B C, Mandrus D. Phys. Rev. Lett., 2009, 102: 107005.

[49] Chi S, Schneidewind A, Zhao J, Harriger L W, Li L, Luo Y, Cao G, Xu Z, Loewen-haupt M, Hu J, Dai P. Phys. Rev. Lett., 2009, 102: 107006.

[50] Inosov D S, Park J T, Bourges P, Sun D L, Y, Schneidewind S A, Hradil K, Haug D, Lin C T, Keimer B, Hinkov V. Nat. Phys., 2009, 6: 178.

[51] Park J T, Inosov D S, Yaresko A, Graser S, Sun D L. Bourges Ph, Sidis Y, Li Y, Kim J H, Haug D, Ivanov A, Hradil K, Schneidewind A, Link P, Faulhaber E, Glavatskyy I, Lin C T, Keimer B, Hinkov V. Phys. Rev. B, 2010, 82: 134503.

[52] Lester C, Chu J H, Analytis J G, Perring T G, Fisher I R, Hayden S M. Phys. Rev. B, 2010, 81: 064505.

[53] Li H F, Broholm C, Vaknin D, Fernandes R M, Abernathy D L, Stone M B, Pratt D K, Tian W, Qiu Y, Ni N, Diallo S O, Zarestky J L, Bud'ko S L, Canfield P C, McQueeney R J. Phys. Rev. B, 2010, 82: 140503(R).

[54] Luo H Q, Yamani Z, Chen Y, et al. Phys. Rev. B, 2012, 86, 024508.

[55] Wiesenmayer E, Luetkens H, Pascua G, Khasanov R, Amato A, Potts H, Banusch B, Klauss H H, Johrendt D. Phys. Rev. Lett., 2011, 107: 237001.

[56] Pratt D K, Kim M G, Kreyssig A, Lee Y B, Tucker G S, Thaler A, Tian W, Zarestky J L, Bud'ko S L, Canfield P C, Harmon B N, Goldman A I, McQueeney R J. Phys. Rev. Lett., 2011, 106: 257001.

[57] Laplace Y, Bobroff J, Rullier-Albenque F, Colson D, Forget A. Phys. Rev. B, 2009, 80: 140501(R).

[58] Marsik P, Kim K W, Dubroka A, Rossle M, Malik V K, Schulz L, Wang C N, Nie-dermayer Ch, Drew A J, Willis M, Wolf T, Bernhard C. Phys. Rev. Lett., 2010, 105: 057001.

[59] Nandi S, Kim M G, Kreyssig A, Fernandes R M, Pratt D K, Thaler A, Ni N, Bud'ko S L, Canfield P C, Schmalian J, McQueeney R J, Goldman A I. Phys. Rev. Lett., 2010, 104: 057006.

[60] Iye T, Nakai Y, Kitagawa S, Ishida K, Kasahara S, Shibauchi T, Matsuda Y, Terashima T. J. Phys. Soc. Jpn., 2012, 81: 033701.

[61] Drew A J, Ch. Niedermayer, Baker P J, Pratt F L, Blundell S J, Lancaster T, et al. Nat. Mater., 2009, 8: 310.

[62] Ma L, Ji G F, Dai J, Lu X R, Eom M J, Kim J S, Normand B, Yu W. Phys. Rev. Lett., 2012, 109: 197002.

[63] Li Z, Zhou R, Sun D L, Yang J, Lin C T, Zheng G Q. Phys. Rev. B, 2012, 86: 180501(R).

[64] Masuda K, Kurihara S. J. Phys. Soc. Jpn., 2010, 79: 074710.

[65] Mazin I I, Singh D J, Johannes M D, Du M H. Phys. Rev. Lett., 2008, 101: 057003.

[66] Chubukov A V, Efremov D V, Eremin I. Phys. Rev. B, 2008, 78: 134512.

[67] Parker D, Dolgov O V, Korshunov M M, Golubov A A, Mazin I I. Phys. Rev. B, 2008, 78: 134524.

[68] Bang Y, Choi H Y, Won H. Phys. Rev. B, 2009, 79: 054529.

[69] Zhang Y, Yang L X, Xu M, Ye Z R, Chen F, He C, Jiang J, Xie B P, Ying J J, Wang X F, Chen X H, Hu J P, Feng D L. Nat. Mater., 2011, 10: 273.

[70] Qian T, Wang X P, Jin W C, Zhang P, Richard P, Xu G, Dai X, Fang Z, Guo J G, Chen X L, Ding H. Phys. Rev. Lett., 2011, 106, 187001.

[71] Mou D X, Liu S Y, Jia X W, et al. Phys. Rev. Lett., 2011, 106: 107001.

[72] Liu Z H. Richard P. Xu N, Xu G, Li Y, Fang X C. Jia L L, Chen G F, Wang D M, He J B, Qian T, Hu J P. Ding H, Wang S C. Phys. Rev. Lett., 2012, 109: 037003.

[73] Xu M, Ge Q Q, Peng R, Ye Z R, Juan Jiang, Chen F, Shen X P, Xie B P, Zhang Y, Wang A F, Wang X F, Chen X H, Feng D L. Phys. Rev. B, 2012, 85: 220504(R).

[74] Wang X P, Richard P, Roekeghem A van, Huang Y B, Razzoli E, Qian T, Rienks E, Thirupathaiah S, Wang H D, Dong C H, Fang M H, Shi M, Ding H. EPL, 2012, 99: 67001.

[75] Stenger V A, Pennington C H, Buffinger D R, Ziebarth R P. Phys. Rev. Lett., 1995, 74: 1649.

[76] Fang C, Wu Y L, Thomale R, Bernevig B A, Hu J P, Phys. Rev. X, 2011, 1: 011009.

[77] Hu J P, Ding H. Sci. Rep., 2012, 2: 381.

[78] Wang F, Yang F, Gao M, et al. EPL, 2011, 93: 57003.

[79] Zhou Y. Xu D H, Zhang F C, et al. EPL, 2011, 95: 17003.

[80] Das T, Balatsky A V. Phys. Rev. B, 2011, 84: 014521.

[81] Maier T A, Graser S, Hirschfeld P J, Scalapino D J. Phys. Rev. B, 2011, 83: 100515.

[82] Zhou T, Wang Z D. arxiv: 1202.1607.

[83] Friemel G, Park J T, Maier T A, Tsurkan V, Li Y, Deisenhofer J, Krug H A. von Nidda, Loidl A, Ivanov A. Keimer B, Inosov D S. Phys. Rev. B, 2012, 85: 140511(R).

[84] Kotegawa H, Hara Y, Nohara H, Tou H, Mizuguchi Y, Takeya H, Takano Y. J. Phys. Soc. Jpn., 2011, 80: 043708.

[85] Torchetti D A, Fu M, Christensen D C, Nelson K J, Imai T, Lei H C, Petrovic C. Phys. Rev. B, 2011, 83: 104508.

[86] Hsu F C, Luo J Y, Yeh K W, et al. Proc. Natl. Acad. Sci. USA, 2008, 105: 14262.

[87] McQueen T M, Williams A J, Stephens P W, Tao J, Zhu Y, Ksenofontov V, Casper F, Felser C, Cava R. J. Phys. Rev. Lett., 2009, 103: 057002.

[88] Tanatar M A, Bohmer A E, Timmons E I, Schutt M, Drachuck G, Taufour V, Kothapalli K, Kreyssig A, Budko S L, Canfield P C, Fernandes R M, Prozorov R. Phys. Rev. Lett., 2016, 117: 127001.

[89] Nakayama K, Miyata Y, Phan G N, Sato T, Tanabe Y, Urata T, Tanigaki K, Takahashi T. Phys. Rev. Lett., 2014, 113: 237001.

[90] Shimojima T, Suzuki Y, Sonobe T, Nakamura A, Sakano M, Omachi J, Yoshioka K, Kuwata-Gonokami M, Ono K, Kumigashira H, Bohmer A E, Hardy F, Wolf T, Meingast C, Lohneysen H V, Ikeda H, Ishizaka K. Phys. Rev. B, 2014, 90: 121111.

[91] Bohmer A E, Arai T, Hardy F, Hattori T, Iye T, Wolf T, Lohneysen H V, Ishida K, Meingast C. Phys. Rev. Lett., 2015, 114: 027001.

[92] Baek S H, Efremov D V, Ok J M, Kim J S. van den Brink J, Büchner B. Nature Mater., 2015, 14: 210.

[93] Terashima T, Kikugawa N, Kasahara S, Watashige T, Shibauchi T, Matsuda Y, Wolf T, Bohmer A E, Hardy F, Meingast C, Lohneysen H V, Uji S. J. Phys. Soc. Jpn., 2015, 84: 063701.

[94] Bendele M, Amato A, Conder K, Elender M, Keller H, Klauss H H, Luetkens H, Pomjakushina E, Raselli A, Khasanov R. Phys. Rev. Lett., 2010, 104: 087003.

[95] Bendele M, Ichsanow A, Pashkevich Y, Keller L, Strassle T, Gusev A, Pomjakushina E, Conder K, Khasanov R, Keller H. Phys. Rev. B, 2012, 85: 064517.

[96] Sun J P, Matsuura K, Ye G Z, Mizukami Y, Shimozawa M, Matsubayashi K, Yamashita M, Watashige T, Kasahara S, Matsuda Y, Yan J Q, Sales B C, Uwatoko Y, Cheng J G, Shibauchi T. Nature Commun., 2016, 7: 12146.

[97] Medvedev S, McQueen T M, Troyan I A, Palasyuk T, Eremets M I, Cava R J, Naghavi S, Casper F, Ksenofontov V, Wortmann G, Felser C. Nature Mater., 2009, 8: 630.

[98] Wang F, Kivelson S A, Lee D H. Nature Phys., 2015, 11: 959.

[99] Yu R, Si Q. Phys. Rev. Lett., 2015, 115: 116401.

[100] Glasbrenner J K, Mazin I I, Jeschke H O, Hirschfeld P J, Fernandes R M, Valenti R. Nature Phys., 2015, 11: 953.

[101] Liu K, Lu Z Y, Xiang T. Phys. Rev. B, 2016, 93: 205154.

[102] Moriya T. Spin Fluctuations in Itinerant Electron Magnetism. Berlin: Springer-Verlag, 1985.

[103] Kitagawa S, Nakai Y, Iye T, Ishida K, Kamihara Y, Hirano M, Hosono H. Phys. Rev. B, 2010, 81: 212502.

[104] Wang Q, Shen Y, Pan B, Zhang X, Ikeuchi K, Iida K, Christianson A D, Walker H C, Adroja D T, Abdel-Hafiez M, Chen X, Chareev D A, Vasiliev A N, Zhao J. Nature Commun., 2016, 7: 12182.

[105] Imai T, Ahilan K, Ning F L, McQueen T M, Cava R J. Phys. Rev. Lett., 2009, 102: 177005.

[106] Fernandes R M, Chubukov A V, Schmalian J. Nature Phys., 2014, 10: 97.

[107] Hu J, Xu C. Physica C, 2012, 481: 215.

[108] Watson M D, Kim T K, Haghighirad A A, Davies N R, McCollam A, Narayanan A, Blake S F, Chen Y L, Ghannadzadeh S, Schofield A J, Hoesch M, Meingast C, Wolf T, Coldea A I. Phys. Rev. B, 2015, 91: 155106.

[109] Wang Q, Shen Y, Pan B, Hao Y, Ma M, Zhou F, Steffens P, Schmalzl K, Forrest T R, Abdel-Hafiez M, Chen X, Chareev D A, Vasiliev A N, Bourges P, Sidis Y, Cao H, Zhao J. Nature Mater., 2016, 15: 159.

[110] Kitagawa K, Katayama N, Ohgushi K, Yoshida M, Takigawa M. J. Phys. Soc. Jpn., 2008, 77: 114709.

[111] Korringa J. Physica, 1950, 16: 601.

[112] Lischner J, Bazhirov T, MacDonald A H, Cohen M L, Louie S G. Phys. Rev. B, 2015, 91: 020502.

[113] Margadonna S, Takabayashi Y, Ohishi Y, Mizuguchi Y, Takano Y, Kagayama T, Nakagawa T, Takata M, Prassides K. Phys. Rev. B, 2009, 80: 064506.

[114] Kothapalli K, Bohmer A E, Jayasekara W T, Ueland B G, Das P, Sapkota A, Taufour V, Xiao Y, Alp E, Budko S L, Canfield P C, Kreyssig A, Goldman A I. Nature Commun., 2016, 7: 12728.

[115] Yu R, Wang Z, Goswami P, Nevidomskyy A H, Si Q, Abrahams E. Phys. Rev. B, 2012, 86: 085148.

[116] Fang C, Yao H, Tsai W F, Hu J, Kivelson S A. Phys. Rev. B, 2008, 77: 224509.

[117] Dai J, Si Q, Zhu J X, Abrahams E. Proc. Natl. Acad. Sci. USA, 2009, 106: 4118.

[118] Kasahara S, Shi H J, Hashimoto K, Tonegawa S, Mizukami Y, Shibauchi T, Sugimoto K, Fukuda T, Terashima T T, Nevidomskyy A H, Matsuda Y. Nature, 2012, 486: 382.

[119] Luo C W, Cheng P C, Wang S H, Chiang J C, Lin J Y, Wu K H, Juang J Y, Chareev D A, Volkova O S, Vasiliev A N. NPJ Quant. Mater., 2017, 2: 32.

[120] Zhang P, Qian T, Richard P, Wang X P, Miao H, Lv B Q, Fu B B, Wolf T, Meingast C, Wu X X, Wang Z Q, Hu J P, Ding H. Phys. Rev. B, 2015, 91: 214503.

[121] Jiang K, Hu J, Ding H, Wang Z. Phys. Rev. B, 2016, 93: 115138.

[122] Mazin I I, Singh D J, Johannes M D, Du M H. Phys. Rev. Lett., 2008, 101: 057003.

[123] Kuroki K, Onari S, Arita R, Usui H, Tanaka Y, Kontani H, Aoki H. Phys. Rev. Lett., 2009, 101: 087004.

[124] Chen H, Ren Y, Qiu Y, Bao W, Liu R H, Wu G, Wu T, Xie Y L, Wang X F, Huang Q, Chen X H. Europhys. Lett., 2009, 85: 17006.

[125] Sato T, Nakayama K, Sekiba Y, Richard P, Xu Y M, Souma S, Takahashi T, Chen G F, Luo J L, Wang N L, Ding H. Phys. Rev. Lett., 2009, 103: 047002.

[126] Reid J P, Juneau-Fecteau A, Gordon R T, Rene de Cotret S, Doiron-Leyraud N, Luo X G, Shakeripour H, Chang J, Tanatar M A, Kim H, Prozorov R, Saito T, Fukazawa H, Kohori Y, Kihou K, Lee C H, Iyo A, Eisaki H, Shen B, Wen H H, Taillefer L. Supercond. Sci. Tech., 2012, 25: 084013.

[127] Okazaki K, Ota Y, Kotani Y, Malaeb W, Ishida Y, Shimojima T, Kiss T, Watanabe S, Chen C T, Kihou K, Lee C H, Iyo A, Eisaki H, Saito T, Fukazawa H, Kohori Y, Hashimoto K, Shibauchi T, Matsuda Y, Ikeda H, Miyahara H, Arita R, Chainani A, Shin S. Science, 2012, 337: 1314.

[128] Lee C H, Kihou K, Kawano-Furukawa H, Saito T, Iyo A, Eisaki H, Fukazawa H, Kohori Y, Suzuki K, Usui H, Kuroki K, Yamada K. Phys. Rev. Lett., 2011, 106: 067003.

[129] Zhang S W, Ma L, You Y D, Zhang J, Xia T L, Chen G F, Hu J P, Luke G M, Yu W. Phys. Rev. B, 2010, 81: 012503.

[130] Tafti F F, Clancy J P, Lapointe-Major M, Collignon C, Faucher S, Sears J A, Juneau-Fecteau A, Doiron-Leyraud N, Wang A F, Luo X G, Chen X H, Desgreniers S, Kim Y J, Taillefer L. Phys. Rev. B, 2014, 89: 134502.

[131] Yunoki S, Hotta T, Dagotto E. Phys. Rev. Lett., 2000, 84: 3714.

[132] Lorenzana J, Seibold G, Ortix C, Grilli M. Phys. Rev. Lett., 2008, 101: 186402.

[133] de Medici L, Hassan S R, Capone M, Dai X. Phys. Rev. Lett., 2009, 102: 126401.

[134] Yu R, Zhu J X, Si Q. Curr. Opin. Solid State Mater. Sci., 2013, 17: 65.

[135] Kontani H, Onari S. Phys. Rev. Lett., 2010, 104: 157001.

[136] Rafael M. Fernandes and jorg schmalian. Phys. Rev. B, 2010, 82: 014521.

[137] Thaler A, Ni N, Kracher A, Yan J, Bud'ko S, Canfield P. Phys. Rev. B, 2010, 82: 014534.

[138] Dhaka R S, et al. Phys. Rev. Lett., 2011, 107: 267002.

[139] Brouet V, et al. Phys. Rev. Lett., 2010, 105, 087001.

[140] Xu N, et al. Phys. Rev. B, 2012, 86: 064505.

[141] Ma L, Ji G F, Dai J, He J B, Wang D M, Chen G F, Normand B, Yu W. Phys. Rev. B, 2011, 84: 220505.

第 11 章 重费米子材料与物理

谢武, 沈斌, 张勇军, 郭春煜, 许嘉诚, 路欣, 袁辉球

浙江大学关联物质中心

浙江大学物理系

作为典型的强关联电子体系, 重费米子材料表现出丰富的量子基态, 如反铁磁序、铁磁序、非常规超导、非费米液体、自旋液体、轨道序和拓扑态等. 相比其他强关联电子体系, 重费米子体系的特征能量尺度低, 可以通过压力、磁场或掺杂等参量对不同量子态进行连续调控, 因而是研究量子相变、超导及其相互作用的理想体系. 本章简要介绍重费米子研究的发展历史和国内外研究现状, 概述几类典型的重费米子材料, 并简单阐述重费米子超导、量子相变和强关联拓扑态等前沿科学问题.

11.1 重费米子的发展历史及研究现状

重费米子材料是一类典型的强关联电子体系, 通常存在于含有 f 电子的镧系或者锕系金属间化合物中, 近期在一些过渡金属化合物中也发现了类似的重费米子行为. $CeAl_3$ 是首个被发现的重费米子化合物 [1], 该材料在低温表现出典型的费米液体行为, 即电阻正比于温度的平方, 且比热与温度呈线性关系, 但其零温比热系数高达 $1.62\ J/(mol \cdot K^2)$, 比常规金属高出几个数量级 (如 Cu 或 Au 的电子比热系数大约 $1\ mJ/(mol \cdot K^2)$). 根据朗道费米液体理论, 费米液体的比热系数正比于准粒子的有效质量, 因此 $CeAl_3$ 的准粒子有效质量可以高达自由电子质量的上千倍, "重费米子" 因此而得名. 人们普遍认为, 这些巡游重电子起源于重费米子化合物中局域电子与巡游电子通过近藤效应而产生的相干杂化, 导致费米能级附近打开一个小的杂化能隙, 出现近藤共振峰 [2]. 当费米能级位于杂化能隙之内时, 材料呈现出绝缘体或者半导体行为, 这类材料又称近藤绝缘体或者半导体; 而在更多的情况下, 费米能级穿过导带或价带, 材料表现出金属行为.

自 1911 年荷兰人 Onnes 发现超导之后的半个多世纪内, 超导与磁性的关系备受关注. 由于传统 BCS 超导会被外加磁场或磁性杂质快速抑制, 因此逐渐形成了超导与磁性相互排斥的观念. 1979 年, 德国科学家 Steglich 教授首次在含有磁性元素的重费米子化合物 $CeCu_2Si_2$ 中发现超导, 而不含 f 电子的参考化合物

LaCu$_2$Si$_2$ 却不超导 [3], 表明重费米子化合物中超导与磁性紧密相关, 从而拓宽了人们对超导的认识. 另外, 重费米子超导体 CeCu$_2$Si$_2$ 的重电子能带宽度远小于声子的德拜温度, 同时其超导转变温度与重电子带宽的比值高达 5%, 比常规 BCS 超导要高两个数量级. 这些现象表明, 重费米子超导无法由传统 BCS 超导理论解释, 代表一类新型非常规超导体.

近年来, 随着强磁场、高压和低温等极端条件下物性研究手段的不断完善, 人们发现重费米子材料表现出更加丰富的物理现象, 是探索新颖量子物质态及其组织规律、实现量子态操作与调控的重要体系. 一般认为, 重费米子化合物中存在两种相互竞争的作用力: 一方面, 局域电子与巡游的导带电子通过近藤效应而发生自旋屏蔽, 在低温形成非磁性复合重费米子; 另一方面, 空间上较为局域的 f 电子或者 d 电子之间会通过巡游电子的媒介作用而产生长程的 RKKY(Ruderman-Kittel-Kasuya-Yosida) 磁交换作用, 从而形成长程磁有序. 这两种相互作用力的竞争可导致丰富的基态性质, 如磁有序、非常规超导、非费米液体、自旋液体、多极矩序等. 与其他关联电子体系不同, 重费米子体系的特征能量尺度较低, 其基态可以通过磁场、压力、掺杂等非温度参数进行连续调控, 实现不同量子态之间的转变或共存. 此外, 一些典型的重费米子材料, 如 CeMIn$_5$(M=Co, Rh, Ir) 等, 样品纯度高, 受杂质或无序效应影响小, 有利于研究其本征物性, 对认识非常规超导与其他竞争序的关系、揭示高温超导机理、建立量子相变和非费米液体理论等前沿科学问题具有独特的优势. 另外, 重费米子体系中复杂的多体相互作用还是发现新型量子态或者奇异量子现象的重要源泉, 如 FFLO(Flude-Ferrell-Larkin-Ovchinnikov) 态、隐藏序等. 部分近藤半导体还呈现出良好的热电性质, 具有潜在的应用前景, 为重费米子热电机理的研究和新型热电原型器件的设计提供了启发. 最近, 随着拓扑近藤绝缘体、近藤–外尔费米子等实验证据的相继发现, 关联拓扑态正受到广泛关注. 电子关联效应与自旋–轨道耦合或者自旋阻挫相结合有望产生更多新颖的量子态或者量子现象, 正发展成为重费米子领域的一个新研究方向.

由于重费米子的独特性质, 相关材料和物理性质的研究一直是欧美发达国家凝聚态物理研究的一个重要前沿领域, 并长期获得国家层面的重大专项资助. 欧洲是重费米子研究的传统优势地区, 有数个著名的研究小组长期专注于重费米子研究, 包括德国的马克斯–普朗克研究所、英国剑桥大学、法国国家科学研究院等著名研究机构, 均在重费米子超导与量子相变方面作出卓著的贡献. 美国的洛斯阿拉莫斯国家实验室早在 20 世纪 80 年代初期就成立了专门的重费米子实验组, 这种长期的投入和积累取得了丰硕的成果, 如 Ce-115 等重费米子超导系列材料的发现 [4-6]. 日本许多大学都有重费米子方面的研究团队, 同时在日本政府的专项资助下, 日本科学家近年来在重费米子新材料、新物性以及理论方面都取得了巨大成功, 是国际重费米子研究的一支主要力量.

中国先前由于实验条件的限制, 在重费米子方面的实验研究起步较晚, 基础相对薄弱, 人才储备较少, 亟待大力加强. 近年来, 随着极端实验条件的不断完善和研究队伍的不断壮大, 中国的重费米子物理迎来了一个很好的发展机遇. 最近, 国家重点研发计划立项资助了 "重费米子体系中的演生量子态及其调控", 这将进一步凝聚国内重费米子研究队伍, 提升其研究水平. 此外, 国家自然科学基金委员会也将重费米子列为 "十三五" 重点资助方向之一, 国防基础科研科学挑战计划专题也设立了重费米子方面的研究项目. 国内多个高校和科研院所, 如浙江大学、中国科学院物理研究所、中国工程物理研究院材料研究所等单位都组建了重费米子方面的研究团队. 2016 年, 第 25 届国际强关联电子体系大会在杭州成功召开, 提升了我国重费米子研究在国际上的影响力. 美国科学院院士 Zachary Fisk 教授指出, 中国正在成为国际重费米子研究版图中的重要一员.

11.2　几类典型的重费米子材料

重费米子主要存在于一些含有镧系或锕系元素的金属间化合物中 (图 11.1). 因为这些元素具有未满的 4f 或 5f 电子壳层, 这些 f 电子轨道不像巡游的导带电子一样完全自由, 也不像内层电子那样高度局域, 可以与巡游的导带电子发生相干杂化而形成重费米子态. 在本节中, 我们将重点例举几类典型的重费米子材料.

57 La	58 Ce	59 Pr	60 Nd	61 Pm	62 Sm	63 Eu	64 Gd	65 Tb	66 Dy	67 Ho	68 Er	69 Tm	70 Yb	71 Lu
89 Ac	90 Th	91 Pa	92 U	93 Np	94 Pu	95 Am	96 Cm	97 Bk	98 Cf	99 Es	100 Fm	101 Md	102 No	103 Lr

图 11.1　重费米子材料大多是含有镧系或锕系元素的金属间化合物

11.2.1　铈基重费米子化合物

铈 (Ce) 原子的外层电子结构为 $4f^1 5d^1 6s^2$, 在化合物中一般呈现 +3 价或 +4 价, 其中 Ce^{3+} 含有局域磁矩, 而 Ce^{4+} 没有局域的 f 电子. 当 Ce^{3+} 形成金属间化合物时, 局域的 f 电子与导带电子可以通过近藤杂化而形成复合费米子, 导致准粒子的有效质量大幅提高. 与其他镧系或锕系重费米子材料相比, 铈基重费米子材料由于 f 壳层只有一个电子, 相对比较简单. 其次, Ce^{3+} 与 Ce^{4+} 在能量上十分相近, 这将导致某些材料中的铈离子价态可以处于三价和四价之间, 这样的化合物被称为混价化合物. 压力和掺杂等参量可以调控铈离子的价态, 诱发价态涨落或者相变, 从而导致新奇的物理现象.

1975 年, 人们首次在化合物 $CeAl_3$ 中观察到重费米子现象 [1], 开启了重费米子研究时代. 迄今为止, 多种类型的铈基重费米子材料相继被发现, 并受到了学界的广泛关注. 下面我们讨论若干具有代表性的铈基重费米子体系, 以及其展现的物理现象与效应.

1. 铈基 1-2-2 体系

铈基 1-2-2 系列是研究得比较广泛的一类重费米子材料, 具有四方晶体结构, 空间群为 $I4/mmm$(No.139). 第一个重费米子超导体 $CeCu_2Si_2$ 为该系列化合物的典型代表 [3], 晶体结构如图 11.2(a) 所示.

$CeCu_2Si_2$ 的超导转变温度 $T_c \approx 0.6$ K(图 11.2(b) 和 (c)), 其正常态表现出重费米子行为, 电子比热系数高达 1 J/(mol·K^2), 且超导转变温度处的比热跳变很大, 表明参与超导配对的电子是杂化后形成的 “重电子”[3]. 由于重电子有效质量大, 费米速度很小, 不满足 BCS 电声子耦合配对的条件, 因此 $CeCu_2Si_2$ 的超导配对机制不可能是简单的 BCS 电声子耦合. 深入研究发现, $CeCu_2Si_2$ 的基态对 Cu/Si 配比比例十分敏感 [7], Cu/Si 的微小变化可以诱导出完全不同的基态: 反铁磁态 (A 态), 反铁磁和超导竞争态 (A/S 态) 以及超导态 (S 态). 这表明 $CeCu_2Si_2$ 正好位于反铁磁量子临界点附近 (图 11.2(d) 中的低压超导相), 超导配对态可能由自旋涨落产生. 随着压力的增加, $CeCu_2(Si, Ge)_2$ 在高压下又出现一个新的超导相 (图 11.2(d) 中的高压超导相), 其超导配对态可能由价电子涨落产生 [8]. $CeCu_2Si_2$ 中磁性与超导之间的紧密联系颠覆了先前人们对超导和磁性的认识. 作为第一个重费米子超导体, $CeCu_2Si_2$ 的超导序参量对称性仍存在争议 [9-13]. 除 $CeCu_2Si_2$ 之外, CeM_2X_2(M=Cu, Au, Rh, Pd, Ni; X=Si, Ge) 也是铈基 1-2-2 重费米子体系中的重要成员 [14-21], 它们都具有四方的晶体结构, 常压下具有反铁磁基态, 加压后在低温呈现出超导态, 而少数化合物 (如 $CeNi_2Ge_2$) 在常压下即出现超导 [22]. 铈基 1-2-2 重费米子系列化合物是研究量子相变、超导、磁性及其相

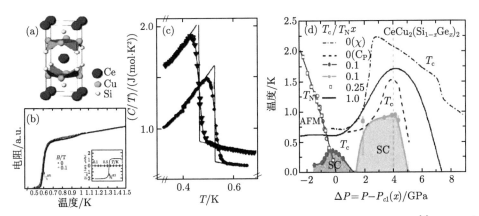

图 11.2　(a) $CeCu_2Si_2$ 结构示意图; (b) 和 (c) 超导电性在电阻和比热上的体现 [3]; (d) 压力诱导的双超导相 [8]

互作用的重要材料体系.

2. 铈基 $Ce_nM_mIn_{3n+2m}$ 体系

$Ce_nM_mIn_{3n+2m}$(M=Co, Rh, Ir; n 和 m 为整数) 是以 $CeIn_3$ 为基本结构单元, 加上 MIn_2 作为填充层相互叠加堆垛而成的准二维层状化合物. 根据 $CeIn_3$ 与 MIn_2 堆垛层的数目不同依次可形成 $CeMIn_5$ 和 Ce_2MIn_8 等系列材料. $CeIn_3$ 本身是立方结构 (Cu$_3$Au 类型), 空间群是 $Pm3m$, 而 $Ce_nM_mIn_{3n+2m}$ 体系由于在 c 方向上被拉伸, 呈现四方晶体结构. 图 11.3(a) 归纳了 $Ce_nM_mIn_{3n+2m}$ 体系中若干化合物的晶体结构 [23]. 与其他类型的化合物相比, 该系列材料更容易获得高质量的大块单晶, 并且表现出丰富的超导和量子临界行为. 自发现伊始, 该系列化合物即受到学界的广泛关注.

在常压下, $CeIn_3$ 表现出反铁磁基态, $T_N = 10.2$ K[25]. 在外加压力下, 反铁磁序被逐渐抑制, 在量子临界点附近出现超导和非费米液体行为, 继续加压后体系又呈现费米液体行为 [25], 如图 11.3(b) 所示. 此外, 超导转变温度在量子临界点附近出现极大值, 说明其超导可能由量子自旋涨落产生. 此外, $CeIn_3$ 的量子临界行为符合 Hertz[26] 和 Millis[27] 的自旋涨落量子相变理论.

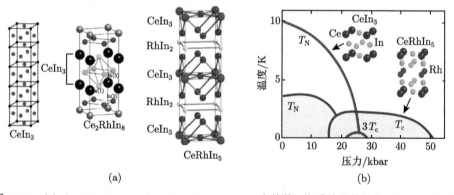

图 11.3　(a) $Ce_nM_mIn_{3n+2m}$(M=Co, Rh, Ir; n, m 为整数) 体系的晶体结构 (以 M=Rh 为例); (b) $CeIn_3$ 和 $CeRhIn_5$ 的压力–温度相图示意图 [24]

$CeMIn_5$(M=Co, Rh, Ir) 是 $Ce_nM_mIn_{3n+2m}$ 体系中研究最为深入的体系 [28]. Co-Rh-Ir 的替代可以看作某种化学压力效应: 原胞体积依次增加, 而晶格常数的比值 c/a 却依次减少. 电子结构计算和量子振荡测量表明, 此类化合物具有准二维的费米面结构 [29-31]. 另一方面, 实验发现, 该重费米子体系的电子相图与铜氧化合物和铁基超导的相图颇为相似 [28], 也是研究多参量调控的量子临界行为的重要体系. $CeMIn_5$ 一般被认为是有线节点的 d 波超导体 [32,33].

$CeCoIn_5$ 在常压下的超导转变温度为 $T_c \sim 2.3$ K[4], 其正常态表现出非费米液体行为. 当超导被磁场抑制时, 其低温电阻率随温度的降低线性地减小, 而低温比热和磁化率随温度降低则表现出发散行为, 表明 $CeCoIn_5$ 可能存在超导量子临界行为 [34]. $CeRhIn_5$ 在 $T_N = 3.8$ K 发生反铁磁相变 [5], 电子正常态比热系数高达 420 mJ/(mol·K^2). 在压力和磁场作用下, $CeRhIn_5$ 呈现出丰富的电子相图, 不同参量诱导的量子相变呈现出多重性 [35]. 与 $CeCoIn_5$ 相似, 常压 $CeIrIn_5$ 在低温也发生超导转变. 但不同的是, $CeIrIn_5$ 的电阻超导转变温度 ($T_c = 1.2$ K) 明显高于比热的超导转变温度 ($T_c = 0.4$ K)[36], 其物理起源仍不清楚, 一种可能是该化合物在体超导转变温度以上先形成了条纹超导相, 因此电阻的超导转变温度更高 [36].

除 $CeMIn_5$ 外, $Ce_nM_mIn_{3n+2m}$ 体系中 n 更大的化合物, 如 2-1-8、3-1-11 等化合物也相继被制备出来 [37,38], 表现出与 1-1-5 体系类似的行为 [37,39].

11.3　镱基重费米子化合物

镱 (Yb) 作为镧系元素中倒数第二个元素, 在形成化合物时一般是 +2 价或 +3 价, 其中 Yb^{2+} 的 4f 壳层中排满了 14 个电子, 对外不显示磁性, 而 Yb^{3+} 的 4f 壳层中排布了 13 个电子, 可等效为一个空穴, 其排布特征与三价铈原子 (一个 4f 电子) 对应. 由于电子与空穴的这种对应性, 一般认为, 镱基和铈基重费米子材料具有相似的性质, 而压力通常会抑制铈基化合物中的长程磁有序 ($4f^1 \rightarrow 4f^0$), 但在镱基化合物中却增强长程磁有序 ($4f^{14} \rightarrow 4f^{13}$).

镱基重费米子化合物的典型代表是 $YbRh_2Si_2$. 该化合物具有与 $CeCu_2Si_2$ 相同的晶体结构, 空间群为 $I4/mmm$(No.139)[40]. $YbRh_2Si_2$ 具有很弱的反铁磁性[41], 奈尔温度 $T_N \sim 0.07$ K, 磁有序态的磁矩只有 2×10^{-3} μ_B/Yb^{3+}. 在外加磁场作用下, T_N 被逐渐抑制到零温 (ab 面内, 临界磁场 $B_c \sim 0.06$ T), 出现反铁磁量子临

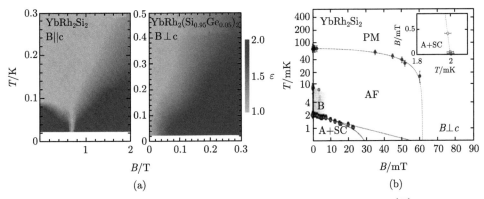

图 11.4　(a) $YbRh_2Si_2$ 和 $YbRh_2(Si_{0.95}Ge_{0.05})_2$ 的磁场–温度 (B-T) 相图 [43], 其中 ε 为电阻随温度变化幂指数, $\Delta\rho(T) = [\rho(\tau) - \rho_0] \propto T^\varepsilon$; (b) 极低温下的 $YbRh_2Si_2$ 的 B-T 相图 [47], 其中 A 为以核自旋为主导的反铁磁序, B 为与 A 有关的涨落较强的相区域

界点. 在量子临界点附近, 该体系呈现出非费米液体行为 (图 11.4(a)), 包括线性电阻和对数发散的低温比热行为 [42]. 此外, 该体系在量子临界点附近表现出 B/T 标度行为 [43], 并且霍尔系数呈现出不连续的跳变 [44], 表明该材料的电子态在量子临界点发生突变, 表现出与 $CeCu_{6-x}Au_x$ 等类似的性质 [45]. 为了理解这类材料独特的量子临界行为, 人们提出了不同的理论模型 [43,46], 但其物理机制仍然具有较大的争议. 目前大家普遍认可这是一种超越 Hertz-Millis 自旋密度波类型的非常规量子临界点, 比较流行的观点认为, 该量子临界点可能伴随着近藤效应的塌陷 [46]. 最近, 人们发现 $YbRh_2Si_2$ 在极低温条件下出现超导 ($T_c \sim 2$ mK[47], 如图 11.4(b) 所示), 但其超导物理机制尚不清楚.

11.4　铀基重费米子化合物

铀基重费米子化合物是更为复杂的一类材料体系, 铀 (U) 原子的 5f 壳层含有 3 个 f 电子, 相比铈原子外壳层多了 2 个 f 电子, 同时 5f 电子相对 4f 电子更加巡游. 铀原子的这种特殊电子结构丰富了铀基化合物的物理性质, 但也增加了其复杂程度. 目前所发现的大部分铁磁重费米子超导材料都属于铀基化合物.

UBe_{13} 具有立方 $NaZn_{13}$ 类型的晶体结构 (图 11.5(a)), 空间群为 $Fm3c$, 是第二个被发现的重费米子超导体 [48]. 与 $CeCu_2Si_2$ 一样, 其正常态的电子比热系数达到 1.1 J/(mol·K²). UBe_{13} 的超导配对机制或配对对称性至今仍是一个未解之谜 [49-52]. 如图 11.5(c) 所示, $U_{1-x}Th_xBe_{13}$ 随着 Th 掺杂浓度 x 的变化呈现出多个超导相, 而且转变温度并不是单调地变化 [53]. μ 子自旋共振实验测量发现, 磁性与超导在 x 的某个范围内共存, 超导态在该范围内发生时间反演对称性破缺 [53].

在常压下, UPt_3 呈现两个超导相 (A 和 B), 如图 11.5(d)[54] 所示, 其超导转变温度均在 0.5 K 左右, 并且在 $T_N = 5$ K 处发生反铁磁相变 [55]. 与 UBe_{13} 类似, μ 子自旋共振 [56] 和 Kerr 效应 [57] 测量都表明, UPt_3 在超导转变温度以下

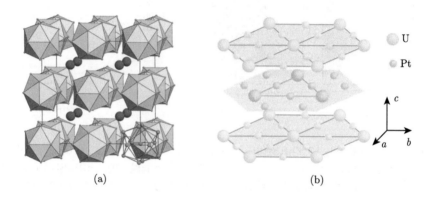

　　　　　　　(a)　　　　　　　　　　　　　　　　　　(b)

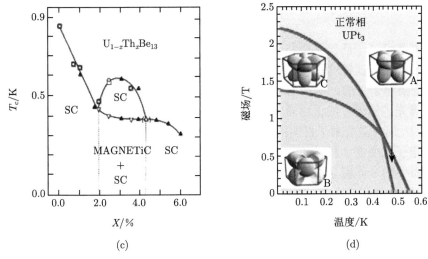

图 11.5 (a) UBe_{13} 结构示意图；(b) UPt_3 结构示意图；(c) Th 掺杂的 UBe_{13} 相图 [53]；
(d) UPt_3 的超导相图 [58]

出现时间反演对称性破缺. 在外加磁场作用下, UPt_3 出现第三个超导相 C[58], 如图 11.5(d) 所示. 在外加压力作用下, 超导相 A 和 B 汇聚成一个新的超导相 [59]. 该材料的超导配对机制和对称性仍需进一步研究.

另外, 铀基重费米子材料 UPd_2Al_3 的超导与反铁磁长程序紧密地耦合在一起, f 电子表现出局域和巡游的两重性 [23,60]. 在 UGe_2[61]、$URhGe$[62] 及 $UCoGe$[63] 等材料中, 铁磁性与超导共存, 超导配对态可能为自旋三重态. URu_2Si_2 化合物因其隐藏序而闻名, 它的超导转变温度为 $T_c \sim 1.5$ K, 超导与隐藏序的关系仍是未解之谜 [64].

重费米子化合物作为一个庞大的材料体系, 除了上述介绍的几个材料体系外, 还包括镨 (Pr) 基、钚 (Pu) 基、镎 (Np) 基等 f 电子材料体系以及少数 d 电子重费米子化合物. 其中, 镨基主要是以 PrV_2Al_{20}[65]、$PrTi_2Al_{20}$[66] 等为代表的 1-2-20 体系, 以及以 $PrOs_4Sb_{12}$[67] 为代表的 1-4-12 体系, 这些化合物往往存在多极矩序和超导. 而钚基重费米子中引人关注的是以 $PuCoGa_5$ 为代表的 Pu 基 115 体系 [68], 其中 $PuCoGa_5$ 的超导转变温度高达 18 K, 是目前重费米子超导体中超导温度最高的材料 [69].

11.5 重费米子体系中的前沿科学问题

在重费米子体系中, 电荷、自旋和轨道等自由度的复杂多体相互作用可导致丰富的宏观量子现象, 如超导、非费米液体、隐藏序和关联拓扑态等. 探索新颖量子物质态, 揭示这些奇异量子态产生的物理机制, 是当前重费米子研究的重要前沿问题.

早期重费米子研究主要集中在宏观量子态和量子现象的探索, 对其本质特征和微观机理缺乏理解. 随着实验技术的不断发展, 分子束外延生长、扫描隧道显微镜、角分辨电子光谱、非弹性中子散射、共振非弹性 X 射线散射以及极端条件物性测量等先进实验方法正逐渐应用于重费米子研究, 极大地促进了该领域的发展. 近年来, 人们在重费米子材料的电子结构、重费米子态的形成与演化、重费米子超导和量子相变的多样性与普适性等重要科学问题上都取得了新的进展, 为认识复杂体系中的多体相互作用及其调控提供新的契机.

同时, 重费米子物理与凝聚态物理的其他重要前沿领域相结合, 催生了一些新的研究方向, 如强关联拓扑态、重费米子自旋阻挫体系、重费米子薄膜和界面物理等. 随着表面与界面技术的发展, 人们可以更加精确地在原子层面进行调控生长, 从而制备出高质量的重费米子薄膜或者超晶格, 为研究与界面相关的新物理提供了可能. 同时, 维度还是调控量子相变的一个重要参量, 而且在超导薄膜或超晶格界面, 中心反演对称遭到破坏, 这将有助于系统研究中心反演对称破缺对超导态和正常态的影响.

11.5.1 重费米子超导

重费米子超导是一类重要的非常规超导. 到目前为止, 人们已经在 40 余个重费米子化合物中发现超导 (表 11.1). 重费米子超导一般都出现在磁性量子临界点附近, 很多材料中的超导都是压力诱导的, 其超导态表现出多种配对形式, 但其配对机理仍然不清楚.

表 11.1 重费米子超导材料的超导转变温度 T_c, 比热系数 γ, 上临界场 $H_{c2}(0)$

类型	化合物	T_c/K	$\gamma/(\mathrm{mJ/(mol \cdot K^2)})$	$H_{c2}(0)$/T
CeT$_2$X$_2$	CeCu$_2$Si$_2$	0.64	1000	0.45//a
	CeCu$_2$Ge$_2$	0.64 (10GPa)	—	2//a
	CePd$_2$Si$_2$	0.5 (2.7GPa)	65	0.7//a, 1.3//c
	CeAu$_2$Si$_2$	2.5 (22.5GPa)	—	—
	CeNi$_2$Ge$_2$	0.3	350	—
	CeRh$_2$Si$_2$	0.35 (0.9GPa)	23	—
CeTX$_3$	CeRhSi$_3$	1.05 (2.6GPa)	110	7
	CeIrSi$_3$	1.59 (2.6GPa)	120	30
	CeNiGe$_3$	0.48 (6.8GPa)	34	2
	CeCoGe$_3$	0.7 (5.5GPa)	32	22
	CeIrGe$_3$	1.6 (24GPa)	80	17

续表

类型	化合物	T_c/K	$\gamma/(\mathrm{mJ/(mol \cdot K^2)})$	$H_{c2}(0)$/T
$\mathrm{Ce}_m\mathrm{T}_n\mathrm{In}_{3m+2n}$	$\mathrm{CeIn_3}$	0.25 (2.5GPa)	370	0.45
	$\mathrm{CeCoIn_5}$	2.3	300	$(11.6{\sim}11.9)//a$, $4.95//c$
	$\mathrm{CeRhIn_5}$	1.9 (1.77GPa)	50	$10.2//c$
	$\mathrm{CeIrIn_5}$	0.4	700	0.53
	$\mathrm{CePt_2In_7}$	2.3 (3.1GPa)	340	15
	$\mathrm{Ce_2CoIn_8}$	0.4	460	—
	$\mathrm{Ce_2RhIn_8}$	2.0 (2.3GPa)	400	5.36
	$\mathrm{Ce_2PdIn_8}$	0.68	550	—
	$\mathrm{Ce_3PdIn_{11}}$	0.42	290	2.8
其他铈基	$\mathrm{CePt_3Si}$	0.75	390	5
	$\mathrm{CePd_5Al_2}$	0.57 (10.8GPa)	56	0.25
镨基	$\mathrm{PrOs_4Sb_{12}}$	1.85	500	2.3
	$\mathrm{PrTi_2Al_{20}}$	0.2	100	0.006
	$\mathrm{PrV_2Al_{20}}$	0.05	90	0.014
镱基	$\mathrm{YbRh_2Si_2}$	0.002	—	—
	$\mathrm{\beta\text{-}YbAlB_4}$	0.08	130	0.03
铀基	UIr	0.14 (2.6GPa)	48.5	0.026
	$\mathrm{UGe_2}$	0.7 (1.2GPa)	100	1.4
	$\mathrm{UBe_{13}}$	0.9	1000	9
	$\mathrm{UPt_3}$	0.55, 0.48	422	$2.8//a$
	UCoGe	0.66	55	$5//a$
	URhGe	0.25	160	$2//a$
	$\mathrm{UNi_2Al_3}$	1.0	120	1.6
	$\mathrm{UPd_2Al_3}$	2.0	150	0.8
	$\mathrm{URu_2Si_2}$	1.5	65.5	10
镎基	$\mathrm{NpPd_5Al_2}$	5.0	200	$3.7//a$
钚基	$\mathrm{PuCoGa_5}$	18.0	77	74
	$\mathrm{PuCoIn_5}$	2.5	200	$32//a, 10//c$
	$\mathrm{PuRhGa_5}$	9	80-150	$25//ab$
	$\mathrm{PuRhIn_5}$	1.7	350	$23//ab$

11.5.2 重费米子超导序参量的对称性

超导序参量是超导配对机理研究中的一个重要物理量. 由于重费米子超导的转变温度普遍较低 (大多在 1 K 以下), 并且在很多情况下都是压力诱导产生的, 一些在高温超导研究中广泛应用的实验技术, 如角分辨光电子能谱 (ARPES) 和扫描隧道谱 (STM) 等, 在重费米子超导研究中具有局限性. 目前, 科学家们仍主要依赖于磁场穿透深度、低温电子比热、热导和核磁共振等实验手段, 测量超导的低能激发.

重费米子超导属于非常规超导, 其超导配对态可以是自旋单态、自旋三重态,
甚至两者的混合. 通常情况下, 其超导能隙在某些方向上存在节点. 例如, 铈基重
费米子超导体 CeCoIn$_5$ 的序参量得到了广泛的研究, 它的低温磁场穿透深度随温
度线性变化, 低温热导和比热随 ab 平面内磁场转角具有四重对称性 [33,70,71], 表
现出 d 波超导的行为. 另一方面, 铀基重费米子超导体 UPt$_3$ 的奈特位移 (Knight
shift) 在样品进入超导态前后仍保持不变, 并且 μ 子自旋弛豫实验和 Kerr 效应实
验证实该材料在超导态下发生了时间反演对称性破缺 [56,57,72], 表明该材料可能是
一个自旋三重态超导体. 最近, 理论预言 UPt$_3$ 是一个潜在的拓扑超导体 [73].

类似于铜氧化合物高温超导体, 先前的实验普遍支持 CeCu$_2$Si$_2$ 为 d 波超导
体, 其超导能隙存在线节点 [9]. 然而, 最近的磁场穿透深度 [10] 和极低温比热 [11]
等测量表明, 该材料的超导能隙没有节点, 表现出类 "s 波" 超导特性 (图 11.6). 怎
样来理解这些新的实验发现仍是一个具有争议的问题. 结合第一性原理计算, 人们
从理论上提出了 s 波超导配对模型 [12]. 然而, 这些模型很难解释先前的实验结果,
特别是非弹性中子散射观察到的自旋共振峰 [13]. 最近, 我们提出了一种无能隙节
点的两能带 d 波混合超导配对模型 [10], 既可以完美地拟合最新的超流密度和电
子比热等实验数据, 又可以合理解释早期的实验结果, 为解决这些看似矛盾的问
题提供了一种新的思路. 此外, 人们发现重费米子超导体 UBe$_{13}$ 的低温比热行为
与 CeCu$_2$Si$_2$ 相似, 其超导能隙可能也没有能隙节点 [51]. 这些最新的研究进展表
明, 重费米子超导的序参量对称性及其超导配对机理尚未清楚, 需要更多的实验
与理论研究.

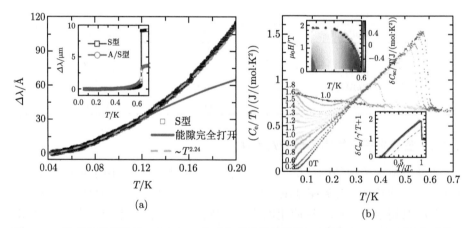

图 11.6　重费米子超导体 CeCu$_2$Si$_2$ 的 (a) 磁场穿透深度 $\Delta\lambda$[10] 和 (b) 低温比热系数
C_e/T[11], 两者在低温都呈指数衰减

2004 年, Bauer 等首次在非中心对称的重费米子材料 $CePt_3Si$ 中发现超导 [74]. 随后, 非中心对称超导迅速发展成为一个重要的超导研究方向, 并被认为是一类潜在的拓扑超导材料 [75]. 当晶体结构缺乏中心反演对称时, 反对称自旋-轨道耦合会使自旋简并的能带发生劈裂, 允许自旋单态和自旋三重态的混合 [76]. 低温磁场穿透深度 [77] 和核磁共振等 [78-80] 测量表明, $CePt_3Si$ 的超导态既呈现出类似于 s 波超导的特征, 又具有自旋三重态超导的一些性质 [77-80]. $CeTSi_3(T=Rh, Ir)$ 是另一类非中心对称重费米子化合物 [81,82], 在压力下其反铁磁序被抑制掉, 并出现超导. 这类材料的上临界磁场表现出很强的各向异性, 并且远超过理论上的泡利极限值 ($H||c$ 方向). 目前, 非中心对称重费米子超导的例子还不多, 中心对称破缺与电子关联效应相结合所导致的新物理效应尚待进一步发掘.

11.5.3 重费米子超导与其他竞争序的相互作用

某些重费米子超导与铜基和铁基高温超导材料具有相似的物理相图, 其超导与磁性紧密相关, 超导通常出现在磁性失稳态附近. 相比铜基和铁基高温超导材料而言, 重费米子材料通常都很干净, 其超导通常由压力诱导 (或者零压), 超导态较少受到无序效应等因素的干扰, 从而更有利于研究超导的本质特征. 另一方面, 由于重费米子体系的各种特征温度都比较低, 磁场和压强等参量都可以有效地调控其基态性质, 为研究超导与其他竞争序的相互作用提供了一个很好的平台.

在重费米子化合物中, 超导和量子相变紧密相关. 从目前已有的材料体系来看, 重费米子超导通常出现在反铁磁量子临界点附近, 而且与反铁磁序微观共存或者竞争 [83]. 先前一直认为, 重费米子超导只出现在自旋密度波量子临界点附近 (如 $CeCu_2Si_2$), 而局域量子临界点不利于超导态的形成. 最近的实验表明, $CeRhIn_5$ (压力诱导) 和 $YbRh_2Si_2$(磁场诱导) 的反铁磁量子临界点存在费米面的突变 [84], 这与局域量子临界点相符; 但另一方面, 这两个材料在低温都出现超导 [47]. 除了反铁磁量子临界点附近的超导外 (图 11.7(a)), 人们还在 UGe_2[85]、$UCoGe$[86]、$URhGe$[87] 等铁磁材料的量子相变点附近也观察到超导 (注: 该类材料的量子相变为一阶相变, 缺乏铁磁量子临界点). 作为一个例子, 图 11.7(b) 给出了 $UCoGe$ 的压力–温度相图 [84]. 此外, 重费米子超导还可能出现在价位 (图 11.2(d) 所示的 $CeCu_2(Si_{1-x}Ge_x)_2$ 高压超导相 [8]) 或者多极矩序 (图 11.7(c) 所示的 $PrTi_2Al_{20}$[88]) 等量子相变点附近, 其超导态可能起源于价态或者轨道序的量子涨落. 还有一些材料, 如图 11.7(d) 的 β-$YbAlB_4$[89], 其超导相远离磁性量子临界点. 因此, 重费米子体系中超导配对的形式比其他任何体系都更丰富, 而揭示重费米子超导与其他竞争序的相互作用是理解其超导配对机制的基础, 尚需要进一步研究.

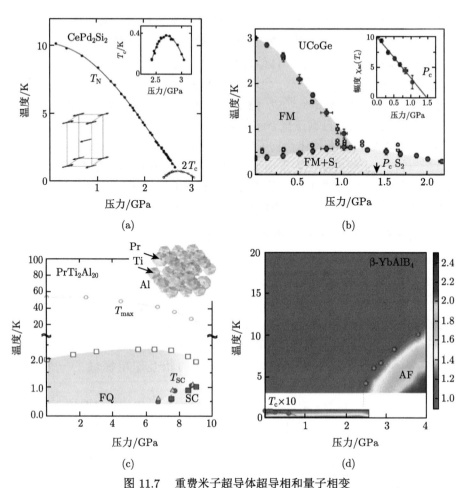

图 11.7　重费米子超导体超导相和量子相变

(a) CePd$_2$Si$_2$, 超导出现在反铁磁量子临界点附近 [19]; (b) UCoGe, 超导出现在铁磁量子相变附近 [86];
(c) PrTi$_2$Al$_{20}$, 超导与多极矩序 [88]; (d) β-YbAlB$_4$, 超导远离反铁磁量子临界点 [89]

11.6　量子相变

由热涨落驱动的经典热力学二级相变, 其临界点的标度行为可通过序参量进行普适描述, 而发生在绝对零度的连续量子相变尚缺乏普适的理论描述, 是当前凝聚态物理的一个重要前沿科学问题. 与其他关联电子体系不同, 重费米子体系中的多体相互作用能量尺度低, 其基态可通过磁场、压力和掺杂等参量进行连续调控. 例如, 在同一材料体系中, 人们可以通过不同的调控参量来抑制磁有序态, 也可以通过压力等诱导电子的不同自由度发生量子相变. 揭示量子临界行为的普适性及其分类将是建立量子相变理论的基础.

11.6.1 多参量调控的反铁磁量子相变

压力和磁场是重费米子体系的重要调控参量. 压力可改变晶格常数, 调节电子间的相互作用, 并且不会引入额外的杂质或者无序效应, 是一种纯净的调控手段. 然而, 由于受实验环境的限制, 压力下的物性测量通常具有挑战性. 目前常用的实验方法包括压力下的电输运、比热、磁化率、核磁共振和中子散射等, 而角分辨光电子能谱和扫描隧道谱等先进谱学测量则无法在压力下开展. 如前所述, 压力在研究重费米子超导与量子相变时发挥了重要作用. 在已知的 40 多个重费米子超导体中, 很多都是由压力诱导产生的, 如 $CeIn_3$[19], $CeRhIn_5$[5], $CeCoGe_3$[90] 和 UGe_2[61] 等. 同时, 压力可以抑制长程磁有序等, 诱发量子临界行为. 另一方面, 磁场可以极化电子自旋, 改变电子间的耦合强度, 从而改变基态性质, 诱发量子相变, 如 $YbRh_2Si_2$[41] 和 $CeRhIn_5$[35] 等. 在磁场诱导下, 一些重费米子材料也会出现磁结构的改变, 发生变磁相变. 通常情况下, 变磁相变为一级相变. 在其他参量调控下, 变磁相变可以被逐渐抑制到零温, 出现量子临界终点, 从而导致一些独特而复杂的量子临界行为. 典型的变磁相变重费米子化合物包括 $CeRu_2Si_2$[91], $CeRh_2Si_2$[92] 和 URu_2Si_2[93] 等, 这些材料都呈现出丰富的磁场–温度相图.

为了解释重费米子体系中的量子临界行为, 人们提出了不同的理论模型. Hertz-Millis 等将经典热力学相变理论推广到量子相变体系, 可以较好地解释自旋密度波类型的反铁磁量子临界点 [94], 如 $CeCu_2Si_2$ 等 [95]. 类似于经典相变, 这类量子相变可由序参量的涨落来描述. 然而, 越来越多的实验表明, 这一理论无法普适描述所有量子临界行为. 近年来, Coleman 和 Si 等发展了局域量子相变理论 [96-98], 认为量子临界点的出现伴随近藤效应的塌陷, 局域的 f 电子在量子临界点由于近藤效应而发生退局域化, 从而导致小费米面–大费米面的转变, 其量子临界行为不

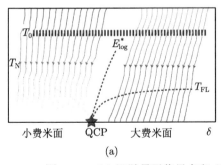 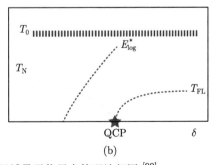

$$\text{(a)} \qquad\qquad \text{(b)}$$

图 11.8　(a) 巡游量子临界点和 (b) 局域量子临界点的理论相图 [99]

图中的横坐标是非热力的调控参量 δ, 纵坐标表示温度 T, 调控参量 δ 可以调节 RKKY 作用和近藤作用的相对强度. 图 (a) 显示量子临界点伴随近藤效应的塌陷, 导致费米面在此发生跳变; 而在图 (b) 中, 近藤效应发生在反铁磁态内部, 费米面在量子临界点连续变化, T_N 代表反铁磁转变温度, T_{FL} 表示费米液体的温度上限, E_{log}^* 标记小费米面到大费米面的转变, T_0 代表近藤晶格形成的过渡区间

能简单由序参量涨落来描述. 图 11.8 给出了两种量子临界模型低温相图 [99]. 这一理论被用来解释 YbRh$_2$Si$_2$ 和 CeCu$_{6-x}$Au$_x$ 等材料中的量子临界行为 [96,100], 但目前仍然有些争议. 其他的理论还包括分数化费米液体理论 [101]、价电子涨落量子临界理论 [102]、临界准粒子理论 [103]、二流体理论 [104] 等. 在这些理论中, 除了考虑磁性序参量的涨落外, 还可能存在局域的玻色模式、分数化的自旋子激发、集体杂化模式等不同类型的集体激发.

　　另外, 同一重费米子体系在不同参量调控下是否具有普适行为? 目前在该方面尚缺乏系统的研究. 最近, 我们深入地研究了 CeRhIn$_5$ 在强磁场下的物理行为, 发现该化合物在 $B^* \approx 30$ T 时发生费米面重构, 电子有效质量增加, 对应小费米面–大费米面的转变, 并在 $B_{c0} \approx 50$ T 出现磁致量子临界点 [105,106], 如图 11.9(b) 所示. 这些结果表明, 该磁致反铁磁量子临界点为自旋密度波类型, 费米面在量子

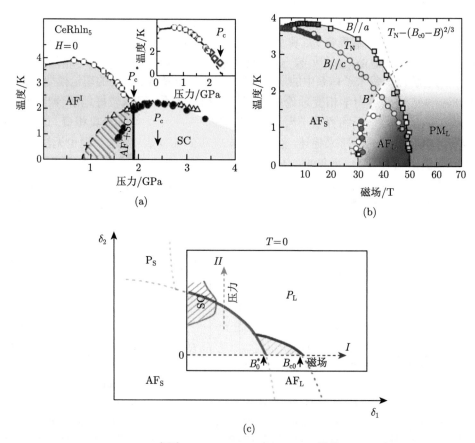

图 11.9　CeRhIn$_5$ 在 (a) 压力 [100] 和 (b) 磁场调制下的相图 [106]; (c) 可能的零温压力–磁场相图 [106]

临界点没有发生突变. 另一方面, 压力也可以连续抑制 $CeRhIn_5$ 中的反铁磁序 [5], 并且在量子临界点出现费米面突变 [107], 从而支持局域量子临界理论 [96-98]. 研究表明, 对于同一材料体系, 压力和磁场可诱导不同类型的反铁磁量子临界点, 并且可以通过费米面的变化来进行普适分类 [106]. 进一步构建更多重费米子材料的多参量物理相图 (图 11.9(c)), 研究不同调控参量诱导的量子临界行为以及费米面拓扑结构和霍尔系数的变化, 对建立和完善量子相变理论, 建立全局相图, 揭示量子相变的普适规律等至关重要.

11.6.2 电子不同自由度的量子相变

研究表明, 反铁磁量子临界点广泛存在于重费米子材料中. 然而到目前为止, 人们对铁磁量子临界点还知之甚少. 先前的理论预言 [108], 巡游铁磁体系不存在量子临界点, 铁磁态通常会在压力等参量调控下经历一级相变而突然消失或者转变成其他磁有序态, 而无序效应可能会导致二级相变. 该理论与现有的实验基本一致: 比如, 在 UGe_2[61], $ZrZn_2$[109] 和 CoS_2[110] 等材料中, 铁磁序在临界点附近突然消失, 发生一级相变; 在 $MnSi$[111] 和 $Nb_{1-y}Fe_{2+y}$[112] 等材料中, 铁磁态转变为反铁磁序等; 而在 $Ni_{1-x}V_x$[113] 和 $URu_{2-x}Re_xSi_2$[114] 等材料中, 由于无序效应的作用, 铁磁序被逐渐抑制掉, 有的甚至在临界点附近出现 Griffiths 相等 [113]. 最近, 人们在准一维重费米子材料 $YbNi_4(P_{1-x}As_x)_2$ 中发现掺杂可以逐渐抑制铁磁序, 并且观察到了明显的量子临界行为, 被认为是第一个可能存在铁磁量子临界点的材料 [115]. 然而, 该体系中的元素替换不可避免地会引入一些无序效应. 那么, 在纯净的铁磁材料中是否存在铁磁量子临界点? 铁磁量子临界点会表现出哪些独特的物理行为? 这仍然是当前一个令人非常感兴趣的问题.

在重费米子体系中, 除了上述与电子自旋相关的磁性量子相变之外, 电子的其他自由度 (如轨道和电荷等) 在外界参量调控下也可能经历量子相变, 表现出奇异的量子临界行为. 例如, $CeCu_2Si_2$ 在压力下先后经历反铁磁量子临界点和价态量子相变, 并且在两个临界点附近都观察到超导相 [8]. 由于实验的挑战性, 高压下价态相变的实验研究还很少. 研究混价化合物或者多极矩序材料在压力和磁场下的物理性质, 探索与电子价态、电荷或者轨道序等相关的量子临界行为以及可能诱导的奇异量子态, 对理解量子相变的多样性与普适性具有重要意义.

11.7 强关联拓扑态

近年来, 材料的拓扑非平庸能带结构及其物理性质是凝聚态物理研究的热点, 产生了许多重要的发现, 如拓扑绝缘体、狄拉克半金属、外尔费米子等. 然而, 到目前为止, 绝大多数的拓扑物态研究都集中在弱关联电子体系当中, 其物理图像相对较简单. 电子关联效应与自旋–轨道耦合的结合会产生哪些新的拓扑效应？这是重费米子领域最近演生出来的一个新研究方向. 相比弱关联电子体系, 重费米子体系能带的精准计算更具有挑战性, 同时 ARPES 等谱学测量也受限于能量分辨率, 这些因素增加了强关联拓扑态研究的难度.

11.7.1 拓扑近藤绝缘体

强关联拓扑材料的研究前期主要集中在近藤拓扑绝缘体, 其中引起广泛关注的例子包括 SmB_6 和 YbB_6 等. SmB_6 的电阻表现出非常独特的行为 [116,117], 在低温出现一个电阻平台 (图 11.10), 被认为起源于拓扑表面态, 因此 SmB_6 是一个潜在的拓扑近藤绝缘体. 该材料具有高对称的立方晶体结构, 并且在费米能附近只有 d 电子和 f 电子能带, 存在能带反转 [118]. 最近的一系列实验都支持 SmB_6 中存在表面金属态, 如样品厚度对输运性质的影响 [119]、角分辨光电子能谱 [120]、扫描隧道显微镜 [121] 以及非局域输运性质测量 [122] 等. 另一方面, 该材料表现出独特的量子振荡行为 [123,124], 目前其机制尚存在争议. 除了 SmB_6 以外, 最近人们在 PuB_6[125], YbB_{12}[126,127], $CeNiSn$[128] 等近藤晶格材料中也观察到了拓扑表面态的迹象, 但尚需进一步的实验验证.

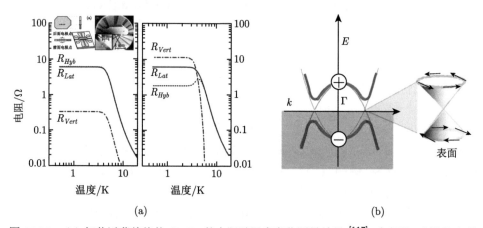

(a)   (b)

图 11.10   (a) 拓扑近藤绝缘体 SmB_6 的电阻随温度变化测量结果 [117], 在低温, 电阻的上升趋势逐渐饱和, 形成一个平台; (b) 能带计算表明, SmB_6 的能带结构中存在能带反转, 从而导致了表面狄拉克锥的出现 [129]

11.7.2 拓扑近藤半金属

与拓扑绝缘体不同, 拓扑半金属的体能带中并没有能隙打开. 同时, 由于强自旋–轨道耦合作用, 其体能带中出现一些交叉点, 表现出线性色散关系, 并受到晶格对称性的保护. 根据交叉点的能带简并性质不同, 它们又分为狄拉克半金属和外尔半金属. 狄拉克和外尔半金属材料表现出许多独特的磁输运性质[130], 如不饱和线性磁阻、手性异常、反常霍尔效应等.

类似于拓扑近藤绝缘体, 人们也一直在探索是否存在近藤狄拉克或外尔半金属. 理论研究表明, 重费米子半金属 $CeRu_4Sn_6$ 的能带结构中可能存在几对外尔点[131], 但由于该化合物具有非常复杂的能带结构, 多个能带穿过费米面, 这一理论预言很难被实验验证. 斯其苗等从理论上预言, 近藤相互作用与自旋–轨道耦合结合可以产生外尔费米子, 其电子比热正比于温度的三次方, 他们认为重费米子半金属 $Ce_3Bi_4Pd_3$ 的比热结果支持这一预言[132]. 然而, 由于 $Ce_3Bi_4Pd_3$ 的低温比热分析的复杂性, 其拓扑性质仍有待进一步验证. 另一方面, 最近的 DMFT 计算结果表明, 该材料不太可能通过自旋–轨道耦合作用而产生外尔节点[133]. 最近, 我们的系列实验和理论研究表明, 重费米子半金属 YbPtBi 中存在外尔费米子激发 (图 11.11), 并且随着能带杂化效应的增强, 外尔费米子表现出不同的性质[134]. 此外, 我们还系统研究了磷族化合物 REX(RE= 镧系元素; X=Sb, Bi) 的能带拓扑结构以及输运性质[135-139], 发现 CeSb 的磁致铁磁态可能存在外尔节点[140], 并且在 SmSb 中发现了反常的量子振荡行为[137]. 这些研究表明, 重费米子体系为研究拓扑序与电子关联效应的结合提供了一个很好的研究平台, 蕴藏着丰富的物理现象, 亟待进一步的实验和理论研究.

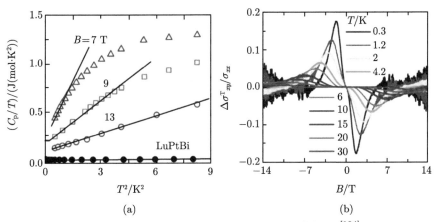

(a)   (b)

图 11.11   YbPtBi 在低温重费米子态的拓扑性质[134]

(a) 电子比热 C_p 正比于温度 T 的三次方; (b) 拓扑霍尔效应

11.8   其他类型的新颖量子态

除了上述的重费米子超导、量子相变和关联拓扑态外, 重费米子体系还呈现出许多其他的量子性质. 在本节中, 我们将简要介绍重费米子化合物 URu_2Si_2 的隐藏序、磁阻挫材料 CePdAl 中可能的自旋液体相和 $CeCoIn_5$ 的 Q 相等奇异量子态.

11.8.1　重费米子材料 URu_2Si_2 的隐藏序

重费米子超导体 URu_2Si_2 的超导转变温度 $T_c \sim 1.5$ K. 随着温度上升, 在 $T_0 = 17.5$ K 经历了一个二级相变, 释放的熵大约为 $0.2Rln2$[141]. 另一方面, 该化合物的磁矩很小 ($0.03\ \mu_B/U$), 不可能导致如此大的熵变, 因而 T_0 处的相变不大可能对应于一个简单的磁性相变[142]. 到目前为止, 人们已经提出了数十种理论来解释这一独特的现象, 但仍未达成共识[143]. 因此, 人们将 URu_2Si_2 在 T_0 以下的奇异有序相称作隐藏序 (hidden order). 经过 30 多年的不断探索, 人们仍未揭开这个 "隐藏序" 的神秘面纱, 但持续的研究大大加深了对其奇异性质的理解和认识. 扫描隧道谱和非弹性中子散射实验结果表明[144], URu_2Si_2 费米面上的能隙和动力学自旋磁化率表现出平均场行为, 为人们寻找隐藏序对应的序参量提供了重要线索. 量子振荡实验建立了隐藏序费米面的完整图像[145], 而非弹性中子散射实验将隐藏序相变附近的巨大熵变归结为与自旋激发相关的能隙[146]. 同时, 相关高压、强磁场和掺杂实验表明隐藏序的独特性及其演化, 构建了完整的相图[147], 其中压力–温度相图如图 11.12(a) 所示. 最近的一系列实验表明, URu_2Si_2 的隐藏序和超导可能对应多种对称性的破缺:Kerr 效应实验发现超导转变温度以下出现时间反演对称性破缺[148]; 极化拉曼散射实验发现隐藏序内铀原子局部垂直映射和对角映射对称性的破缺[149]; 磁力矩转角实验则发现隐藏序可能破坏了 ab 面内晶格的四重旋转对称, 这种二重对称的电子向列序与铁基超导中的行为非常类似[150]. 为了进一步揭示隐藏序这一奇异量子态, 仍需要理论和实验的进一步紧密

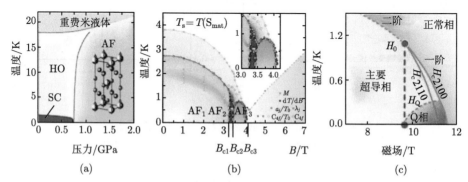

图 11.12　(a) URu_2Si_2 材料在压力下的相图[147], 隐藏序相逐渐被抑制, 转变为反铁磁序, 同时超导相消失; (b) CePdAl 材料的磁场–温度相图[151], 在某一磁场区间内, 比热测量结果表明其熵出现极大增加; (c)$CeCoIn_5$ 中子散射结果表明其超导上临界磁场附近存在一个特殊的 Q 相[152]

合作.

11.8.2 重费米子阻挫体系中的奇异态

在重费米子材料中, 几何阻挫和维度等都可以影响体系的量子自旋涨落, 是调控电子相互作用的另一重要参量 [153]. 在重费米子材料 CePdAl 中, 由于自旋阻挫的存在, 2/3 的 f 电子磁矩在低温下形成反铁磁长程序, 而另外 1/3 的 f 电子局域磁矩仍处于无序状态, 且由于近藤效应而被屏蔽. 但在磁场调控下, 如图 11.12(b) 所示, 近藤屏蔽效应逐渐被抑制, 其比热测量显示, 在某一个特定的磁场范围内存在明显的熵增现象, 这表明体系的无序度得到增强, 是量子自旋液体的一个重要标志 [151]. 因此, 人们认为 CePdAl 在磁场调控下可能存在自旋液体相. 需要指出的是, 文献中所讨论的量子自旋液体一般源自绝缘体材料, 而 CePdAl 是重费米子金属, 进一步确认该材料体系中是否存在自旋液体相是当前的一个热点问题.

11.8.3 CeCoIn$_5$ 超导相中的 Q 相

当重费米超导体 CeCoIn$_5$ 在 ab 平面内的磁场接近其上临界磁场时, 人们观察到了一个新的量子态, 如图 11.12(c) 所示, 即所谓的 Q 相 [152]. 中子散射和核磁共振实验表明, 该超导相伴随自旋密度波型反铁磁序 [154,155], 其波矢 $Q = (0.44, 0.44, 0.5)$. 早期的观点认为这可能是一个非均匀的超导相, 类似于 FFLO 相[156], 但也有观点认为 Q 相起源于超导能隙线节点方向上的电子嵌套 [157]. 最近的中子散射实验表明, 该 Q 相内超导态可能存在含有 p 波成分的配对密度波 (PDW)[158]. 因此, CeCoIn$_5$ 中 Q 相的真实起源尚需进一步的实验来阐释.

11.9 本 章 小 结

重费米子材料是一类典型的强关联电子体系, 表现出异常丰富的量子性质. 许多重费米子超导体表现出与铜基和铁基高温超导材料类似的物理相图, 超导与反铁磁序紧密相关. 与掺杂的高温超导材料相比, 重费米子化合物通常都非常干净, 并且可以通过压力等纯净的实验手段来进行调控, 因而更有助于揭示超导的本质特征, 为理解高温超导机制提供借鉴. 与其他非常规超导体相比, 重费米子超导具有更加丰富的性质, 超导可出现在自旋、轨道和电荷等有序态的失稳点附近, 超导配对态可以是自旋单态、自旋三重态或者两者的混合. 另一方面, 重费米子超导的转变温度比较低, 通常需要极低温、高压等极端实验条件, 从而限制了其超导物性的研究, 特别是一些谱学测量. 进一步发展极端条件下的实验方法, 提高谱学测量精度, 将有助于我们对重费米子超导态及其配对机制的理解.

重费米子体系的特征能量尺度都比较低, 可以通过外加压力和磁场等参量对基态进行调控, 是研究量子相变的理想体系. 不同于经典热力学相变, 量子相变表现出许多奇异的性质, 目前还没有普适的理论来描述. 构造多参量的全局电子相图, 研究不同调控参量诱导的量子临界点的标度行为以及电子态变化, 探索电子不同自由度的量子临界性, 对揭示量子相变的多样性和普适分类至关重要.

强关联拓扑态是重费米子领域最近发展起来的一个研究方向, 引起了广泛关注. 现有的研究表明, 重费米子体系可以表现出丰富的拓扑性质, 包括拓扑绝缘体、拓扑半金属以及可能的拓扑超导. 由于强关联电子体系的复杂性, 理论和实验研究都比弱关联拓扑材料更具有挑战性. 对于弱关联拓扑材料, 能带计算、ARPES、STM 和输运性质等测量可以较好地表征其拓扑性质. 最近, 国际上的几个研究团队发展了一些理论方法 [159-161], 对数万个弱关联电子材料进行了拓扑分类, 发现很多材料都表现出非平庸的拓扑性质. 然而, 对于强关联电子体系, 理论学家们还缺乏行之有效的方法进行拓扑分类, 甚至连精准的能带计算都比较困难. 另外, 由于重费米子能带很窄, ARPES 等实验方法也还很难精确测量其能带色散关系. 因此, 强关联拓扑态亟待进一步的实验和理论研究, 包括发展一些新的实验表征方法. 不同于弱关联拓扑材料, 重费米子体系中的局域电子与巡游电子通过近藤耦合而打开一个杂化能隙, 杂化能隙的大小以及费米能级的位置可以通过压力、元素替换或者磁场等参量来连续调控, 因而重费米子体系有望成为拓扑量子相变研究的理想体系. 此外, 通过同族元素的替换, 人们还可以研究自旋–轨道耦合强度对拓扑性质的影响.

在重费米子体系中, 电子不同自由度的相互作用可以催生许多意想不到的奇异量子态或者量子现象. 发现新颖量子态, 揭示其形成机制仍将是重费米子研究的重要方面, 而一个新材料体系或者一种新颖量子态的发现往往会带动整个领域的发展.

参 考 文 献

[1] Andres K, Graebner J E, Ott H R. Phys. Rev. Lett., 1975, 35: 1779.

[2] Grewe N. Solid State Commun., 1984, 50: 19-23.

[3] Steglich F, Aarts J, Bredl C D, Lieke W, Meschede D, Franz W, Schäfer H. Phys. Rev. Lett., 1979, 43: 1892.

[4] Petrovic C, Pagliuso P G, Hundley M F, Movshovich R, Sarrao J L, Thompson J D, Fisk Z, Monthoux P. J. Phys.: Condens. Matter, 2001, 13: L337.

[5] Hegger H, Petrovic C, Moshopoulou E G, Sarrao J L, Fisk Z, Thompson J D. Phys. Rev. Lett., 2000, 84: 4986.

[6] Petrovic C, Movshovich R, Jaime M, Pagliuso P G, Hundley M F, Sarrao J L, Fisk Z, Thompson J D. Europhys. Lett., 2001, 53: 354.

[7] Steglich F, Gegenwart P, Geibel C, Helfrich R, Hellmann P, Lang M, Link A, Modler R, Sparn G, Bφttgen N, Loidl A. Physica B, 1995, 223-224: 1.

[8] Yuan H Q, Grosche F M, Deppe M, Geibel C, Sparn G, Steglich F. Science, 2003, 302: 2104-2107.

[9] Ueda K, Kitaoka Y, Yamada H, Kohori Y, Kohara Y, Asayama K J. Phys. Soc. Jpn., 1987, 56: 867.

[10] Pang G M, Smidman M, Zhang J L, Jiao L, Weng Z F, Nica E M, Chen Y, Jiang W B, Zhang Y J, Xie W, Jeevan H S, Lee H, Gegenwart P, Steglich F, Si Q M , Yuan H Q. Proc. Nat. Acad. Sci., 2018, 115: 5343.

[11] Kittaka S, Aoki Y, Shimura Y, Sakakibara T, Seiro S, Geibel C, Steglich F, Ikeda H, Machida K. Phys. Rev. Lett., 2014, 112: 067002.

[12] Ikeda H, Suzuki M, Arita R. Phys. Rev. Lett., 2015, 114: 147003.

[13] Stockert O, Arndt J, Faulhaber E, Geibel C, Jeevan H S, Kirchner S, Loewenhaupt M, Schmalzl K, Schmidt W, Si Q, Steglich F. Nat. Phys., 2011, 7: 119-124.

[14] Trovarelli O, Weiden M, Müller-Reisener R, Gómez-Berisso M, Gegenwart P, Deppe M, Geibel C, SereniJ G, Steglich F. Phys. Rev. B, 1997, 56: 678.

[15] Bruls G, Wolf B, Finsterbusch D, Thalmeier P, Kouroudis I, Sun W, Assmus W, Lüthi B. Phys. Rev. Lett., 1994, 72: 1754.

[16] Steglich F. J. Phys. Soc. Jpn., 2005, 74: 167.

[17] Jaccard D, Behnia, Sierro J. Phys. Lett. A, 1992, 163: 475.

[18] Grosche F M, Julian S R, Mathur N D, Lonzarich G G. Physica B, 1996, 223-224: 50.

[19] Mathur N D, Grosche F M, Julian S R, Walker I R, FreyeD M, Haselwimmer R K W, Lonzarich G G. Nature, 1998, 394: 39.

[20] Movshovich R, Graf T, Mandrus D, Thompson J D, Smith J L, Fisk Z. Phys. Rev. B, 1996, 53: 8241.

[21] Ren Z, Pourovskii L V, Giriat G, Lapertot G, GeorgesA, Jaccard D. Phys. Rev. X, 2014, 4: 031055.

[22] Gegenwart P, Kromer F, Lang M, Sparn G, Geibel C, Steglich F. Phys. Rev. Lett., 1999, 82: 1293.

[23] Pfleiderer C. Rev. Mod. Phys., 2009, 81: 1551.

[24] Monthoux P, Pines D, Lonzarich G G. Nature, 2007, 450: 1177.

[25] Knebel G, Braithwaite D, Canfield P C, Lapertot G, Flouquet J. Phys. Rev. B, 2001, 65: 024425.

[26] Hertz J A. Phys. Rev. B, 1976, 14: 1165

[27] Millis A J. Phys. Rev. B, 1993, 48: 7183.

[28] Sarrao J L, Thompson J D. J. Phys. Soc. Jpn., 2007, 76: 051013.

[29] Koitzsch A, Borisenko S V, Inosov D, Geck J, Zabolotnyy V B, Shiozawa H, Knupfer M, Fink J, Büchner B, Bauer E D, Sarrao J L, Follath R. Phys. Rev. B, 2008, 77: 155128.

[30] Cornelius A L, Arko A J, Sarrao J L, Hundley M F, Fisk Z. Phys. Rev. B, 2000, 62: 14181.

[31] Hall D, Palm E C, Murphy T P, Tozer S W, Petrovic C, Eliza M R, Lydia P, Li C Q H, Alver U, Goodrich R G, Sarrao J L, Pagliuso P G, Wills J M, Fisk Z. Phys. Rev. B, 2001, 64: 064506.

[32] Akbari A, Thalmeier P. Phys. Rev. B, 2012, 86: 134516.

[33] An K, Sakakibara T, Settai R, Onuki Y, Hiragi M, Ichioka M, Machida K. Phys. Rev. Lett., 2010, 104: 037002.

[34] Bianchi A, Movshovich R, Vekhter I, Pagliuso P G, Sarrao J L. Phys. Rev. Lett., 2003, 91: 257001.

[35] Jiao L, Chen Y, Kohama Y, Graf D, Bauer E D, Singleton J, Zhu J X, Weng Z F, Pang G M, Shang T, Zhang J L, Lee H, Park T, Jaime M, Thompson J D, Steglich F, Si Q M, Yuan H Q. Proc. Natl. Acad. Sci., 2015, 112: 673.

[36] Bianchi A, Movshovich R, Jaime M, Thompson J D, Pagliuso P G, Sarrao J L. Phys. Rev. B, 2001, 64: 220504.

[37] Nicklas M, Sidorov V A, Borges H A, Pagliuso P G, Petrovic C, Fisk Z, Sarrao J L, Thompson J D. Phys. Rev. B, 2003, 67: 020506.

[38] Kratochvilova M, Dusek M, Uhlirova K, Rudajevova A, Prokleska J, Vondrackova B, Custers J, Sechovsky V. J. Cryst. Growth, 2014, 397: 47-52.

[39] Kratochvílová M, Prokleška J, Uhlířová K, Tkáč V, Dušek M, Sechovský V, Custers J. Sci. Rep., 2015, 5: 15904.

[40] Rossi D, Marazza R, Ferro R. J. Less-Common. Met., 1979, 66: 17.

[41] Gegenwart P, Custers J, Geibel C, Neumaier K, Tayama T, Tenya K, Trovarelli O, Steglich F. Phys. Rev. Lett., 2002, 89: 056402.

[42] Trovarelli O, Geibel C, Mederle S, Langhammer C, Grosche F M, Gegenwart P, Lang M, Sparn G, Steglich F. Phys. Rev. Lett., 2000, 85: 626-629.

[43] Custers J, Gegenwart P, Wilhelm H, Neumaier K, Tokiwa Y, Trovarelli O, Geibel C, Steglich F, Pépin C, Coleman P. Nature, 2003, 424: 524.

[44] Friedemann S, Oeschler N, Wirth S, Krellner C, Geibel C, Steglich F, Paschen S, Kirchner S, Si Q. Proc. Natl. Acad. Sci., 2010, 107: 14547.

[45] Schröder A, Aeppli G, Coldea R, Adams M, Stockert O, Löhneysen H, Bucher E, Ramazashvili R, Coleman P. Nature, 2000, 407: 351–355.

[46] Si Q, Steglich F. Science, 2010, 329: 1161.

[47] Schuberth E, Tippmann M, Steinke L, Lausberg S, Steppke, Brando, Krellner C, Geibel C, Yu R, Si Q, Steglich F. Science, 2016, 351: 485-488.

[48] Ott H R, Rudigier H, Fisk Z, Smith J L. Phys. Rev. Lett., 1983, 50: 1595.

[49] Ott H R, Rudigier H, Rice T M, Ueda K, Fisk Z, Smith J L. Phys. Rev. Lett., 1984, 52: 1915.

[50] Einzel D, Hirschfeld P J, Gross F, Chandrasekhar B S, Andres K, Ott H R, Beuers J, Fisk Z, Smith J L. Phys. Rev. Lett., 1986, 56: 2513.

[51] Shimizu Y, Kittaka S, Sakakibara T, Haga Y, Yamamoto E, Amitsuka H, Tsutsumi Y, Machida K. Phys. Rev. Lett., 2015, 114: 147002.

[52] Joynt R, Taillefer L. Rev. Mod. Phys., 2002, 74: 235.

[53] Heffner R H, Smith J L, Willis J O, Birrer P, Baines C, Gygax F N, Hitti B, Lippelt E, Ott H R, Schenck A, Knetsch E A, Mydosh J A, MacLaughlin D E. Phys. Rev. Lett., 1990, 65: 2816.

[54] Fisher R A, Kim S, Woodfield B F, Phillips N E, Taillefer L, Hasselbach K, Flouquet J, Giorgi A L, Smith J L. Phys. Rev. Lett., 1989, 62: 1411.

[55] Aeppli G, Bucher E, Broholm C, Kjems J K, Baumann J, Hufnagl J. Phys. Rev. Lett., 1988, 60: 615.

[56] Sonier J E, Heffner R H, Morris G D, MacLaughlin D E, Bernal O O, Cooley J, Smith J L, Thompson J D. Physica (Amsterdam), 2003, 326B: 414.

[57] Schemm E R, Gannon W J, Wishne C M, Halperin W P, Kapitulnik A. Science, 2014, 345: 190.

[58] Huxley A, Rodière P, Paul D M, van Dijk N, Cubitt R, Flouquet J. Nature, 2000, 406: 160.

[59] Hayden S M, Taillefer L, Vettier C, Flouquet J. Phys. Rev. B, 2002, 46: 8675.

[60] Bernhoeft N, Sato N, Roessli B, Aso N, Hiess A, Lander G H, Endoh Y, Komatsubara T. Phys. Rev. Lett., 1998, 81: 4244.

[61] Saxena S S, Agarwal P, Ahilan K, Grosche F M, Haselwimmer R K W, Steiner M J, Pugh E, Walker I R, Julian S R, Monthoux P, Lonzarich G G, Huxley A, Sheikin I, Braithwaite D, Louquet J. Nature, 2000, 406: 587.

[62] Aoki D, Huxley A, Ressouche E, Braithwaite D, Flouguet J, Brison J P, Lhotel E, Paulsen C. Nature, 2001, 413: 613.

[63] Huy N T, Gasparini A, de Nijs D E, Huang Y, Klaasse J C P, Gortenmulder T, de Visser A, Hamann A, Görlach T, Löhneysen H. Phys. Rev. Lett., 2007, 99: 067006.

[64] White B D, Thompson J D, Maple M B. Physica C, 2015, 514: 246.

[65] Tsujimoto M, Matsumoto Y, Tomita T, Sakai A, Nakatsuji S. Phys. Rev. Lett., 2014, 113: 267001.

[66] Sakai A, Kuga K, Nakatsuji S. J. Phys. Soc. Jpn., 2012, 81: 083702.

[67] Bauer E D, Frederick N A, Ho P C, Zapf V S, Maple M B. Phys. Rev. B, 2002, 65: 100506.

[68] Sarrao J L, Bauer E D, Mitchell J N, Tobash P H, Thompson J D. Physica C, 2015, 514: 184.

[69] Crro N J, Caldwell T, Bauer E D, Morales L A, Graf M J, Bang Y, Balatsky A V, Thompson J D, Sarrao J L. Nature, 2005, 434: 622.

[70] Ormeno R J, Sibley A, Gough C E. Phys. Rev. Lett., 2002, 88: 047005.

[71] Izawa K, Yamaguchi H, Matsuda Y, Shishido H, Settai R, Onuki Y. Phys. Rev. Lett., 2001, 87: 057002.

[72] Luke G M, Keren A, Le L P, Wu W D, Uemura Y J. Phys. Rev. Lett., 1993, 71: 1466.

[73] Tsutsumi Y, Ishikawa M, Kawakami T, Mizushima T, Sato M, Ichioka M, Michida K. J. Phys. Soc. Jpn., 2013, 82: 113707.

[74] Bauer E, Hilscher G, Michor H, Paul Ch, Scheidt E W, Gribanov A, Yu S, Noel H, Sigrist M, Rogl P. Phys. Rev. Lett., 2004, 92: 027003.

[75] Smidman M, Salamon M B, Yuan H Q, Agterberg D F. Rep. Prog. Phys., 2017, 80: 036501.

[76] Sigrist M, Ueda K. Rev. Mod. Phys., 1991, 63: 239–311.

[77] Bonalde I, Bramer-Escamilla W, Bauer E. Phys. Rev. Lett., 2005, 94: 207002.

[78] Yogi M, Mukuda H, Kitaoka Y, Hashimoto S, Yasuda T, Settai R, Matsuda T D, Haga Y, Ōnuki Y, Rogl P, Bauer E. J. Phys. Soc. Jpn., 2006, 75: 013709.

[79] Yogi M, Kitaoka Y, Hashimoto S, Yasuda T, Settai R, Matsuda T D, Haga Y, Ōnuki Y, Rogl P, Bauer E. Phys. Rev. Lett., 2004, 93: 027003.

[80] Mukuda H, Nishide S, Harada A, Iwasaki K, Yogi M, Yashima M, Kitaoka Y, Tsujino M, Takeuchi T, Settai R, Onuki Y, Bauer E, Itoh K M, Haller E E. J. Phys. Soc. Jpn., 2009, 78: 014705.

[81] Kimura N, Ito K, Aoki H, Uji S, Terashima T. Phys. Rev. Lett., 2007, 98: 197001.

[82] Settai R, Miyauchi Y, Takeuchi T, Levy F, Sheikin I, Onuki Y. J. Phys. Soc. Jpn., 2008, 77: 073705.

[83] Dressel M. Naturwissenschaften, 2007, 94: 527.

[84] Steglich F. Phil. Mag., 2014, 94: 3259.

[85] PfleidererC, HuxleyA D. Phys. Rev. Lett., 2002, 89: 147005.

[86] SlootenE, NakaT, GaspariniA, Huang Y K, de Visser A. Phys. Rev. Lett., 2009, 103: 097003.

[87] L?vy F, Sheikin I, Grenier B, Huxley A D. Science, 2005, 309: 1343.

[88] Matsubayashi K, Tanaka T, Sakai A, Nakatsuji S, Kubo Y, Uwatoko Y. Phys.Rev. Lett., 2012, 109: 187004.

[89] Tomita T, Kuga K, Uwatoko Y, Piers C, Nakatsuji S. Science, 2015, 349: 506-509.

[90] Settai R, Sugitani I, Okuda Y, Thamizhavel A, Nakashima M, Ōnuki Y, Harima H. J. Magn. Magn. Mater., 2007, 310: 844-846.

[91] Mignot J M, Flouquet J, Haen P, Lapierre F, Puech L, Voiron J. Journal of Magnetism and Magnetic Materials, 1988, 76: 97-104.

[92] Knafo W, Aoki D, Vignolles D, Vignolle B, Klein Y, Jaudet C, Villaume A, Proust C, Flouquet J. Phys. Rev. B, 2010, 81: 094403.

[93] Sugiyama K, Nakashima M, Ohkuni H, Kindo K, Haga Y, Honma T, Yamamoto E, Ōnuki Y. J. Phys. Soc. Jpn., 1999, 68: 3394-3401.

[94] Löhneysen H, Rosch A, Vojta M, Wölfle P. Reviews of Modern Physics, 2007, 79: 1015.

[95] Arndt J, Stockert O, Schmalzl K, Faulhaber E, Jeevan H S, Geibel C, Schmidit W, Loewenhaupt M, Steglich F. Phys. Rev. Lett., 2011, 106: 246401

[96] Custers J, Gegenwart P, Wilhelm H, Neumaier K, Tokiwa Y, Trovarelli O, Geibel C, Steglich F, Pepin C, Coleman P. Nature, 2003, 424: 524.

[97] Si Q, Rabello S, Ingersent K, Smith J L. Nature, 2001, 413: 804.

[98] Coleman P, Pépin C, Si Q, Ramazashvili R. J. Phys.: Condens. Matter, 2001, 13: R723.

[99] Gegenwart P, Si Q, Steglich F. Nat. Phys., 2008, 4: 186.

[100] Knebel G, Aoki D, Braithwaite D, Salce B, Flouquet J. Phys. Rev. B, 2006, 74: 020501.

[101] Senthil T, Sachdev S, Vojta M. Phys. Rev. Lett., 2003, 90: 216403.

[102] Watanabe S, Miyake K. Phys. Rev. Lett., 2010, 105: 186403.

[103] Abrahams E, Wölfle P. Proc. Nat. Acad. Sci., 2012, 109: 3238-3242.

[104] Yang Y. Rep. Prog. Phys., 2016, 79: 074501.

[105] Jiao L, Smidman M, Kohama Y, Wang Z S, Graf D, Weng Z F, Zhang Y J, Matsuo A, Bauer E D, Lee Hanoh, Kirchner S, Singleton J, Kindo K, Wosnitza J, Steglich F, Thompson J D, Yuan H Q. Phys. Rev. B, 2019, 99: 045127.

[106] Jiao L, Chen Y, Kohama Y, Graf D, Bauer E D, Singleton J, Zhu J X, Weng Z F, Pang G M, Shang T, Zhang J L, Lee H , Park T, Jaime M, Thompson J D, Steglich F, Si Q M, Yuan H Q. Proc. Nat. Acad. Sci., 2015, 112: 673-678.

[107] Shishido H, Settai R, Harima H, Ōnuki Y. J. Phys. Soc. Jpn., 2005, 74: 1103-1106.

[108] Belitz D, Kirkpatrick T R, Vojta T. Phys. Rev. Lett., 1999, 82: 4707.

[109] Uhlarz M, Pfleiderer C, Hayden S M. Phys. Rev. Lett., 2004, 93: 256404.

[110] Barakat S, Braithwaite D, Alireza P, Grube K, Uhlarz M, Wilson J, Pfleiderer C, Flouquet J, Lonzarich G. Physica B: Condensed Matter, 2005, 359: 1216-1218.

[111] Pfleiderer C, McMullan G J, Julian S R, Lonzarich G G. Phys. Rev. B, 1997, 55: 8330.

[112] Friedemann S, Duncan W J, Hirschberger M, Bauer T W, Küchler R, Neubauer A, Brando M, Pfleiderer C, Grosche F M. Nat. Phys., 2018, 14: 62.

[113] Wang R, Gebretsadik A, Ubaid-Kassis S, Schroeder A, Vojta T, Baker P J, Pratt F L, Blundell S J, Lancaster T, Franke I, MöllerJ S, Page K. Phys. Rev. Lett., 2017, 118: 267202.

[114] Maple M B, Butch N P, Bauer E D, Zapf V S, Ho P C, Wilson S D, Dai P C, Adroja D T, Lee S H, Chung J H, Lynn J W. Physica B: Condensed Matter, 2006, 378: 911-914.

[115] Steppke A, Küchler R, Lausberg S, Lengyel E, Steinke L, Borth R, Lühmann T, Krellner C, Nicklas M, Geibel C, Steglich F, Brando M. Science, 2013, 339: 933-936.

[116] Allen J W, Batlogg B, Wachter P L. Phys. Rev. B, 1979, 20: 4807-4813.

[117] Wolgast S, Kurdak, C, Sun K, Allen J W, Kim D J, Fisk Z. Phys. Rev. B, 2013, 18: 180405.

[118] Neupane M, Alidoust N, Xu S Y, Kondo T, Ishida Y, Kim D J, Liu C, Belopolski I, Jo Y J, Chang T R, Jeng H T, Durakiewicz T, Balicas L, Lin H, Bansil A, Shin S, Fisk Z, Hasan M Z. Nat. Commun., 2013, 4: 2991.

[119] Syers P, Kim D, Fuhrer M S, Paglione J. Phys. Rev. Lett., 2015, 114: 096601.

[120] Neupane M, Alidoust N, Xu S Y, Kondo T, Ishida Y, Kim D J, Jeng H T, Durakiewicz T, Balicas L, Lin H, Bansil A, Shin S, Fisk Z, Hasan M Z. Nat. Commun., 2013, 4: 2991.

[121] Jiao L, Rößler S, Kim D J, Tjeng L H, Fisk Z, Steglich F, Wirth S. Nat. Commun., 2016, 7: 13762.

[122] Kim D J, Thomas S, Grant T, Botimer J, Fisk Z, Xia J. Sci. Rep., 2013, 3: 3150.

[123] Li G, Xiang Z, Yu F, Asaba T, Lawson B, Cai P, Tinsman C, Berkley A, Wolgast S, Eo Y S, KimDae-Jeong, Kurdak C, Allen J W, Sun K, Chen X H, Wang Y Y, Fisk Z, Li L. Science, 2014, 346: 1208-1212.

[124] Tan B S, Hsu Y T, Zeng B, Hatnean M C, Harrison N, Zhu Z, Hartstein1 M, Kiourlappou1 M, Srivastaval A, Johannes M D, Murphy T P, Park J H, Balicas L, Lonzarich G G, Balakrishnan G, Sebastian S E. Science, 2015, 349: 287-290.

[125] Deng X, Haule K, Kotliar G. Phys. Rev. Lett., 2013, 111: 176404.

[126] Xiang Z, Kasahara Y, Asaba T, Lawson1 B, Tinsman C, Chen Lu, Sugimoto U, Kawaguchi S, Sato Y, Li G, Yao S, Chen Y L, Iga F, Singleton J, Matsuda Y, Lu L. Science, 2018, 362: 65-69.

[127] Weng H, Zhao J, Wang Z, Fang Z, Dai X. Phys. Rev. Lett., 2014, 112: 016403.

[128] Dzero M, Sun K, Galitski V, Coleman P. Phys. Rev. Lett., 2010, 104: 106408.

[129] Dzero M, Xia J, Galitski V, Coleman P. Annu. Rev. Condens. Matter Phys., 2016, 7: 249-280.

[130] Armitage N P, Mele E J, Vishwanath A. Rev. Mod. Phys., 2018, 90: 015001.

[131] Xu Y, Yue X, Weng H, Dai X. Phys. Rev. X, 2017, 7: 011027.

[132] Lai H H, Grefe S E, Paschen S, Si Q. Proc. Nat. Acad. Sci., 2018, 115: 93-97.

[133] Cao C, Zhi G X, Zhu J X. arXiv, 2019, 1904: 00675.

[134] Guo C Y, Wu F, Wu Z Z, Smidman M, Cao C, Bostwick A, Jozwiak C, Rotenberg E, Liu Y, Steglich F, Yuan H Q. Nat. Commun., 2018, 9: 4622.

[135] Wu F, Guo C Y, Smidman M, Zhang J L, Yuan H Q. Phys. Rev. B, 2017, 96: 125122.

[136] Li P, Wu Z, Wu F, Cao C, Guo C, Wu Yi, Liu Yi, Sun Zhe, Cheng C M, Lin D S, Steglich, F, Yuan Q Y, Chiang T C, Yang L. Phys. Rev. B, 2018, 98: 085103.

[137] Wu F, Guo C Y, Smidman M, Zhang J L, Chen Y, Singleton J, Yuan H Q. NPJ Quantum Mater., 2019, 4: 20.

[138] Wu Z Z, Wu F, Li P, Guo C Y, Liu Y, Sun Z, Cheng C M, Chiang T C, Cao C, Yuan H Q, Liu Y. Phys. Rev. B, 2019, 99: 035158.

[139] Duan X, Wu F, Chen J, Zhang P, Liu Y, Yuan H Q, Cao C. Commun. Phys., 2018, 1: 71.

[140] Guo C, Cao C, Smidman M, Wu F, Zhang Y J, Zhang F C, Yuan H Q. NPJ Quantum Mater., 2017, 2: 39.

[141] Maple M B, Chen J W, Dalichaouch Y, Kohara T, Rossel C, Torikachvili M S, McElfresh M W, Thompson J D. Phys. Rev. Lett., 1986, 56: 185.

[142] Broholm C, Kjems J K, Buyers W J L, Matthews P, Palstra T T M, Menovsky A A, Mydosh J A. Phys. Rev. Lett., 1987, 58: 1467.

[143] Mydosh J A, Oppeneer P M. Rev. Mod. Phys., 2011, 83: 1301.

[144] Aynajian P, Neto E H da Silva, Parker C V, Huang Y K, Pasupathy A, Mydosh J A, Yazdani A. Proc. Nat. Acad. Sci., 2010, 107: 10383-10388.

[145] Shishido H, Hashimoto K, Shibauchi T, Sasaki T, Oizumi H, Kobayashi N, Takamasu T, Takehana K, Imanaka Y, Matsuda T D, Haga Y, Onuki Y, Matsuda Y. Phys. Rev. Lett., 2009, 102: 156403.

[146] Wiebe C R, Janik J A, MacDougall G J, Luke G M, Garrett J D, Zhou H D, Jo Y J, Balicas L, Qiu Y, Copley J R D, Yamani Z, Buyers W J L. Nat. Phys., 2007, 3: 96.

[147] Oppeneer P M, Rusz J, Elgazzar S, Suzuki M T, Durakiewicz T, Mydosh J A. Phys. Rev. B, 2010, 82: 205103.

[148] Schemm E R, Baumbach R E, Tobash P H, Ronning F, Bauer E D, Kapitulnik A.Phys. Rev. B, 2015, 91: 140506.

[149] Kung H H, Baumbach R E, Bauer E D, Thorsmølle V K, Zhang W L, Haule K, Mydosh Y A, Blumberg G. Science, 2015, 347: 1339-1342.

[150] Okazaki R, Shibauchi T, Shi H J, Haga Y, Matsuda T D, Yamamoto E, Onuki Y, Ikeda H, Matsuda Y. Science, 2011, 331: 439.

[151] Lucas S, Grube K, Huang C L, Sakai A, Wunderlich S, Green E L, Wosnitza J, Fritsch V, Gegenwart P, Stockert O, v. Löhneysen H. Phys. Rev. Lett., 2017, 118: 107204.

[152] Gerber S, Bartkowiak M, Gavilano J, Ressouche E, Egetenmeyer N, Niedermayer C, Bianchi A D, Movshovich R, Bauer E D, Thompson J D, Kenzelmann M. Nat. Phys., 2014, 10: 126.

[153] Si Q. Physica Status Solidi, 2010, 247: 476-484.

[154] Kenzelmann M, Strssle T, Niedermayer C, Sigrist M, Padmanabhan B, Zolliker M, Bianchi A D, Movshovich R, Bauer E D, Sarrao J L, Thompson J D. Science, 2008, 321: 1652.

[155] Kumagai K, Shishido H, Shibauchi T, Matsuda Y. Phys. Rev. Lett., 2011, 106: 137004.

[156] Radovan H A, Fortune N, Murphy, Hannahs S T, Palm E C, Tozer S W, Hall D. Nature, 2003, 425: 51.

[157] Kenzelmann M, Gerber S, Egetenmeyer N, Gavilano J L, Strässle T, Bianchi A D, Ressouche E, Movshovich R, BaueR E D, Sarrao J L, Thompson J D. Phys. Rev. Lett., 2010, 104: 127001.

[158] Gerber S, Bartkowiak M, Gavilano J, Ressouche E, Egetenmeyer N, Niedermayer C, Bianchi A D, Movshovich R, Bauer E D, Thompson J D, Kenzelmann M. Nat. Phys., 2014, 10: 126.

[159] Vergniory M G, Elcoro L, Felser C, Regnault N, Bernevig B A, Wang Z. Nature, 2019, 566: 480.

[160] Tang F, Po H C, Vishwanath A, Wan X. Nature, 2019, 566: 486.

[161] Zhang T, Jiang Y, Song Z, Huang H, He Y, Fang Z, Weng H M, Fang C. Nature, 2019, 566: 475.

第 12 章 芳香烃有机超导体的合成及其物性探究

王仁树, 程佳, 邬小林, 杨辉, 高云, 黄忠兵

湖北大学物理与电子科学学院, 湖北大学材料科学与工程学院

王仁树, 陈晓嘉

上海高压科学技术研究中心

有机超导材料因其基础重要性和潜在的应用前景一直备受物理学、化学以及材料学等领域的广泛关注. 众所周知, 有机超导材料一般都具有低维结构、丰富的磁性以及新颖的超导态. 此外, 有机超导体电子间强的库仑相互作用使它不同于由电子–声子耦合形成的传统 BCS 超导体, 并被预言有望成为高温超导体. 因此, 有机超导体提供了一个理想的模型去理解低维体系下电子–电子和电子–声子相互作用, 以及邻近的磁性和非常规的超导电性.

自 1980 年 $(\text{TMTSF})_2\text{PF}_6$ 在压力下发现超导电性 [1] 以来, 很多有机超导家族被报道: 电子受体型电荷转移盐 (如 TMTSF 准一维体系、准二维 ET 盐等 [1,2])、三维富勒烯体系 [3]、石墨烯超晶格 [4]、稠环芳烃体系 [5-7] 等. 本章将主要介绍近年来比较受关注的芳香烃超导材料的研究和发展, 并对以碳碳单键相连的芳香烃对三联苯 $\text{C}_{18}\text{H}_{14}$ 以及有机金属化合物三苯基铋 $\text{C}_{18}\text{H}_{15}\text{Bi}$ 在碱金属掺杂下的超导性能探究作详细介绍.

12.1 芳香烃超导体的发展

12.1.1 从碳基超导体到芳香烃超导体

芳香烃主要指含有苯环结构的碳氢化合物. 作为最丰富多样的闭环有机化合物, 芳香烃一般具有 $4n+2$ 个 π 电子, 这种富有 π 电子的共轭体系提供了离域电子传输的途径, 同时有机芳香烃数目庞大且容易对分子修改设计 (如降低维度等), 使得这类材料在电磁学方面有着潜在的应用价值. 1998 年, 在碱金属掺杂富勒烯及石墨超导体的基础上, Devos 和 Lannoo[8] 计算了一系列芳香烃分子的电声耦合作用, 发现电声耦合与 π 键原子数目成反比, 这意味着多数芳香烃及环形不饱和多烯烃中都可能存在超导转变温度 T_c 高于 A_3C_{60} (A 为碱金属、碱土或稀土金属) 化合物的超导电性. 然而相应的实验工作却并不顺利, 当时人们发现在溶液

中芳香烃很容易从碱金属中接收电子但难以形成固态掺杂晶体. 2000 年, Demol 等 [9] 利用场效应晶体管将高浓度的电荷载流子注入并五苯、并四苯和蒽的高质量晶体分子中并成功地在低温下实现了超导态, 其 T_c 依次为 2 K、2.5 K 和 4 K. 随着苯环数目的减少, 电声耦合增强从而 T_c 增加, 这与 Devos 等的理论计算结果预期似乎是一致的, 然而这类超导材料的 T_c 值却远低于 A_3C_{60}(其最高的 T_c 为 38 K). 此外, 在这类芳香烃超导材料中分子晶体的极化率对超导的微观配对机制可能起着至关重要的作用.

12.1.2　稠环芳香烃超导体 (PAHs)

2010 年, 日本学者 Kubozono 研究团队通过碱金属掺杂在具有 "人" 字形排列的有机稠环芳烃[5] 中发现 T_c 分别为 7 K 和 18 K 的超导电性, 其超导转变温度远远高于之前的芳香烃超导体, 与钾掺杂 C_{60} 超导体相当, 这引起了世界各地凝聚态物理学家的极大研究兴趣. 随后, 中国科学技术大学陈仙辉团队在具有类似空间排列的含三个苯环的芳香烃菲[6] 中发现 $T_c=5$ K 的超导电性, 并在 1 GPa 压力范围内 T_c 随压力增加而增大 (1 GPa 时 T_c 为 5.9 K), 这是传统 BCS 理论无法解释的, 故为非常规超导材料. 2012 年, 中国人民大学陈根富课题组报道了 T_c 高达 33 K 的芳香烃超导体 [7]——钾掺杂二苯并五苯 (含 7 个苯环), 并由此预言在这类具有 "锯齿" 或 "手椅" 边的有机超导体的 T_c 随着苯环数目增加而增加. 另外, 通过碱金属 (K、Rb) 或稀土金属 (Sm) 掺杂稠环芳烃苉、蔻等也都表现出超导电性.

12.1.3　稠环芳香烃中的邻近超导态——量子自旋液体

此外, 量子自旋液体, 作为邻近超导态的新奇量子态也在这类被碱金属还原的稠环芳烃中被报道. 量子自旋液体通常出现在三角或者 Kagomé 格子等强的自旋阻挫体系中, 由于近邻的反铁磁交换相互作用在不同的格点不能被同时满足, 由此产生强的量子涨落而形成. 这种有着高度简并态的量子自旋液体中的强磁涨落可以持续到很低的温度, 并会在 $S = 1/2$ 自旋量子限中被进一步增强, 以至于即使在绝对零温下仍强于反铁磁长程有序态而占据主导位置. 由于量子自旋液体的基态与库珀配对的超导态具有相似特征, Anderson(1977 年诺贝尔物理学奖获得者) 认为高温超导电性起源于掺杂的量子自旋液体态. 量子自旋液体邻近超导态在二维共边三角晶格的有机材料 κ-(ET)$_2$Cu$_2$(CN)$_3$ 中得到了很好的验证: 常压下该莫特绝缘材料在 32 mK 呈现自旋液体态, 施加 0.1 GPa 压力迅速转变为超导态 [10]. 2017 年, 英国利物浦大学 Rosseinsky 团队与日本东北大学 Prassides 团队联合报道了在稠环芳香烃菲离子态中发现量子自旋液体态 [11], 并指出是由碳原子中 π 电子引起. 随后, Arčon 等在钾掺杂三亚苯 K$_2$(C$_{18}$H$_{12}$)$_2$(DME) 中也发现

$(C_{18}H_{12})^-$ 自由基的自旋 $S = 1/2$ 之间有着极强的近邻反铁磁相互作用, 结构的低维度阻止了磁的长程有序从而形成类自旋液体态.

12.1.4 有机芳香烃超导体存在的困难和挑战

尽管目前有许多的芳香烃有机化合物在进行金属掺杂后发现了超导电性, 但实验研究方面存在许多困难和挑战, 主要包括以下 3 个方面: ① 已报道的芳香烃超导样品中超导相的成分很小, 表现为粉末样品的超导屏蔽分数很低 (即使在加压下仍低于 15%)[5], 从而难以排除杂质相以及晶界态的影响, 也很难确定超导相的成分和晶体结构. ② 超导样品的重现性差, 采用类似甚至同样的制备条件很难得到相同的结果, 不同研究团队在实验结果上分歧很大. ③ 样品相复杂多样, 结晶性差, 有机物中的 C—H σ 键容易断裂从而生成 KH 副产物等, 从而缺少大量的表征信息去理解这类材料, 使得这一方面的研究工作举步维艰. 在最近的 Rosseinsky 课题组关于钾掺杂 "人" 字形稠环芳烃——红荧烯 ($C_{42}H_{28}$) 的报道 [12] 中, 他们指出在固相反应中碱金属掺杂过程和有机物分子降解相互竞争作用使得这个体系异常复杂, 除掺杂产物外还有着多种不能确定结构信息的降解后的有机分子衍生物, 并且这很可能是碱金属掺杂芳香烃材料共存的困难和挑战. 这些结果与早期 Takashi 等报道钾掺杂过程中有机分子中碳碳键断裂的情形是类似的.

12.2 以 C—C 单键相连的链状芳香烃超导体的研究

对苯撑低聚物是一类苯环通过 C—C 单键在 1, 4-对位连接的链状多环 (非稠环) 芳香烃化合物, 在导电聚合物领域有着重要的研究价值和广阔的应用前景. 对三联苯, 作为对苯撑低聚物中较为简单的有机化合物, 在工业和日常运用中常常被用作激光染料和防晒霜. 下面就对三联苯为有机物母体材料探索超导电性的研究作详细的介绍. 图 12.1 是对三联苯的分子结构式, 三个苯环以 C—C 单键对位连接. 由于邻近的氢原子之间的空间排斥, 中间环与外环产生了一个扭曲角, 在常温常压下为非平面构型. 已有研究表明, 对三联苯在 193 K 附近会经历无序–有序的相变, 即从高温单斜相到三斜低温有序相. 同样地, 在压力增加到 1.3 GPa 时, 压力也会诱导分子对称性转变从 C_2 到 D_{2h}.

图 12.1　对三联苯的分子结构式

12.2.1　碱金属钾掺杂对三联苯的样品合成

实验采用高真空热烧结方法制备钾掺杂对三联苯粉末材料, 其具体工艺如下: 首先在手套箱 (H_2O 和 O_2 含量均低于 0.1 ppm) 中将对三联苯 (sigma, >99.5%) 和钾 (Sinopharm Chemical Reagent, 99%) 按一定化学计量比 (钾原子:对三联苯分子为 3:1) 混合, 其中钾被切成了直径约 1.5 mm 的小块, 将混合后的样品装入直径 10 mm 的石英玻璃管中, 将石英管抽高真空到 1×1^{-4} Pa 下用氢氧焰对管口进行烧结密封. 将密封好的石英管放置于高真空退火炉中退火, 退火温度为 170~260℃, 退火 24 小时或 7 天后自然降温, 得到深黑色样品. 图 12.2 是对三联苯 (上) 及掺杂对三联苯样品 (下) 退火后的照片对比, 可以看到, 钾与对三联苯经烧结后形成黑色粉末, 粉末颜色均匀, 无白色残留, 说明钾已经与对三联苯完全发生反应.

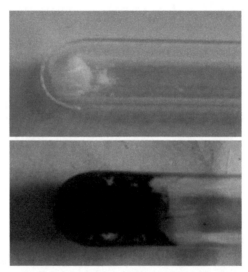

图 12.2　上图为白色纯对三联苯粉末, 下图为钾掺杂对三联苯退火后的黑色样品

本图源自文献 [13] 图 1

12.2.2　掺杂样品的测试表征方法

首先, 在美国 Quantum Design 公司生产的 MPMS SQUID 测试系统对样品在零场冷 (ZFC) 和场冷 (FC) 下的磁化率进行测试, 来鉴定样品是否具有迈斯纳效应 (超导体的一个重要特征). 磁化率测量中将粉末样品装在无磁的胶管或胶囊中, 并以低温胶 (GE Vanish) 密封, 在 ZFC 磁化率升温测试过程中所加的外加磁场大小为 10 Oe (1 Oe = 79.5775 A/m). 其次, 为了确定掺杂后样品的晶体结构, 我们使用 Bruker D8 X 射线衍射仪对样品进行 X 射线衍射实验. 由于样品对空气非常敏感, 我们在样品上覆盖一层特殊的高分子膜 (Dupont, mylar C/6mic)

以隔绝空气, 避免样品分解. 最后, 拉曼光谱作为表征样品结构振动信息的重要手段, 可以利用拉曼特征峰位的变化来判定样品中电荷转移作用从而鉴定超导相的成分 (实际掺杂化学计量比), 在 C 基及芳香烃超导体中被广泛运用. 本实验采用英国 Renishaw 公司的共聚焦显微拉曼光谱仪 (InVia Reflex) 对对三联苯及掺杂对三联苯进行拉曼光谱测试. 为了避免样品暴露在空气中与水和氧发生反应, 样品在手套箱中研磨成粉末后置于 0.9~1.1 mm 毛细管中, 用环氧树脂密封后进行测试. 测试采用的激光光源波长为 785 nm, 激光强度 0.5%.

12.2.3 钾掺杂对三联苯样品的实验结果与讨论

对退火后得到的黑色样品采用超导量子干涉器件 (SQUID) 对钾掺杂对三联苯的样品进行了零场和加场冷却磁化率的测量. 如图 12.3 (a) 中样品 A 和 B 所

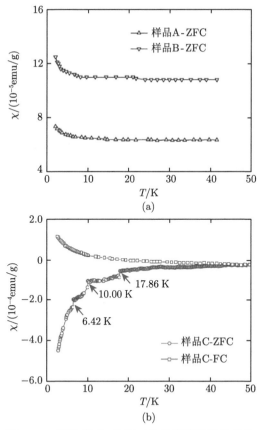

图 12.3 磁化率 ZFC 和 FC 曲线随温度的变化

(a) 170 °C 和 240 °C 退火的代表样品 A 和 B; (b) 260 °C 退火后显示超导特性的样品 C.

本图源自文献 [13] 图 4

示, 170°C 和 240 °C 退火的样品磁化率均为正值, 且随温度的下降而增大, 表现为居里顺磁性质. 在 260°C 退火的样品中, 少数样品出现了抗磁特性. 图 12.4 (b) 给出了抗磁性能最强的样品的 ZFC 磁化率及加了 20 Oe 磁场的 FC 磁化率随温度的变化. 在 ZFC 曲线中可以看到, 磁化率在 17.86K、10.00K 和 6.42 K 三个位置出现了明显的突然下降. 这种特殊信号的出现可能由磁性杂质或者电子形成库珀对而对外磁场的屏蔽引起. 对于 17.86K、10.00K 和 6.42 K 相应的磁化率反常行为, 我们认为这有可能来源于钾在对三联苯中的掺杂以及晶界态. 样品在 20 Oe 外加磁场下的降温磁化率曲线转变成了顺磁状态, 说明在 20 Oe 磁场下, 材料中可能存在的超导配对已经被破坏.

在后续的研究中, 我们在钾掺杂对三联苯的样品中发现了多种超导相 [14], 其中 T_c 最高达 123 K. 相关的研究成果随后也被多个不同的研究团队报道: 南京大学闻海虎课题组 [15] 在采用高温高压法制备的钾掺杂对三联苯和对四联苯样品中观察到类似的 120 K 转变; 美国科罗拉多大学 Dessau 团队 [16] 利用高分辨率光电子能谱在表面掺杂的对三联苯中发现持续到 120 K 的低能能隙; 复旦大学封东来课题组 [17] 同样在金衬底原位生长的单层钾掺杂对三联苯中通过扫描隧道显微镜观察到能隙, 但在外磁场增加到 11 T 时该能隙仍然存在, 这与超导的传统认识是不相符的; 随后, Neha 等 [18] 也报道了类似的高温超导相存在于钾掺杂对三联苯样品中.

图 12.4 为 260°C、240°C 和 170°C 不同退火温度下钾掺杂对三联苯产物的 X 射线衍射 (XRD) 图谱. 可以看出, 除了对三联苯附近的晶体衍射峰外, 还出现了 KH 相应的衍射峰, 对应于图中 # 标记, 这一现象与钾掺杂菲非常相似. KH 的峰强在 260°C 和 240°C 烧结 24 小时较强, 170°C 烧结 7 天最弱, 这说明降低退火温度有利于抑制 KH 的生成. 考虑到对三联苯的熔点温度为 213°C, 在低于熔点的 170°C 烧结 7 天依然可以产生 KH, 这说明 K 夺取三联苯中的氢的能力很强. 对于对三联苯所对应的 XRD 峰, 可以看到位于 6.49° 的 (001) 面衍射峰在 260°C 和 170°C 退火的样品中发生了劈裂, 新衍射峰峰位向左偏移了 0.4°. 我们采用第一性原理计算了 3 个钾原子掺杂对三联苯所形成的分子晶体, 发现其衍射峰峰位相对未掺杂样品有少量左移, 这说明我们观察到的峰位的劈裂源于钾在对三联苯中的掺杂. 有趣的是, 在 240°C 退火的样品中没有观察到 (001) 面衍射峰的劈裂, 这说明钾在对三联苯中的占据掺杂并结晶对烧结温度和退火过程非常敏感.

随着后续的研究展开, 对钾掺杂对三联苯的晶体结构以及实际掺杂浓度有了更清晰的认识, 但仍存在分歧: 钟国华等 [19] 利用第一性原理计算并结合实验观察的 XRD 数据, 认为钾的掺杂浓度处于 2~3 范围且当钾掺杂浓度为 2.5 时形成能最低, K_2p-terphenyl 和 K_3p-terphenyl 混合相或 $K_{2.5}p$-terphenyl 为最可能的掺杂相; 闫循旺等 [20] 则认为钾的掺杂浓度应该处于 1~2, 具有 0.3 eV 能隙的半导

体 K_2p-terphenyl 相是最有可能的掺杂相.

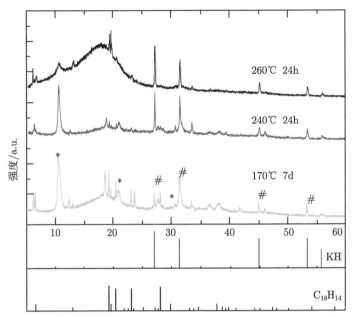

图 12.4 260°C、240°C 和 170°C 三个不同烧结温度下钾掺杂对三联苯的 XRD 图谱
其中 # 代表 KH 对应的衍射峰位置; 本图源自文献 [13] 图 2

图 12.5(a) 为纯对三联苯的拉曼光谱, 其频谱模式及相应的频率与文献中的报道相一致. 图 12.5(b) 为钾掺杂对三联苯在 260°C 退火样品的拉曼光谱. 可以看到, 钾掺杂对三联苯的拉曼光谱相对纯对三联苯表现出了很大的不同. 在对三联苯相应的 12 个峰中, 在钾掺杂拉曼光谱中仅保留了 6 个, 另外出现了 3 个对三联苯中不存在的峰, 分别位于 $1471cm^{-1}$、$1345cm^{-1}$ 和 $582cm^{-1}$. 此外, $\nu(CC)$ $(1595cm^{-1})$ 和 $\nu_s(CC)(1606cm^{-1})$ 两个相近的拉曼峰在钾掺杂样品中趋向于合并成一个峰位 $(1588cm^{-1})$. 这些结果均与采用液氨法制备的钾掺杂三联苯在 120°C 下退火 36 小时所得到的拉曼光谱相一致, 这 3 个新出现的拉曼峰源于钾掺杂对三联苯. 我们注意到, 钾掺杂的对三联苯样品的拉曼光谱中的 $\nu(CC)$ 谱峰向短波数方向偏移 7 个波数, $\gamma(CCH)$ 谱峰也向短波数方向偏移了 8 个波数. 这说明在钾掺杂的样品中发生了声子软化, 意味着钾成功掺杂到对三联苯中并将 4s 电子转移到 C 原子上.

对于后续合成的含高温超导相的样品 [14], 拉曼光谱清楚地观察到了极化子和双极化子生成, 这是由钾原子掺入后处于苯环间 C—C 键桥连位置对中间苯环产生了拉力形变 (苯环向醌型转变) 造成. 利用密度泛函理论, 张春芳等 [21] 系统地研究了电荷转移效应对芳香烃化合物在拉曼光谱中频率的移动行为: 对于对三联苯, 低于 $1100cm^{-1}$ 拉曼特征模随着电荷 (电子转移数为 $-1, -2, -3$) 增加出现了非线性的红移, 以 $991cm^{-1}$ 为例, 当电荷数为 -1、-2 和 -3 时分别对应该模波数红移 10、27 和 $20cm^{-1}$; 而对于高频区域 ($>1100cm^{-1}$), 电荷数为 -3 时正常的振动模消失, 电荷数 -2 以内仍然表现出非线性的移动, 比如随着电荷增加, $1179cm^{-1}$ 和 $1267cm^{-1}$ 振动频率蓝移, 而 $1228cm^{-1}$ 和 $1608cm^{-1}$ 振动频率红移. 这些计算结果说明, 拉曼光谱频率在芳香烃化合物电子转移过程没有统一的线性增加或减少的规律.

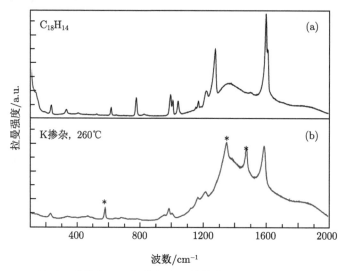

图 12.5　(a) 纯对三联苯和 (b) 钾掺杂对三联苯在 260°C 退火样品的拉曼光谱图

本图源自文献 [13] 图 3

除了对三联苯, 在这一类以碳碳单键对位相连的芳香烃化合物中, 苯环数目分别为 2, 4, 5 的联苯、对四联苯和对五联苯也都报道了 7 K 的超导电性 [22-24], 其中对四联苯也出现多个超导相以及少量 120 K 超导相样品 [15,23]. 尽管现有的超导合成样品超导屏蔽分数都很低, 缺乏电输运方面的超导证据以及样品成分复杂多样, 但这类材料的超导电性被几个不同的课题组重复, 这一方面更多后续的研究工作有望在有机超导领域取得重大突破.

12.3　有机金属芳香族化合物三苯基铋的超导特性探索

有机金属化合物是一个有机基团中碳原子与金属直接形成化学键 (C—M) 的一类有机化合物. 自 1827 年 Zeise 盐发现以来, 它们在化学科学的发展中扮演了一类重要的角色: 广泛被用作催化剂 (如齐格勒–纳塔催化剂) 或反应中间体等. 近年来一些理论计算表明, 新奇的量子现象如拓扑绝缘或超导电性 [25] 会在这类材料中发生. 在此, 我们选择了一种有机金属化合物——三苯基铋, 采用了一种两步法 (即超声处理和低温退火) 对其进行碱金属掺杂来探索超导电性. 作为有机金属分子的成员, 三苯基铋已被用作高燃烧速度丁基羟基推进剂的固化催化剂, 以及一些单体聚合的催化剂. 在每个三苯基铋分子中, 三个苯环和一个铋原子通过单个 C—Bi 键连接. 苯环的这种排列不同于富勒烯、石墨、稠合烃和对三联苯. 基于这些事实, 探索钾掺杂三苯基铋的超导性不仅丰富了有机金属化合物的功能, 也为理解超导性质和分子结构之间的关系提供了新的平台.

12.3.1 钾掺杂三苯基铋的样品合成方法

将高纯度钾金属 (>99%, 国药集团化学试剂) 切成小片, 与三苯基铋 (>98%, 东京化学工业) 按一定的摩尔比 $x:1$ ($x=1,2,2.5,3$ 和 3.5) 在状态良好 ($H_2O<0.1$ ppm, $O_2<0.1$ ppm) 的手套箱中混合. 将混合后的样品装入定制的石英管中, 在真空状态 (1×10^{-4} Pa) 下密封. 密封好的石英管放置于一个超声装置中 90 ℃ 超声 10 小时. 超声处理可以提高钾的分散性, 这样与有机物可以更好地混合以保证样品的完全反应, 同时可以降低退火温度以避免 KH 的生成 (高退火温度下活泼的钾与有机物中氢原子反应生成 KH, 不利于掺杂分子结晶过程). 超声处理后样品放进退火炉中恒温 130 ℃ 退火 1~5 天, 之后缓慢降温后取出得到最终样品.

12.3.2 钾掺杂三苯基铋样品的测试结果与讨论

首先对纯三苯基铋母体样品的磁性进行标定, 图 12.6 是三苯基铋的磁性测试结果. 从 1.8~300 K 磁化率 ZFC 和 FC 曲线 (外加磁场 20 Oe) 中呈现小的负值磁化率可以看出, 纯三苯基铋是一种弱抗磁行为. 同时我们在 1.8 K 和 300 K 进行了定温扫场磁化强度 M-H 测试 (图 12.7 插图), 从斜率为负值的 M-H 直线可以看出, 样品无磁滞, 是典型的抗磁行为. 这种抗磁在含离域 n 电子的分子 (如萘、石墨等) 中很常见.

对于钾掺杂三苯基铋, 所有合成的掺杂样品均呈现一个 T_c 约为 3.5 K 的超导电性, 部分掺杂样品还共存一个 7.2 K 超导相, 现将所有样品的合成条件以及超导 T_c 和屏蔽分数 (SF) 列于表 12.1 中. 其中 $T_c{}^{onset}$ 是指 ZFC 曲线中磁化率突然下降的温度点, 而 T_c 是指在磁化率突然下降前后都进行直线拟合, 两条直线外延交点处的温度值. 另外, 3.5 K 相的超导屏蔽分数列在最后一列. 不同化学计量比的样品观察到 T_c 相似的超导相, 说明样品的实际掺杂浓度与最开始的称量摩尔比并不一一对应, 而是相互独立的.

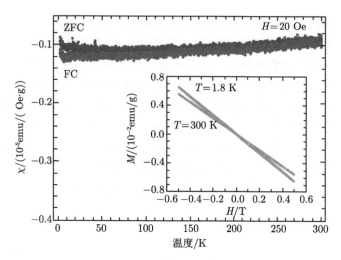

图 12.6　纯三苯基铋的磁化率与温度曲线

蓝色代表零场冷 (ZFC) 曲线, 红色代表场冷 (FC) 曲线. 插图为三苯基铋在 1.8 K(深绿) 和 300 K(暗黄) 磁化
强度 M 与磁场 H 关系图

表 12.1　钾掺杂三苯基铋合成条件及超导性质[26]

编号	x	退火时间/d	$T_c{}^{onset}$/K	T_c/K	1.8 K 下的 SF/%
A	3	1	3.39	3.19	0.26
B	1	3	3.06	2.90	0.01
C	2	3	3.56 和 7.28	3.35 和 7.19	0.44
D	3	3	3.49	3.32	3.74
E	2	5	3.51 和 7.18	3.29 和 7.13	0.12
F	2.5	5	3.46	3.30	0.11
G	3	5	3.52 和 7.17	3.32 和 7.06	0.02
H	3.5	5	3.53 和 7.25	3.28 和 7.13	0.02

图 12.7 给出了最具有代表性的样品 D($x = 3$, 退火 3 天) 和 E($x = 2$, 退火 5 天) 的磁测量结果, 图 12.7(a) 代表样品 D 在 10 Oe 外加磁场的零场冷 (ZFC) 和场冷 (FC) 下在温度 1.8~11 K 区间直流磁化率曲线图. 图中 ZFC 和 FC 曲线 在 3.5 K 附近都有明显的下降, 这种磁化率突然下降到负值的行为对应迈斯纳效 应, 即完全抗磁性, 说明样品进入超导态出现明显的磁屏作用. 类似地, 我们在样 品 E 的 ZFC 曲线 (图 12.7(b)) 中也观察到磁化率突然在 3.5 K 和 7.2 K 附近迅 速下降, 预示着两个超导相在样品 E 中共存. 但 7.2 K 相比 3.5 K 相弱很多, 说明

样品 E 中 3.5 K 超导相占主导地位. 图 12.7(a) 中插图是样品 D 在超导态 2 K、2.5 K 和 3 K 外加磁场到 1 T 的磁滞回线, M-H 沿着磁场两极方向呈现出了一个类似菱形的形状, 这提供了此材料为第二类超导体的强有力证据. 磁滞回线中接近零场附近的下降, 说明 3.5 K 超导相的下临界磁场 H_{c1} 非常小. 菱形的形状从 3 K 到 2 K 向外扩张说明上临界磁场 H_{c2} 随温度降低而增加. 第二类超导体的行为也同样在样品 E 的 1.8 K 磁滞回线中观察到, 见图 12.7(b) 插图. 相对于样品 D 的磁滞回线, 样品 E 的菱形形状 M-H 发生了强烈的扭曲是因为两个超导相的共存.

钾掺杂三苯基铋的超导电性进一步在不同外加磁场的磁化率–温度 (χ-T) 曲线中得到证实 (图 12.7(c)、(d) 及其插图). χ-T 曲线随着外加磁场的增加逐渐向低温移动, 这是超导体的一个内禀性质, 即超导转变温度 T_c 随外加磁场的增大逐渐减小. 在图 12.7(c) 插图中, 我们给出了样品 D 在 2.7~3.2 K 范围的上临界磁场 H_{c2} 与温度的关系. 这里的 H_{c2} 是通过不同磁场下χ-T 曲线得到的, 在研究的温度范围内我们可以看到 H_{c2} 随温度的降低迅速增大. 交流磁化率的测试更进一步地确认了我们观察到的超导电性. 这项技术已经被成功运用于研究大量超导体, 如高温铜氧化物超导体、重费米子材料 $CeCu_2Si_2$ 以及铁基超导体 $FeSe_{1-x}$. 交流磁化率的实部χ' 是测量样品的磁屏蔽性, 而虚部χ'' 则是反映磁的不可逆性. 图 12.7(e)、(f) 分别是两个测试样品的交流磁化率的虚部和实部. 对于样品 D(蓝色线), 随着降温到同样的 3.5 K, 两个异常信号同时发生在χ'-T 和χ''-T 曲线中, 这与图 12.7(a) 探测到的 T_c 是一致的. 在转变温度之上, 实部和虚部的磁化率值

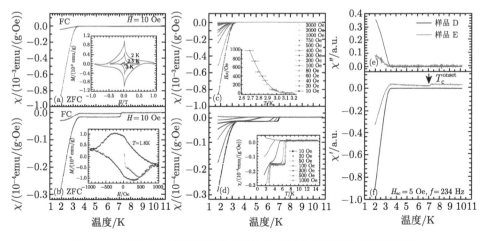

图 12.7　钾掺杂三苯基铋样品 (编号 D 和 E) 的直流及交流磁化率

本图源自文献 [26] 图 1

都接近 0, 这是由于正常态没有磁通排斥. 当冷却到 3.5 K 以下时, 材料进入超导态, 随着温度降低, 越来越多的磁通被排斥出超导材料, 导致磁化率实部的负值更大, 虚部则出现增大, 其正值则反映穿过样品磁通滞后于外加磁通, 从而产生涡旋电流. 同样类似的异常也在样品 E(红线) 中 3.5 K 附近观测到, 然而在实部出现下降的 7.2 K 温度点处虚部却没有观察到明显的异常, 这应该是 7.2 K 超导相含量低所造成.

为了分析超导相的晶体结构, 我们对纯三苯基铋和 $x = 1, 2, 3$ 比例的钾掺杂三苯基铋进行了 XRD 实验, 如图 12.8 所示. 纯三苯基铋的衍射峰与标准卡片库中一个卡片吻合得很好. 纯三苯基铋具有 $C2/c$ 的空间点群, 每 8 个 $C_{18}H_{15}Bi$ 分子分布在一个晶胞中, 晶胞参数为: $a = 27.70$ Å, $b = 5.82$ Å, $c = 20.45$ Å, $\beta = 114.48°$, 见图 12.9(a). Bi 和 C 原子之间的平均距离为 2.24 Å, C—Bi—C 之间的键角约为 94°. 钾掺杂之后晶体的衍射峰与母体完全不同, 几乎没有一个强峰与母体出现在相近的位置. 这说明钾原子的掺杂形成了一个新的晶体结构. 我们用 "*" 标记了在不同 x 比例掺杂样品共有的衍射峰, $x = 2$ 比例的掺杂样品除了这些峰之外还有一些衍射峰 (用 "#" 标出), 经过对比分析发现其属于金属 Bi 的峰. 另外我们在样品 E 合成的石英管壁上发现了一些无色液体, 这说明部分的三苯基铋分子在合成过程中分解成了金属 Bi 和苯. 根据早期的实验和理论工作 (Gnutzmann, 1961; Hochgesand, 2000), 分解的 Bi 金属可能在 130 °C 的退火温度下与钾形成 K_3Bi, 而其他的一些 K-Bi 合金如 KBi_2, K_3Bi_2 和 K_5Bi_4 则很难合成, 因为它们的形成温度在 260 °C 以上, 远高于退火温度. K_3Bi 是一种具有

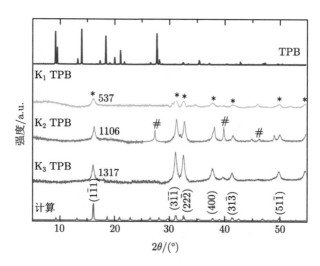

图 12.8　钾掺杂三苯基铋样品的 XRD 图谱

本图源自文献 [26] 图 2

$P6_3/mmc$ 空间群的六方结构的半金属, 还没有报道这种化合物具有超导电性. 因此, 我们实验上观察到的超导电性不太可能来源于 K-Bi 合金. $x = 1, 2, 3$ 的掺杂样品都表现出 T_c=3.5 K 的超导电性, 我们有理由相信 3.5 K 超导相的晶体结构就是用 "*" 标记的那些衍射峰. 有意思的是 "*" 标记的衍射峰强度按照 B、E、D 的顺序逐渐增大, 它们的超导屏蔽分数也从 0.01% 快速上升到 3.74%. 这种结构与超导屏蔽分数正相关的关系, 以及后面要提及的拉曼散射峰强的演变都表明超导电性来源于被 "*" 标记的晶体.

另外, Debye-Scherrer 方程式:

$$D = K\lambda/\beta \cos\theta$$

其中, 谢乐常数 K=0.89; 入射波长 λ=0.15406 nm. 由此根据钾掺杂三苯基铋的第一个衍射峰进行晶粒尺寸的计算, 得到样品的晶粒尺寸在 11~18 nm, 这与典型的 London 穿透深度在同一个量级. 比较晶粒尺寸与穿透深度是为了说明表 12.1 中

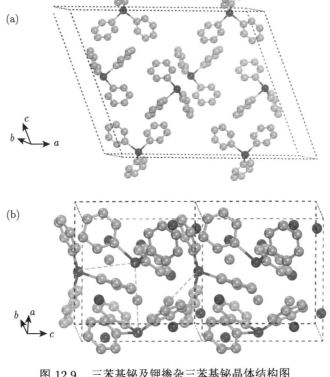

图 12.9　三苯基铋及钾掺杂三苯基铋晶体结构图

本图源自文献 [26] 图 3

磁屏蔽分数很小的原因, 当外加磁场还没有达到能够穿过超导样品固有的 London 穿透深度的强度时, 一个小的磁场却过早地穿透样品的晶粒使样品超导态被破坏, 这会导致样品的磁屏蔽分数的急剧下降. 当然, 另一个超导屏蔽分数低的原因是三苯基铋的分解减少了钾掺杂三苯基铋在合成的样品中的比例. 当退火时间从 1 天增加到 5 天时, 我们发现越来越多的无色液体出现在合成石英管的管壁上, 说明随着退火时间的增加, 三苯基铋分子分解得就越多. 这就解释了 5 天退火的样品的超导屏蔽分数很小的原因, 同时三苯基铋分解得越多而超导的体积分数却相对减少, 排除了 K-Bi 合金超导的可能性.

为了鉴定 3.5 K 超导相的复杂晶体结构, 我们首先对 $K_yBi(y = 1 \sim 4)$ 相图中所有的稳定和亚稳定结构进行搜索来寻找可能的 K 和 Bi 原子在掺杂材料中的空间排列. 搜索结果表明, 一个立方的 K_4Bi 结构符合掺杂样品的 XRD 图谱的主要特征. 然后我们在这个结构中用三苯基铋分子代替 Bi 原子并进行了原子位置的完全弛豫, 得到了具有 $P1$ 空间点群的优化掺杂晶体结构. 在这个结构中, 3 个 $C_{18}H_{15}Bi$ 分子和 12 个 K 原子分布在一个近似立方的结构单元中, 具体的参数为: $a = 9.47$ Å, $b = 9.51$ Å, $c = 9.49$ Å, $\alpha=89.62°$, $\beta=90.29°$, $\gamma=89.85°$, 见图 12.9(b). 其中, 蓝色的小球代表掺杂的钾原子, 深蓝色代表的钾原子接近苯环的中心, 而浅蓝色代表的钾原子在两个 Bi 原子的中间位置. 结构中钾原子的密度计算出来约为 $1.41\times10^{22}cm^{-3}$, 比钾金属的 $(1.32\times10^{22}cm^{-3})$ 略高一点. 优化的晶体结构粉末衍射图谱显示在图 12.8 的底部, 它与标有 "*" 的衍射峰吻合得很好, 说明优化的晶体结构与掺杂样品的结构匹配度很高. 另外一些与理论计算模型失配的弱的衍射峰很可能是由于结晶性差导致.

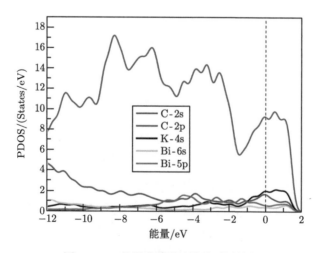

图 12.10　轨道分辨分态密度-能量图

本图源自文献 [26] 图 4

对于优化结构的轨道分辨分态密度-能量关系如图 12.10 所示. 在费米能级上存在有限的分态密度 (PDOS) 说明钾掺杂样品处于金属态, 支持了观察到的 3.5 K 超导电性. 图中五个轨道, C-2p 轨道对费米能附近的分态密度为主要贡献, 而 K-4s 只有很小的贡献. 这个结果反映了电子从 K-4s 轨道转移到 C-2p 轨道中, 这不仅导致了金属化, 还强烈影响苯环的振动.

拉曼光谱是一种鉴别物相的重要手段, 我们进一步做了拉曼光谱来鉴定超导相. 三苯基铋的拉曼活性振动模从低频到高频依次对应的是: 晶格振动和 Bi-苯环振动、C-C-C 弯曲振动、C-H 弯曲振动、C-C 伸缩振动以及 C-H 伸缩振动模式. 我们在纯的三苯基铋的拉曼光谱中观察到了以上所有振动峰, 但是随着钾原子掺杂进有机分子中, 所有的晶格振动以及 C-H 伸缩振动都消失了, 见图 12.11. 三苯基铋掺杂前后拉曼光谱最大的区别表现在 C-H 弯曲和 C-C 伸缩振动区域. 掺杂后, 纯三苯基铋在 664 cm^{-1} 和 993 cm^{-1} 的 C-H 弯曲振动峰出现红移并且强度有很大的减小. 相反地, 1154 cm^{-1} 和 1182 cm^{-1} 的 C-H 弯曲振动却随着钾原子的加入出现蓝移且强度有所增大. 所有的 C-C 伸缩振动区域的峰强在掺杂后均有很大的增加. 母体在 1322 cm^{-1} 和 1564 cm^{-1} 的两个拉曼峰出现蓝移, 而 1469 cm^{-1} 的拉曼峰在掺杂后并没有移动频率.

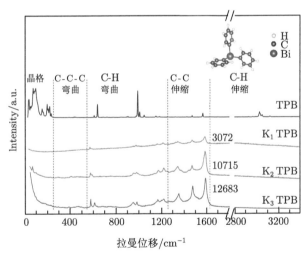

图 12.11　钾掺杂三苯基铋的拉曼光谱

本图源自文献 [26] 图 5

在钾掺杂三苯基铋样品的掺杂前后, 拉曼光谱中同时出现红移和蓝移的现象, 与之前报道的钾掺杂菲 [6] 和芘 [5] 不同, 它们的拉曼光谱在掺杂后只出现红移. 这种红移现象是由于电子从钾原子转移到菲和芘分子中引起的声子软化造成的. 同样地, 在三苯基铋中出现的红移现象也应该是电荷转移效应引起的. 另一方面, 当苯环连接一个金属或卤素原子, 无论是 C-H 还是 C-C 的振动模式都会受此影响. 例如, 在卤素-苯环体系, 从 I-苯环到 F-苯环, C-C 伸缩振动频率会增加, 表明了卤素电负性的增加会加剧苯环的极化效应, 从而使得拉曼峰位蓝移. 基于上述分析, 我们在实验上观察到的拉曼峰位变化是由于电荷转移作用和苯环极化效应相互竞争的结果, 可以由不对称的峰形和 C-C 伸缩振动区域峰强增加清楚地看出.

12.4　本 章 小 结

在本章中, 我们首先介绍了芳香烃有机超导体的发展和研究现状, 然后详细介绍两类新型的有机超导体: 链状非稠环芳烃对三联苯和有机金属化合物三苯基铋为母体材料进行超导特性的实验探索, 上述的研究工作对理解有机超导体, 尤其是芳香烃有机超导材料的结构、磁学以及光学行为具有重要的借鉴意义. 尽管目前芳香烃有机超导体存在很多问题, 如样品超导屏蔽分数低、合成的掺杂样品的结晶性差等, 但高温超导电性以及芳香烃有机化合物种类的丰富多样、分子结构易于设计合成、低毒性等优点仍吸引人们研究和拓展它们在电磁学方面的应用潜力, 相信未来芳香烃有机超导材料在凝聚态物理、化学、材料学等领域仍有着重要的研究价值.

参 考 文 献

[1] Jérome D, Mazaud A, Ribault M, et al. Superconductivity in a synthetic organic conductor (TMTSF)$_2$PF$_6$. J. Phys. Lett., 1980, 41(4): 95-98.

[2] Saito G, Enoki T, Toriumi K, et al. Two-dimensionality and suppression of metal-semiconductor transition in a new organic metal with alkylthio substituted TTF and perchlorate. Solid State Commun., 1982, 42(8): 557-560.

[3] Hebard A F, Rosseinsky M J, Haddon R C, Murphy D W, Glarum S H, Palstra T T M. Ramirez A P, Kortan A R. Potassium-doped C$_{60}$. Nature, 1991, 350(6319): 600-601.

[4] Cao Y, Fatemi V, Fang S, Watanabe K, Taniguchi T, Kaxiras E, Jarillo-Herrero P. Unconventional superconductivity in magic-angle graphene superlattices. Nature, 2018, 556: 43-50.

[5] Mitsuhashi R, Suzuki Y, Yamanari Y, et al. Superconductivity in alkali-metal-doped picene. Nature, 2010, 464(7285): 76-79.

[6] Wang X F, Liu R H, Gui Z, et al. Superconductivity at 5 K in alkali-metal-doped phenanthrene. Nat. Commun., 2011, 2(3): 507-513.

[7] Xue M, Cao T, Wang D, et al. Superconductivity above 30 K in alkali-metal-doped hydrocarbon. Sci. Rep., 2012, 2(2): 389.

[8] Devos A, Lannoo M. Electron-phonon coupling for aromatic molecular crystals: Possible consequences for their superconductivity. Phys. Rev. B: Condens Matter, 1998, 58 (13): 8236-8239.

[9] Demol F, Vasseur O, Sauvage F X, et al. Superconductivity of organic materials: Beyond the fullerenes. Fullerene Sci. Techn., 1996, 4 (6): 1169-1175.

[10] Shimizu Y, Miyagawa K, Kanoda K, et al. Spin liquid state in an organic Mott insulator with a triangular lattice. Phys. Rev. Lett., 2003, 91 (10): 107001.

[11] Takabayashi Y, Menelaou M, Tamura H, et al. π-electron $S=1/2$ quantum spin-liquid state in an ionic polyaromatic hydrocarbon. Nat. Chem., 2017, 9 (7): 635-643.

[12] Zhang J, Whitehead G F S, Manning T D, et al. The reactivity of solid rubrene with potassium: Competition between intercalation and molecular decomposition. J. Am. Chem. Soc., 2018, 140: 18162-18172.

[13] Gao Y. Wang R S, Wu X L, et al. Searching superconductivity in potassium-doped p-terphenyl. Acta Phys. Sin., 2016, 65: 077402.

[14] Wang R S, Gao Y, Huang Z B, et al. Superconductivity above 120 kelvin in a chain link molecule. 2017, arXiv:1703.05804; 1703.05803; 1703.06641.

[15] Liu W, Hai L, Kang R, et al. Magnetization of potassium doped p-terphenyl and p-quaterphenyl by high pressure synthesis. Phys. Rev. B, 2017, 96 (22): 224501.

[16] Li H, Zhou X, Parham S, et al. Spectroscopic evidence of low energy gaps persisting towards 120 kelvin in surface-doped p-terphenyl crystals. 2017, arXiv:1704.04230.

[17] Ren M Q, Chen W, Liu Q, et al. Observation of novel gapped phases in potassium doped single layer p-terphenyl on Au (111). 2017, arXiv:1705.09901.

[18] Neha P, Bhardwaj A, Sahu V, et al. Facile synthesis of potassium intercalated p-terphenyl and signatures of a possible high T_c phase. Phys. C, 2018, 554: 1-7.

[19] Zhong G H, Wang X H, Wang R S, et al. Structural and bonding characteristics of potassium-doped p-terphenyl superconductors. J. Phys. Chem. C, 2018, 122:3801-3808.

[20] Yan X W, Huang Z B, Gao M, et al. Stable structural phase of potassium-doped p-terphenyl and its semiconducting state. J. Phys. Chem. C, 2018, 122: 27648-27655.

[21] Zhang C F, Huang Z B, Yan X W, et al. Charge transfer effect on Raman shifts of aromatic hydrocarbons with three phenyl rings from ab initio study. J. Chem. Phys., 2019, 150(7): 074306.

[22] Zhong G H, Yang D Y, Zhang K, et al. Superconductivity and phase stability of potassium-doped biphenyl. Phys. Chem. Chem. Phys., 2018, 10:1039.

[23] Yan J F, Zhong G H, Wang R S, et al. Superconductivity and phase stability of potassium-intercalated p-quaterphenyl. J. Phys. Chem. Lett., 2019, 10: 40-47.

[24] Huang G, Zhong G H, Wang R S, et al. Superconductivity and phase stability of potassium-doped p-quinquephenyl. Carbon, 2019, 143: 837-843.

[25] Wang Z F, Liu Z, Liu F. Organic topological insulators in organometallic lattices. Nat. Commun., 2013, 4: 1471.

[26] Wang R S, Cheng J, Wu X L, et al. Superconductivity at 3.5 K and/or 7.2 K in potassium-doped triphenylbismuth. J. Chem. Phys., 2018, 149(14): 144502.